自主机器人智能行为决策

Intelligent Behavior Decision-Making for Autonomous Robots

陈鹏展　官 勇　著

·北京·

内容简介

本书以智能行为决策为主线，系统阐述了自主机器人在复杂动态环境下实现智能感知、自主规划和学习控制的理论基础与关键技术。全书共 7 章，内容涵盖自主机器人在感知、理解、规划、决策、控制、协同等方面的核心技术。第 1 章介绍了自主机器人的定义、特征、分类及发展历程，并分析了自主机器人面临的需求、挑战与发展趋势等。第 2 章探讨了机器人的感知与环境理解技术，包括视觉、力觉感知原理，多传感器融合感知，自主定位与建图，以及场景理解与语义地图构建。第 3 章系统阐述了自主决策的基础理论，如强化学习、深度强化学习、行为识别理论及人类反馈方法等。第 4 章和第 5 章分别讨论了移动机器人的自主路径规划与控制，以及机械臂的自主抓取与控制策略。其中，针对复杂动态环境，提出了改进的感知、规划与学习控制算法。第 6 章则专门探讨了智能人机交互与协作技术，重点分析了人体行为意图识别与预测方法，为实现自然、高效的人机协同提供了新思路。第 7 章介绍了自主机器人技术的系统应用与发展展望。

本书可供从事机器人、人工智能、模式识别、自动控制等领域的科研人员和工程技术人员参考，也可以作为相关专业高年级本科生和研究生的学习参考书。

图书在版编目（CIP）数据

自主机器人智能行为决策 / 陈鹏展，官勇著. 北京 ：化学工业出版社，2025. 6. -- （智能制造关键技术与工业应用丛书）. -- ISBN 978-7-122-47918-1

Ⅰ. TP242.6

中国国家版本馆 CIP 数据核字第 202527ES03 号

责任编辑：张海丽　　　　文字编辑：张　琳
责任校对：王鹏飞　　　　装帧设计：王晓宇

出版发行：化学工业出版社
（北京市东城区青年湖南街 13 号　邮政编码 100011）
印　　装：北京云浩印刷有限责任公司
710mm×1000mm　1/16　印张 18¼　彩插 3　字数 345 千字
2025 年 6 月北京第 1 版第 1 次印刷

购书咨询：010-64518888　　售后服务：010-64518899
网　　址：http：//www. cip. com. cn
凡购买本书，如有缺损质量问题，本社销售中心负责调换。

定　　价：128. 00 元

前言

近年来，机器人和人工智能技术的迅速发展引领了一场新一轮的科技革命和产业变革，深刻改变了社会生产和人类生活的方式。在这一背景下，自主机器人作为机器人技术与人工智能的深度融合，代表了未来机器人发展的方向。这些机器人能够在动态且非结构化的环境中自主感知、决策并执行任务，展现出高度的灵活性、适应性和智能水平。随着技术的不断进步，从最初的自动化机器人到如今具备自主学习和行为能力的智能机器人，自主机器人技术经历了从感知、规划、决策到控制的全方位发展，逐步具备了更强的自主性和智能化特征。

智能行为决策是实现机器人全自主运行的核心技术，其研究已经成为机器人学领域的一个重要课题。智能行为决策的本质是赋予机器人自主分析、推理和规划的能力，使其能够根据感知的信息做出合理的行为决策。这一过程涉及人工智能、模式识别、运筹优化等多个学科的交叉融合。近年来，深度学习和强化学习等数据驱动的人工智能方法在自主机器人领域得到了广泛应用，使机器人能够通过端到端学习，实现从感知到决策的映射，展现出更加显著的智能决策能力。然而，尽管技术进步明显，要使机器人在复杂环境中像人一样自然地行动、思考和与人交互，依然面临着许多挑战。在实际应用中，机器人需要应对复杂动态环境下的感知不确定性、任务多样性和实时性要求，同时还要保证工程实现的鲁棒性等问题，这些都给自主机器人的智能行为决策带来了巨大的技术难题，亟待进一步研究和突破。

本书立足机器人与人工智能的前沿，深入探讨了感知、规划、学习和控制等方面的关键科学问题，并提出了一系列具有创新性的理论模型与求解方法。本书重点讨论了多模态感知融合在场景理解中的应用、基于知识驱动的任务分解与规划方法、端到端感知决策控制以及面向人机协同的混合智能行为决策等前沿课题。为了应对复杂的动态环境，本书提出了环境自适应、在线优化的智能决策框架。在人机协同方面，结合人的行为预期和社会规范，提出了一种混合智能决策方法，以便更好地实现人机协作。此外，对于群体协同问题，本书也提出了基于涌现行为的分布式优化模型，为实现多机器人系统之间的协同工作提供了新的思路。

在智能行为决策的表示、建模和求解等层面，本书作出了多项创新性贡献，特别是提出了融合规划、学习与控制的端到端智能行为决策范式。针对复杂的动态环境，本书提出了可以进行实时调整和优化的智能决策框架，以确保机器人能够在不确定的环境中有效工作。此外，本书还探讨了如何将认知科学与机器人技术结合，通过对机器人认知能力的提升，使其在复杂环境中能够自适应调整决策策略，以更好地完成任务。

全书共7章，从自主机器人与智能行为决策的时代背景、现实需求和发展趋势入手，深入分析了感知理解、决策理论、移动机器人路径规划和机械臂自主操作等关键技术。尤其针对人机交互和复杂环境下的决策控制问题，本书提供了独到的见解，结合实际应用案例，展示了自主机器人技术在各类应用场景中的表现。同时，本书也详细介绍了自主机器人系统集成的相关问题，并对未来机器人技术的发展趋势与挑战进行了展望。

本书的作者团队结合多年来从事自主机器人基础研究与应用实践的经验，力求在学术前沿性与工程实用性之间找到平衡，为读者提供一本内容丰富、通俗易懂的学习参考书。特别感谢国家自然科学基金项目（62163014）的资助，使得本书相关研究得以顺利开展。

尽管本书力求做到全面而深入，但由于作者学识有限，书中难免存在一些不足之处，因此，诚挚地欢迎读者提出宝贵的意见和建议。我们衷心希望，本书能够为推动我国机器人技术的发展贡献一份微薄的力量，同时也希望它能够为自主机器人研究和应用提供有益的参考与启发。

著者

2025 年 1 月

目录

第1章

绪论

自主机器人是当今机器人学和人工智能领域的研究前沿，代表了智能化系统的重要发展方向。与传统的自动化机器人不同，自主机器人强调的是在非结构化和动态变化的环境中，机器人通过自主感知、决策、规划和学习等智能行为，独立完成复杂任务的能力[1]。这一演进趋势标志着机器人正从工业生产线上的简单自动化装置，向能够广泛应用于工业、农业、服务业、医疗、国防等多个领域的智能助手转变，如图 1.1 所示。这种向高度智能化、自主化方向发展的转型，不仅提升了机器人在复杂环境中的适应能力，也为未来社会中各种任务的自动化提供了新的可能性。

(a) 扫地机器人

(b) 服务机器人

(c) 搬运机器人

(d) 军事机器人

图 1.1　自主机器人应用场景

近年来，国内外学者在自主机器人领域进行了广泛而深入的研究，在机器人感知、导航、运动规划、操作规划和人机交互等多个方面取得了显著进展，并涌现出一系列具有代表性的研究成果。尤其是在计算机视觉、深度学习、强化学习、路径规划等技术的推动下，自主机器人在感知能力、决策效率和执行精度方面都有了显著提升。然而，随着机器人工作环境的不断复杂化、任务需求的多样化，单一领域的技术突破已无法满足自主机器人发展的需求。现代自主机器人所面临的环境已从封闭、静态的工作场景，向更加开放、动态且不确定的环境转变，任务目标也从原本的单一、确定性问题，扩展为多目标、多约束的复杂优化问题。这些变化对机器人的感知、建模、决策、规划和控制等多个环节提出了更高的要求，并迫切需要突破现有技术面临的一些局限性。

此外，在自主机器人的实际应用中，除了完成环境感知和任务执行外，它们还需要与环境以及人类进行频繁的交互，通过获取反馈信息来实时调整和优化行为。这就使得机器人必须具备更强的自主决策能力，能够在不断变化的环境中做出迅速且准确的反应，从而实现更高效的任务执行。种种需求汇聚成一个核心科学问题——自主机器人的智能行为决策能力。智能行为决策是自主机器人的核心功能，其内涵不仅仅是赋予机器人环境感知的能力，更重要的是让机器人能够自主地进行任务分解、运动规划、行为生成和策略优化等复杂的智能活动。通过这些功能，机器人能够像人类一样，在面对复杂问题时做出合适的决策，从而完成各种复杂任务。

当前，随着深度学习、强化学习、元学习等人工智能新技术的不断进步，自主机器人的智能行为决策能力有了显著提升。尤其是计算机视觉、自然语言理解等技术的进展，使得机器人在环境感知和理解方面的能力得到了质的飞跃。然而，要在复杂动态环境中实现鲁棒、高效、安全的自主决策，依然面临着许多挑战。首先，虽然机器学习方法能够提高决策的准确性，但如何解释机器人做出的决策仍然是一个难题，尤其是在复杂环境下，缺乏明确的机理解释往往使得机器人行为的可解释性不足。其次，环境适应性问题仍是自主机器人技术发展的瓶颈之一。环境的多样性和复杂性要求机器人在不断变化的环境中能够持续适应并调整自己的决策策略。最后，计算效率也是一个亟待解决的问题。在实时应用中，保证机器人能够在有限的计算资源下高效执行决策并优化任务执行是非常关键的。

因此，如何有效提升自主机器人的智能行为决策能力，特别是在复杂环境下的鲁棒性和高效性，成为当前机器人研究的重点[2]。本书将重点讨论如何通过系统的研究来解决这些问题，提出新的理论框架和技术方法，从而为自主机器人智能行为决策的发展提供理论支持和实践指导。通过多学科交叉和技术创新，本书旨在为研究者和开发者提供一个全面的认知机器人学方法框架。

本书从自主机器人智能行为决策的理论基础出发，全面探讨了该领域的核心科学问题及其解决方案。内容涵盖了机器人感知、任务规划、运动规划、操作规划、学习优化、人机协作等方面。通过对这些关键问题的分析和总结，本书将为从事自主机器人领域研究的人员提供深刻的理论视角，同时为实际应用中的技术实现提供参考。

1.1 自主机器人的定义、特征及分类

(1) 定义

自主机器人是一种能够在动态和非结构化环境中，独立完成复杂任务的智能化机器人系统。与传统的工业机器人相比，自主机器人具备更高的环境适应性、行为自主性和人机交互能力。自主机器人能够通过感知、决策、规划和学习等多种智能行为，在复杂的、未知的环境中执行任务，因此，它们不仅能够应对结构化场景中的规定性工作，还能在面对多变的开放环境时保持较高的执行效率和灵活性。这种转变标志着机器人技术的重大突破，即机器人从原本在工业生产线上的自动化装置，发展为能够广泛应用于各行各业、协助人类完成复杂任务的智能助手。

(2) 特征

自主机器人通常需要具备几个关键特征。首先，自主机器人必须具有多模态的环境感知与理解能力。与工作在封闭、结构化环境中的传统机器人不同，自主机器人面临的环境通常是开放的、动态变化的，甚至是完全未知的。为了适应这一特性，机器人需要通过视觉、触觉、力觉、听觉等多种传感器获取环境信息，并通过语义层面的融合与理解，构建对环境的全面认知。这不仅包括对物体的识别与定位，还包括对物体间关系的理解以及对环境变化和任务状态的实时评估。通过多模态融合与信息理解，机器人能够在复杂环境中做出合理反应，是实现自主行为的基础[3]。

其次，自主机器人需要具备自主规划和决策的能力。当面对复杂的任务需求时，机器人应能够根据自身的能力和环境的约束，自主地将任务进行分解，形成可以执行的子目标。机器人还必须在任务执行过程中进行智能决策，即如何选择最优行动以完成既定目标。决策过程通常通过启发式搜索在行为空间中进行，以获得一个优化的行为序列。自主规划与决策是自主机器人能力的核心特征，也是当前研究的重点与难点之一[4,5]。现今，许多研究采用多层次的规划体系，如运动规划、操作规划和任务规划，并结合基于学习的算法来求解复杂的规划问题，以提升决策的灵活性和效率。

进一步而言，自主机器人还需要具备在线学习与自适应的能力。由于环境本身的复杂性与变化性，预先为机器人编写所有可能的程序是不可行的。因此，机

器人必须能够从与环境的交互中持续学习，并在不断积累经验的基础上优化和改进其行为策略。这种在线学习能力使得机器人在遇到新环境或新任务时，能够自动调整其行为以适应新的挑战，从而展现出一定程度的“创造力”。通过终身学习，机器人可以不断提高其认知智能，逐步过渡到具有更高级认知能力的系统。如今，深度强化学习、元学习、迁移学习等技术在增强自主机器人的在线学习能力方面发挥了重要作用。

除了感知、决策和学习之外，自主机器人还需要在执行控制和人机交互方面具备关键能力。具体来说，在做出决策之后，机器人需要通过精准的运动控制来执行规划动作，并进行实时监督和调整。在执行过程中，机器人还需要根据环境反馈对行为进行优化调整，确保任务的顺利完成。同时，在面向人机协作的场景中，机器人需要具备与人类进行自然交互的能力。这不仅要求机器人能理解和响应人类的语言、动作，还需要考虑人的意图、习惯和偏好，使得人机协作变得更加高效、流畅。在日益融入人类生活、工作等场景的过程中，机器人的自然交互能力将显得尤为重要。

(3) 分类

根据应用领域和功能属性的不同，自主机器人可进一步细分为多种类型。

以应用领域为例，工业场景中的自主机器人通常用于智能制造、柔性生产、仓储物流等领域，要求其具备精细的操作能力、高效的移动性以及智能调度等功能；服务机器人则更加注重人机交互和社会适应性，需要具备语音对话、情感识别等能力；在一些特种领域，如深空探测、深海作业等场合，自主机器人需要具备极强的环境适应性和自主作业能力。不同的应用场景对机器人性能提出了不同的要求，推动了自主机器人技术的多样化发展。

根据机器人的移动能力，自主机器人可划分为移动机器人和固定式机器人。移动机器人通常需要具备更高的环境适应性和机动灵活性，常见的运动方式包括轮式、足式、履带式和飞行式等。而固定式机器人则主要应用于工业生产线等高结构化的环境，强调精确定位和高重复性的操作能力。

此外，根据任务的性质和操作对象的不同，自主机器人还可被细分为巡检机器人、装配机器人、焊接机器人等，每种类型的机器人对感知、规划、控制等方面的要求各有侧重。

目前，随着人工智能技术的不断发展，以及机器人专用芯片和执行器件的性能提升，各类自主机器人的智能化水平得到了显著提高。然而，现有的机器人技术仍与通用人工智能有不小的差距，许多关键技术仍然需要进一步突破。未来的自主机器人将呈现出多传感协同、人机混合增强、群体协作等特征，将渗透到工业、农业、服务业、医疗、家庭等更多应用场景，成为人类生活中不可或缺的智能助手。

1.2 自主机器人的发展历程与研究现状

(1) 发展历程

自主机器人的发展历程可以追溯到20世纪中叶。1948年，第一台自动控制的机械手在美国诞生，这标志着现代机器人技术的起步。此后，机器人技术经历了从编程控制到柔性制造，再到智能化的几个发展阶段，并逐渐向自主化、智能化方向演进。最初的机器人主要依赖于预设的程序进行操作，能够在结构化环境中完成简单的重复性任务。这些早期机器人主要应用于工业生产线，从事焊接、喷涂、搬运等重复性作业。它们的功能和操作极为有限，依赖固定的程序进行，无法适应环境的变化。

20世纪60至70年代，随着计算机技术的飞速发展，机器人技术迎来重要突破。数控机床、可编程控制器等技术的应用，使机器人的控制系统变得更加灵活。此时，机器人开始具备多关节协调运动、轨迹规划等能力，这在一定程度上提升了自动化生产的柔性。然而，即便如此，这一时期的机器人仍缺乏足够的感知能力，无法自主决策，难以适应非结构化、动态变化的工作环境，依旧受限于结构化的生产线作业。

进入20世纪80年代，随着传感器技术的迅猛发展，机器人迎来革命性变革。激光传感器、视觉传感器、超声波传感器等的应用，使得机器人第一次具备了感知外部环境的能力，基于传感器的反馈控制让机器人能够根据环境的变化做出相应调整。这一时期，智能机器人开始在一些特定的工业领域崭露头角，诸如无序抓取、装配等应用开始逐步实现。然而，由于当时计算能力的限制和人工智能算法的不足，机器人依然难以全面支持自主作业，感知能力仍显薄弱。

20世纪90年代以来，人工智能技术，尤其是深度学习的突破，极大地推动了机器人进入智能化时代。计算机视觉、语音识别、自然语言理解等技术的应用，使得机器人的感知能力得到了飞跃式提升，机器人能够在复杂环境中实现自主定位、导航、避障等功能[6-8]。与此同时，运动规划和操作规划算法的不断完善，使得机器人能够自主完成如装配、抓取等复杂任务。现代控制理论与智能算法的结合，不仅提升了机器人的运动灵活性，还大大增强了其鲁棒性。进入21世纪，随着人形机器人（如ASIMO和Atlas）的推出，机器人在步态规划、平衡控制等方面表现出接近人的能力，标志着机器人智能化水平的进一步提升。同时，协作机器人开始在工业一线广泛应用，实现了人机协同作业。扫地机器人、迎宾机器人等服务机器人开始走入寻常百姓家，机器人产业呈现出蓬勃发展的态势。

(2) 研究现状

如今，自主机器人的研究已经跨入多学科交叉融合的新阶段。机器人硬件方面，如执行器和专用芯片的性能不断提升，同时新型材料、3D 打印等前沿制造技术也开始应用于机器人制造。在软件和算法方面，深度强化学习、元学习、迁移学习等技术的引入，使机器人具备了持续学习和自我优化的能力；计算机视觉、语音处理和自然语言理解等技术的突破，使机器人能与人类进行更自然、更高效的互动。此外，群体智能和集群控制等理论的应用，推动了多机器人协同作业的发展，展现了机器人技术在集体智能领域的潜力。人工智能、认知科学、脑科学等领域的理论与机器人学的深入交叉，促使了类人认知智能系统的诞生，并使机器人逐步朝着类人智能目标迈进。

随着技术的不断进步，自主机器人将在未来迎来更加广阔的发展前景。在基础理论方面，认知智能、类脑智能、情感智能等领域的突破将使机器人具备更多人性化的特征。与此同时，自主机器人在应用领域的拓展也将呈现出新的趋势，尤其是在柔性制造、智慧医疗、智能家居和智慧城市等新兴领域，机器人将发挥越来越重要的作用。在人机协同方面，虚拟现实、脑机接口、情感计算等技术的融合将为机器人注入新的能力，推动人机混合增强智能的进一步发展。总之，作为智能系统发展的风向标，自主机器人将代表未来机器人和人工智能的研究方向，其技术突破和应用落地必将对社会的各个层面产生深远的影响。

1.3 自主机器人面临的需求、挑战与发展趋势

(1) 需求与挑战

随着科学技术的进步和社会生产力的发展，自主机器人正在从实验室走向生活，在工业、农业、服务业、医疗、家居等众多领域崭露头角。这些应用场景对自主机器人的性能和智能提出了新的需求和挑战。

在工业领域，传统的流水线作业已无法满足定制化、多品种小批量生产模式。智能制造、智慧工厂等新兴生产方式对机器人的柔性、智能提出了更高要求。工业机器人需要具备快速适应生产任务变化的能力，能够在人机协同环境下自主作业，提高生产效率和产品质量。此外，机器人还需要具备一定的决策能力，在多机器人协同生产中合理分配任务、优化调度。生产现场复杂的环境也对机器人的环境理解、运动规划提出了新挑战。

服务领域是自主机器人的又一大应用新蓝海。在餐饮、零售、家政、康养等行业，自主机器人正发挥着越来越重要的作用。相比工业机器人，服务机器人需要具备更强的社交属性和人机交互能力。这就要求机器人能准确理解人的语义信

息，并做出恰当的行为反馈。同时，作为服务行业的“门面担当”，机器人还需要有较好的外观设计和交互界面。在医疗康复领域，手术机器人、康复机器人、护理机器人等的应用，对机器人的操作精度、安全性提出了极高要求。远程手术、智能辅助诊断等应用还对机器人信息安全提出了新课题。

特种领域是对机器人环境适应性、自主性要求最高的应用方向。在深空探测、深海作业、抢险救灾等极端环境下，机器人需要具备较强的生存能力，能够在通信中断、能量有限的条件下自主完成既定任务。同时，特种机器人一般承担高风险、高附加值的作业，对机器人的可靠性、容错性、安全性要求极高。这对机器人的材料、结构、控制等方面都提出了严苛要求。

除了环境适应、人机交互、安全可靠等应用导向的挑战，自主机器人发展还面临诸多技术挑战。首先是感知与信息理解，自主机器人获取信息的来源日益多样化，数据维度急剧膨胀，如何实现多源异构信息的语义理解和融合是一大难题。同时，自主机器人面临的往往是开放环境，存在诸多未知、不确定因素，对机器人信息处理系统的鲁棒性、实时性提出了更高要求。在行为决策方面，如何让机器人具备类似人的推理、规划能力是目前的研究重点。传统的基于规则、基于模型的决策方法在应对复杂任务时捉襟见肘。近年来兴起的深度强化学习虽然在一些领域取得了突破，但在稀疏回报、高维状态空间问题上仍难以实现理想的策略搜索。此外，自主机器人的运动控制、人机交互等方面也存在诸多技术瓶颈，如机器人本体结构的冗余自由度、人机协同过程的双向适应等。

（2）发展趋势

展望未来，自主机器人将呈现出模块化、网络化、人机协同的发展趋势。模块化是指通过标准化的硬件、软件模块，实现机器人系统的即插即用、快速部署，提高机器人的通用性和可复用性。网络化是指借助于物联网、5G 等技术，实现机器人与环境、机器人与人、机器人与机器人之间的广泛互联，构建群智能协同系统。人机协同是自主机器人的重要发展方向，通过人在环路的混合增强智能，充分发挥人和机器人各自的优势，构建更加灵活高效的人机团队。

除了这些总体趋势，各应用领域的机器人还将呈现个性化发展特点。例如，工业机器人将更加轻量化、模块化，服务机器人将更加拟人化、个性化，特种机器人将更加专用化、极端化。同时，自主机器人发展也对相关支撑技术提出了新需求，高性能机器人专用芯片、高精度传感器、人机交互接口等将成为研究热点。

1.4　自主机器人智能行为决策的内涵与意义

行为决策作为连接感知、规划、控制的纽带，在自主机器人系统中扮演着至关重要的角色。智能行为决策是赋予机器人自主性的关键，其内涵可以概括为感知、决策、执行、学习的信息处理循环过程。具体而言，智能决策系统通过多模态传感器获取外部环境信息，并结合任务知识对原始信息进行语义提取、特征表达，构建起机器人对世界的内部表征；在此基础上，通过推理、搜索等方法进行目标分解、行为规划、动作序列生成，并将决策结果传递给控制系统执行；同时，机器人对执行效果进行评估，通过学习算法对决策模型进行更新优化。通过这一“感知-决策-执行-学习”的闭环，机器人表现出接近于人的柔性、智能行为决策能力。

智能行为决策的核心是在非结构化动态环境下，实现从感知信息到行动策略的映射。这一过程涉及环境建模、目标规划、策略搜索、在线学习、人机交互等多个环节。在环境建模阶段，机器人需要对复杂、动态、不确定的环境进行抽象表征，构建与任务相关的环境模型。传统方法主要依赖人工设计特征，但在开放环境中往往捉襟见肘。深度学习在图像、语音、视频等非结构化数据处理上的突破，为机器人提供了自动提取高层语义特征的新途径。目标规划是指根据环境模型和任务要求，自动推理生成一系列子目标。这一过程可以基于逻辑推理、启发式搜索等经典人工智能方法，也可采用端到端强化学习等数据驱动方法。策略搜索旨在寻找从当前状态到目标状态的最优决策序列，这是一个在高维连续状态-行动空间中进行采样优化的过程。近年来，深度强化学习在 Atari 游戏、围棋等问题上的成功应用，展示了通过端到端学习实现复杂策略搜索的可能性。在线学习是机器人适应环境、提升策略的关键。通过持续与环境交互获取数据，并用于决策模型训练，机器人能不断积累经验，优化行为策略，体现出一定的创造力。当前，以元学习、迁移学习为代表的新型学习范式，使得机器人在面对新环境时具备了快速学习的能力。人机交互贯穿于行为决策始终，是人在环路型机器人系统的重要特征。在任务层面，交互意味着人可以自然地向机器人发布指令、传授知识；在决策层面，交互使得机器人能理解人的意图，对行为偏好进行建模；在执行层面，自然的人机交互能显著提升人机协同的效率。

智能行为决策对于实现机器人的自主性、提升机器人综合性能具有重要意义。首先，智能行为决策使机器人摆脱了按固定模式、规则行事的束缚，能够根据环境和任务的变化自主调整策略，具备一定的应变能力。其次，通过对人类专家行为的模仿学习，机器人可掌握复杂任务的解决策略，在某些方面达到甚至超越人类的能力。再次，行为决策将感知、规划、控制等模块有机耦合，使得机器人表现出整体智能。此外，智能行为体现出一定的可解释性，有助于人理解机器人的内部决策过程，建立起对机器人的信任，这对于机器人参与的人机团队协作至关重要。目前，自主机器人行为决策仍面临诸多难题：如何面向实际任务构建紧凑、鲁棒的环境模型；如何有效表征和规划复杂的决策空间；如何设计高效的探索策略，实现稀疏回报下的策略学习；如何在决策过程中引入先验知识以提高搜索效率；如何实现决策策略的模块化、层次化组织；如何对行为决策过程进行因果分析、提升可解释性等。这些问题的解决有赖于认知科学、人工智能、控制论等多学科的交叉创新。

自主机器人智能行为决策将向以下方向发展：一是环境理解与任务表征的语义化、层次化，使机器人能在更高的语义层次上对世界进行建模；二是决策的模块化、层次化，通过将复杂决策分解为多个层级的子任务，实现策略的可复用、可迁移；三是行为生成与策略评估的端到端学习，以数据驱动、统计学习的方式直接建立感知信息到行动策略的映射；四是混合增强智能，通过人机交互、知识教学等方式将人的先验知识融入机器人的行为决策系统；五是群体行为涌现，通过机器人个体间的信息交互和策略博弈，实现群体层面智能行为的涌现。总之，未来的智能行为决策系统将更加鲁棒、高效、灵活，为自主机器人插上腾飞的翅膀。

参考文献

[1] 王乐，齐尧，何滨兵，等．机器人自主探索算法综述［J］．计算机应用，2023，43（S1）：314-322.

[2] 纪宏萱．复杂可交互场景下基于强化学习的搜救机器人自主决策［D］．北京：北京交通大学，2023.

[3] 李院明．复杂场景下移动机器人同步定位与语义建图研究［D］．南昌：华东交通大学，2023.

[4] 李明振．室内全向移动机器人路径规划研究［D］．南昌：华东交通大学，2022.

[5] 陈传玺．基于RLHF策略的无人车个性化决策控制研究［D］．南昌：华东交通大学，2023.

[6] 裴结安．基于深度强化学习的机械臂动态避障规划策略研究［D］．南昌：华东交通大学，2022.

[7] 卢伟清．基于LSTM-FC与深度强化学习的移动物体抓取路径规划研究［D］．南昌：华东交通大学，2021.

[8] 傅林辉．基于视觉和力觉的机器人智能抓取与柔顺装配研究［D］．南昌：南昌大学，2024.

第2章

机器人的感知与环境理解

2.1 视觉、力觉感知的原理

2.1.1 视觉感知原理

在机器人感知系统中，相机是至关重要的基础器件，尤其在智能抓取与柔顺装配系统的应用中，选择合适的相机对于确保系统的精确性与高效性至关重要。在智能抓取任务中，机器人通常需要精确定位物体的空间位置，而基于 2D 图像处理的计算机视觉方法，由于缺乏深度信息，常常限制了其应用场景和精度[1]。因此，为了满足机器人智能抓取任务中对环境空间信息的需求，RGB-D 相机成为了更为合适的选择。与普通的 RGB 相机不同，RGB-D 相机不仅能获取彩色图像，还能通过深度图像提供每个像素点对应的空间信息，即每个像素点的深度值，表示像素点与相机之间的距离。这使得 RGB-D 相机能够提供更为丰富的场景感知信息，极大地扩展了机器人视觉感知的能力。

RGB-D 相机的测距原理有多种，其中常见的包括双目立体视觉[2]、结构光（structured light）[3] 以及飞行时间（time of flight，ToF）[4] 技术。双目立体视觉技术通过使用两个相机，在不同视角下拍摄同一物体，从而获得两个视图，并通过复杂的算法进行图像匹配和深度估计。由于深度信息是通过计算视差来获取的，因此该技术的定位精度容易受到环境光照、相机标定精度等因素的影响。结构光技术则是一种主动式光学技术，通常通过投射一组已知模式的光线（如条纹或图案）到目标表面，并通过分析目标表面上图案的畸变来推算深度信息。结构光技术具有高精度和高效率的优点，适用于需要高分辨率的场景，但它对环境光的敏感性较强，尤其在光线不均匀或强烈反射的情况下，其性能可能会有所下降。ToF 技术则通过测量光信号从相机发射到物体表面再反射回来的时间差来计算深度信息。ToF 相机具有较高的帧率和较强的抗干扰性[5]，且计算过程简单直观，常用于需要高实时性的应用场景。以 Kinect V2 为代表的 ToF 相机，尽管具有较好的精度和抗干扰性，但其较高的功耗使其不适合在某些应用场景下使用，尤其是在功耗要求较高的移动机器人任务中。

考虑到机器人感知研究的需求，经过对比不同相机技术的关键参数后，本节选用了基于主动式红外双目立体测距的 Intel RealSense D435i 深度相机。该相机采用双目视觉结合红外投射技术来获取深度信息，能够提供高精度的空间测量，并且具有较强的抗干扰性和较低的功耗，适合在室内复杂场景中使用。其主要的优势包括高帧率、较高的测量精度和较强的光照适应能力，能够在光线变化较大的环境中稳定工作。

Intel RealSense D435i 的外部构造如图 2.1 所示。该相机的主要参数总结如表 2.1 所示。

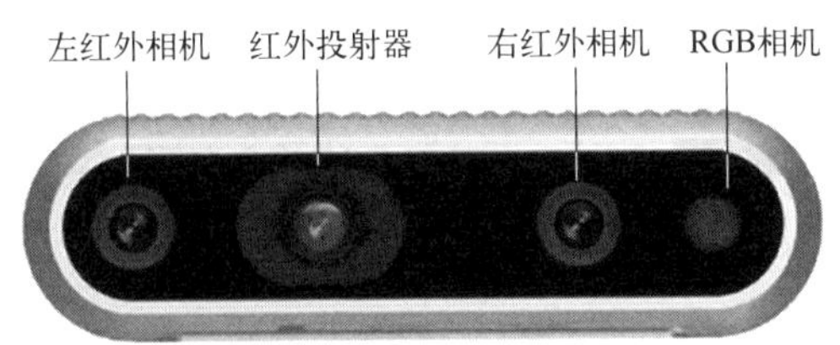

图 2.1　Intel RealSense D435i 相机

表 2.1　Intel RealSense D435i 技术参数

型号	Intel RealSense D435i
推荐工作范围	0.3～3m
深度图像分辨率	1280×720(30fps)
深度视场(FOV)	86°×57°
RGB 分辨率	1920×1080(30fps)
RGB 视场	69°×42°
精度误差	<2%(2m)
尺寸	90mm×25mm×25mm

该相机结合双目立体视觉和红外光投射技术，可以精确地为每个像素计算深度信息，能够获取场景的三维空间数据。这些数据对智能抓取与柔顺装配系统至关重要，因为机器人不仅需要感知物体的二维位置，还需要了解物体的深度信息，从而精确控制其抓取和装配过程。通过选择 Intel RealSense D435i 相机，系统能够在较为复杂的室内环境中稳定工作，提供高质量的视觉感知，为机器人提供更为全面的环境信息支持。

2.1.2 力觉感知原理

力传感器是一种能够将物理力值转换成电信号的设备，广泛应用于各种测量与控制系统中。其基本原理通常是通过力敏元件感知施加在传感器上的力，并通过转换元件和电路将物理力转换为可测量的电信号。根据不同的工作原理，力传感器可以分为多种类型，包括：应变片式力传感器（通过测量物体表面的形变来计算施加的力）、压电式力传感器（通过测量压电材料产生的电荷来确定施加的力）、电容式力传感器（通过测量电容器的电容变化来检测力）、磁电式力传感器（利用材料的磁弹性效应来测量力）以及光纤式力传感器（通过测量光纤中光传播的变化来检测力）。选择合适的传感器通常取决于应用的具体需求，如力的大小、测量精度、测量速度、环境条件和成本等。

在本节的研究中，选择了 OptoForce 公司开发的 HEX-70-XE 型力传感器作为机器人系统的力觉感知设备，如图 2.2 所示。该力传感器主要由传感器本体和控制盒两部分组成。传感器本体负责采集六维力信息，而控制盒则负责将采集到的数据进行转发。使用时，传感器本体通过信号传输线连接到控制盒的 F/T（力/力矩）传感器接头，控制盒通过 DC 12～24V 电源供电，最后通过 RJ45 网线将以太网接口与上位机进行连接。研究人员通过网络与控制盒进行通信，从而获取传感器采集的六维力数据。

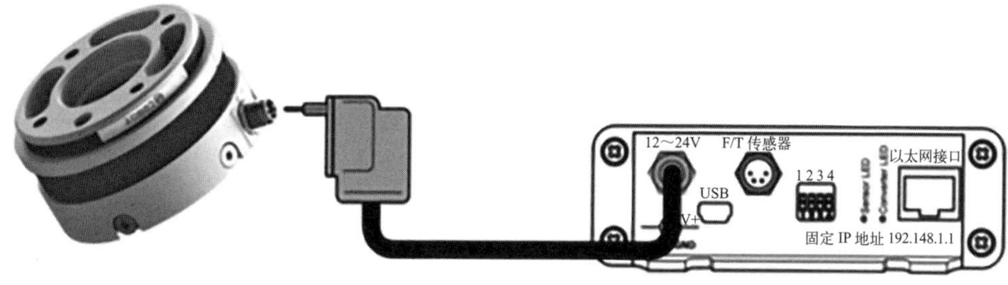

图 2.2 OptoForce 力传感器

OptoForce 的 HEX-70-XE 型力传感器基于精密光学原理获取形变信息，并通过复杂的算法计算出六维力数据（即三轴力和三轴力矩）。该传感器具有高分辨率和高过载范围，且具备防尘、防水的特性，因此特别适合在各种机器人末端执行器上进行安装。其精度和抗干扰能力使其在力控应用中表现出色，尤其适合需要高精度和高负载能力的机器人任务。具体的技术参数如表 2.2 所示。

表 2.2 力传感器技术参数

参数	F_{xy}	F_z	T_{xy}	T_z
测量范围	200N	200N	10Nm	6.5Nm

续表

参数	F_{xy}	F_z	T_{xy}	T_z
单轴形变量	±1.7mm	±0.3mm	±2.5°	±5°
单轴超载	500%	500%	500%	500%
信号噪声	0.35N	0.15N	0.002Nm	0.001Nm
无噪声分辨率	0.2N	0.8N	0.01Nm	0.002Nm
满量程非线性	<2%	<2%	<2%	<2%
迟滞	<2%	<2%	<2%	<2%
串扰	<5%	<5%	<5%	<5%
工作温度范围	0°～55°			
电源要求	DC 7～24V			

该传感器的高分辨率可以有效提高机器人在执行任务时对微小力变化的感知能力，增强其在复杂环境中的应对能力。同时，其宽广的过载范围可以使传感器在复杂的操作环境下，避免因瞬时过载导致损坏，从而保证系统的稳定性和可靠性。此外，防尘防水的设计也使得该力传感器能够适应各种恶劣环境，提升了其在实际应用中的适应性。

通过使用这种力传感器，机器人可以实时监控末端执行器的力信息，从而实现更加精细的力控操作，完成如智能抓取、柔顺装配等高精度任务。此处搭建的实验平台如图 2.3 所示。

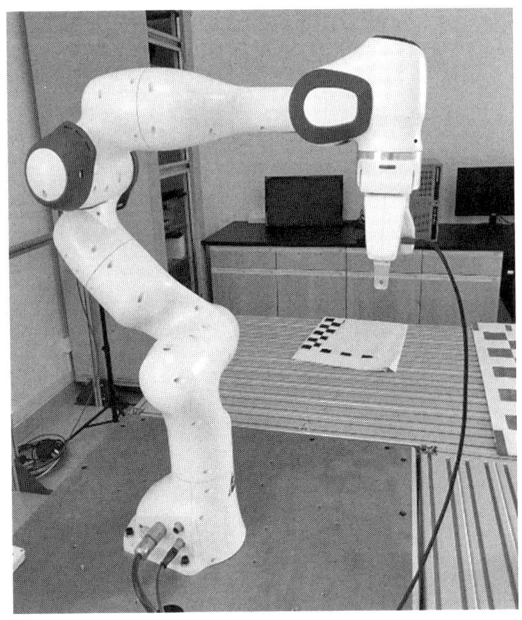

图 2.3　实验平台

2.2 多传感器融合感知

2.2.1 摄像机成像模型及坐标系转换

2.2.1.1 摄像机成像模型

物体三维定位通过多目视觉采集图像信息并利用多目视觉几何原理进行定位，这种三维信息转换为二维信息就是物体图像采集。摄像机拍摄原理是空间物体通过反射光线传播映射到摄像机成像平面，通过采集成像平面的信息即完成摄像机拍摄，这种光线映射转换关系可通过针孔模型解释。针孔模型也叫小孔成像模型，早在两千年前墨子就已经发现，属于一种理想的成像模型，图 2.4 显示了针孔模型结构图。在针孔模型中，物体反射或投射的光线直线传播，通过摄像机镜头的光心并继续传播直至投影到摄像机成像平面上，光心到成像平面的投影距离为焦距 f，物体到摄像机镜头的距离为物距 Z，X 为物体大小，x 为物体投影到成像平面的大小。针孔模型数学表达可通过几何相似三角形得出：

$$-\frac{x}{f}=\frac{X}{Z} \tag{2.1}$$

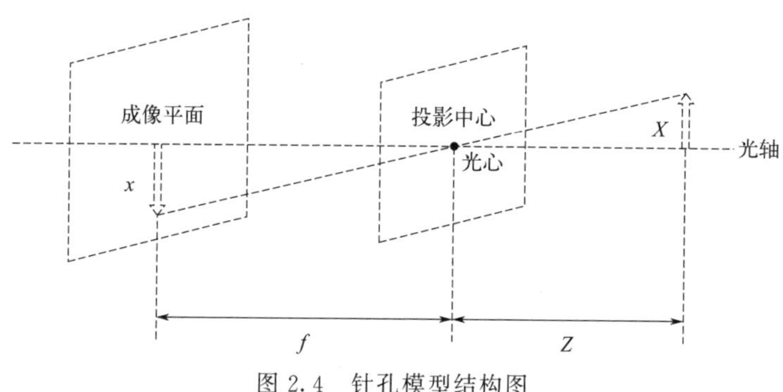

图 2.4 针孔模型结构图

在图 2.5 中，将投影成像平面放置在投影中心前面，这样即可构成针孔等效模型，此时物体图像在成像平面中正立，可去除负号，数学模型可表达为 $x/f=X/Z$，进行转化：

$$x=f\frac{X}{Z} \tag{2.2}$$

在理想的针孔模型中，不论投影中心的光心还是成像平面的主心都与光轴重合，但实际情况很难做到，成像平面的主心往往会有细微的偏差。在二维成像平

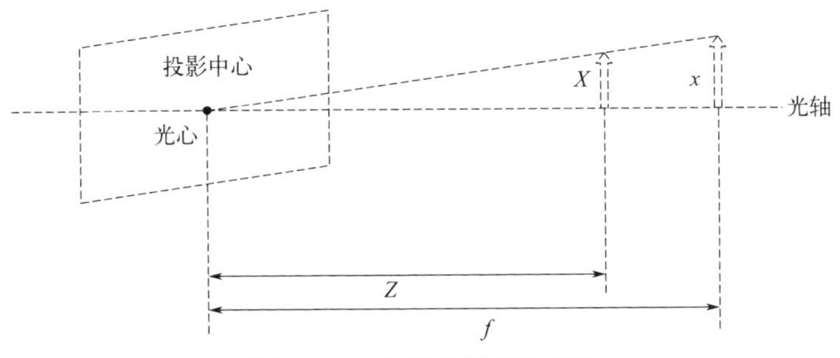

图 2.5　针孔等效模型结构图

面中，存在 X 轴方向的主心偏差 C_x 和 Y 轴方向的主心偏差 C_y，对于空间中一点 $Q(X,Y,Z)$ 投影到成像平面中形成 $q(x,y)$，转化关系为：

$$x=f_x\frac{X}{Z}+C_x$$

$$y=f_y\frac{Y}{Z}+C_y \tag{2.3}$$

式中，f_x、f_y 是不同的焦距，这是由于单个像素点在低价成像仪上是长方形而不是正方形，f_x 和 f_y 是组合量。针孔模型由于采用小孔进行光线投射模拟，透光量小、曝光时间短，得到的图像不清晰，并不符合实际的摄像机成像模型。目前摄像机一般采用透镜模型，透镜模型通过凸透镜或凸透镜组构成，图 2.6 显示了透镜模型结构图。

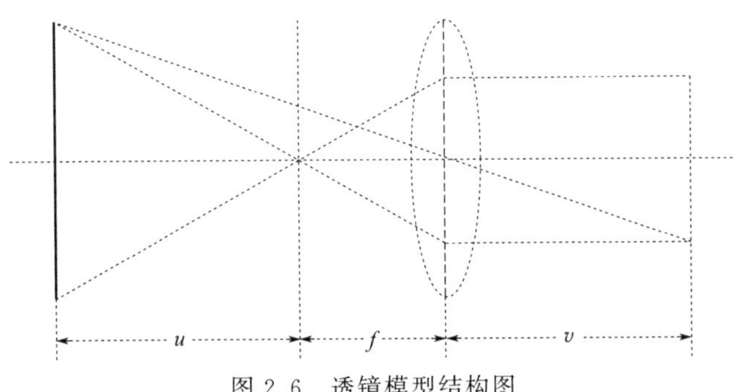

图 2.6　透镜模型结构图

图 2.6 中，u 为物距，f 为焦距，v 为相距，由几何关系可得：$\frac{1}{f}=\frac{1}{u}+\frac{1}{v}$。只有当物距 u 远大于相距 v 时，$v\approx f$，此时针孔模型可近似替换透镜模型，针孔模型是理想化的透镜模型。

2.2.1.2　坐标系转换

将三维空间中一个三维坐标点转换为摄像机中二维像素坐标点，需要进行不同坐标系转换：首先空间中的世界坐标系转换为摄像机坐标系，其次摄像机坐标系转换为摄像机成像平面坐标系，最后摄像机成像平面坐标系转换为摄像机像素坐标系。图 2.7 显示了四个坐标系结构图。

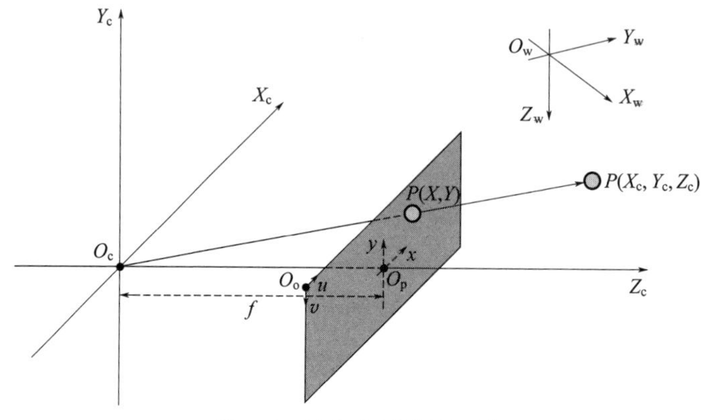

图 2.7　四个坐标系结构图

① 世界坐标系：世界坐标系是人为规定一个坐标系，用于表示目标物在三维空间中的位置，用 O_w-$X_wY_wZ_w$ 表示，坐标系原点与方向可人为规定，坐标系单位为毫米（mm）。

② 摄像机坐标系：摄像机坐标系用 O_c-$X_cY_cZ_c$ 表示，原点 O_c 位于摄像机光轴上，Z_c 轴与光轴重合，坐标系单位为毫米（mm）。

③ 图像（摄像机）物理坐标系：图像物理坐标系又称为图像成像平面坐标系，用 O_p-xy 表示，原点 O_p 位于光轴上，x、y 分别与摄像机坐标系 X_c、Y_c 平行，坐标系单位为毫米（mm）。

④ 图像像素坐标系：图像像素坐标系用 O_o-uv 表示，原点 O_o 位于图像左上角，u、v 分别与摄像机物理坐标系 x、y 平行，坐标系单位为像素。

齐次坐标一般用于投影平面坐标表示，将一个 n 维的向量用一个 $n+1$ 维向量表示，其优点是可区分向量和点以及易于仿射变换[6]。四个坐标系采用齐次坐标表示，相互转换关系如下：

① 世界坐标系转换为摄像机坐标系：用旋转矩阵 $\boldsymbol{R}_{3\times3}$ 以及平移矩阵 $\boldsymbol{T}_{3\times1}$ 将世界坐标（X_w,Y_w,Z_w）和摄像机坐标（X_c,Y_c,Z_c）联系起来，其中 $\boldsymbol{R}_{3\times3}$ 和 $\boldsymbol{T}_{3\times1}$ 都为摄像机外参数。

$$\begin{bmatrix} X_c \\ Y_c \\ Z_c \\ 1 \end{bmatrix} = \begin{bmatrix} \boldsymbol{R}_{3\times3} & \boldsymbol{T}_{3\times1} \\ 0 & 1 \end{bmatrix} \begin{bmatrix} X_w \\ Y_w \\ Z_w \\ 1 \end{bmatrix} \tag{2.4}$$

② 摄像机坐标系转换为图像物理坐标系：2.2.1.1 节中的针孔模型可结合图 2.7 变化得到图 2.8。

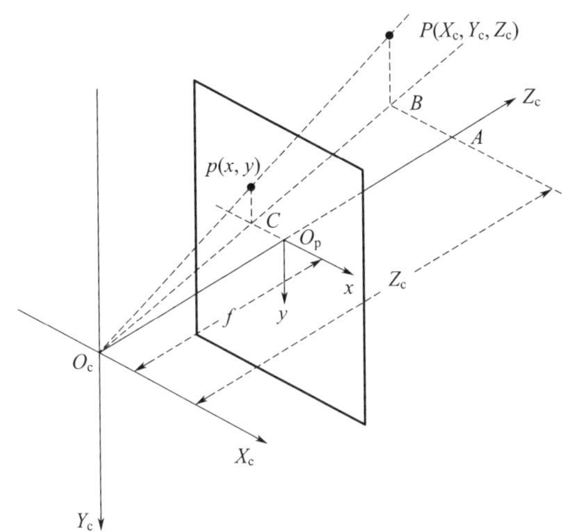

图 2.8　针孔模型坐标系结构图

通过图 2.8 中相似三角形几何关系可得：

$$
\begin{aligned}
x &= f\frac{X_c}{Z_c} \\
y &= f\frac{Y_c}{Z_c}
\end{aligned}
\tag{2.5}
$$

转换为矩阵形式有：

$$
Z_c\begin{bmatrix} x \\ y \\ 1 \end{bmatrix} = \begin{bmatrix} f & 0 & 0 & 0 \\ 0 & f & 0 & 0 \\ 0 & 0 & 1 & 0 \end{bmatrix}\begin{bmatrix} X_c \\ Y_c \\ Z_c \\ 1 \end{bmatrix} \tag{2.6}
$$

③ 图像物理坐标系转换为图像像素坐标系：图像物理坐标系和图像像素坐标系原点不同，分别位于图像左上角和中心，图 2.9 显示了两个坐标系关系图。

图像物理坐标系和图像像素坐标系单位不同，分别为毫米和像素，图像物理坐标系 O_p-xy 原点 O_p 在图像像素坐标系 O_o-uv 中坐标为 $(u_0,\ v_0)$，O_o-uv 坐标系中一个像素坐标点 $(u,\ v)$ 在 O_o-uv 坐标系中 u 轴和 v 轴上的单位尺寸分别为 d_x 和 d_y，因此可得出：

$$
\begin{aligned}
x &= (u-u_0)d_x \\
y &= (v-v_0)d_y
\end{aligned}
\tag{2.7}
$$

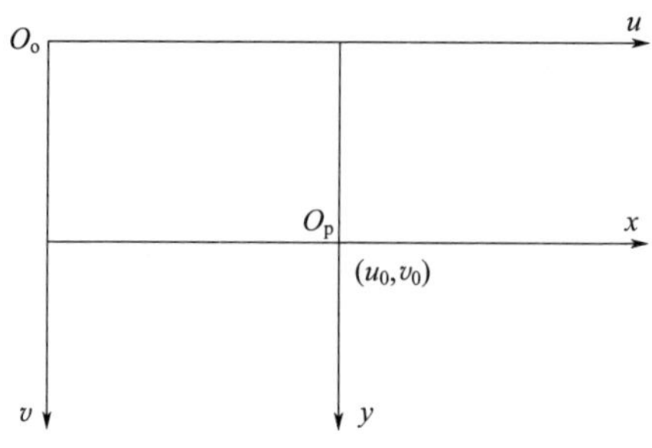

图 2.9 图像物理和像素坐标系关系图

式(2.7) 可变形转换为：

$$u=u_0+\frac{x}{d_x}$$

$$v=v_0+\frac{y}{d_y} \tag{2.8}$$

由此可得出矩阵形式的转换表达式：

$$\begin{bmatrix} u \\ v \\ 1 \end{bmatrix}=\begin{bmatrix} \frac{1}{d_x} & 0 & u_0 \\ 0 & \frac{1}{d_y} & v_0 \\ 0 & 0 & 1 \end{bmatrix}\begin{bmatrix} x \\ y \\ 1 \end{bmatrix} \tag{2.9}$$

④ 世界坐标系直接转换为图像像素坐标系：

将式(2.4) 与式(2.6) 相结合可得到世界坐标系与图像物理坐标系转换关系：

$$Z_c\begin{bmatrix} x \\ y \\ 1 \end{bmatrix}=\begin{bmatrix} f & 0 & 0 & 0 \\ 0 & f & 0 & 0 \\ 0 & 0 & 1 & 0 \end{bmatrix}\begin{bmatrix} \boldsymbol{R}_{3\times 3} & \boldsymbol{T}_{3\times 1} \\ 0 & 1 \end{bmatrix}\begin{bmatrix} X_w \\ Y_w \\ Z_w \\ 1 \end{bmatrix} \tag{2.10}$$

将式(2.9) 与式(2.10) 相结合可得到世界坐标系与图像像素坐标系转换关系：

$$Z_c\begin{bmatrix} u \\ v \\ 1 \end{bmatrix}=\begin{bmatrix} \frac{1}{d_x} & 0 & u_0 \\ 0 & \frac{1}{d_y} & v_0 \\ 0 & 0 & 1 \end{bmatrix}\begin{bmatrix} f & 0 & 0 & 0 \\ 0 & f & 0 & 0 \\ 0 & 0 & 1 & 0 \end{bmatrix}\begin{bmatrix} \boldsymbol{R}_{3\times 3} & \boldsymbol{T}_{3\times 1} \\ 0 & 1 \end{bmatrix}\begin{bmatrix} X_w \\ Y_w \\ Z_w \\ 1 \end{bmatrix} \tag{2.11}$$

可变形为：

$$Z_c\begin{bmatrix}u\\v\\1\end{bmatrix}=\begin{bmatrix}\frac{f}{d_x}&0&u_0&0\\0&\frac{f}{d_y}&v_0&0\\0&0&1&1\end{bmatrix}\begin{bmatrix}\boldsymbol{R}_{3\times3}&\boldsymbol{T}_{3\times1}\\0&1\end{bmatrix}\begin{bmatrix}X_w\\Y_w\\Z_w\\1\end{bmatrix}\tag{2.12}$$

则有：

$$Z_c\begin{bmatrix}u\\v\\1\end{bmatrix}=\begin{bmatrix}f_x&0&u_0&0\\0&f_y&v_0&0\\0&0&1&1\end{bmatrix}\begin{bmatrix}\boldsymbol{R}_{3\times3}&\boldsymbol{T}_{3\times1}\\0&1\end{bmatrix}\begin{bmatrix}X_w\\Y_w\\Z_w\\1\end{bmatrix}=\boldsymbol{M}_{3\times4}\boldsymbol{N}_{4\times4}\begin{bmatrix}X_w\\Y_w\\Z_w\\1\end{bmatrix}\tag{2.13}$$

式中，$f_x=f/d_x$；$f_y=f/d_y$；$\boldsymbol{M}_{3\times4}$ 属于摄像机内参数矩阵，$\boldsymbol{N}_{4\times4}$ 属于摄像机外参数矩阵，摄像机内外参数需要进行相机标定获取。

2.2.2 相机标定

2.2.2.1 相机标定方法分类

摄像机（相机）参数分内参和外参。内参一般为摄像机本身特性参数，如相机焦距、主点坐标、比例因子和镜头畸变系数等；外参一般为摄像机坐标系与世界坐标系之间的空间转换参数，如旋转矩阵和平移矩阵。获取世界坐标系中一个坐标点与图像像素坐标系中对应的坐标点之间的映射关系被称为摄像机标定，这种映射关系的求取也可以理解为摄像机参数的求解。目前常用的摄像机标定方法根据是否需要标定物可分为传统摄像机标定法、自标定法和基于主动视觉的标定方法[7]。

① 传统摄像机标定法，需要提供一个标定物进行相机标定，首先利用标定物已知空间点坐标与图像相对应的同名像素点坐标的映射关系建立摄像机成像模型，进而通过不同优化算法求解摄像机成像模型参数，这个方法就叫作传统摄像机标定法。传统摄像机标定法的核心是标定物的几何参数必须精准已知，标定物根据空间维数又分为零维、一维、二维和三维标定物。传统摄像机标定法目前主要分为：利用最优化算法的标定法[8,9]、利用变换矩阵的标定法和分布标定法[10,11] 等。传统摄像机标定法的缺点是需要设置精密的标定物，标定过程复杂，在复杂环境下实验鲁棒性低，同时计算量大，无法满足实时性要求，但优点是适用于任意摄像机成像模型，实验结果精度较高。基于以上特点，传统摄像机标定法适用于相机位置不经常变动、不需要经常进行标定、标定精度要求较高的应用场合。

② 20 世纪 90 年代，自标定法开始兴起[12]。自标定法不需要标定物而需要移动相机，利用相机在移动过程中采集的图像集中同名像素点的对应关系进行建模，通过解算模型参数完成标定过程[13]。自标定法只适用于针孔模型，目前主要可划分为求解 Kruppa 方程的自标定法[14,15]、分层逐步法自标定法[16,17]、基于二次曲面的自标定法[18] 和可变内参数标定法[19,20]。经过多年发展，自标定法理论已基本成熟，其优势在于操作简便，无需标定物，主要问题是无法解决求解多元线性方程带来的鲁棒性低问题，因此适用于不需要高精度标定的应用场合，如虚拟现实、通信和投影等。

③ 基于主动视觉的标定方法，同样不需要标定物，通过移动受到运动模式限制的相机进行图像采集，根据图像信息和已知相机运动模式来求解相机内外参数完成标定过程。基于主动视觉的标定方法的核心在于需要规定相机的运动模式，主要可分为旋转和平移运动。目前主要可分为基于摄像机旋转的标定[21]、基于三正交平移运动的标定[22] 以及基于无穷远平面单应矩阵的标定[23,24]。基于主动视觉的标定方法优势在于标定结果精度高，同时由于相机运动轨迹确定，能够进行线性求解，因此鲁棒性高，但缺点在于实验成本高。目前其一般适用于需要高精度以及高鲁棒性应用场合。

由上述分析，结合文献，可归纳出表 2.3。

表 2.3　三种标定方法比较

摄像机标定法	标定物	优点	缺点
传统摄像机标定法	需要	精度高	操作复杂、速度慢、鲁棒性低
自标定法	不需要	操作简单	精度低、鲁棒性低
基于主动视觉的标定方法	不需要	精度高、鲁棒性高	成本高

2.2.2.2　张正友标定法

张正友标定法在考虑镜头畸变、保持高标定速度的情况下依然能够有高精度和高鲁棒性等性能，在实际操作中只需要打印一张棋盘格作为标定物就能进行标定实验。由于张正友标定法同时拥有传统摄像机标定法的高精度和自标定法的灵活性，因此自其问世以来一直被广泛应用于计算机视觉领域。基于上述原因，本小节采用张正友标定法进行多目相机系统标定，下面将详细介绍张正友标定法原理。

(1) 求解摄像机内外参数

根据式(2.13)，世界坐标系三维空间点（$X_w, Y_w, Z_w, 1$）和图像像素坐标系（$u, v, 1$）转换关系可变为：

$$s\begin{bmatrix}u\\v\\1\end{bmatrix}=\boldsymbol{K}\begin{bmatrix}\boldsymbol{R} & \boldsymbol{T}\end{bmatrix}\begin{bmatrix}X_{\mathrm{w}}\\Y_{\mathrm{w}}\\Z_{\mathrm{w}}\\1\end{bmatrix} \tag{2.14}$$

式中，s 为尺度因子；$\boldsymbol{K}$ 为摄像机内参数矩阵；$\boldsymbol{R}$ 为旋转矩阵；$\boldsymbol{T}$ 为平移矩阵。令：

$$\boldsymbol{K}=\begin{bmatrix}\alpha & \gamma & u_0\\0 & \beta & v_0\\0 & 0 & 1\end{bmatrix} \tag{2.15}$$

式中，α 为图像坐标系中 x 轴方向的焦距，以像素为单位；β 为图像坐标系中 y 轴方向的焦距，以像素为单位；γ 为图像坐标轴的倾斜因子。

在张正友标定法中，令棋盘格标定物平面为 $Z=0$ 的世界坐标系平面，则有：

$$s\begin{bmatrix}u\\v\\1\end{bmatrix}=\boldsymbol{K}\begin{bmatrix}\boldsymbol{r}_1 & \boldsymbol{r}_2 & \boldsymbol{r}_3 & \boldsymbol{T}\end{bmatrix}\begin{bmatrix}X_{\mathrm{w}}\\Y_{\mathrm{w}}\\0\\1\end{bmatrix}=\boldsymbol{K}\begin{bmatrix}\boldsymbol{r}_1 & \boldsymbol{r}_2 & \boldsymbol{t}\end{bmatrix}\begin{bmatrix}X\\Y\\1\end{bmatrix} \tag{2.16}$$

式中，$\boldsymbol{r}_i$ 表示旋转矩阵 $\boldsymbol{R}$ 中第 i 个元素；$\boldsymbol{t}$ 表示平移向量。将 $\boldsymbol{K}[\boldsymbol{r}_1 \quad \boldsymbol{r}_2 \quad \boldsymbol{t}]$ 叫作单应矩阵 $\boldsymbol{H}$，即：

$$s\begin{bmatrix}u\\v\\1\end{bmatrix}=\boldsymbol{H}\begin{bmatrix}X\\Y\\1\end{bmatrix} \tag{2.17}$$

$$\boldsymbol{H}=\begin{bmatrix}\boldsymbol{h}_1 & \boldsymbol{h}_2 & \boldsymbol{h}_3\end{bmatrix}=\lambda\boldsymbol{K}\begin{bmatrix}\boldsymbol{r}_1 & \boldsymbol{r}_2 & \boldsymbol{t}\end{bmatrix} \tag{2.18}$$

式中，$\boldsymbol{h}_i$ 表示单应矩阵 $\boldsymbol{H}$ 的第 i 个元素；$\lambda=1/s$。转换式(2.18) 可得：

$$\begin{cases}\boldsymbol{r}_1=\dfrac{1}{\lambda}\boldsymbol{K}^{-1}\boldsymbol{h}_1\\\boldsymbol{r}_2=\dfrac{1}{\lambda}\boldsymbol{K}^{-1}\boldsymbol{h}_2\\\boldsymbol{t}=\dfrac{1}{\lambda}\boldsymbol{K}^{-1}\boldsymbol{h}_3\end{cases} \tag{2.19}$$

由于旋转矩阵是个酉矩阵，因此 $\boldsymbol{r}_1$ 和 $\boldsymbol{r}_2$ 正交，可得：

$$\begin{cases}\boldsymbol{r}_1^{\mathrm{T}}\boldsymbol{r}_2=0\\\|\boldsymbol{r}_1\|=\|\boldsymbol{r}_2\|=1\end{cases} \tag{2.20}$$

结合式(2.19)和式(2.20)，可得：

$$\begin{cases}\boldsymbol{h}_1^{\mathrm{T}}(\boldsymbol{K}^{-1})^{\mathrm{T}}\boldsymbol{K}^{-1}\boldsymbol{h}_2=0\\ \boldsymbol{h}_1^{\mathrm{T}}(\boldsymbol{K}^{-1})^{\mathrm{T}}\boldsymbol{K}^{-1}\boldsymbol{h}_1=\boldsymbol{h}_2^{\mathrm{T}}(\boldsymbol{K}^{-1})^{\mathrm{T}}\boldsymbol{K}^{-1}\boldsymbol{h}_2\end{cases} \tag{2.21}$$

令式(2.21)中$(\boldsymbol{K}^{-1})^{\mathrm{T}}\boldsymbol{K}^{-1}$定义为矩阵$\boldsymbol{B}$，则有：

$$\boldsymbol{B}=(\boldsymbol{K}^{-1})^{\mathrm{T}}\boldsymbol{K}^{-1}=\begin{bmatrix}B_{11} & B_{12} & B_{13}\\ B_{21} & B_{22} & B_{23}\\ B_{31} & B_{32} & B_{33}\end{bmatrix}$$

$$=\begin{bmatrix}\dfrac{1}{\alpha^2} & -\dfrac{\gamma}{\alpha^2\beta} & \dfrac{v_0\gamma-u_0\beta}{\alpha^2\beta}\\ -\dfrac{\gamma}{\alpha^2\beta} & \dfrac{\gamma^2}{\alpha^2\beta}+\dfrac{1}{\beta^2} & -\dfrac{\gamma(v_0\gamma-u_0\beta)}{\alpha^2\beta^2}-\dfrac{v_0}{\beta^2}\\ \dfrac{v_0\gamma-u_0\beta}{\alpha^2\beta} & -\dfrac{\gamma(v_0\gamma-u_0\beta)}{\alpha^2\beta^2}-\dfrac{v_0}{\beta^2} & \dfrac{(v_0\gamma-u_0\beta)^2}{\alpha^2\beta^2}+\dfrac{v_0}{\beta^2}+1\end{bmatrix} \tag{2.22}$$

可看出，$\boldsymbol{B}$为一个对称矩阵，因此$\boldsymbol{B}$的有效元素有6个，将这6个元素写成向量$\boldsymbol{b}$，则有：

$$\boldsymbol{b}=[B_{12}\quad B_{11}\quad B_{22}\quad B_{13}\quad B_{23}\quad B_{33}]^{\mathrm{T}} \tag{2.23}$$

可推导得：

$$\boldsymbol{h}_i^{\mathrm{T}}\boldsymbol{B}\boldsymbol{h}_j=\begin{bmatrix}h_{i1}h_{j1}\\ h_{i1}h_{j2}+h_{i2}h_{j1}\\ h_{i2}h_{j2}\\ h_{i3}h_{j1}+h_{i1}h_{j3}\\ h_{i3}h_{j2}+h_{i2}h_{j3}\\ h_{i3}h_{j3}\end{bmatrix}\begin{bmatrix}B_{11}\\ B_{21}\\ B_{22}\\ B_{31}\\ B_{32}\\ B_{33}\end{bmatrix}=\boldsymbol{v}_{ij}^{\tau}\boldsymbol{b} \tag{2.24}$$

式中，$\boldsymbol{h}_i$和$\boldsymbol{h}_j$分别表示为矩阵$\boldsymbol{H}$中第i列向量和第j列向量；h_{ik}和h_{jk}分别表示$\boldsymbol{h}_i$和$\boldsymbol{h}_j$中第k个数；$\boldsymbol{v}_{ij}^{\tau}$是一个6维行向量，由$\boldsymbol{h}_i$和$\boldsymbol{h}_j$按特定规则组合而成。利用式(2.21)可推导得：

$$\begin{bmatrix}\boldsymbol{v}_{12}^{\mathrm{T}}\\ (\boldsymbol{v}_{11}-\boldsymbol{v}_{12})^{\mathrm{T}}\end{bmatrix}\boldsymbol{b}=0 \tag{2.25}$$

通过上式分析可知，如果采集标定的图像数量大于3，可通过最小二乘法计算得出矩阵$\boldsymbol{B}$，然后通过Cholesky分解，得出相机内参数矩阵$\boldsymbol{K}$，具体如下：

$$\begin{cases} v_0=(B_{12}B_{13}-B_{11}B_{23})/(B_{11}B_{22}-B_{12}^2) \\ s=B_{33}-[B_{13}^2+(B_{12}B_{13}+B_{11}B_{23})v_0]/B_{11} \\ \alpha=\sqrt{Z_c/B_{11}} \\ \beta=\sqrt{sB_{11}/(B_{11}B_{22}-B_{12}^2)} \\ \gamma=-B_{12}\alpha^2\beta/s \\ u_0=\gamma v_0/\beta-B_{13}\alpha^2/s \end{cases} \tag{2.26}$$

最后通过式(2.19) 和式(2.20) 可得出相机外参数：

$$\begin{cases} \lambda=\dfrac{1}{s}=\dfrac{1}{\|\boldsymbol{K}^{-1}\boldsymbol{h}_1\|}=\dfrac{1}{\|\boldsymbol{K}^{-1}\boldsymbol{h}_2\|} \\ \boldsymbol{r}_1=\dfrac{1}{\lambda}\boldsymbol{K}^{-1}\boldsymbol{h}_1 \\ \boldsymbol{r}_2=\dfrac{1}{\lambda}\boldsymbol{K}^{-1}\boldsymbol{h}_2 \\ \boldsymbol{r}_3=\boldsymbol{r}_1\times\boldsymbol{r}_2 \end{cases} \tag{2.27}$$

(2) 最大似然估计

式(2.26) 和式(2.27) 的内外参数都是基于理想情况下得出的，实际图像存在高斯噪声。为得到实际的参数，张正友标定法采用最大似然估计法进行优化。假设相机采集了 n 张不同摆放方位的棋盘格标定物图像，其中棋盘格标定物有 m 个角点，则可设置优化算法目标函数为：

$$\min\sum_{i=1}^{n}\sum_{j=1}^{m}\|\boldsymbol{m}_{ij}-\hat{\boldsymbol{m}}_{ij}(\boldsymbol{K},\boldsymbol{R}_i,\boldsymbol{T}_i,\boldsymbol{M}_j)\|^2 \tag{2.28}$$

式中，$\boldsymbol{m}_{ij}$ 表示第 i 张图中第 j 个角点坐标；$\hat{\boldsymbol{m}}_{ij}(\boldsymbol{K},\boldsymbol{R}_i,\boldsymbol{T}_i,\boldsymbol{M}_j)$ 表示求解参数得到的角点坐标；$\boldsymbol{R}_i$ 表示第 i 张图像对应的外参数的旋转矩阵；$\boldsymbol{T}_i$ 表示第 i 张图像对应的外参数的平移向量；$\boldsymbol{M}_j$ 表示第 j 个角点在世界坐标系中的三维坐标。可采用多参数非线性系统优化问题的 Levenberg-Marquardt 算法[25]进行迭代求最优解。

(3) 径向畸变估计

张正友标定法只考虑了镜头径向畸变：

$$\begin{aligned} \hat{u}&=u+(u-u_0)[k_1(x^2+y^2)+k_2(x^2+y^2)^2] \\ \hat{v}&=v+(v-v_0)[k_1(x^2+y^2)+k_2(x^2+y^2)^2] \end{aligned} \tag{2.29}$$

式中，(u,v) 是无畸变的像素坐标；$(\hat{u},\hat{v})$ 为实际有畸变的像素坐标；(x,y) 为无畸变的图像坐标；(u_0,v_0) 为主点坐标；k_1 和 k_2 都为畸变参数。以 $(\hat{x},\hat{y})$ 表示有畸变的图像坐标，有：

$$
\begin{aligned}
\hat{u} &= u_0 + \alpha\hat{x} + \gamma\hat{y} \\
\hat{v} &= v_0 + \beta\hat{y}
\end{aligned}
\tag{2.30}
$$

将式(2.29) 结合式(2.30)，可得：

$$
\begin{bmatrix} (u-u_0)(x^2+y^2) & (u-u_0)(x^2+y^2)^2 \\ (v-v_0)(x^2+y^2) & (v-v_0)(x^2+y^2)^2 \end{bmatrix} \begin{bmatrix} k_1 \\ k_2 \end{bmatrix} = \begin{bmatrix} \hat{u}-u \\ \hat{v}-v \end{bmatrix}
\tag{2.31}
$$

可将式(2.31) 转换为：

$$
\boldsymbol{D}\boldsymbol{k}=\boldsymbol{d}
\tag{2.32}
$$

可得畸变参数 $\boldsymbol{k}$ 为：

$$
\boldsymbol{k}=[k_1,k_2]^{\mathrm{T}}=(\boldsymbol{D}^{\mathrm{T}}\boldsymbol{D})^{-1}\boldsymbol{D}^{\mathrm{T}}\boldsymbol{d}
\tag{2.33}
$$

2.2.2.3 多目相机标定实验与分析

本实验进行多目相机标定，其中待标定的三台相机同型号且分别记作相机A、B和C，采用GP340信号的12×9玻璃棋盘标定板进行标定，标定参数分为相机本征参数和相机位姿外参数两部分。标定实验中，三台相机摆成互为对角方向，即整体摆放结构可看作三角形，这种摆放方式能确保在后续轨迹提取预测实验中采集到完整的乒乓球运动轨迹，同时设置相机A为多目视觉系统主相机，设置相机B和C为系统从相机，系统中位姿方位以主相机的摄像机坐标系原点为整个坐标系原点。本实验采用Matlab仿真软件中“Stereo Camera Calibrator”工具箱进行三组立体视觉标定，该工具箱标定原理采用张正友标定法，每个相机只需要采集10～20张含棋盘标定物的图像就能进行标定，其操作简单、精度高以及鲁棒性高，非常适合现场相机标定。图2.10显示了Matlab标定角点提取图。

图2.10(a) 和 (b) 显示了相机组AB标定角点提取图，(c) 和 (d) 显示了相机组BC标定角点提取图，(e) 和 (f) 显示了相机组AC标定角点提取图。其

(a)

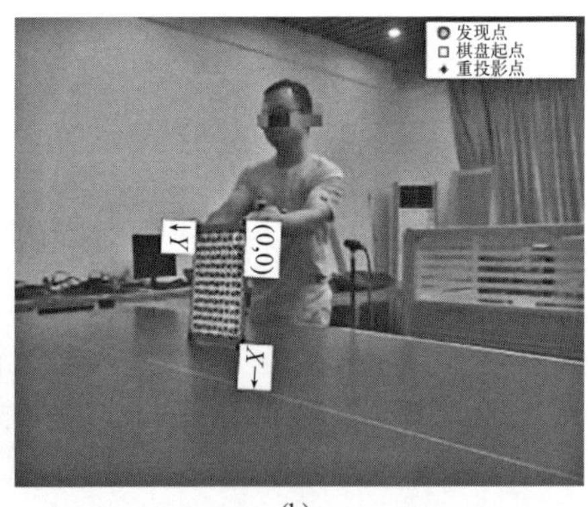

(b)

(c)　(d)　(e)　(f)

图 2.10　Matlab 标定角点提取图

中，每组立体视觉标定实验都可得到单个相机的本征参数以及两相机之间的位姿方位外参数，相机组之间坐标转换可通过计算得到。表 2.4 显示了相机内参数矩阵和畸变系数。

表 2.4　相机内参数矩阵和畸变系数

相机	内参数矩阵 $\boldsymbol{M}$	畸变系数				
		k_1	k_2	p_1	p_2	k_3
相机 A	$\begin{bmatrix}1254.06 & 0 & 644.39\\ 0 & 1263.25 & 526.69\\ 0 & 0 & 1\end{bmatrix}$	−0.057	−0.712	−0.001	0.001	0.208
相机 B	$\begin{bmatrix}1331.45 & 0 & 627.66\\ 0 & 1261.23 & 502.62\\ 0 & 0 & 1\end{bmatrix}$	−0.028	−0.114	−0.003	0.001	0.345
相机 C	$\begin{bmatrix}1269.05 & 0 & 657.10\\ 0 & 1241.92 & 548.27\\ 0 & 0 & 1\end{bmatrix}$	−0.002	−1.178	−0.001	0.004	1.254

表 2.4 显示了三台相机的内外参数，将它们输入重投影误差实验中进行误差分析。经过实验，相机 A、B 和 C 的重投影误差分别为 0.097、0.057 和 0.056，可以看出，重投影误差非常小，近乎为 0，因此可充分说明三台相机内外参数标定实验结果非常好。

2.2.3 多目视觉三维定位原理

图 2.11 显示了立体视觉成像模型图。从图 2.11 可看出，立体视觉两相机很难平行，因此不仅需要标定摄像机本征参数，还需要标定两相机之间的位姿方位参数。假设立体视觉系统中左相机的摄像机坐标系与世界坐标系重合，设置左相机为主相机，此时图像物理坐标系与摄像机坐标系之间的关系为：

$$Z_{\mathrm{w}}\begin{bmatrix}x_{\mathrm{l}}\\y_{\mathrm{l}}\\1\end{bmatrix}=\begin{bmatrix}f_{\mathrm{l}}&0&0\\0&f_{\mathrm{l}}&0\\0&0&1\end{bmatrix}\begin{bmatrix}X_{\mathrm{w}}\\Y_{\mathrm{w}}\\Z_{\mathrm{w}}\end{bmatrix} \tag{2.34}$$

$$Z_{\mathrm{w}}\begin{bmatrix}x_{\mathrm{r}}\\y_{\mathrm{r}}\\1\end{bmatrix}=\begin{bmatrix}f_{\mathrm{r}}&0&0\\0&f_{\mathrm{r}}&0\\0&0&1\end{bmatrix}\begin{bmatrix}X_{\mathrm{w}}\\Y_{\mathrm{w}}\\Z_{\mathrm{w}}\end{bmatrix} \tag{2.35}$$

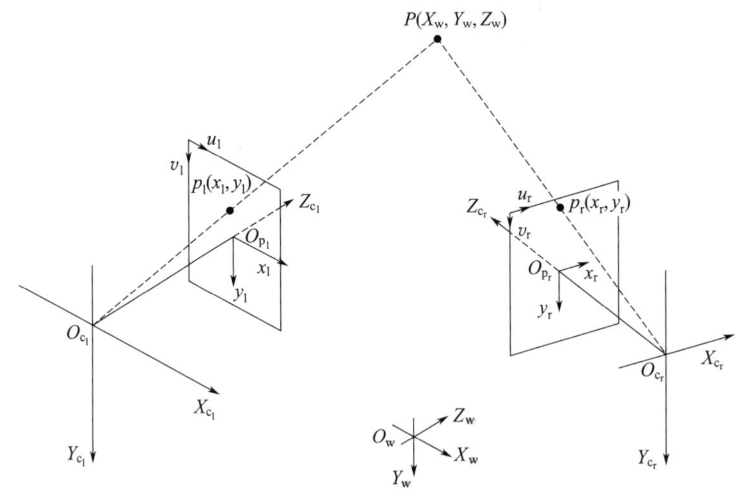

图 2.11 立体视觉成像模型

此时，假设右相机摄像机坐标系相对于左相机摄像机坐标系存在旋转矩阵 $\boldsymbol{R}_{\mathrm{conver}}$ 和平移矩阵 $\boldsymbol{T}_{\mathrm{conver}}$，则有：

$$\boldsymbol{R}_{\mathrm{conver}}=\boldsymbol{R}_{\mathrm{r}}\boldsymbol{R}_{\mathrm{l}}^{-1} \tag{2.36}$$

$$\boldsymbol{T}_{\mathrm{conver}}=\boldsymbol{T}_{\mathrm{r}}-\boldsymbol{R}_{\mathrm{r}}\boldsymbol{R}_{\mathrm{l}}^{-1}\boldsymbol{T}_{\mathrm{r}} \tag{2.37}$$

$$\begin{bmatrix} X_r \\ Y_r \\ Z_r \end{bmatrix} = \begin{bmatrix} \boldsymbol{R}_{conver} & \boldsymbol{T}_{conver} \end{bmatrix} \begin{bmatrix} X_l \\ Y_l \\ Z_l \end{bmatrix} = \begin{bmatrix} r_1 & r_2 & r_3 & t_x \\ r_4 & r_5 & r_6 & t_y \\ r_7 & r_8 & r_9 & t_z \end{bmatrix} \begin{bmatrix} X_l \\ Y_l \\ Z_l \end{bmatrix} \tag{2.38}$$

式中，$\boldsymbol{R}_l$、$\boldsymbol{R}_r$ 和$\boldsymbol{T}_r$ 都为左右相机的本征参数；t_x 表示右相机相对于左相机在水平方向的平移量；t_y 表示右相机相对于左相机在垂直方向的平移量；t_z 表示右相机相对于左相机在光轴方向的平移量。当计算得到相机位姿方位参数 $\boldsymbol{R}_{conver}$ 和$\boldsymbol{T}_{conver}$ 时，联立上式可得：

$$\begin{cases} X_w = \dfrac{Z_w x_l}{f_l} \\ Y_w = \dfrac{Z_w y_l}{f_l} \\ Z_w = \dfrac{f_l(f_r t_x - x_r t_z)}{x_r(r_7 x_l + r_8 y_l + f_l r_9) - f_r(r_1 x_l + r_2 y_l + f_l r_3)} \end{cases} \tag{2.39}$$

由式(2.39) 可知，当获取立体视觉中相机焦距 f_l、f_r，空间目标点映射在立体视觉图像物理坐标系中的 x_l、y_l、x_r、y_r 值，以及位姿方位参数矩阵 $\boldsymbol{R}_{conver}$ 和$\boldsymbol{T}_{conver}$ 时，可直接解算得到目标点三维坐标值。其中，图像物理坐标可通过获取目标点映射在图像像素坐标系中的坐标值经式(2.9) 得到。多目视觉有 N 台（至少三台）相机进行图像采集，因此两两交互最多可形成 N^2-2 组立体视觉对，每时刻最多可获取 N^2-2 个目标点空间三维坐标值。当不采用多信息融合算法时，一般采用平均计算获得坐标值，公式如下：

$$\begin{cases} X_w = \dfrac{\sum\limits_{i=N^2-2} X_{wi}}{N^2-2} \\ Y_w = \dfrac{\sum\limits_{i=N^2-2} Y_{wi}}{N^2-2} \\ Z_w = \dfrac{\sum\limits_{i=N^2-2} Z_{wi}}{N^2-2} \end{cases} \tag{2.40}$$

2.2.4　多目视觉立体匹配

立体匹配是立体视觉三维重建的关键技术，其目的是实现目标物在立体图像中对同名像素点匹配，生成视差图，最后得出目标深度信息。其研究步骤目前主要可分为 4 步：匹配代价计算、匹配代价聚合、最小优化能量函数计算视差和视差求精[26]。立体匹配算法可分为基于人工特征的立体匹配算法和基于深度学习的立体匹配算法，其中基于人工特征的立体匹配主要通过窗口内的匹配代价进行计算，而基于深度学习的立体匹配主要通过卷积神经网络整合代价计算、代价聚合和最小优化能量函数步骤直接非线性计算出视差。

(1) 基于人工特征的立体匹配算法

基于人工特征的立体匹配算法有两种划分标准：第一种根据约束范围可划分为全局立体匹配、局部立体匹配和半全局立体匹配，第二种根据生成的视差图应用范围可分为稠密立体匹配和稀疏立体匹配。下面按照第一种划分标准具体分析介绍。

① 全局立体匹配。全局立体匹配算法主要思想是通过整合全图像素构建全局能量函数，采用最小优化能量函数获取致密视差图，其全局能量函数 E_{d} 为：

$$E_{\mathrm{d}}=E_{\mathrm{data}}(D)+\lambda E_{\mathrm{smooth}}(D) \tag{2.41}$$

其中，$E_{\mathrm{data}}(D)$ 为图像数据约束项，用于判断匹配像素点之间的相似性；$E_{\mathrm{smooth}}(D)$ 为相邻像素点之间的平滑约束项，用于判断相邻像素点的连续性；λ 为权重参数，一般取正数。根据能量函数优化方法不同，可分为动态规划法[27]、置信度传播法[28]、模拟退火法[29]、图割法等[30]。全局立体匹配算法优势在于能利用图像中的全局约束信息，在匹配过程中考虑了平滑性和精准性，对局部模糊信息不敏感，但同时也有计算代价高、匹配速度慢等缺点，因此在实时性要求高的场合更适合使用全局立体匹配法。

② 局部立体匹配。局部立体匹配算法主要思想是基于匹配基元将图像切割成匹配块，将匹配块与待匹配块以相似度为标准进行匹配，一一选取相似度最高的匹配块对进行能量函数优化，最后得出视差图。根据选取匹配基元的不同，局部立体匹配可分为基于区域[31]、基于特征[32]、基于相位[33] 的立体匹配。局部立体匹配相比全局立体匹配其能量函数没有图像数据约束项，只能求解局部最优解，因此实时性会较高，但准确性会较低。

③ 半全局立体匹配。半全局立体匹配算法主要思想是利用互信息（MI）作为相似性测度进行匹配代价计算，随后进行代价聚合，然后采用动态规划方法最小化能量函数进行视差选择，最后采用左右一致性和中值滤波进行后处理提升精度。半全局立体匹配算法优势在于计算量小、实时性高、精度较好，是介于全局和局部立体匹配之间的算法，目前已成为主流的基于人工特征的立体匹配算法。

(2) 基于深度学习的立体匹配算法

基于人工特征的立体匹配难以获取图像上下文信息，同时经验参数的选择对匹配精度影响很大，因此其不具备普适性，难以在复杂环境中实时立体匹配。深度学习具有强大的特征提取能力，卷积神经网络通过卷积、池化、全连接等步骤非线性转化图像，提取图像特征进行代价计算，在对提取的图像特征进行上采样过程中设置代价聚合和图像增强方法，从而实现立体匹配[34]。目前基于深度学习的立体匹配算法基本可分为深度学习与传统算法结合的立体匹配算法和基于深度学习的端到端立体匹配算法[35]。

① 深度学习与传统算法结合的立体匹配。深度学习与传统算法结合的立体匹配算法主要思想是在传统算法中应用深度学习算法，通过直接学习图像，利用神经网络完成传统算法中的匹配代价、代价聚合等步骤，减少传统算法中人为设计的误差，以获取立体匹配的更高精度和鲁棒性。该方法虽然相比于传统算法而言性能有所提升，但该方法的缺陷在于得出的视差图通常需要进行如左右一致性检验、亚像素增强、中值滤波及双边滤波等图像处理，导致模型实时性差，影响模型耦合与实际部署[36]，同时目前该方法主要研究难点在于各算法之间的结合问题。

② 基于深度学习的端到端立体匹配。基于深度学习的端到端立体匹配算法主要思想是利用深度学习网络迭代训练映射权重，直接输入待匹配图像对，输出视差图。该方法相比于非端到端的深度学习立体匹配算法而言无须进行后处理步骤，通过训练海量的立体图像数据集，不仅极大提升了精度和实时性，并且模型具有较强的适应性，近年来不断有研究者进行研究[37-39]。由于该方法需要利用庞大的数据集进行训练以增强模型泛化能力，在提升性能的同时也会提升算法的时间复杂度。

2.2.5 多相机信息融合策略

由于在视觉测量中，深度方向上的测量精度远远低于其他方向，因此在处理多组双目视觉得到的目标物三维坐标时，当得到的 Z_w 越小，置信度越高。针对多组视觉系统信息融合问题，此处提出一种信息融合策略，根据 Z_w 越小而权重系数越大原则，动态调整不同组立体视觉系统 Z_w 所占权重。

$$\begin{aligned}\xi_1 &= \frac{Z_2+Z_3}{2(Z_1+Z_2+Z_3)} \\ \xi_2 &= \frac{Z_1+Z_3}{2(Z_1+Z_2+Z_3)} \\ \xi_3 &= \frac{Z_1+Z_2}{2(Z_1+Z_2+Z_3)}\end{aligned} \tag{2.42}$$

式中，ξ_1、ξ_2 和 ξ_3 分别为三组立体视觉系统的坐标值权重系数；Z_1、Z_2 和 Z_3 分别为三组立体视觉系统提取的 Z 轴坐标值。当有立体视觉系统没有检测到目标物提取坐标时，相对应的 ξ 取 0。由权重系数可得到整个多目视觉提取的三维坐标值为：

$$\begin{bmatrix} X_w \\ Y_w \\ Z_w \end{bmatrix} = \begin{bmatrix} \xi_1 & \xi_2 & \xi_3 \end{bmatrix} \begin{bmatrix} X_1 & Y_1 & Z_1 \\ X_2 & Y_2 & Z_2 \\ X_3 & Y_3 & Z_3 \end{bmatrix} \tag{2.43}$$

2.3 机器人自主定位与建图技术

2.3.1 视觉 SLAM 系统

经典的视觉 SLAM（simultaneous localization and mapping，同步定位与建图）框架经历了多年的发展，已经趋于成熟，成为了多种机器人和自主系统中不可或缺的核心技术之一。它的主要任务是通过视觉传感器实时地估计机器人或设备的位置，同时构建环境地图。视觉 SLAM 的核心模块包括传感器数据获取、视觉里程计、后端优化、建图和回环检测[40]。图 2.12 展示了经典视觉 SLAM 框架的各个模块及其相互关系。

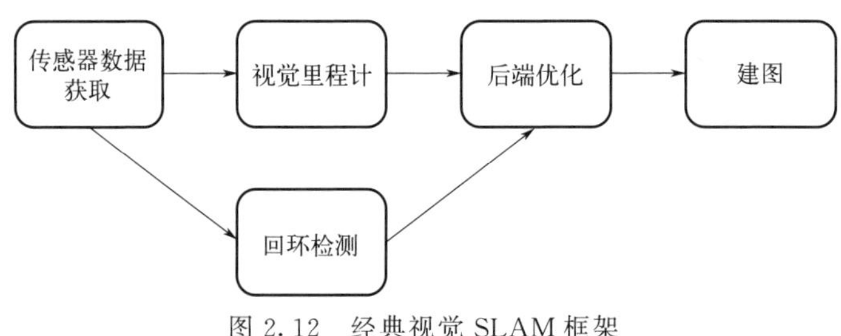

图 2.12　经典视觉 SLAM 框架

2.3.1.1 传感器数据获取

经典的视觉 SLAM 系统获取的传感器数据主要以相机采集的环境图像信息为主，利用相机模型可构建图像平面像素点的坐标与三维空间中地图点的对应关系。常用的相机包括单目相机、双目相机以及 RGB-D 相机。

(1) 单目相机

单目相机的结构相对简单，其采集的图像是空间中物体在相机平面上的投影，另外，单目相机无法直接测量出目标像素点的深度信息。普通的单目相机模型与针孔模型相似，可称为针孔相机模型。针孔相机模型如图 2.13 所示，设相机坐标系为 O-xy，相机的光心为 O。假设三维世界中存在一个空间点 P，经过光心 O 投影在物理成像平面 O'-$x'y'$上，成像点为 P'。

设空间点 P 的坐标为 $[X, Y, Z]^{\mathrm{T}}$，成像点 P'的坐标为 $[X', Y', Z']^{\mathrm{T}}$，$f$ 为焦距。根据相似三角形原理，有：

$$\frac{Z}{f}=-\frac{X}{X'}=-\frac{Y}{Y'} \tag{2.44}$$

由于环境中的物体在相机中成的像为倒像，因此式(2.44) 中带了负号。为

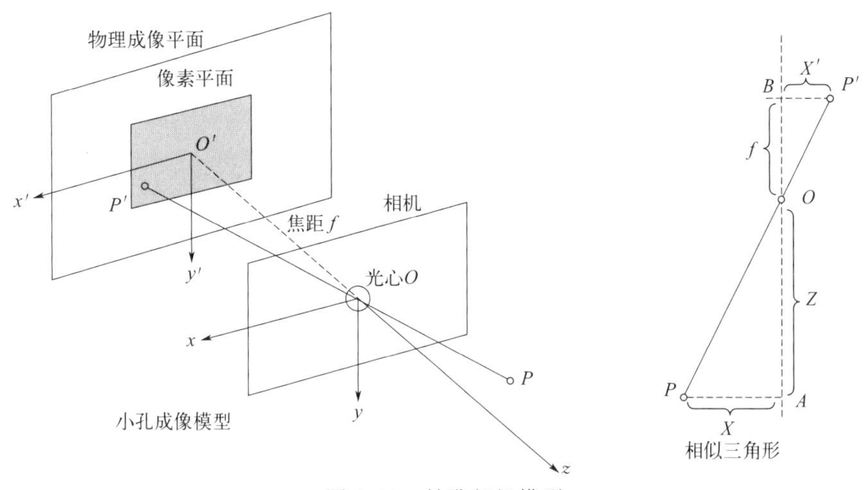

图 2.13　针孔相机模型

了将其进行简化，这里将成像平面对称到相机的前方，从而将负号去除，得：

$$\frac{Z}{f}=\frac{X}{X'}=\frac{Y}{Y'} \tag{2.45}$$

整理得：

$$X'=f\,\frac{X}{Z} \tag{2.46}$$

$$Y'=f\,\frac{Y}{Z} \tag{2.47}$$

为了描述相机将光线转换成图像像素的过程，假设物理成像平面上固定了一个像素平面，坐标系为 $o\text{-}uv$，P'的像素坐标为$[u,v]^{\mathrm{T}}$。设像素坐标在 u 轴上缩放了α 倍，在 v 轴上缩放了β 倍，坐标原点平移了$[c_x,c_y]^{\mathrm{T}}$，则有：

$$\begin{cases}u=\alpha X'+c_x\\ v=\beta Y'+c_y\end{cases} \tag{2.48}$$

将式(2.46)、式(2.47) 代入式(2.48) 中，并将 αf 和βf 分别用 f_x、f_y 表示，得：

$$\begin{cases}u=f_x\,\dfrac{X}{Z}+c_x\\ v=f_y\,\dfrac{Y}{Z}+c_y\end{cases} \tag{2.49}$$

式中，f_x 和 f_y 的单位为像素，写成矩阵形式有：

$$Z\begin{bmatrix}u\\ v\\ 1\end{bmatrix}=\begin{bmatrix}f_x & 0 & c_x\\ 0 & f_y & c_y\\ 0 & 0 & 1\end{bmatrix}\begin{bmatrix}X\\ Y\\ Z\end{bmatrix}\overset{\text{def}}{=\!=}\boldsymbol{KP} \tag{2.50}$$

式中，$\boldsymbol{K}$ 为相机内参数矩阵。由于相机是运动的，因此点 P 的相机坐标即为它的世界坐标。记它的世界坐标为$\boldsymbol{P}_{\mathrm{w}}$，相机的旋转矩阵为 $\boldsymbol{R}$，平移向量为 $\boldsymbol{t}$，则有：

$$Z\boldsymbol{P}_{uv}=Z\begin{bmatrix}u\\v\\1\end{bmatrix}=\boldsymbol{K}(\boldsymbol{R}\boldsymbol{P}_{\mathrm{w}}+\boldsymbol{t})=\boldsymbol{K}\boldsymbol{T}\boldsymbol{P}_{\mathrm{w}} \tag{2.51}$$

(2) 双目相机

我们通常将双目相机看成由水平或者垂直排列的两个针孔相机组合而成的，双目相机通过计算双目视差来对像素深度进行估计。以水平双目相机为例，左右两目光圈的中心都位于 x 轴，分别记为 O_{L} 和 O_{R}，它们之间的距离称为双目相机的基线，记为 b。双目相机的成像模型如图 2.14 所示，即空间点 P 在左右两个相机中所成像分别为 P_{L} 和 P_{R}，在理想情况下，左右两相机只在 x 轴有位移，因此 P_{L}、P_{R} 也只在 x 轴有差异。

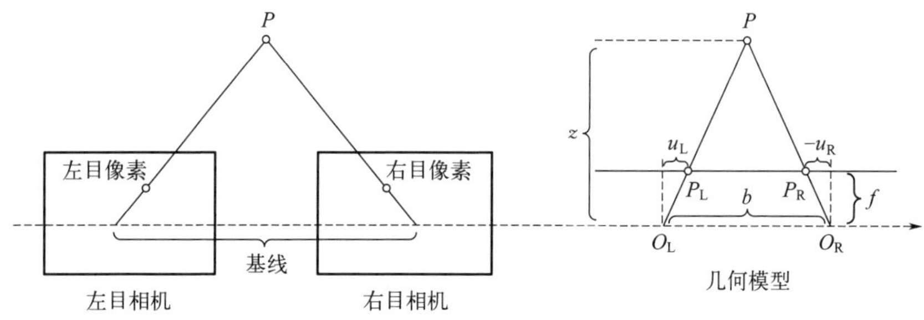

图 2.14 双目相机成像模型

记空间点 P 左右两侧的坐标分别为 u_{L} 和 u_{R}，根据相似三角形原理有：

$$\frac{z-f}{z}=\frac{b-u_{\mathrm{L}}+u_{\mathrm{R}}}{b} \tag{2.52}$$

整理得：

$$z=\frac{fb}{d} \tag{2.53}$$

$$d=u_{\mathrm{L}}-u_{\mathrm{R}} \tag{2.54}$$

式中，z 为空间点与双目相机之间的距离；f 为焦距；d 为视差，表示左右图 x 轴坐标之差。

(3) RGB-D 相机

RGB-D 相机通过主动向被摄物体发射光线，然后根据反射回来的结构光的图案对像素的深度进行估计。目前，主流的 RGB-D 相机像素深度估计原理主要有红外结构光（structured light）原理和飞行时间（time of flight，ToF）原理。两类 RGB-D 相机的原理示意图如图 2.15 所示。

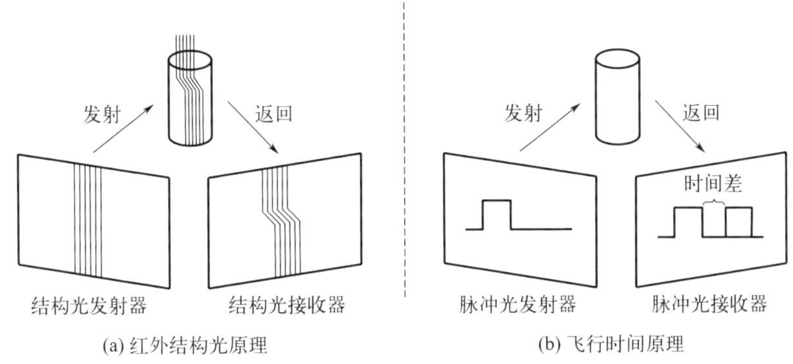

图 2.15 RGB-D 相机原理示意图

2.3.1.2 视觉里程计

视觉里程计为视觉 SLAM 系统的前端，主要利用相机采集的图像帧的信息对相机的运动进行估计，为系统的后端提供初始值。实现方法主要有特征点法和直接法，特征点法凭借技术成熟、不易受光照影响等优点被人们认为是当前视觉里程计的主流方法。基于特征点法的视觉里程计算法流程如图 2.16 所示，主要由特征提取、特征匹配、位姿估计、局部优化四部分构成。

(1) 特征提取

特征点主要由关键点（key-point）和描述子（descriptor）两部分组成。其中，关键点主要包含特征点在相关图像中的位置、大小、方向等信息，描述子主要对关键点周围的像素信息进行描述。目前，主流的特征点主要有 SIFT（尺度不变特征变换）、SURF（加速稳健特征）、ORB（定向 FAST 和旋转 BRIEF）等，ORB 因兼顾较高的精度与较好的实时性的特点被人们广泛应用于主流的视觉 SLAM 系统方案中。ORB 特征的关键点称为“oriented FAST”（定向 FAST），是一种改进的 FAST（加速分段测试特征）角点，描述子称为 BRIEF（binary robust independent elementary feature，二进制稳健独立基本特征）。ORB 特征点的提取过程分为改进的 FAST 角点提取和 BRIEF 描述子的计算两步。

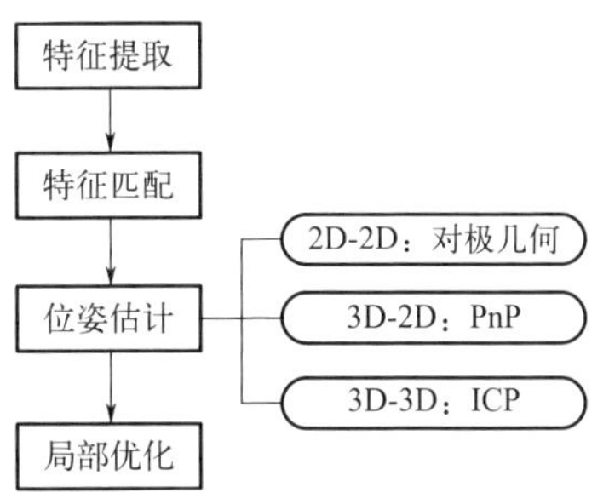

图 2.16 基于特征点法的视觉里程计算法流程

FAST 是一种角点，如图 2.17 所示，FAST 角点只需要比较像素间的差异，因此 FAST 角点相对于其他角点检测算法具有快速、高效等优点。

BRIEF 是一种二进制的描述子，BRIEF 描述子的选点速度特别快，存储也非常方便，因此非常适合用于实时状态下图像的匹配。同时，ORB 在 FAST 角

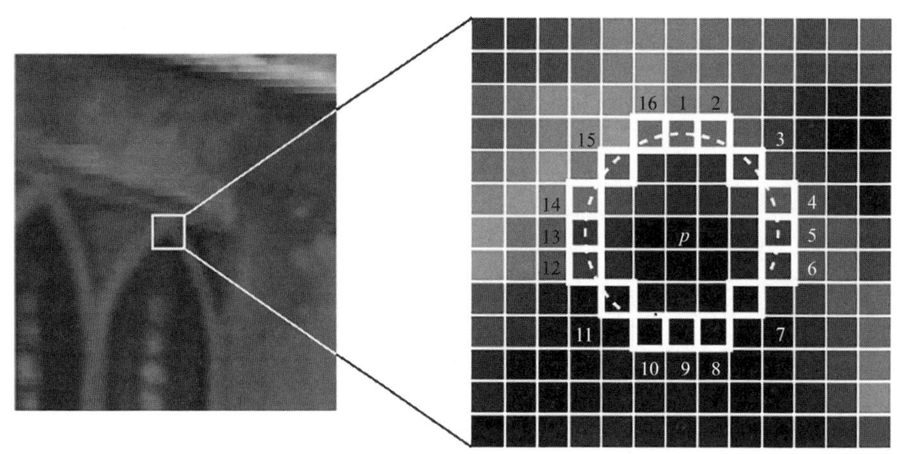

图 2.17　FAST 角点

点的提取阶段对关键点的方向进行了计算，可以充分利用得到的方向信息，计算旋转之后的“streer BRIEF”（引导 BRIEF）特征。这使得 ORB 的描述子不但拥有了较快的计算速度，而且具备不错的旋转不变性。

（2）特征匹配

特征匹配是视觉 SLAM 中关键的一步，其主要用于处理视觉 SLAM 系统中数据的关联问题（data association），特征匹配效果如图 2.18 所示。特征匹配是将前后两个关键帧中的相同特征进行匹配，即通过关键帧与关键帧或者关键帧与已构建地图中的相同描述子来进行匹配。视觉 SLAM 中的特征匹配主要为系统的位姿估计、局部与全局优化等工作提供相应的基础。

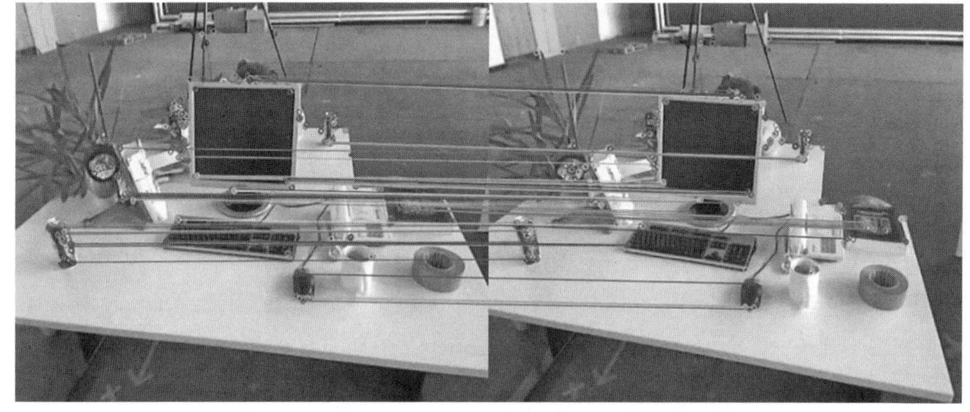
图 2.18　前后两帧图像间的特征匹配（见书后彩插）

（3）位姿估计

在完成了特征点的提取及特征匹配之后，系统将根据匹配好的特征点对相机的位姿进行估计，从而对搭载了相机的移动机器人的运动进行估计。

对单目相机来说，其获得的特征点像素坐标是二维的，所以系统将要根据两组二维的特征点来估计相机位姿，一般情况下选用对极几何（epipolar geometry）来对相机的位姿进行估计。对极几何是根据图像的二维信息来对相机关键帧之间的相对位姿关系进行推算和估计。

求解出相机运动后，还要对特征点的空间位置坐标进行估计。在单目 SLAM 系统中，仅仅利用单张关键帧图像无法估计出像素点的深度，在主流的视觉 SLAM 中，通常采用三角化来对像素点的深度信息进行估计。利用三角化进行像素点深度估计的示意图如图 2.19 所示。

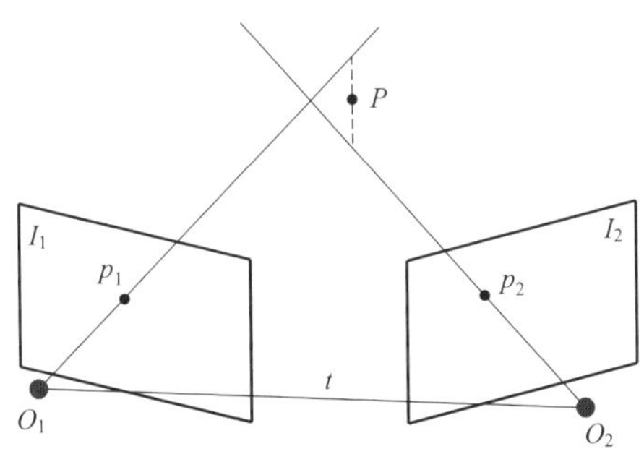

图 2.19　三角化深度估计

考虑关键帧图像 I_1、I_2，以 I_1 为参考，I_2 的变换矩阵为 $\boldsymbol{T}$，两帧图像对应相机的中心分别为 O_1、O_2。p_1 为 I_1 中的一个特征点，在 I_2 中对应着特征点 p_2。理想情况下连线 $\overrightarrow{O_1 p_1}$ 和 $\overrightarrow{O_2 p_2}$ 在三维空间中会交于点 P，该点即为需求解的地图点在三维空间中的位置。

设两个特征点的归一化坐标分别为$\boldsymbol{x}_1$ 和$\boldsymbol{x}_2$，两个特征点的深度分别为 s_1 和 s_2，则：

$$s_1 \boldsymbol{x}_1 = s_2 \boldsymbol{R} \boldsymbol{x}_2 + \boldsymbol{t} \tag{2.55}$$

求得 $\boldsymbol{R}$ 和 $\boldsymbol{t}$ 后，为了求解 s_1 和 s_2，将上式变换得：

$$s_1 \hat{\boldsymbol{x}}_1 \boldsymbol{x}_1 = s_2 \hat{\boldsymbol{x}}_1 \boldsymbol{R} \boldsymbol{x}_2 + \hat{\boldsymbol{x}}_1 \boldsymbol{t} = \boldsymbol{0} \tag{2.56}$$

对式(2.56) 进行求解即可计算出 s_1 和 s_2，从而确定出这两个特征点的空间坐标。然而，现实环境中通常都存在一些环境噪声等影响因素，这两条直线一般会存在一定的偏差而不会相交，因此我们估计得到的 $\boldsymbol{R}$、$\boldsymbol{t}$ 不一定会使式(2.56) 成立。因此，我们一般对式(2.56) 求解最小二乘解而非零解。

对于双目相机和 RGB-D 相机，它们可以通过自身结构直接获取目标像素点的深度信息，然后利用相机内参计算出三维的特征点在相机坐标系下的三维坐标。一般需要根据两组三维特征点来估计相机的运动。

假设有一组匹配好的三维特征点：$\boldsymbol{P}=\{\boldsymbol{p}_1,\boldsymbol{p}_2,\cdots,\boldsymbol{p}_n\}$，$\boldsymbol{P}'=\{\boldsymbol{p}'_1,\boldsymbol{p}'_2,\cdots,\boldsymbol{p}'_n\}$。

此时，需找一个欧氏变换 $\boldsymbol{R}$、$\boldsymbol{t}$，使得：

$$\forall i,\boldsymbol{p}_i=\boldsymbol{R}\boldsymbol{p}'_i+\boldsymbol{t} \tag{2.57}$$

针对这个问题，一般采用迭代最近点（iterative closest point，ICP）进行求解。

(4) 局部优化

在视觉里程计中，仅考虑两帧之间的运动估计，然后将得到的位姿一个个简单地连接起来，虽然也能得到一条轨迹，但在现实中会存在一些问题。一方面，仅考虑两个关键帧之间的匹配关系会使相机位姿的估计过于依赖参考帧，一旦参考帧由于光线等因素出现较大误差，就会影响整体的轨迹估计；另一方面，仅考虑两帧之间的关联并不能充分利用所有的信息。因此，在实际应用中，我们需要将当前帧与地图进行匹配，并且对地图点进行局部优化。我们常在位姿估计中加上通过地图点位姿迭代的方式进行局部优化，以更好地对相机的位姿进行估计。

2.3.1.3 后端优化

前端视觉里程计可以估计出相机在短时间内的运动轨迹与局部地图，但由于现实条件下存在的一些难以避免的误差，随着长时间误差的累积，相机的运动轨迹以及地图的误差会逐步加大。因此，我们需要通过尺度更大、规模更大的后端来对系统前端视觉里程计得到的数据进行一定的优化，从而得到较长时间下相机的最准确轨迹和环境地图。

图优化方法是目前常用的一种优化方法，如图 2.20 所示，图优化方法能对所有观测点和位姿估计进行全局、整体的优化。BA（bundle adjustment，光束平差）是一种带有相机位姿节点与观测目标点的图优化，在利用图优化的视觉 SLAM 系统中发挥着核心作用。BA 优化指的是从环境视觉重建中提取最优三维模型和最优参数的过程，该优化方法能够有效解决大规模的定位与建图的问题。

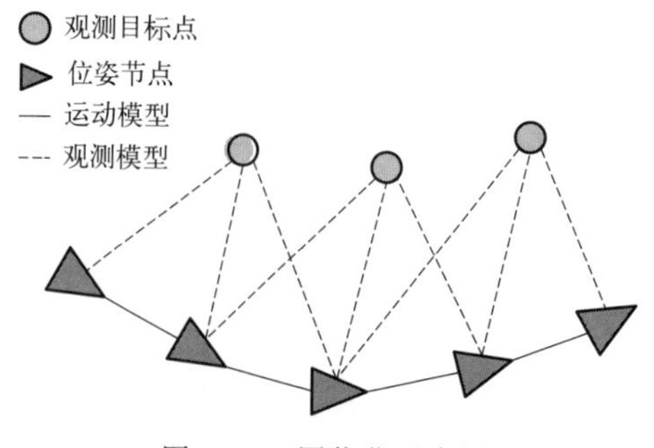

图 2.20　图优化示意图

在移动机器人的同步定位与建图（SLAM）过程中，随着系统的不断运行，移动机器人的路程将随着时间的推移越来越长，相应地，构建的环境地图也会越来越复杂，这使得 BA 优化这类同时对所有的观测点和估计的相机位姿进行优化的优化方法的计算量不断变大，这会导致系统的计算效率无法得到保证。同时，人们在许多的视觉 SLAM 实践中发现：绝大部分特征点和位姿经过多次的观测之后，会收敛至一个固定的值并不再变化。因此，人们使经过了多次优化并收敛的特征点保持不动，只将它们用于相机位姿估计的约束，从而构建了一个只含相机轨迹的图优化方法。当前端视觉里程计给定了初始值之后，系统将不会再对这些特征点进行优化，而只关心所有相机位姿之间的关系。我们将这种改良的图优化方法称为位姿图（pose graph）优化，如图 2.21 所示，相对于普通的图优化方法，位姿图优化只对相机的运动轨迹进行了保留，而省去了大量特征点优化的计算。

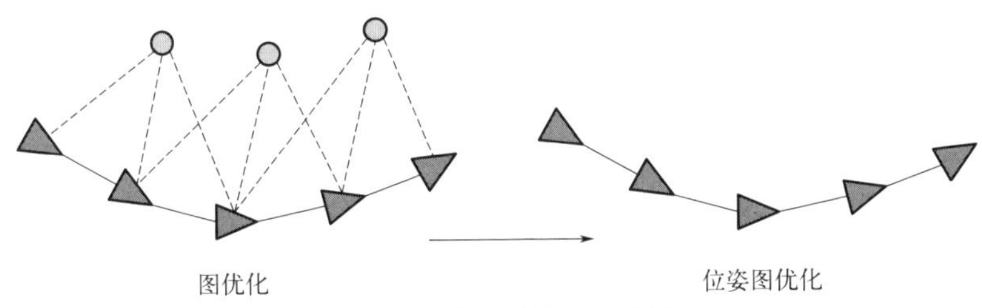

图 2.21　位姿图优化示意图

2.3.1.4　回环检测

在视觉 SLAM 前端和后端作用下，完成了目标点和相机位姿的估计与优化，并获得了相机的运动轨迹。然而，由于环境光线变化等原因，视觉里程计在对目标点以及相机位姿估计过程中无可避免地会产生细微的误差，之前的误差将累积到下一时刻。与此同时，后端优化的结果也会随着前端误差的累积慢慢偏离正确的轨迹，从而使视觉 SLAM 系统出现大量的累积误差，导致系统很难构建出全局一致的运动轨迹与环境地图。

一般情况下，我们在前端进行特征提取后，后端使用位姿图优化对估计的整个轨迹进行优化。漂移误差对比示意图如图 2.22 所示，其中，图（a）是相机的真实运动轨迹。由于系统前端仅输出相机局部的位姿间约束，在位姿估计过程中出现的误差随着时间的推移慢慢被累积起来，使得后端优化发生偏移，结果如图（b）所示。针对全局轨迹估计的偏移，提出了一种用于轨迹全局优化的回环检测方法，图（c）是利用回环检测方法优化过后的运动轨迹估计，与真实的运动轨迹十分接近。因此，回环检测对于视觉 SLAM 有着十分重大的意义，一方面保证了系统运动轨迹估计的准确性；另一方面提供了当前观测数据与历史观测数据之间的关联，在系统出现跟踪丢失的情况时可以进行重定位，以保证系统的正常工作。

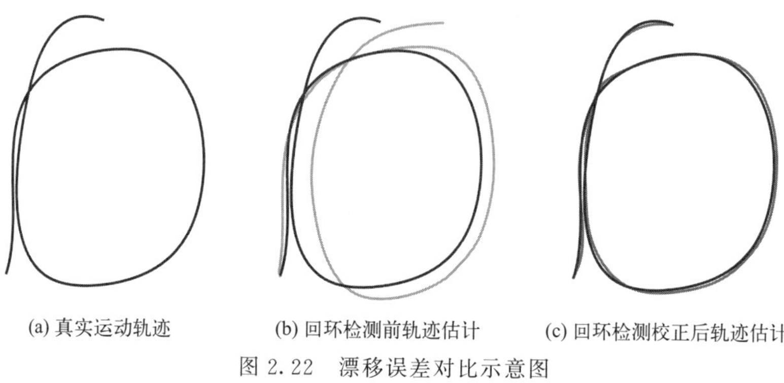

图 2.22　漂移误差对比示意图

回环检测主要通过检测出相机先后经过了场景中的同一个地点并采集到相似的图像数据，来给出除了相邻帧之外的一些间隔较远的约束，从而实现全局优化。因此，回环检测的关键性问题是怎样正确使相机在经过同一个地方时检测出来。基于外观的回环检测方法只根据图像的相似性来确定系统的回环检测关系，与系统的前端和后端均无关，这使得回环检测成为视觉 SLAM 系统的一个独立的模块，该方法能够有效地消除系统的累积误差。基于外观的回环检测方法首先进行特征提取；然后将这些特征分类，从而生成词袋模型，隔一定的时间对新输入的图像特征与词袋模型中的单词进行相似度计算；最后通过相似度计算判断两帧图像是否相似，以此来判断移动机器人是否再次经过了此前经过的场景。

2.3.1.5　建图

地图构建（建图）是视觉 SLAM 系统的两大目标之一，在 SLAM 系统中作为一个独立的线程，与定位过程同步进行。地图是指系统观测的环境中所有路标点的一个集合，环境地图的构建过程实际上是环境中路标点位置确定的过程。目前视觉 SLAM 系统构建的地图类型主要有：稀疏地图、稠密地图以及语义地图等。其中，稀疏地图主要对环境进行抽象的表达，主要由环境路标构成，这些路标与特征点之间的关系可以用于辅助移动机器人在未知工作环境中的定位。稠密地图相对于稀疏地图拥有更加丰富的环境信息，其包括系统观测到的所有信息，由大量不同分辨率下的小块构成。这些小块表达了移动机器人工作环境中每个空间的占据关系，为机器人在未知工作环境中导航、避障、环境重建等任务提供服务。语义地图包含了环境中目标的语义标签信息，为机器人完成交互等智能化任务提供基础。各种地图示意图如图 2.23 所示。

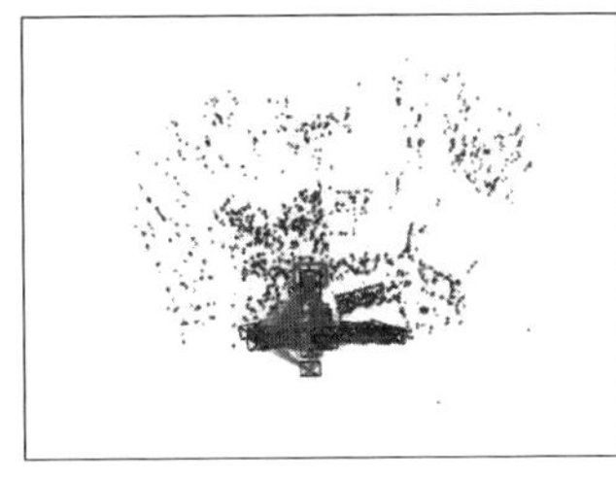

(a) 稀疏地图

(b) 稠密地图

(c) 语义地图

图 2.23　各种地图示意图

在传统视觉 SLAM 中，地图的构建是为了帮助系统在环境中准确定位。随着建图的方法越来越全面，智能机器人的任务越来越智能化，地图的用处也越来越丰富。目前，地图应用的常见领域还有：

① 导航。导航是指移动机器人在任意两个地图点之间寻找合适的路径并安全准确移动到目标位置的过程。该过程中，地图需要给出完整的地面可通行情况，这超出了稀疏的点云地图的能力范围，需要稠密地图才能够满足要求。

② 避障。避障主要关注移动机器人工作环境中存在的障碍物，也需要稠密地图才能够满足要求。

③ 环境重建。环境重建是指对未知的环境进行构建，以展示出来供人们观看，要求地图的效果尽可能地真实、形象，因此也需要稠密地图才能够满足要求。

④ 交互。交互主要是指人和地图之间以及机器人和地图之间的交互活动，使智能机器人拥有实现人机交互等人性化任务的能力。这需要构建的环境地图中拥有大量环境中目标的语义信息，帮助机器人对环境进行更高层次的理解，因此这需要语义地图才能够满足要求。

2.3.2　ORB-SLAM3 系统

ORB-SLAM3 系统是当前经典的 ORB-SLAM 系列的最新开源成果，其包含了视觉 SLAM 系统的所有模块。该系统在常见的室内静态环境下的效果非常不错，具有精度高、稳定性强等特点。作为当前开源的种类最全、工程化最好、兼顾了高精度与高稳定性的一个视觉 SLAM 框架，其吸引了广大国内外学者的广泛研究。同时，该系统的工程结构清晰、代码有条理、功能齐全，许多视觉 SLAM 领域的研究者都将其作为入门的视觉 SLAM 系统，同时不断基于此系统框架进行研究和拓展。

ORB-SLAM3 系统的整体框架如图 2.24 所示，该系统包含了三个并行的主线程结构，即跟踪线程、局部映射线程、回环检测与地图融合线程，以及并行三线程之后运行的全局 BA 优化进程。

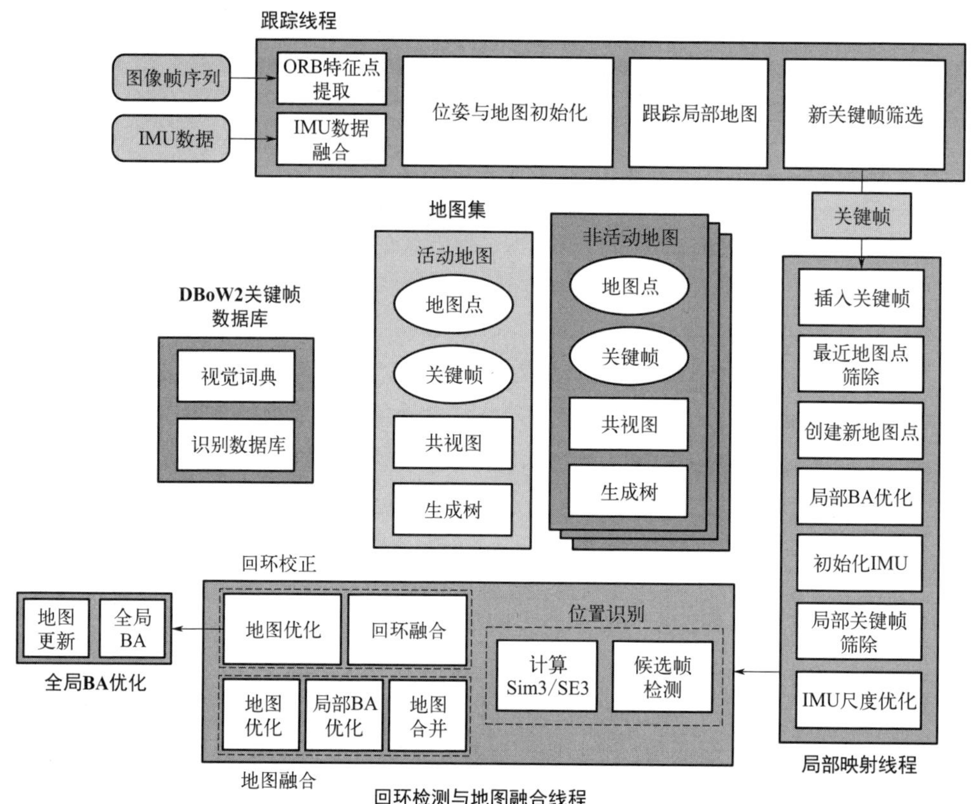

图 2.24 ORB-SLAM3 系统框架

IMU—惯性测量单元

ORB-SLAM3 系统的地图集（atlas）是包含了系统运行过程中生成的多个地图的集合，每一地图都包含了关键帧、地图点、共视图以及生成树。其中地图集中的地图分为活动地图（active map）以及非活动地图（non-active map）。传入的视觉图像只更新地图集中的一个地图，称为活动地图（active map），其他的地图称为非活动地图（non-active map）。此外，该系统还构建了一个用于系统的重定位、回环检测和地图融合的 DBoW2 关键帧数据库。

跟踪线程主要实时地对传感器获取的数据进行处理，对当前关键帧相对活动地图的姿态进行实时的计算，从而将特征匹配过程中产生的再投影误差最小化处理。此外，跟踪线程还对图像帧进行筛选，决定着当前帧是否作为系统用于特征提取、匹配的关键帧。当系统跟踪丢失时，跟踪线程会努力地在地图集的所有地图中对当前帧的大小进行重新调整。

局部映射线程主要把关键帧和特征点加入系统的活动地图里，将多余的关键帧进行去除，同时使用 BA 优化来对生成的环境地图进行优化。

回环检测与地图融合线程主要以一定的速率对活动地图及整个地图集之间的公共区域进行检测。若检测出这个公共区域属于活动地图，则执行循环校正操作；若未检测出则将这两个地图合并到一个独自存在的地图当中，成为系统的活动地图。在系统进行循环校正操作之后，单独启动一个完整的 BA 优化线程，保证在系统实时性不被影响的情况下对映射的结果进行更进一步的优化。

然而，ORB-SLAM3 系统也还存在一些不足。首先，它的跟踪线程在处理特征点的过程中忽视了环境中存在的动态特征对系统定位与建图的影响，因此该系统容易受到复杂场景下存在的动态目标的影响，定位精度以及地图准确性都会受到极大的影响。其次，ORB-SLAM3 系统构建的地图为稀疏的点云地图，只包含地图点和关键帧，缺少语义信息，不能帮助智能移动机器人对环境更高层次的理解，使智能移动机器人无法完成更加智能化的语义交互任务。

2.3.3　同步定位与建图系统分析

2.3.3.1　问题分析

在移动机器人复杂的工作场景下，环境的多样性和动态特性为视觉 SLAM 系统带来了诸多挑战，尤其是在定位精度和地图构建的准确性方面。复杂场景的环境特点主要体现在以下两个方面：

首先，复杂场景下的物体特征非常复杂。环境中的物体种类繁多，数量庞大，并且尺寸各异，摆放不规则，此外，还有许多动态目标和潜在的运动目标。这些动态因素会造成环境的不确定性，进而影响视觉 SLAM 的稳定性和精确度。例如，动态目标（如行人或车辆）会在不同的时刻出现在相机的视野中，导致图像的灰度分布发生剧烈变化。视觉 SLAM 算法通常依赖于图像中的特征点提取或像素点跟踪来进行位姿估计和地图构建，但这些方法容易受到动态目标带来的灰度变化的干扰，从而影响特征匹配的准确性，进而导致定位误差和地图构建不准确。因此，如何有效去除复杂场景中的动态目标，避免这些动态变化对 SLAM 系统的影响，是一个亟待解决的问题。

其次，随着智能机器人技术的不断发展，复杂场景中的智能移动机器人的任务越来越趋于智能化和复杂化。过去，机器人只需要执行一些简单的自动化任务，如物体搬运、路径规划等，但随着机器视觉和人工智能技术的进步，现代机器人已被寄望能够进行更高层次的语义理解，具备与人类交互或与环境进行交互的能力。例如，在导航、避障以及与用户的互动过程中，机器人不仅需要知道物体的位置、大小等几何信息，还需要理解物体的类型、功能以及它们之间的关系。这就要求机器人在建图时不仅需要构建几何地图，还需要在地图中融入丰富的语义信息，从而帮助机器人更好地理解复杂的环境。

针对上述问题，我们需要提出解决方案：一方面，要有效去除环境中的动态目标对 SLAM 系统的影响，避免这些目标对特征提取和匹配造成干扰，确保定位精度和建图的可靠性；另一方面，要在地图构建过程中融入环境的语义信息，通过结合视觉 SLAM 和语义分割技术，生成包含物体类型、功能等语义标签的地图，帮助机器人实现更高层次的环境理解，从而能够执行更复杂的智能化任务。例如，利用实例分割技术识别环境中的动态目标，通过将这些动态目标从建图过程中去除，减少环境变化对 SLAM 系统的影响；同时，结合语义信息更新地图，帮助机器人识别和理解场景中的物体及其属性，从而提高导航、路径规划和交互的智能化水平。

2.3.3.2 同步定位与语义建图系统框架

针对复杂场景的环境特点以及在此环境中移动机器人定位与建图存在的困难，本小节提出了一种结合 ORB-SLAM3 系统的移动机器人同步定位与语义建图系统。该系统的总体结构如图 2.25 所示。ORB-SLAM3 作为一种高效、精准的视觉 SLAM 算法，能够在多种环境下稳定运行，尤其在动态场景和大规模场景中表现出色，因此我们选择其作为系统的核心框架。在复杂环境下，动态目标的干扰和静态物体的多样性是影响传统视觉 SLAM 系统性能的两个关键因素。

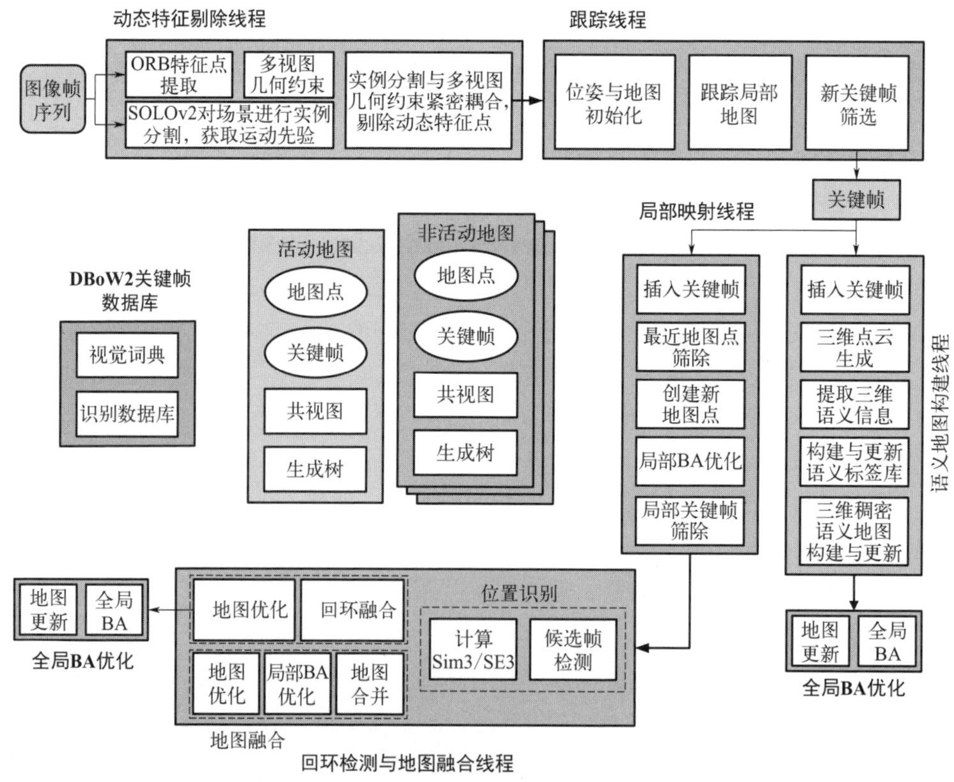

图 2.25 同步定位与语义建图系统框架

针对这些挑战，本系统在 ORB-SLAM3 的基础上，集成了动态特征剔除和语义地图构建的模块，从而实现了更强的鲁棒性和更高层次的环境理解。

首先，系统的抗动态目标干扰能力得到了显著提升。传统的视觉 SLAM 系统在动态场景下容易受到运动目标的影响，尤其是当这些目标占据较大比例时，可能会导致定位漂移或建图失真。为了解决这个问题，本系统结合了基于实例分割的动态目标检测方法，并通过与 ORB-SLAM3 系统的紧密耦合，将动态目标从图像特征提取过程中去除，确保仅使用静态场景中的特征点进行定位和建图。这种方法不仅有效避免了动态目标对 SLAM 系统的干扰，还能够在复杂、变化的环境中保持较高的定位精度和建图质量。

其次，系统能够获取复杂场景下的实例级语义信息，为机器人提供更高层次的环境理解。传统的视觉 SLAM 主要关注几何结构信息，无法有效处理物体的类型、功能等语义信息，而在智能机器人执行任务时，环境的语义理解显得尤为重要。为此，本系统通过集成 SOLOv2 实例分割算法，对场景中的各个物体进行语义分割和实例识别，不仅能够准确提取静态物体，还能够将动态物体从地图中去除。此外，实例级的语义标签还能够为机器人提供有关环境的详细信息，支持后续的智能任务，如目标识别、语义导航和路径规划等。

具体而言，系统的工作流程如下：首先，利用 RGB-D 相机获取图像数据，并通过 ORB-SLAM3 算法提取图像中的特征点，进行相机位姿估计和地图构建；接着，结合 SOLOv2 实例分割算法，对场景进行语义分割，识别出环境中的各类物体，生成实例级的语义标签；然后，使用动态目标剔除方法将动态物体从特征匹配和地图更新过程中排除，只保留静态物体的数据；最后，将环境中的语义信息嵌入生成的点云地图中，构建带有语义标签的三维语义地图。通过这一过程，系统不仅能够实现精确的同步定位和建图，还能够为机器人提供丰富的语义信息，支持更智能的环境理解和任务执行。

总的来说，本小节所提出的同步定位与语义建图系统，结合了 ORB-SLAM3 强大的视觉 SLAM 能力和先进的语义分割技术，克服了复杂环境中的动态干扰和语义信息匮乏的问题，能够满足智能机器人在复杂室内场景中执行高级任务的需求。这一系统的应用场景非常广泛，适用于自动化仓库、室内巡逻、智能家居等领域，可以为机器人提供准确的定位与建图服务，并使其能够进行更为智能的交互和任务执行。

2.4　场景理解与语义地图构建

2.4.1　动态特征剔除算法设计

本节的动态特征剔除算法的总体框架如图 2.26 所示。该算法的核心目的是从连续帧图像中剔除动态特征，保留静态特征，以提高图像匹配和特征提取的精度。框架的实现过程分为几个关键步骤。

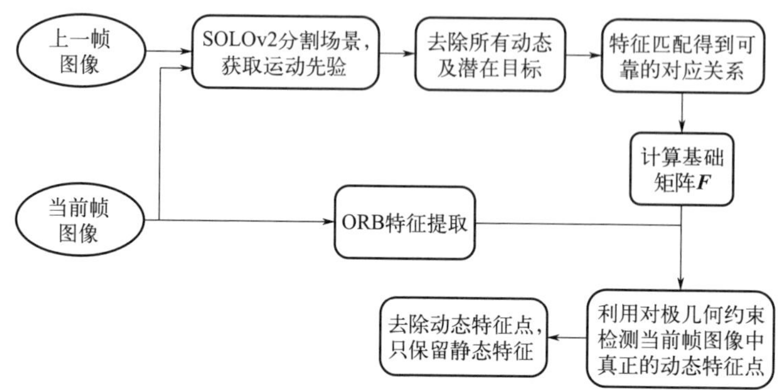

图 2.26　动态特征剔除算法框架

首先，在处理过程中，当前帧的图像被用来提取 ORB 特征。这些特征通常用于图像匹配和定位任务中，具有较高的计算效率和较好的鲁棒性。ORB 特征提取的目的是为后续的图像匹配提供基础特征，确保静态部分的稳定性和可靠性。

与此同时，算法在另一个独立的线程中利用 SOLOv2 模型对当前帧图像进行实例分割，获取动态目标和潜在动态目标的区域。SOLOv2 是一种基于深度学习的实例分割方法，能够精准地从图像中分割出各个对象的实例。在此阶段，算法不仅识别出静态物体，还能够准确地检测到动态图像中的动态目标。通过分割图像中的动态对象，可以有效剔除这些区域，避免它们干扰后续的特征匹配过程。

接下来，算法使用去除动态目标和潜在动态目标后的当前帧图像与上一帧图像进行特征匹配。特征匹配通过计算 ORB 特征点的对应关系，进一步获得可靠的基础矩阵（fundamental matrix）。基础矩阵是两幅图像之间几何关系的描述，能够用于计算特征点的匹配关系，进而用于图像的配准和重建。

最后，基于多视图几何约束，算法将当前帧图像中的动态特征点准确检测并剔除。这一过程利用了图像间的几何一致性，进一步排除了动态对象对图像匹配的影响，只保留静态特征点，确保算法能够准确地处理静态部分的信息。通过这种方式，动态特征剔除算法能够有效减少因动态目标带来的误匹配，从而提高图像配准和三维重建的精度。

2.4.1.1　基于 SOLOv2 的先验运动目标分割

图像目标的识别与分割是计算机视觉领域中重要的基础任务，对环境场景的理解起到了至关重要的作用。实例分割作为一种先进的计算机视觉任务，旨在能够准确地识别图像中的不同物体，并将其分割出来。常见的计算机视觉任务包括目标检测、语义分割和实例分割，它们在效果和应用上各有不同，如图 2.27 所示。

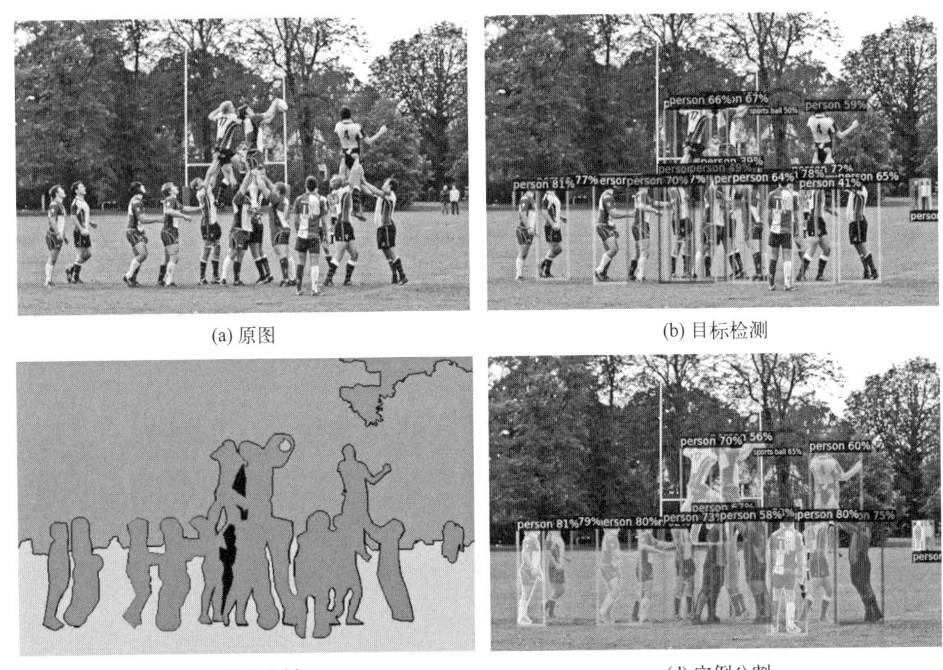

(a) 原图　(b) 目标检测

(c) 语义分割　(d) 实例分割

图 2.27　目标检测、语义分割、实例分割效果对比

目标检测是计算机视觉中的一种基础任务，不仅能确定图像中存在的目标，还能为这些目标绘制出边界框，明确目标的具体位置。例如，在图 2.27(b) 中，目标检测通过不同的识别框将图像中的多个目标（如人、车等）分别识别出来，并给出相应的位置。然而，目标检测仅能给出目标的位置信息，无法精确地标注目标的像素区域。

语义分割是对图像中的像素进行分类的一种技术。与目标检测不同，语义分割不仅识别图像中的目标，还为图像中的每个像素分配一个类别标签。换句话说，语义分割会对图像中的每个像素点进行分类，并给出该像素属于哪个类别，如人、树木、天空等。例如，在图 2.27(c) 中，语义分割将图像中的人、树木、草地、天空等不同目标进行分类，并用不同的颜色对这些目标类别的像素进行标注。尽管语义分割能够区分不同类别的目标，但它无法对同一类中的不同实例进行区分。例如，所有的人类像素都会被标记为相同的颜色，无法区分不同个体。

实例分割则是结合了目标检测和语义分割的功能。它不仅能检测图像中的目标，并且能够精确地分割出每一个目标实例的像素区域。实例分割不仅能识别图像中的目标类别，而且还能区分同一类目标中的不同个体。在图 2.27(d) 中，实例分割不仅完成了目标类别的识别，还为每个目标实例（如每个人）标注了不同的颜色，使得即使是相同类别的目标（如人），也能通过颜色的差异区分开来。与语义分割的结果相比，实例分割能够更精细地进行图像中的目标区分，特别是在处理相同类别的多个目标时，实例分割展现了其独特的优势。

此处采用了 SOLOv2[41] 算法对复杂场景下的图像进行实例分割。SOLOv2 是一种简单、直接、快速、准确且性能强大的实例分割框架，具有显著的优势，特别是在处理复杂场景中的图像时。根据图 2.28 所示，几种主流的语义分割算法在分割速度和精度方面的对比结果表明，SOLOv2 在这两个方面均优于大多数现有的开源实例分割方法。其不仅在分割速度上表现出色，能够快速处理大量图像数据，而且在精度方面也保持了较高的水平，确保分割结果的准确性。

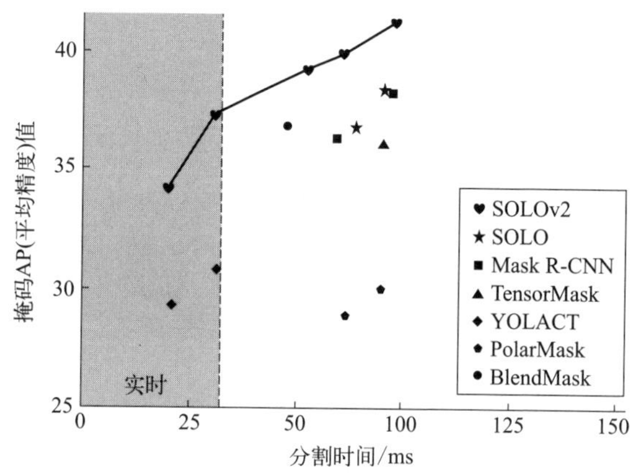

图 2.28　几种主流语义分割算法分割速度与精度对比

此外，SOLOv2 在处理动态目标时也有着优异的表现。其设计上能够有效地应对图像中的运动目标，这使得它在实时应用中，尤其是在需要快速响应的场景中，具有非常好的适应性。运动目标的准确分割在许多实际应用中是一个挑战，而 SOLOv2 凭借其高效的特性，能够有效应对这一挑战。

SOLOv2 网络框架如图 2.29 所示，SOLOv2 网络模型主要由全卷积网络（fully convolutional network，FCN）特征提取、内核分支（kernel branch）、特征分支（feature branch）三部分构成。$\boldsymbol{G}$ 为卷积内核矩阵，$\boldsymbol{F}$ 为掩码特征矩阵。SOLOv2 将图像分成 $S \times S$ 个网格，并将每一个网格都当成一个潜在的目标实例，原始图像经过 FCN 后得到特征图，然后分别进入内核分支以及特征分支。其中，内核分支负责预测动态的内核，这样对于不同的输入，都会得到不同的内核；而特征分支负责特征图上每个点的特征的预测。最后将两者做卷积，得到图像中目标的掩码。

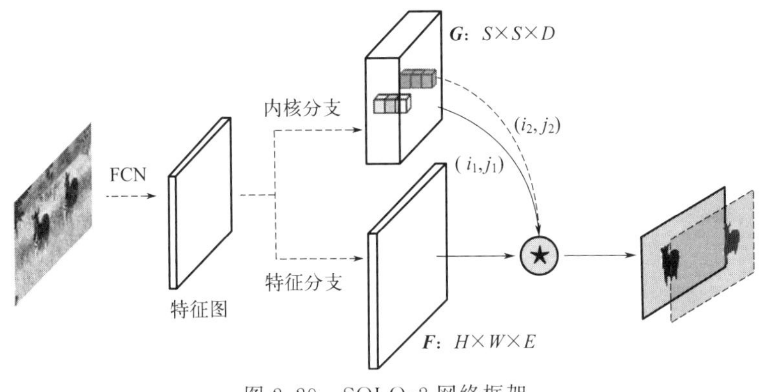

图 2.29　SOLOv2 网络框架

SOLOv2 的网络设计具有独特的结构，其中内核分支和特征分支通过解耦的方式分别预测目标实例的卷积核和掩码特征。对于每个网格（i，j）来说，内核分支通过预测得到 D 维的输出，这些输出代表了预测的卷积核的权重。参数 D 的个数与卷积核的尺寸相关。为了得到具有 E 个输入通道的 1×1 卷积核的权重，设定 $D=E$，而对于 3×3 卷积核，设定 $D=9E$。这种卷积核的权重是基于图像中网格单元的位置进行生成的。将输入图像分割成 $S\times S$ 个网格后，网络的输出空间将为 $S\times S\times D$，其中 S 表示网格的数量，D 表示每个网格单元预测的卷积核的维度。

特征分支负责对每个目标实例的特征图 $\boldsymbol{F}\in\mathbb{R}^{H\times W\times E}$ 进行预测，其中 E 表示掩码特征的维度。这些特征图与内核分支生成的掩码内核进行卷积，从而生成目标实例的掩码。若使用所有预测的权重进行预测（即 S^2 个分类器），最终的输出将是大小为 $H\times W\times S^2$ 的实例掩码，表示图像中每个实例的位置和形状。

由于 SOLOv2 的内核分支和特征分支是解耦的，且分别进行预测，SOLOv2 在构建掩码特征分支时采用了一种策略，即为所有特征金字塔网络（feature pyramid networks，FPN）的层级预测相同的掩码特征表达。这种方法使得 SOLOv2 能够在不同的尺度上学习到统一且高分辨率的掩码特征表示。

为了学习这种高分辨率的掩码特征，SOLOv2 利用了特征金字塔融合的策略。经过多次 3×3 卷积、组归一化（group norm）、ReLU 激活函数和双线性上采样，SOLOv2 将不同尺度的 FPN 特征 P_2 到 P_5 融合为一个统一的输出，尺度为 1/4。这个过程的目的是通过逐点相加融合不同层级的特征，从而获得包含丰富细节信息的最终输出。最后一层包含 1×1 卷积、ReLU 激活函数和组归一化，并将坐标信息加到最深层（即尺度为 1/32）的 FPN 输出中，这样可以进一步提高分割精度。图 2.30 详细展示了这一过程的工作原理，突出了特征金字塔融合和坐标信息的结合在目标实例分割中的关键作用。

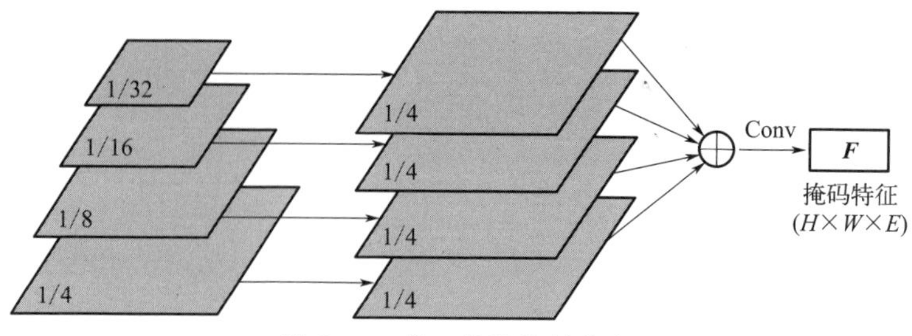

图 2.30 统一掩码特征分支

SOLOv2 的损失函数如下：

$$L=L_{cate}+\lambda L_{mask} \tag{2.58}$$

式中，L_{cate} 是用于实例分类的传统焦点损失；L_{mask} 是用于掩码预测的损失；λ 为平衡两个损失的系数。

在推理过程中，输入图像首先进入主干网络和 FPN，得到网格（i，j）处的类别得分 $P_{i,j}$。首先将置信阈值设为 0.1，来对低置信度的预测结果进行滤除，然后使用相应的预测掩码内核来对掩码特征做卷积运算。当执行完激活函数后，使用阈值 0.5 将预测所得的所有掩码转化为二元掩码。

SOLOv2 的分割效果如图 2.31 所示。从图中看出，SOLOv2 在不同的场景中对于人、动物、桌椅等潜在运动物体都有不错的实例分割表现。值得一提的是，物体边界处的细节被很好地分割，特别是对于大型对象。

图 2.31 SOLOv2 分割效果

本节利用实例分割算法 SOLOv2 对系统输入的关键帧图像进行分割，关键帧图像经处理后输出图像目标对应的掩码、类别、置信度等信息。使用 COCO 数据集进行预训练得到网络参数，COCO 数据集主要来源于生活中的常见场景，图像中每个目标位置的标注都是经过十分准确的分割得到的。COCO 数据集含有 81 种类别的目标，包含了现实生活场景中可能出现的绝大部分运动的目标，如人、狗、椅子、桌子、显示屏、沙发、摩托车、汽车等。

根据 SOLOv2 对图像进行实例分割得到的环境目标的实例级语义信息，我们可以获得该目标的运动先验信息。如：若该像素对应的标签为“人”，由于人在生活环境中是动态的，因此我们根据生活经验认为这个像素是动态的，这具有较高的置信度；若该像素对应的标签为“柜子”，我们一般根据生活经验认为该像素是静态的；而当该像素对应的标签为“椅子”时，情况不太一样了，因为环境中的椅子不能自主运动，所以在正常的情况之下它是静态的目标，但它有很大的概率会受到其他运动目标的影响而发生移动（如人的活动），因此，椅子到底属于静态目标还是动态目标是不好确定的，我们认为这类物体的像素是潜在的动态目标。

通过 SOLOv2 实例分割获得了有关像素运动特性的先验信息之后，我们将使用实例分割结果作为掩码来去除动态特征。这是克服复杂场景中动态目标的影响，提高动态环境中定位与建图精度的一种简单而有用的方法。然而，这种方法也存在着两个问题。

一方面，如上所述，通过 SOLOv2 对场景进行分割获得的实例级语义信息可将每个目标特征大致分为静态、动态和潜在动态三个类别。在常规的基于语义分割的动态 SLAM 系统中，动态特征被去除，静态特征得以保留，而对于潜在的动态特征，一般将它们全部视为静态特征或者全部视为动态特征。然而，如果将所有潜在动态特征均视为动态的，并使用实例分割结果作为掩码将其全部去除，则会导致白白丢失很多可靠的静态特征。这些特征可以在连续两个关键帧之间提供准确可靠的对应关系，缺少了这些准确可靠的对应关系，系统的精度及建图准确性将受到较大的影响。如果将所有的潜在动态特征视为静态特征并保留，则会导致大量的动态特征没有被剔除。这些动态特征在特征匹配过程中会产生很多错误的对应关系，这些错误的对应关系同样会使得系统的定位精度及建图准确性受到较大的影响。总而言之，对于一些潜在的动态目标，利用 SOLOv2 算法虽然能对其像素进行分割并得到语义标签，但对其的真实运动状态却无法准确判断出来。另一方面，尽管 SOLOv2 实例分割的准确性已经具备了很高的水平，但在对象边沿附近的分割结果的模糊性仍然是不可避免的，这会使得在动态目标与静态目标接触的边缘处存在少量的特征点被误判。

因此，在存在动态目标的复杂场景下的视觉 SLAM 问题中，SOLOv2 对场景中目标的分割结果虽然能去除大量的动态特征，但是只依靠实例分割算法并不能将场景中的所有动态目标进行准确检测，导致无法很好地消除动态目标对系统的影响。这时候需要有另一种能够真实地对环境中的目标特征进行运动状态检测的方法。

2.4.1.2 基于多视图几何约束的动态特征检测

多视图几何约束是利用相机对同一目标在不同的视角进行观测，来对相机之间或目标特征之间的关系进行研究的一门科学，其主要利用了对极几何特性。利用对极几何特性的多视图几何约束可用于检测环境中的目标特征点的运动状态。其中，满足多视图几何图形中极线约束的特征为静态特征，而将不满足标准极线约束的特征归为动态特征。

图 2.32(a) 显示了两帧中静态目标点与其对应的特征点之间的关系。其中，P 为静态目标点，在连续的两个图像帧中成像，在帧 I_1 和帧 I_2 中分别对应特征点 p_1、p_2；O_1 和 O_2 分别是帧 I_1 和帧 I_2 对应的相机的光心，连接 O_1 和 O_2 的线称为基线，它与静态目标点 P 确定了一个平面 π，一般称为对极平面。对极平面 π 与成像平面 I_1 和 I_2 分别交于线 l_1、l_2，基线与成像平面 I_1 和 I_2 分别交于点 e_1、e_2。l_1 和 l_2 被称为极线，e_1 和 e_2 则被称为极点。

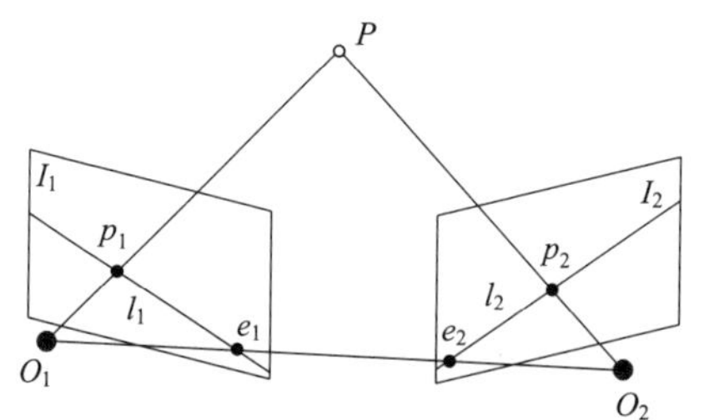

(a) 两个连续帧中静态目标点与其对应特征点之间的关系

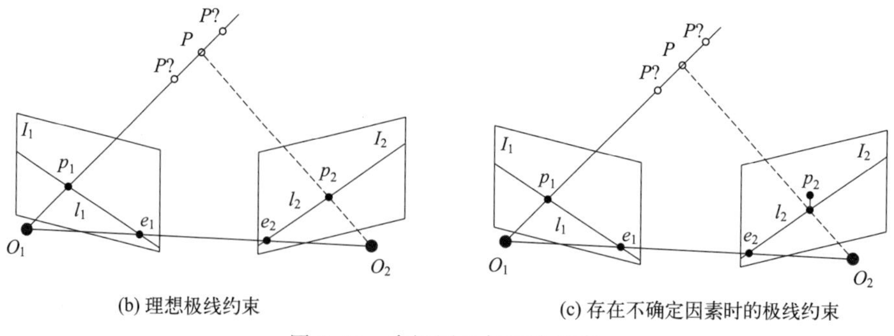

(b) 理想极线约束

(c) 存在不确定因素时的极线约束

图 2.32 多视图几何极线约束

假设只知道 I_1 中的特征点 p_1，想要在 I_2 中找到点 p_1 对应的特征点 p_2。

如图 2.32(b) 所示，三维点 P 位于从投影点 p_1 反向投影的光线（O_1p_1 射线）中，根据极线约束，点 p_2 位于极线 l_2 上。该多视图几何约束实际上描述了从一帧图像上的点到另外一帧图像的对应极线的映射，该映射关系可由基础矩阵$\boldsymbol{F}_{\mathrm{m}}$ 描述：

$$\boldsymbol{p}_2^{\mathrm{T}}\boldsymbol{F}_{\mathrm{m}}\boldsymbol{p}_1=0 \tag{2.59}$$

给定帧 I_1 中的点 p_1 和基础矩阵$\boldsymbol{F}_{\mathrm{m}}$，式(2.59) 提供了当点 P 为静态目标点时点 p_2 必须满足的约束。因此，我们可以使用此约束来判断与 ORB 特征点相对应的目标点是否是动态的。

然而，由于在提取特征的过程和估计基础矩阵$\boldsymbol{F}_{\mathrm{m}}$ 的过程中有着无法避免的不确定性，因此静态地图中的两个图像点大概率不严格满足式(2.59)。换句话是：点 p_2 不完全处于由点 p_2 和基础矩阵$\boldsymbol{F}_{\mathrm{m}}$ 确定的极线上，而是非常接近该极线，与图 2.32(c) 中的 p_2 类似。静态特征应位于极线附近，具有各种误差和不确定性。因此，我们可以计算出点 p_2 和对应极线 l_2 之间的距离 d_2。如果距离 d_2 小于预定的阈值，则该图像点对应的目标点的运动状态被视为静态，否则被视为动态。

基于对极几何的多视图几何约束对动态特征进行检测的关键是基础矩阵$\boldsymbol{F}_{\mathrm{m}}$ 的估计：

$$\boldsymbol{F}_{\mathrm{m}}=\begin{bmatrix} f_1 & f_2 & f_3 \\ f_4 & f_5 & f_6 \\ f_7 & f_8 & f_9 \end{bmatrix} \tag{2.60}$$

$\boldsymbol{F}_{\mathrm{m}}$ 可以用至少五对静态特征点进行特征匹配得到的对应关系来计算，但通常使用经典的八点算法。以图 2.32 中匹配的图像点 p_1、p_2 为例，它们的齐次坐标为：

$$\boldsymbol{p}_1=(u_1,v_1,1),\quad \boldsymbol{p}_2=(u_2,v_2,1) \tag{2.61}$$

式中，(u_1,v_1)、(u_2,v_2) 分别是点 p_1 和 p_2 的像素坐标。我们可以通过组合式(2.59)～式(2.61) 得到：

$$(u_1,v_1,1)\begin{bmatrix} f_1 & f_2 & f_3 \\ f_4 & f_5 & f_6 \\ f_7 & f_8 & f_9 \end{bmatrix}\begin{bmatrix} u_2 \\ v_2 \\ 1 \end{bmatrix}=0 \tag{2.62}$$

设$\boldsymbol{f}_{\mathrm{m}}$ 表示包含基础矩阵$\boldsymbol{F}_{\mathrm{m}}$ 的所有元素的向量：

$$\boldsymbol{f}_{\mathrm{m}}=[f_1\quad f_2\quad f_3\quad f_4\quad f_5\quad f_6\quad f_7\quad f_8\quad f_9]^{\mathrm{T}} \tag{2.63}$$

通过展开式(2.63)，我们可以得到：

$$[u_1u_2\quad u_1v_2\quad u_1\quad v_1u_2\quad v_1v_2\quad v_1\quad u_2\quad v_2\quad 1]\boldsymbol{f}_{\mathrm{m}}=0 \tag{2.64}$$

其中，$\boldsymbol{f}_{\mathrm{m}}$ 中有九个未知元素，但由于基础矩阵$\boldsymbol{F}_{\mathrm{m}}$ 具有无标度特性，$\boldsymbol{f}_{\mathrm{m}}$ 的

自由度可减少至8。所以，当连续的两帧之间拥有8对图像点的对应关系，我们可以通过对式(2.64)的求解来计算$\boldsymbol{F}_{\mathrm{m}}$。

利用关键帧中静态特征点的对应关系进行计算得到基础矩阵$\boldsymbol{F}_{\mathrm{m}}$后，即可通过式(2.64)判断出目标特征的状态。

然而，单纯依赖多视图几何约束来检测动态特征会面临一定的挑战。首先，基础矩阵$\boldsymbol{F}_{\mathrm{m}}$的计算基于特征点匹配，而匹配的有效性本质上依赖于特征点的静态性假设。当关键帧中存在动态特征时，这些动态特征会引发误匹配，导致基础矩阵的投影约束产生偏差，进而使系统的位姿估计精度下降。更深层次的矛盾在于：基于多视图几何的动态特征检测需要依赖静态特征的正确匹配，这要求特征点必须满足静态性假设；然而在动态场景中，由于动态特征未被有效检测，它们会同时干扰特征匹配过程和基础矩阵计算。动态目标的存在不仅降低了特征匹配的可靠性，还使得基础矩阵无法准确描述场景的静态结构，最终形成检测失效与误差放大的相互强化过程。

通常，随机抽样一致性算法（RANSAC）可以在一定程度上帮助去除错误的对应关系，尤其是在误匹配数量较少时，RANSAC能够有效筛选出异常点。然而，当动态目标占据较大比例时，RANSAC的效果显著降低，因为它无法区分静态和动态特征。动态目标会在连续帧中出现不同的运动模式，这会导致大量的误匹配，这些误匹配不仅影响基础矩阵的计算，还可能影响后续的定位和建图精度。

为了解决这一问题，预先去除动态特征点是至关重要的。通过结合实例分割算法（如SOLOv2），可以首先识别并标记出静态与动态目标，从而减少动态目标在特征匹配中的影响。此外，采用基于运动检测的方法，如光流法或基于深度学习的动态目标识别，可以进一步提升动态特征点的去除精度，确保用于计算基础矩阵的特征点主要是静态的。通过这样的预处理步骤，可以大大减少错误匹配的数量，从而提高RANSAC筛选的效果，并最终提升SLAM系统的稳定性和精度。

2.4.1.3 实例分割与多视图几何约束紧密耦合的动态特征检测与去除

针对基于实例分割算法SOLOv2的先验运动目标分割与基于多视图几何约束的动态特征检测方法的优点和不足，本小节提出了一种紧密耦合的方式来结合实例分割与多视图几何约束，旨在检测与去除复杂场景中的动态特征。传统方法一般采用松散耦合的方式，分别利用实例分割算法和多视图几何约束对目标特征的运动状态进行独立检测，并通过投票机制得出最终结果。这种方式往往简单易行，但却存在一定的局限性。尤其是在动态目标与静态目标交界处，或者对于潜在动态目标的判断上，松散耦合方法容易产生误判，因为它只是通过简单的机制将两种方法的结果结合，未能充分利用两者的优势。这种情况下，潜在动态目标的误判可能会影响系统的稳定性，静态目标与动态目标的错判也会影响最终的定位与建图结果。

为了克服这些问题，本小节提出了一种紧密耦合的方式，即将实例分割和多视图几何约束结合起来，共同作用于动态特征的检测与去除。这一方法不仅保留了两种方法各自的优势，而且能够弥补其不足，从而提升系统的整体性能。首先，使用 SOLOv2 进行实例分割，得到每个目标的实例级语义信息，从而区分动态目标与静态目标，并得到运动先验信息。通过这种先验信息，我们可以预先去除图像中动态目标和潜在动态目标的特征，仅保留静态目标进行特征匹配和基础矩阵的计算。这种做法有效避免了动态目标对特征匹配的干扰。接着，通过计算基础矩阵，利用多视图几何约束来验证特征点是否符合静态目标的几何关系。如果某个特征点与极线的距离超出了预设的阈值（如一个像素），则该特征点被判定为动态特征，进而从匹配结果中剔除。相反，若匹配误差小于阈值，则认为该特征点是静态目标的一部分，继续保留用于后续的跟踪和映射。

紧密耦合方法的优势在于它能提高动态目标检测的准确性，避免传统松散耦合方法中由于两种方法判定结果不一致而导致的误判。通过将实例分割与多视图几何约束深度结合，系统可以更精确地识别动态目标，并有效剔除这些目标对特征匹配和基础矩阵计算的干扰。这种方式能够确保基础矩阵计算的稳定性，从而提高整个 SLAM 系统的精度和鲁棒性。与传统方法相比，紧密耦合的方式能够通过实例分割提供的运动先验信息指导几何约束的应用，减少动态目标对特征匹配的影响，优化动态目标的去除过程。

此外，紧密耦合方法在动态目标检测过程中，也避免了传统方法中对潜在动态目标的误判问题。对于那些看似静态但可能受到外部动态目标影响的物体（如椅子、桌子等），传统方法往往会将其错误地归类为静态或动态目标，进而影响系统的精度。而在紧密耦合方法中，实例分割提供了对这些目标的初步判断，通过多视图几何约束进一步验证其运动状态，从而确保了潜在动态目标的正确处理。

尽管紧密耦合方法在动态目标检测与去除方面表现出较大的优势，但仍然面临一些挑战。首先，由于实例分割和多视图几何约束的结合，增加了计算的复杂度，尤其是在大规模和高动态范围的场景中，如何平衡实时性和精度仍然是一个挑战。其次，虽然实例分割能够提供较为精确的运动先验信息，但在面对极为复杂的环境场景时，潜在动态目标的判断仍然需要更多的环境信息进行辅助。例如，结合深度相机或惯性测量单元（IMU）的数据可进一步提高潜在动态目标的检测精度。

总的来说，本小节提出的紧密耦合方法通过将实例分割与多视图几何约束相结合，有效提升了动态目标检测的准确性，并优化了视觉 SLAM 系统在复杂场景中的定位与建图精度。尽管在计算开销和潜在动态目标判断方面仍然存在一些挑战，但这一方法为动态目标检测与去除提供了新的思路和实践意义，具有广泛的应用前景。

2.4.2 动态特征剔除算法测试

为了直观地观察和分析动态特征剔除方法的效果，我们选择了 TUM 中 fr3/walking_xyz 数据集中的部分场景进行测试。所选的数据集场景具有较高的现实场景模拟性，类似于我们日常的工作环境，如图 2.33(a) 所示。该场景包含了静态目标（如桌子、显示器）以及动态目标（如人）和潜在动态目标（如椅子）。在该场景中，有两台显示器、两个人和两把椅子。根据实际运动特性，两台显示器是静态的，两个人是动态的，左侧有轮子的椅子由于人在运动过程中被推动，因此被视为动态目标，而右侧的椅子未被移动，仍然被视为静态目标。

(a) 原始灰度图像

(b) ORB特征提取效果

(c) 基于实例分割的动态特征去除效果

(d) 实例分割与多视图几何约束紧密耦合的特征去除效果

图 2.33 动态特征去除（剔除）效果对比

图 2.33(b) 展示了使用 ORB 特征提取方法得到的特征点分布。可以看到，ORB 特征点分布在整个场景中，其中人、椅子、显示器、键盘等目标都有显著

的特征点。这些特征点在动态 SLAM 系统中至关重要，但其中许多特征是与动态目标（如人的运动）相关的，因此可能对系统产生不利影响。在一般的动态 SLAM 系统中，通常会使用语义分割算法对场景中的目标进行分类，然后以已划定的动态目标语义标签作为掩码来去除与动态目标相关的 ORB 特征点。

图 2.33(c) 展示了单纯使用 SOLOv2 实例分割进行动态特征剔除的效果。通过实例分割，我们可以看到，两个人的绝大多数 ORB 特征点被成功去除。然而，由于实例分割算法的精确度有限，尤其是在目标边缘处的分割效果并不完美，图中显示在人和椅子等目标的接触边缘仍然残留一些未被剔除的特征点，因此存在一定的误差。此外，由于实例分割无法准确判断潜在动态目标的真实运动状态，图 2.33(c) 中两把椅子上的特征点并未被剔除。右侧的椅子被认为静态目标，而左侧的椅子则因受到人的影响而发生位移，仍被错误归为静态目标。

图 2.33(d) 展示了结合实例分割和多视图几何约束后的效果。可以看到，通过本方法处理后，两个运动的人身上的特征点几乎完全被去除，与单纯依赖实例分割算法相比，本方法有效地减小了分割误差的影响，去除了大部分由实例分割算法引起的误差。此外，本方法能够准确地识别出右侧的椅子为静态目标并保留其特征点，同时将左侧椅子上的特征点判定为动态目标并成功去除，这与数据集中椅子的实际运动状态一致。

从以上分析可以看出，实例分割与多视图几何约束紧密耦合的动态特征检测与剔除方法能够有效地从复杂场景中剔除动态目标的特征，并保持静态目标的完整性。与传统的基于语义分割的动态 SLAM 方法相比，紧密耦合方法克服了实例分割误差的影响，并通过多视图几何约束实现了更精确的动态特征剔除，显著提高了 SLAM 系统在动态环境中的表现力。

2.4.3　环境语义地图构建算法设计

环境语义地图构建算法框架如图 2.34 所示。与传统的语义地图构建方法不同，系统加入了动态特征剔除模块，因此语义地图的构建是基于已剔除动态特征点的关键帧图像。该方法的核心思想是通过剔除动态目标和潜在动态目标的特征点，确保构建的语义地图仅包含环境中的静态特征，从而提高系统在动态环境下的鲁棒性和准确性。

具体来说，算法的第一步是基于只包含环境静态特征点的关键帧图像生成单帧点云。通过对单帧点云进行拼接和滤波，系统可以得到环境的点云图。这一过程的关键是通过去除动态特征点，确保生成的点云图准确反映静态环境的结构。滤波操作有助于去除噪声点并提高点云的质量，从而为后续的地图构建和更新提供更加精确的数据基础。

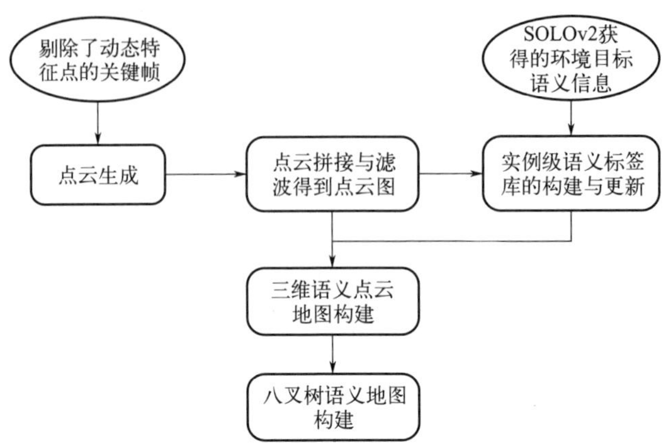

图 2.34　环境语义地图构建算法框架

接下来的步骤是利用 SOLOv2 实例分割算法对场景进行语义分割。SOLOv2 算法可以为图像中的目标分配语义标签，并生成目标掩码。基于这些语义信息和掩码，系统从点云中提取出目标的三维语义标签，并将其存储到实例级语义标签库中。通过这种方式，系统可以持续更新和完善每个目标的三维语义信息，形成一个完整的目标实例库，便于后续在地图构建中调用和更新。

最后，结合提取出的三维语义标签，系统将环境中的目标语义信息融入点云地图中，生成一个三维语义点云地图。在这个地图中，每个点云的坐标和颜色信息都与目标的语义标签相对应，从而实现环境的语义标注和可视化。此外，为了节约存储空间，并支持更大规模的场景构建，还设计了八叉树语义地图结构。八叉树结构能够有效地分层存储和管理大规模的点云数据，使得系统能够在更大的环境范围内构建和更新语义地图，同时保持较高的效率和性能。

2.4.3.1　单帧点云生成

环境全局点云地图是由所有有效关键帧的点云构成的，因此，单帧图像的点云是构建环境全局点云地图的基础。本小节的系统采用 RGB-D 相机作为传感器，该相机能够直接提供每个像素点的深度信息，从而有效地获取每个像素在三维空间中的位置，这为三维地图（点云地图）的构建提供了非常重要的数据支持。为了生成准确的点云数据，我们对 RGB-D 相机进行了建模，并利用该模型和像素点的深度信息，将二维图像中的像素点映射到三维空间中，从而获得相应的三维点云。

与传统的针孔相机模型类似，深度相机的成像模型也遵循针孔相机模型的基本原理，唯一的不同在于它不仅能够获取像素的二维图像坐标，还能够提供每个像素点对应的深度信息，即像素点到相机的实际距离。因此，深度相机的像素点变换关系可以通过针孔相机模型推导得到。设在某一帧图像中的像素点 $p(x,y)$ 对应的空间点为 $P(X,Y,Z)$，深度值为 s，则其变换关系可以表示为：

$$\begin{bmatrix} X \\ Y \\ Z \end{bmatrix} = \begin{bmatrix} f_x & 0 & c_x \\ 0 & f_y & c_y \\ 0 & 0 & 1 \end{bmatrix}^{-1} \begin{bmatrix} x \\ y \\ s \end{bmatrix} \tag{2.65}$$

通过这个变换关系，可以得到空间点 P 的坐标：

$$\begin{cases} X = s(x - c_x)/f_x \\ Y = s(y - c_y)/f_y \\ Z = s \end{cases} \tag{2.66}$$

式中，f_x 和 f_y 分别是 RGB-D 相机的水平和垂直焦距；c_x 和 c_y 是图像原点相对于相机光心成像点的偏移量。这些参数通常可以通过相机标定获得。

通过将关键图像帧中的每个像素点按照上述公式进行变换，可以将图像中的像素点映射到三维空间中，从而得到该帧图像的点云。这样，RGB-D 相机提供的深度信息使得我们能够直接从二维图像中获取相应的三维坐标。

然而，环境中的动态目标会对点云地图的构建产生干扰。为了确保构建的环境地图中仅包含静态目标，基于实例分割算法 SOLOv2 进行目标分割，并结合多视图几何约束，从而有效地从场景中剔除动态目标的特征点。通过这一方法，我们能够过滤掉在运动中的目标，如行人和车辆，从而确保构建的点云地图只包含静态物体的特征。

2.4.3.2　点云拼接

点云地图是通过不同帧生成的多个点云构成的，这些点云来自单帧图像的深度信息。每一帧图像的点云提取完成后，需要将这些单帧点云进行拼接，从而形成局部点云地图，最终通过一系列优化步骤生成全局点云地图。点云拼接是整个过程中的关键步骤，也是点云配准的过程。通过拼接，能够将不同帧采集的点云数据准确地合并到一个统一的坐标系中，从而得到整个环境的三维表示。

在点云拼接过程中，首先需要通过配准（registration）来找出不同帧点云之间的对应关系。具体来说，配准的目标是找到每个点云与其他点云之间的匹配点，通过计算变换矩阵来确定如何将它们对齐。通过计算得到的变换矩阵，可以将每个点云转换到同一个坐标系下，从而实现拼接。

点云拼接的数学描述可以通过以下公式来表示：

$$\boldsymbol{m} = \sum_{i=0}^{n} \boldsymbol{T}_i \boldsymbol{C}_i \tag{2.67}$$

式中，$\boldsymbol{m}$ 表示通过前 n 个图像帧生成并拼接得到的局部点云地图；$\boldsymbol{C}_i$ 表示第 i 个关键帧形成的单帧图像点云；$\boldsymbol{T}_i$ 表示第 i 个关键帧的位姿矩阵，它定义了相机的位姿信息（包括位置和姿态），即如何将第 i 个点云转换到全局坐标系中。通过对每个单帧点云$\boldsymbol{C}_i$ 应用相应的变换矩阵$\boldsymbol{T}_i$，能够将所有的单帧点云按照正确的空间关系进行拼接。

点云拼接的过程实际上是一个对点云进行全局优化的过程。在实际应用中，点云拼接通常会结合传感器数据、运动估计等信息，通过一些优化算法来减少配准误差，提高拼接结果的精度。常见的优化方法为基于迭代最近点（ICP）算法的优化，该方法通过迭代的方式不断寻找点云之间的最佳匹配，逐步减少误差，直到达到收敛。

2.4.3.3　点云滤波

在点云地图的生成过程中，系统使用了相机的测量数据以及一些相机的内部参数，而这些数据和参数不可避免地存在误差。加之环境中的光照变化、纹理单一等因素，都会对系统的点云生成过程产生一定的干扰。特别是在经过点云拼接后，生成的点云地图中可能会出现离群噪声点，这些噪声点通常会影响点云地图的精度，导致地图的表达不准确，从而影响后续的定位和导航任务。

为了解决这一问题，我们采用了统计滤波器（statistical filter）来处理点云地图中的离群噪声点。离群噪声点通常没有规律地分布在空间的各个区域，并且它们的密度较小，通常不会聚集在一起。考虑到这一特点，统计滤波器主要对那些密度小于某个固定值的点云进行剔除。

首先，计算地图中每个点与其相邻点之间的距离，并根据这些距离的分布计算出平均距离值。通常，这些平均距离值符合高斯分布，且高斯分布的形状是由这些平均距离的均值和标准差所决定的。

通过统计计算，可以确定一个标准距离值，该标准距离表示高斯分布的“正常”范围。如果某个点的平均距离大于标准距离，则该点会被认为是离群噪声点。为了进一步控制滤波效果，还引入了标准差乘数（通常表示为 k），用于调节滤波的严格程度。当标准差乘数为 k 时，如果某个点的平均距离大于均值加上 k 倍的标准差，该点就会被标记为噪声点。根据高斯分布的特性，可以估算被标记为离群噪声点的点所占的比例，从而决定最终的剔除策略。

此外，在点云拼接过程中，由于同一个空间点可能会被相机在不同的视角下多次观测，这会引入观测误差，导致多个重叠的点云数据产生模糊和重影现象。这些重合点不仅会增加计算的内存需求，还会严重影响点云地图的精度和可视化效果。因此，为了减少这些重合点的影响，本小节采用了体素滤波器（voxel filter）对点云数据进行处理。

体素滤波器的核心思想是在保证点云地图的形状特征不变的前提下，减少点云中的重合点。具体实现过程如下：首先，将空间划分为一定分辨率的体素栅格，每个体素栅格包含一定数量的点云数据；然后，计算每个体素栅格内所有点的重心位置，并用这个重心点来代表该体素栅格中的所有点。这样，原本密集的点云数据就通过体素滤波器得到了有效的简化，减少了点的数量。

通过体素滤波器的处理，点云数据大大减少，但其空间结构和形状特征得到了较好的保留，从而在不影响整体表现的情况下，去除了重复观测导致的冗余数据。这一过程能够显著提高点云地图的计算效率和可视化效果，同时降低后续处理过程中计算资源的消耗。

2.4.3.4　实例级语义标签库的构建与更新

在前面的小节中，通过单帧点云生成、点云拼接及滤波生成了全局的环境三维点云地图，但是此时得到的三维点云地图只是简单基于几何的点云地图，并没有融入环境中目标的语义信息，其无法帮助移动机器人对场景实现更深层次的理解，因此无法满足机器人在复杂的场景下完成更高层次的智能化任务的需求。因此，有必要构建一种全局一致的带有实例级语义信息的语义地图，为机器人更好地认识和理解复杂的工作环境、完成智能化任务提供条件。

利用 SOLOv2 算法对环境进行实例分割获得的语义信息，对环境目标三维语义点云进行提取，获得对应的三维语义标签，然后融入点云地图中，便可构建三维语义点云地图。本小节设计了一种实例级语义标签库的构建和更新方法，如图 2.35 所示，主要构建与更新流程如下：首先对环境中的每个目标对应的三维点云进行提取与优化，生成对应的三维语义标签；然后对同一目标在不同视角下被提取的三维点云对应的语义标签进行匹配和融合；最后构建和更新全局的环境静态目标语义标签库。

针对目标对应三维点云的提取，一般主要有以下两种方法：

① 利用关键图像帧中被识别到的目标的边界框（bounding-box）直接框取出与该目标对应的三维点云。然而，这种方法会因目标的边界框分割不够准确，使得框出的范围内含有大量其他非目标区域而导致点云产生大量噪声。

② 首先对拼接得到的三维点云做欧氏距离聚类处理，然后将这些点云反投影到关键帧上，最后比对生成的点云与目标边界框的交互比，以得到点云的语义信息。然而，这种方法在进行点云分割时仅依据了欧氏距离来进行聚类处理，这将导致得到的点云的语义信息有着比较大的误差。

由于实例分割算法 SOLOv2 能够直接分割出场景下的目标对应的位置区域，且具有较高的精度，因此分割得到的目标掩码区域中几乎不会含有除对应目标以外其他的像素。在 SOLOv2 的分割结果的基础上，我们将其得到的目标的语义

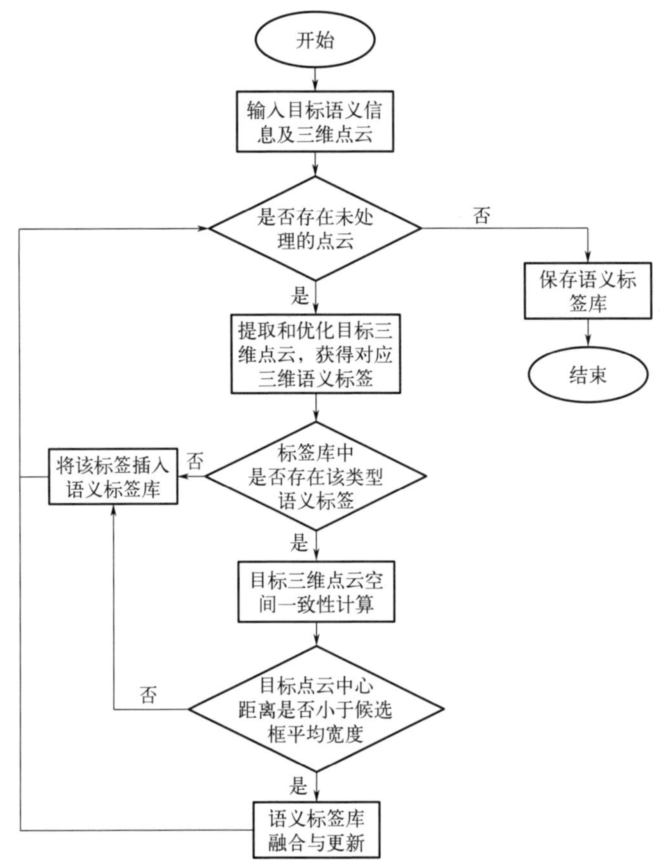

图 2.35　实例级语义标签库的构建与更新流程

信息直接映射到相应的三维点云上，从而得到场景中各个目标所对应的三维点云。由于我们采用的是实例分割算法分割出来的目标更准确的区域而非简单的边界框，因此得到的场景中目标的三维点云会有较高的质量。详细过程如下：首先将关键图像帧中被分割出来的每个目标实例，用分割得到的目标二维的掩码进行所属区域的定位；然后对掩码区域中的所有像素点进行遍历，若该像素对应目标与分割得到的语义掩码的类别一致，则被记为对应点云的索引；再对目标掩码对应区域内的点云的平均深度进行计算，将与点云平均深度的差值较大的点认为是离群点并进行去除；接着对关键图像帧中的每个目标对应的点云索引依次进行统计滤波和体素滤波；最后根据场景中存在的所有目标的实例级语义信息及对应的三维点云生成每个目标所对应的实例级语义标签，以便后续构建与更新目标实例级语义标签库。

当生成环境目标的语义标签后，需决定将这些目标语义标签作为新的标签添加到已构建的目标语义标签库中还是与标签库中已有的标签进行融合，从而构建和更新完整的实例级语义标签库。具体实现过程如下：对一个目标对应的三维点云进行提取与优化，生成与之对应的语义标签之后，首先在目标语义标签库中查找是否存在与该语义标签相同类别的目标语义标签。如果没有，将该标签直接加入标签库中；如果有，则根据目标的三维点云在世界坐标系下的空间一致性，对当前候选库中的目标语义标签中的三维点云中心与标签库中相同类别的点云中心的最小欧氏距离进行计算。若计算出来的最小欧氏距离小于对应的两个目标的三维点云的候选框的平均宽度，则将它们认定为同一个目标并进行目标语义标签库的融合与更新；若计算出来的最小欧氏距离不小于对应的两个目标的三维点云的候选框的平均宽度，则直接将该目标语义标签插入目标语义标签库中。标签库的更新过程主要是对相似目标对应的点云进行融合，然后对该点云的中心点坐标、最大点坐标以及最小点坐标进行重新计算。

2.4.3.5　三维语义点云地图和八叉树语义地图构建

上一小节我们对目标实例级语义标签库的构建与更新过程进行了介绍，事实上，语义标签库的构建与更新过程也是三维语义点云地图的构建过程。利用关键帧图像生成三维点云，然后利用 SOLOv2 算法对场景进行实例分割得到的目标实例级语义信息对环境中目标对应的三维点云语义进行提取并优化，生成与之对应的三维语义标签后，此时的环境三维点云地图就已经包含了环境中各个目标的实例级语义信息。我们再对系统提取的每个关键帧进行点云语义提取处理，然后将环境中的目标在相机处于不同位置观测并生成的点云进行匹配和融合操作，最终便可以获得环境全局的实例级语义点云地图。

然而，点云地图虽然能够满足移动机器人的定位需求并为人们提供比较基本的可视化地图，但是使用点云数据表达的地图仍然比较初级，无法满足智能移动机器人在复杂场景中的导航、避障、可视化以及交互等智能化工作的需求。同时，点云地图中包含的信息一般都非常多，因此 PCD（点云数据）文件所占的存储空间也会非常大，而这些大量的点云数据绝大部分并不是我们所需要的，如地面的细微纹理、阴影处的影子等，这会占用很大的内存和计算资源，使系统受限于计算机的内存以及性能而无法对更大规模的环境进行定位与建图。

针对点云地图的以上局限，本小节构建了八叉树地图（octree map）。八叉树地图是一种稠密的、灵活的、可伸缩的、可随时进行更新并且能使移动机器人完成各种智能化任务的地图类型。八叉树示意图如图 2.36 所示，八叉树地图将整个三维环境建模为一个方块，作为八叉树的根节点。然后将这个方块分成八个相同大小的小方块，这样就可以得到第一层的八个子节点。再用同样的方式对每一级子节点进行分割，直至分割出来的小方块的边长达到八叉树地图设定的最小分辨率，其中最小的方块又称为八叉树的叶子节点。

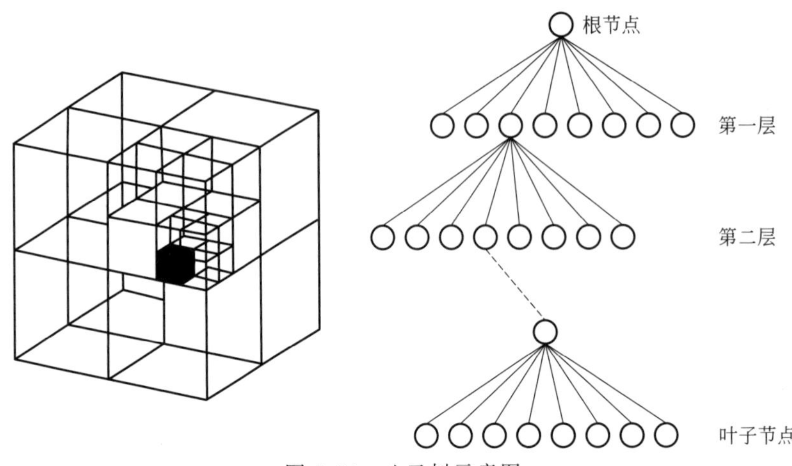

图 2.36　八叉树示意图

在八叉树地图中，每个节点都存储了该节点的状态信息（即是否被占据）。不同于点云地图的是，在地图构建过程中，当八叉树中存在某一级子节点的状态全部被占据或全部未被占据时，这个节点将不会被展开。如：当视觉 SLAM 系统刚开始工作时，还没有进行地图的构建，因此八叉树是空白的，这个时候只需要一个根节点，并不需要展开其他的子节点，更不用展开整个树。当增加新的环境信息到地图中时，现实场景中的大部分物体的分布都比较集中，而空白的区域通常是成片存在的，所以大部分的八叉树子节点都不需要展开到叶子节点层，只需要展开少量的节点就可以实现对环境信息的表示。因此，这种结构可以节约大量的计算机存储空间，同时满足快速查找环境数据的需求。在点云地图中，未被占据与被占据状态一般用 0 和 1 来分别进行表示。不过由于受到环境中存在的噪声等因素的影响，某些空间点的状态可能在一些时刻表现为 1，另一些时刻又表现为 0。为了能够更精细地描述空间点的状态信息，八叉树地图采用了一种概率的形式来对地图节点的状态进行表达。其采用一个取值范围为 [0，1] 的浮点数 x_o，假设有一个节点，取 0.5 作为 x_o 初始值，当这个节点被不断观测到为被占据状态时，让 x_o 不断增加；而当这个节点被不断观测到为未被占据状态时，则让 x_o 不断减小。

通过这样的方法，可以动态地对地图中的目标进行建模。然而，当 x_o 不断增加或者减小的时候，它的取值可能会超出 [0，1] 的范围。因此，不直接使用概率值来对某个节点的状态进行描述，而采用概率的对数值来描述八叉树地图节点的状态。设 $y_o \in \mathbb{R}$ 为概率的对数值，x_o 为取值范围为 [0，1] 的概率值，它们之间的变换关系为：

$$y_o = \text{logit}(x_o) = \log \frac{x_o}{1-x_o} \tag{2.68}$$

逆变换为：

$$x_o = \mathrm{logit}^{-1}(y_o) = \frac{\exp(y_o)}{\exp(y_o)+1} \tag{2.69}$$

由式(2.69) 可知，当取 y_o 的值为 0 时，则 x_o 的值为 0.5；当 y_o 趋于正无穷大时，x_o 的值趋于 1；而当 y_o 趋于负无穷大时，x_o 的值则趋于 0。一般用 y_o 的值来表达节点的状态，当观测到节点处于被占据状态时，y_o 就增加一个数值；当观测到节点处于未被占据状态时，y_o 则减小一个数值。当需要对某个节点的概率进行查询时，我们只需要对 y_o 做逆 logit 变换，即可将该节点的数值 y_o 转化为概率值。设某节点为 k_o，该节点的观测数值为 Q，从开始到 t_o 时刻该节点的概率对数值为 $L(k_o|Q_{1:t_o})$，则 t_o+1 时刻的概率对数值为：

$$L(k_o|Q_{1:t_o+1}) = L(k_o|Q_{1:t_o-1}) + L(k_o|Q_{t_o}) \tag{2.70}$$

写成概率形式为：

$$P(k_o|Q_{1:t_o}) = \left[1+\frac{1-P(k_o|Q_{t_o})}{P(k_o|Q_{t_o})}\times\frac{1-P(k_o|Q_{1:t_o-1})}{P(k_o|Q_{1:t_o-1})}\times\frac{P(k_o)}{1-P(k_o)}\right]^{-1} \tag{2.71}$$

有了上述对数概率，我们就能够对每一个时刻的观测数据进行不断的融合和更新，从而对整个八叉树地图进行不断的融合和更新。在环境八叉树地图的构建过程中，当将每个像素点的深度信息转化为点云数据后，目标的三维点云会落在与之对应的八叉树子节点的范围内，因此，该节点的占有概率会变大，这样就可以得到空间中该节点实际处于被占据状态的信息。建立可视化的环境三维八叉树语义地图，可通过为八叉树的每个节点添加与之对应的目标语义 RGB 颜色值，从而得到可视化程度较高的八叉树语义地图。

2.4.4　环境语义地图构建算法测试

本小节的实验旨在验证 2.4.3 小节提出的环境语义地图构建方法，主要包括点云的生成、拼接、滤波、语义标签库的构建与更新，以及八叉树语义地图的生成。为了进行实验验证，我们从 TUM 数据集中选取了 fr1/room 中的部分序列数据，进行局部语义建图的测试。该数据集提供了 RGB 图像、深度图像和相机位姿数据，是一个典型的包含动态和静态目标的环境数据集。

实验中，首先选取了连续的五帧图像进行点云提取。图 2.37(a) 为所选图像帧的 RGB 图像，图 2.37(b) 为与其对应的深度图像。通过使用这些图像数据，系统能够提取出单帧点云。单帧点云是通过将图像中的每一个像素点的深度值映射到三维空间中，得到对应的空间点坐标，从而构建出的。接下来，所有生成的单帧点云将进行拼接和滤波，形成局部点云地图，并去除其中的离群噪声点和重叠点。

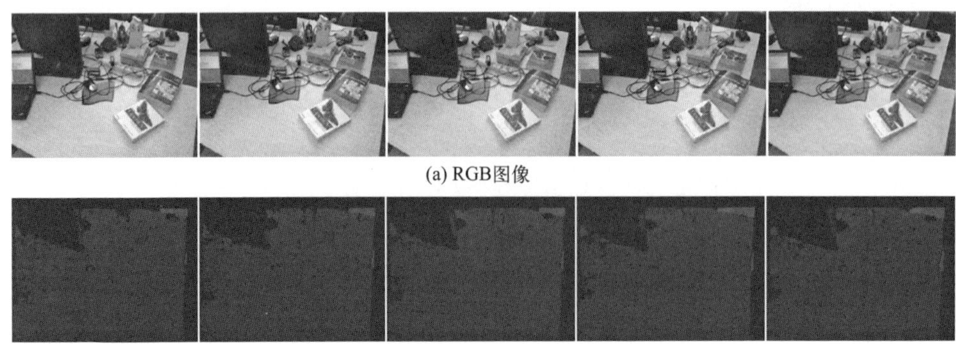

(a) RGB图像

(b) 深度图像

图 2.37　选取的图像帧序列图

图 2.38 展示了滤波前后的点云地图效果。图 2.38(a) 为滤波处理之前的点云地图，可以看到，原始点云地图存在大量由于不同视角下多次观测同一目标而形成的重影，以及一些离群噪声点，这些都可能影响地图的质量和精度。经过统计滤波和体素滤波处理后，点云地图得到了显著改善，图 2.38(b) 显示了滤波后的结果，其中重影和噪声点得到了有效去除。通过对比统计结果可以看到，滤波前生成的点云数量为 1118657 个，而经过滤波后，点云数量减少至 634787 个，去除的点云数量几乎达到了 50%。因此，滤波处理不仅有效改善了地图的质量，还在很大程度上减少了计算量，提高了后续处理的效率。

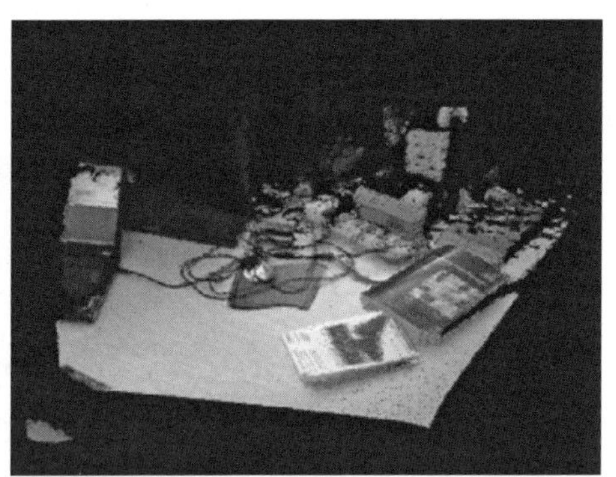

(a) 滤波前　(b) 滤波后

图 2.38　点云地图滤波前后对比

在点云处理完成后，接下来构建了八叉树语义地图。通过结合实例级语义信息，将每个目标的语义标签映射到点云中，并为八叉树的每个节点添加对应目标的 RGB 颜色值，从而得到具有语义信息的八叉树语义地图。图 2.39 和图 2.40 分别展示了添加目标语义颜色信息前后的八叉树地图重建效果。从图中可以看到，添加了目标语义颜色信息后，八叉树地图呈现出了更丰富的环境目标信息，增强了场景的可视化效果。具体而言，目标的语义信息被很好地融入地图中，使得不同目标（如桌子、椅子、显示器等）的语义标签得以显现，提高了地图的表达能力和可视化效果。

除了视觉效果上的改善，八叉树语义地图在存储方面也具有明显的优势。对比点云地图和八叉树地图文件大小的实验结果表明，点云地图的文件大小为 10.2MB，而八叉树地图的文件大小仅为 217.8KB，二者相差近五十倍。这意味着八叉树地图能够有效节省存储空间，尤其在面对大规模环境时，能够显著提高存储和计算效率。因此，八叉树地图非常适合用于大规模场景的构建和存储，特别是在资源受限的情况下，可以大大减少内存消耗。

此外，图 2.39 和图 2.40 还展示了不同分辨率下的八叉树地图效果。八叉树地图的分辨率可以根据具体的环境需求进行调节。在本实验中，默认的深度为 16 层，表示每个小方块的边长为 0.05m。当深度降低一层时，八叉树的叶子节点上升一层，每个小方块的边长翻倍。因此，八叉树地图不仅能够根据场景的复杂程度进行分辨率调整，还能适应不同应用需求下的精度要求。通过调节深度，可以灵活地控制地图的细节程度，确保地图在不同场景下的适应性和表现效果。

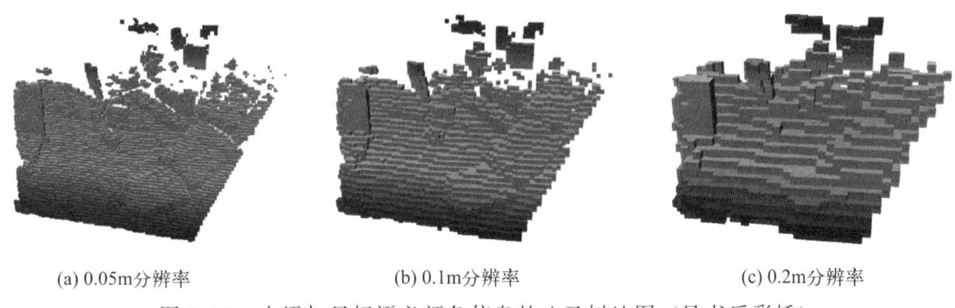

(a) 0.05m分辨率　(b) 0.1m分辨率　(c) 0.2m分辨率

图 2.39　未添加目标语义颜色信息的八叉树地图（见书后彩插）

(a) 0.05m分辨率　(b) 0.1m分辨率　(c) 0.2m分辨率

图 2.40　添加目标语义颜色信息的八叉树地图（见书后彩插）

综上所述，本小节实验验证了 2.4.3 节所提出的环境语义地图构建算法的有效性。在实际测试中，系统能够通过点云的生成、拼接、滤波和语义标签的融入，构建出高质量的语义地图。特别是八叉树语义地图在存储和计算效率方面的优势，使其成为大规模环境地图构建的理想选择。实验结果表明，该算法能够有效处理动态目标、提高地图的可视化效果，并在存储和处理速度上具有显著的优势。

参考文献

[1] Yin R, Wu H, Li M, et al. RGB-D-Based Robotic Grasping in Fusion Application Environments [J]. Applied Sciences, 2022, 12 (15): 7573.

[2] Adi K, Widodo C E. Distance measurement with a stereo camera [J]. Int. J. Innov. Res. Adv. Eng., 2017, 4 (11): 24-27.

[3] Batlle J, Mouaddib E, Salvi J. Recent progress in coded structured light as a technique to solve the correspondence problem: A survey [J]. Pattern Recognition, 1998, 31 (7): 963-982.

[4] Kolb A, Barth E, Koch R, et al. Time-of-flight cameras in computer graphics [C] //Computer Graphics Forum. Oxford: Blackwell Publishing Ltd, 2010, 29 (1): 141-159.

[5] 刘世平，胡竹，程力，等．仿人机器人手臂动作模仿系统的研究与实现 [J]. 机械设计与制造，2022 (02): 300-304.

[6] 何雪涛，程源，黄钟，等．齐次坐标变换在空间机构分析中的应用 [J]. 北京化工大学学报（自然科学版），1999 (01): 43-46.

[7] 马伟．计算机视觉中摄像机定标综述 [J]. 价值工程，2013，32 (24): 193-194.

[8] Faig W. Calibration of Close-range Photogrammerty Systems Mathematical Formation [J]. Photogrammetric eng. Remote Sensing, 1975, 41 (12): 1479-1486.

[9] Abdel-Aziz Y, Karara H M. Direct linear transformation from comparator coordinates into object space coordinates [J]. ASP Symposiumon Close-Range Photogrammetry, 1971, 1: 1-18.

[10] Tsai R Y. An efficient and accurate camera calibration technique for 3D machine vision [J]. IEEE Conference on Computer Vision and Pattern Recognition, 1986, 3 (4): 364-374.

[11] Weng J, Cohen P. Camera calibration with distortion models and accuracy evaluation [J]. IEEE Transactions on Pattern Analysis & Machine Intelligence, 1992, 14 (10): 965-980.

[12] Faugeras O D, Luong Q T, Maybank S J. Camera Self-Calibration: Theory and Experiments [J]. Proc of Eccv, 1992, 588 (12): 321-334.

[13] 孟晓桥，胡占义．摄像机自标定方法的研究与进展 [J]. 自动化学报，2003，29 (001): 110-124.

[14] Yi M, Vidal R, Kosecka J, et al. Kruppa Equation Revisited: Its Renormalization and Degeneracy [C] // Computer Vision - ECCV 2000, 6th European Conference on Computer Vision, Dublin, Ireland, 2000, Proceedings, Part Ⅱ. Springer-Verlag, 2000.

[15] Maybank S J, Faugeras O D. A theory of self-calibration of a moving camera [J]. International Journal of Computer Vision, 1992, 8 (2): 123-151.

[16] Hartley R. Euclidean reconstruction and invariants from multiple images [J]. IEEE Transactions on Pattern Analysis and Machine Intelligence, 1994, 16 (10): 1036-1041.

[17] Pollefeys M, Gool L V, Oosterlinck A. The Modulus Constraint: A New Constraint for Self-Calibration [C] //Proceedings of the 1996 International Conference on Pattern Recognition (ICPR '96), 1996: 349.

[18] Triggs B. Auto-calibration and the absolute quadric [C] //Proceedings of IEEE Computer Society

Conference on Computer Vision and Pattern Recognition. Puerto Pdco，1997：609-614.

[19] Pollefeys M，Gool L，Proesmans M. Euclidean 3D reconstruction from image sequences with variable focal lengths [C] //European Conference on Computer Vision. Springer-Verlag，1996.

[20] Heyden A，Astrom K. Flexible Calibration：Minimal Cases for Autocalibration [C] // Seventh IEEE International Conference on Computer Vision. IEEE，1999.

[21] Hartley R I. Self-Calibration of Stationary Cameras [J]. International Journal of Computer Vision，1997，22 (1)：5-23.

[22] Sang D M. A self-calibration technique for active vision systems [J]. IEEE Trans Robotics Automat，1996，12 (1)：114-120.

[23] 吴福朝，胡占义．摄像机自标定的线性理论与算法 [J]. 计算机学报，2001，24 (011)：1121-1135.

[24] 吴福朝，胡占义．线性确定无穷远平面的单应矩阵和摄象机自标定 [J]. 自动化学报，2002，28 (004)：488-496.

[25] More J J. The Levenberg-Marquardt algorithm：Implementation and theory [J]. Lecture Notes in Mathematics，1978，630：105-116.

[26] Scharstein D，Szeliski R. A Taxonomy and Evaluation of Dense Two-Frame Stereo Correspondence Algorithms [J]. International Journal of Computer Vision，2002，47 (1)：7-42.

[27] Nguyen M，Chan Y H，Delmas P，et al. Symmetric Dynamic Programming Stereo Using Block Matching Guidance [C] //28th International Conference on Image and Vision Computing，New Zealand，2013.

[28] Yang Q，Liang W，Yang R，et al. Stereo Matching with Color-Weighted Correlation，Hierachical Belief Propagation and Occlusion Handling [C] //IEEE Computer Society Conference on Computer Vision & Pattern Recognition. IEEE Computer Society，2006.

[29] Geman S，Geman D. Stochastic relaxation，gibbs distri-butions，and the bayesian restoration of images [J]. IEEE Transactions on Pattern Analysis and Machine Intelligence，1984，6 (6)：721-741.

[30] Kolmogorov V，Zabih R. Computing visual correspondence with occlusions using graph cuts [D]. Palo Alto：Stanford University，2013.

[31] 曾凡志，鲍苏苏．一种自适应多窗口的立体匹配算法 [J]. 计算机科学，2012，39 (S1)：519-521.

[32] 丁南南．基于特征点的图像配准技术研究 [D]. 长春：中国科学院研究生院（长春光学精密机械与物理研究所），2012.

[33] Schaffalitzky F，Zisserman A. Viewpoint invariant texture matching and wide baseline stereo [C] // IEEE International Conference on Computer Vision. IEEE，2001：636-643.

[34] 陈华，王立军，刘刚．立体匹配算法研究综述 [J]. 高技术通讯，2020，30 (02)：157-165.

[35] 赵晨园，李文新，张庆熙．双目视觉的立体匹配算法研究进展 [J]. 计算机科学与探索，2020，14 (07)：1104-1113.

[36] 张文．基于卷积神经网络的双目立体匹配算法研究 [D]. 北京：北京交通大学，2020.

[37] Kang J，Chen L，Deng F，et al. Context pyramidal network for stereo matching regularized by disparity gradients [J]. ISPRS Journal of Photogrammetry and Remote Sensing，2019，157：201-215.

[38] Brandao P，Mazomenos E，Stoyanov D. Widening siamese architectures for stereo matching [J]. Pattern Recognition Letters，2019，120：75-81.

[39] Nguyen T, Jeon J. Wide context learning network for stereo matching [J]. Signal Processing: Image Communication, 2019, 78: 263-273.

[40] 高翔. 视觉SLAM十四讲：从理论到实践 [M]. 北京：电子工业出版社，2017.

[41] Wang X, Zhang R, Kong T, et al. Solov2: Dynamic and fast instance segmentation [J]. Advances in Neural information processing systems, 2020, 33: 17721-17732.

第3章

自主决策的基础理论

3.1 强化学习理论及方法

3.1.1 强化学习理论

3.1.1.1 强化学习基本框架

强化学习是一种模仿人类学习和决策的过程的机器学习方法。就像我们在生活中，做对了事会得到父母或老师的表扬和鼓励，而做错了事则会受到惩罚或警告，这种反馈机制帮助我们理解应该如何选择行为。强化学习的核心思想正是基于这样的反馈机制，通过智能体与环境的交互，逐步优化其决策过程，最终找到最优的解决方案。

强化学习的基本组成包括智能体（agent）、环境（environment）、动作（action）、状态（state）和奖励（reward）。智能体是做出决策和执行动作的主体，环境是智能体所处的外部系统。当智能体在环境中执行某个动作时，环境会反馈一个新的状态信息，并根据该动作的执行效果给予奖励。若动作带来的结果是积极的，环境会给予正向奖励，这会鼓励智能体在未来做出类似的选择；若动作的结果是消极的，环境会给予负向奖励，这将促使智能体调整策略，减少或避免类似的动作。

强化学习的优点在于其卓越的决策能力，尤其适合处理那些涉及长期回报和延迟奖励的问题。通过不断地尝试和反馈，智能体能够在未知的环境中学习到最优的策略，从而实现自我调整和优化决策过程。这一过程使得智能体能够在复杂、动态的环境中，找到最适合的行为路径。

图 3.1 展示了强化学习的基本框架，其中智能体与环境的交互过程是强化学

习的核心。通过不断地尝试、探索和纠错，智能体根据环境的反馈逐渐改善其决策策略，目标是最大化累计奖励。

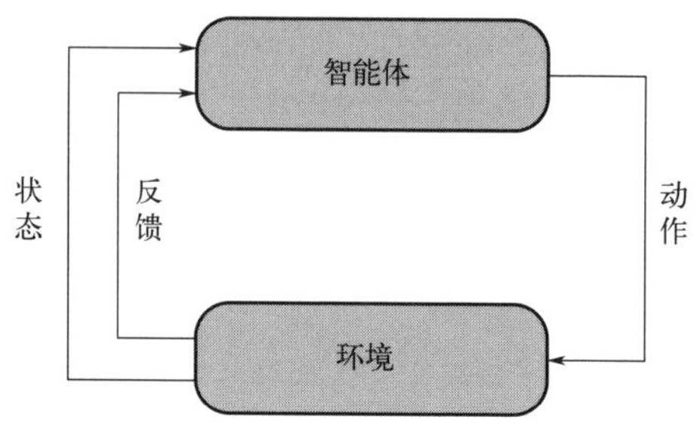

图 3.1 强化学习基本框架

3.1.1.2 马尔可夫决策过程（MDP）

在强化学习中，几乎所有问题都可以通过马尔可夫决策过程（Markov decision process，MDP）来建模和解决。MDP 为智能体与环境之间的交互提供了一个数学框架，描述了智能体如何通过与环境的互动来做出决策，如图 3.2 所示。在强化学习中，智能体在每个时间步都会接收到来自环境的状态信息 s_t，并基于当前状态做出一个动作 a_t，该动作对环境产生影响，并导致智能体进入一个新的状态 s_{t+1}。环境根据智能体的动作返回一个奖励 r_t，这个奖励反映了当前决策的好坏。通过这一连续的互动过程，智能体会不断调整其决策策略，以期在长时间内获得最大的累计奖励。这一过程通常表示为一个序列：

$$s_0, a_0, r_1, s_1, a_1, r_2, \cdots \tag{3.1}$$

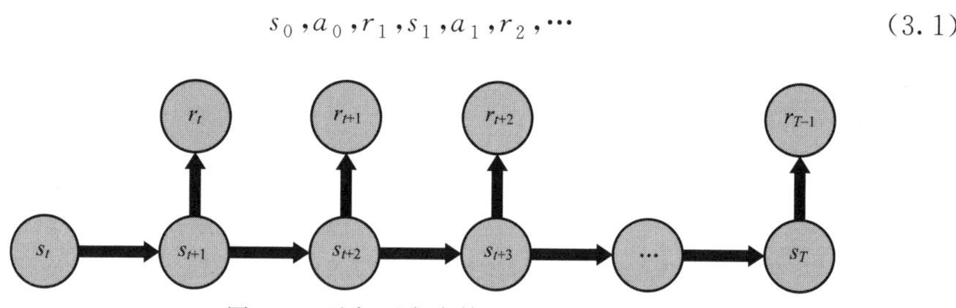

图 3.2 马尔可夫决策过程示意图

马尔可夫决策过程可以形式化为一个五元组 $(S, A, \boldsymbol{P}, R, \gamma)$，其中包含了所有强化学习问题的核心要素。状态集合 S 代表了智能体和环境交互的所有可能状态，而动作集合 A 则表示智能体可以采取的所有行为。在每个状态下，智能体采取某一动作后，会根据状态转移概率矩阵 $\boldsymbol{P}$ 进入另一个状态，$P(s' \mid s, a)$ 描述了从状态 s 执行动作 a 后转移到状态 s' 的概率。奖励函数 $R(s, a)$ 用来衡量智能体在特定状态下采取某个动作所获得的即时奖励，折扣因子 γ 则用于调整未来奖励的重要性。折扣因子取值范围为 $\gamma \in [0, 1)$，值越小，智能体越重视当前奖励，而对未来奖励的关注程度越低。

强化学习的核心目标是使智能体通过策略学习获得最大化的累计奖励。在这个过程中，马尔可夫性是一个至关重要的概念，它意味着智能体的决策只依赖于当前状态 s_t 和当前采取的动作 a_t，而与过去的状态和动作无关。这一特性使得 MDP 模型极大简化了强化学习的复杂度，因为状态之间的依赖关系变得清晰且易于建模。总的来说，马尔可夫决策过程为强化学习提供了一个有效的框架，帮助智能体在复杂的决策任务中做出最优选择。

3.1.1.3　强化学习基本要素

在一个完整的强化学习系统中，除了马尔可夫决策过程（MDP）的五元组外，还包含了几个重要的基本要素：策略（policy）、奖励（reward）值和价值（value）函数。这些要素共同构成了强化学习的核心，帮助智能体在环境中通过与环境的互动逐步学习，最终找到最优的行为策略。

首先，策略是强化学习系统中的关键部分，表示了智能体在每个状态下如何选择动作的规则。它可以定义为从状态集合 S 到动作集合 A 的映射，通常表示为 π：$S \to A$。策略直接决定了智能体在每个状态下选择什么样的动作，因此，它在强化学习过程中扮演着核心角色。策略可以分为随机策略和确定策略两种。随机策略意味着即使智能体处于相同的状态，所选择的动作也有一定的概率分布，而不是固定的。数学上，随机策略定义为：

$$\pi(a \mid s) = P(a \mid s) \tag{3.2}$$

这表示在状态 s 下，选择动作 a 的概率。相反，确定策略是指智能体在每个状态下始终选择相同的动作，即对每个状态 s，都有唯一的动作 a 对应：

$$\pi(s) = a \tag{3.3}$$

通过策略，强化学习系统决定了智能体如何在不同状态下做出决策，从而影响学习的过程和效果。

其次，奖励值是强化学习中的另一个重要概念，它表示了智能体在执行某个动作后从环境中获得的反馈信号。在马尔可夫决策过程中，智能体每执行一次动作 a_t，就会根据当前的状态 s_t 获得一个即时奖励 r_t，该奖励反映了当前行为的好坏。奖励的大小直接影响智能体学习的效率和最终行为的选择。一般来说，奖励值越大，表示动作的价值越高，智能体会倾向于选择这种行为；反之，奖励值越小，智能体会尝试减少或避免选择这种行为。奖励函数 $R(s,a)$ 描述了在给定状态 s 和动作 a 下，智能体获得的即时奖励。

$$R(s,a) = \mathbb{E}[r_t \mid s_t = s, a_t = a] \tag{3.4}$$

此外，智能体的目标是最大化累计奖励，即从当前时刻起，智能体在后续时间步中获得的所有奖励的加权和。通常通过引入折扣因子 γ 来表示未来奖励的当前价值，折扣因子范围为 $0 \leqslant \gamma < 1$，它控制未来奖励的重要性。累计奖励 G_t 的计算公式如下：

$$G_t = \sum_{k=0}^{\infty} \gamma^k r_{t+k} \tag{3.5}$$

式中，r_{t+k} 是从时刻 $t+k$ 获得的奖励；折扣因子 γ 确保了未来奖励的值逐渐递减。

价值函数则与奖励值不同，它评估的是智能体在某一状态下，基于当前策略，从该状态开始，所有后续动作的期望总回报。与奖励函数的即时反馈不同，价值函数侧重于长期回报。

状态价值（状态值）函数 $v^{\pi}(s)$ 计算的是在策略 π 下，从状态 s 开始，智能体能够期望获得的总回报的平均值。它的数学表达式为：

$$v^{\pi}(s) = \mathbb{E}[G_t \mid s_t = s] \tag{3.6}$$

式中，$v^{\pi}(s)$ 可直接简写为 $v(s)$。

而状态-动作价值（状态-动作值）函数 $Q^{\pi}(s,a)$ 则是表示在状态 s 下，执行动作 a，然后按照策略 π 继续行动，所期望的总回报。其数学表达式为：

$$Q^{\pi}(s,a) = \mathbb{E}[G_t \mid s_t = s, a_t = a] \tag{3.7}$$

式中，$Q^{\pi}(s,a)$ 可简写为 $Q(s,a)$。

这些价值函数帮助智能体估计在不同状态或状态-动作对下的期望回报，从而指导决策过程，优化策略。

最终，强化学习的目标是通过不断学习，找到一个最优策略 π^*，使得智能体在每个状态下都能获得最大的累计期望奖励。这通常是通过优化价值函数或直接优化策略来实现的。

3.1.1.4 贝尔曼方程 (Bellman equation)

贝尔曼方程是强化学习中的核心概念之一，它为解决马尔可夫决策过程（MDP）中的最优策略提供了数学框架。在强化学习中，智能体的目标是通过学习一个最优策略来最大化从当前状态开始的累计奖励，而贝尔曼方程提供了一种将当前状态的价值与未来状态的价值联系起来的方式。

贝尔曼方程的基本形式可以通过将回报函数代入状态价值函数得到，表示为：

$$v(s) = \mathbb{E}[r_t + \gamma v(s_{t+1}) \mid s_t = s] \tag{3.8}$$

这个方程的意义在于，它将当前状态 s 的价值 $v(s)$ 与未来状态的价值联系起来。具体来说，智能体在当前状态 s 执行某一动作后，会得到即时奖励 r_t，并转移到下一个状态 s_{t+1}，在该状态下的价值 $v(s_{t+1})$ 会影响当前状态的价值。

此外，贝尔曼方程还可以扩展到状态-动作价值函数 $Q(s,a)$，用于表示在状态 s 下执行动作 a 后，智能体能期望获得的总回报。状态-动作价值函数的贝尔曼方程可以表示为：

$$Q(s,a)=\mathbb{E}\left[r_t+\gamma\,\mathbb{E}\left[Q(s_{t+1},a_{t+1})\mid s_{t+1}\right]\mid s_t=s,a_t=a\right] \tag{3.9}$$

这一方程反映了智能体在当前状态下选择某一动作 a 后，不仅会获得即时奖励 r_t，还需要考虑未来状态和动作对总回报的影响。

在强化学习中，贝尔曼方程的一个关键特性是它的递归性质，可以通过未来的状态和动作的价值来推算当前状态的价值。这种递归性质使得我们可以通过价值迭代或策略迭代等算法逐步计算出最优策略。例如，状态转移概率 $P(s'\mid s,a)$ 可以用来表示从状态 s 执行动作 a 后转移到状态 s' 的概率，贝尔曼方程通过求和的方式将所有可能的转移情况考虑进来，如图 3.3 所示。状态-动作价值函数的表达式如下：

$$Q(s,a)=R(s,a)+\gamma\sum_{s'\in S}P(s'\mid s,a)\sum_{a'\in A}\pi(a'\mid s')Q(s',a') \tag{3.10}$$

式中，$R(s,a)$ 是状态 s 下采取动作 a 的即时奖励；γ 是折扣因子，表示未来奖励的现值；$P(s'\mid s,a)$ 是状态转移概率；$\pi(a'\mid s')$ 是在状态 s' 下的策略选择概率；$Q(s',a')$ 是下一状态-动作对的价值。

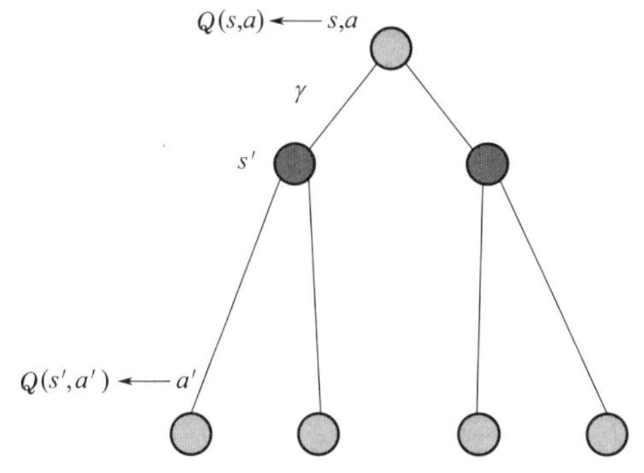

图 3.3　贝尔曼方程求解图

贝尔曼方程的最重要意义在于，它使得我们能够通过状态的价值来计算最优策略。贝尔曼方程提供了从当前状态到未来状态的价值关系，从而帮助智能体评估每个动作的长期回报。通过这种方式，智能体可以在多步决策中逐步学习到最优策略。换句话说，贝尔曼方程不仅描述了当前的即时奖励，还考虑了未来的奖励，使得智能体的行为不仅局限于当前的即时回报，还能有效地寻找那些能够带来最大长期回报的动作。

因此，贝尔曼方程对于强化学习的核心作用在于：它将一个状态的价值表示为从该状态采取某个动作后，转移到其他状态后的期望回报。这种递归式的定义为求解最优策略提供了有效的计算方法，特别是在使用动态规划、价值迭代和策略迭代等算法时，贝尔曼方程为我们提供了一种有效的途径来迭代更新每个状态或状态-动作对的价值，最终达到最优策略的学习目标。

3.1.2 不同模型状态下的强化学习方法

强化学习作为机器学习的一个重要分支，其研究领域非常广泛，并且随着算法和技术的不断发展，强化学习的分类和方法也在不断演进。由于强化学习的算法更新迅速，且应用场景复杂，因此要做到准确且全面的分类并不容易。通常，强化学习的方法可以分为两大类：有模型的（model-based）强化学习和无模型的（model-free）强化学习[1]。

在有模型的强化学习中，智能体通过与环境的交互获得数据，并利用这些数据建立环境模型。这些模型通常用于预测环境状态转移和奖励，从而帮助智能体做出更好的决策。在这种方法中，智能体可以通过已有的环境模型来进行规划和优化动作，使得在与环境交互时所需的样本数据量较少，且智能体能更快速地做出改进。然而，有模型的强化学习方法通常较难处理高维度、复杂的环境，因为模型的建立和计算可能会随着问题的复杂性增加而变得困难。此外，高维状态空间和动作空间下的模型拟合也往往面临较大的计算挑战。

在强化学习的具体算法中，常见的有模型方法包括蒙特卡罗方法和时间差分法（TD 方法）。蒙特卡罗方法通常用于估计状态或状态-动作对的值，通过多次模拟来进行学习；而时间差分法则是通过直接对未来奖励进行估算，不依赖于完整的环境模型，适用于在线学习和强化学习的实时更新。

与有模型的方法相对的是无模型的强化学习方法。在无模型的强化学习中，智能体并不依赖于环境的模型进行决策。相反，智能体通过与环境的不断交互，从实际的经历中学习，并通过评估每个动作的价值来调整自己的策略。无模型的强化学习方法通常分为两种主要类型：策略迭代和价值迭代。这两种方法更为灵活，并且能够适应高维和复杂的任务场景，因为它们不需要构建完整的环境模型，而是直接基于经验数据进行学习和优化。因此，无模型的方法在处理复杂任务时往往具有更强的适应性。

综上所述，有模型和无模型的强化学习各有优劣。有模型的方法通过有效的环境建模来提高学习效率，尤其适用于样本数据有限的场景；而无模型的方法则通过与环境的不断交互和探索，能够处理更复杂的任务，适应性更强。强化学习算法的选择应根据具体问题的特点、任务的复杂性以及可用的数据量来决定。图 3.4 展示了强化学习的主要方法分类，进一步帮助理解不同类型的强化学习算法在实际中的应用。

3.1.2.1 无模型的强化学习方法

策略迭代和价值迭代（值迭代）是强化学习中的两种经典方法，虽然它们的

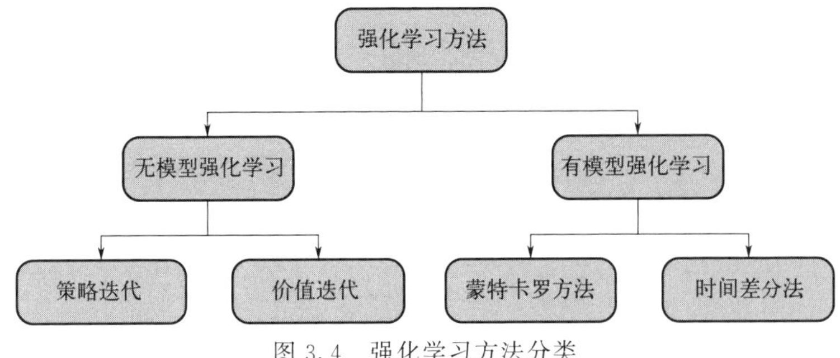

图 3.4　强化学习方法分类

核心思想相似，但具体的实现方式和计算过程有所不同。

(1) 策略迭代

策略迭代是一种反复评估和改进策略的算法，旨在找到最优的行为策略。在策略迭代过程中，策略评估和策略改善是两个主要的步骤。

① 策略评估：首先，对于给定的策略 π，计算该策略下每个状态的状态价值函数 $v^{\pi}(s)$。策略评估的目的是衡量在当前策略下，智能体在每个状态下的预期回报。该过程通过迭代计算得到每个状态的价值，直到状态价值函数收敛为止。

在策略评估过程中，每个状态的价值计算公式为：

$$v^{\pi}(s)=\sum_{a}\pi(a|s)\sum_{s'}P(s'|s,a)[R(s,a,s')+\gamma v^{\pi}(s')] \tag{3.11}$$

式中，$\pi(a|s)$ 是在状态 s 下选择动作 a 的概率；$P(s'|s,a)$ 是从状态 s 经动作 a 到达新状态 s'的转移概率；$R(s,a,s')$ 是从状态 s 执行动作 a 后获得的奖励；γ 是折扣因子。

② 策略改善：在策略评估得到每个状态的状态价值函数后，策略改善步骤会使用这些值来更新策略。目标是通过选择使得状态价值函数 $v^{\pi^*}(s)$ 最大化的动作来改进策略。改进后的策略可以通过以下公式来计算：

$$v^{\pi^*}(s)=\arg\max_{a}\sum_{s'}P(s'|s,a)[R(s,a,s')+\gamma v^{\pi}(s')] \tag{3.12}$$

该公式表示在每个状态 s 下，选择一个动作 a 使得期望的回报最大化。通过不断迭代这个过程，最终得到一个最优的策略 π^*。

策略迭代算法伪代码见表 3.1。

表 3.1　策略迭代算法伪代码

```
1. 输入：初始化状态s，动作a，初始策略π，状态转移矩阵P，状态价值函数vπ(s)，折扣因子γ，奖惩函数R
2. Repeat  i =0,1,…
3.     Find  vπ_{i+1}(s)
              vπ*(s)=arg max_a Qπ(s,a)
4. Until  π_{i+1}=π_i
5. 输出：策略π ←π_i
```

(2) 值迭代

值迭代与策略迭代的核心思想相似，都是为了找到最优策略，但值迭代通过直接更新状态价值函数来逐步逼近最优解。

① 值迭代过程：在值迭代中，每一步都对每个状态的价值进行更新，并基于当前状态的最大期望回报来更新价值函数。具体来说，值迭代通过以下公式来更新每个状态的值函数：

$$v(s)=\max_{a}\sum_{s'}P(s'|s,a)[R(s,a,s')+\gamma v(s')] \tag{3.13}$$

这里，值函数 $v(s)$ 在每一步都根据当前的状态和动作的最大回报来更新。通过不断地迭代更新状态值，直到值函数收敛为止。此时，最优策略 π^* 就可以通过选择使得值函数最大的动作来得到，即：

$$v^*(s)=\arg\max_{a}\sum_{s'}P(s'|s,a)[R(s,a,s')+\gamma v^*(s')] \tag{3.14}$$

② 动态更新：与策略迭代方法不同，值迭代不会先进行完整的策略评估再进行策略改善，而是将两者结合在一起，动态地进行迭代。每次更新都会逐步优化状态值函数，直到值函数收敛到最优解，最终得到最优策略。

值迭代算法伪代码见表 3.2。

表 3.2 值迭代算法伪代码

1. 输入：初始化状态s，动作a，初始策略π，状态转移矩阵 $\boldsymbol{P}$，值函数$v(s)$，折扣因子$\boldsymbol{\gamma}$，奖惩函数R，迭代次数k
2. Repeat $k=0,1,\cdots$
3. for every do
   $v_k(s_t)=\mathbb{E}[r_t+\gamma v_k(s_{t+1})]$
4. Until $v_{k+1}=v_k$
5. 输出：策略$\boldsymbol{\pi}(s)$

3.1.2.2 有模型的强化学习方法

(1) 蒙特卡罗（Monte Carlo，MC）方法

蒙特卡罗方法是一种基于采样的强化学习方法，它不依赖于环境的模型，可以在没有已知状态转移概率和奖励函数的情况下，通过与环境的交互估计价值函数并寻找最优策略。蒙特卡罗方法的核心思想是利用从环境中获取的经验数据（即状态-动作序列）来估计整体的回报，通过平均样本的收益来优化策略。

蒙特卡罗方法的工作原理是，通过多次采样来估计状态或状态-动作对的价值。这些采样通常是通过与环境的交互完成的，整个过程无须知道环境的动态。具体地，蒙特卡罗算法通过对每个状态-动作对的回报进行采样和平均来更新价值函数，例如状态-动作价值函数 $Q(s,a)$。公式表示如下：

$$Q(s,a)=\mathbb{E}\left[\sum_{t}\gamma^t r_t\right] \tag{3.15}$$

式中，s 是状态；a 是动作；r_t 是从状态 s 执行动作 a 后获得的奖励；γ 是折扣因子。

蒙特卡罗方法的优点在于其简单且不需要事先了解环境的动态，适合在状态转移概率未知的情况下使用。通过多次的随机采样，可以近似地估计每个状态或状态-动作对的值，从而指导智能体选择最优策略。然而，蒙特卡罗方法也有局限性，它在某些实时性要求较高的任务中不够高效，尤其是在需要等待整个序列结束才能更新值的情况下。

蒙特卡罗算法伪代码见表 3.3。

表 3.3　蒙特卡罗算法伪代码

```
输入:初始化状态 s，动作 a，初始策略 π，折扣因子 γ，迭代次数 k 累计回报 Returns(s,a)，步数 t
For k=0,1,2…,N
   随机初始化状态 s_0∈S
   根据策略 π:s_0,a_0,r_1,s_1,a_1,r_2,…,s_{T-1},a_{T-1},r_T,s_T,产生 k 次实验轨迹
     G=0
     For t=T-1,T-2,…,0
         G=G+r_t
         F(s_t,a_t).add(G)
         Q(s_t,a_t)=average[F(s_t,a_t)]
         π(s_t)=arg maxQ(s_t,a_t)
         t=t+1
   Until  s_t=S_T
Until  k=k_max
```

(2) 时间差分 (temporal-difference，TD) 方法

时间差分方法是蒙特卡罗方法的一个重要扩展，融合了动态规划的优点。与蒙特卡罗方法不同，时间差分方法不需要等待整个序列的结束，而是通过估计当前状态的值，并即时更新价值函数，使得它可以在学习过程中进行连续的更新。这使得时间差分方法比蒙特卡罗方法更为高效，能够更快速地收敛。

时间差分方法的核心思想是，通过引入“TD 偏差”（temporal-difference error），即当前值和预测值之间的差异，来更新状态的价值。具体的更新公式如下：

$$v(s_t) \leftarrow v(s_t) + \alpha\left[r_t + \gamma v(s_{t+1}) - v(s_t)\right] \tag{3.16}$$

式中，$v(s_t)$ 是状态 s_t 的价值；r_t 是从状态 s_t 执行动作后的奖励；γ 是折扣因子；α 是学习率。更新公式中的 $r_t + \gamma v(s_{t+1}) - v(s_t)$ 被称为 TD 偏差，表示当前值与基于后继状态的估计值之间的差距。

相比于蒙特卡罗方法，时间差分方法具有以下几个显著优势：

① 即时更新：时间差分方法可以在每一步的实验中更新值函数，而不需要等待整个序列的结束，这使得它能够在实时学习中更为高效。

② 学习速度更快：由于能够在每次交互后更新状态价值，时间差分方法通

常比蒙特卡罗方法收敛得更快。

③ 适应性强：时间差分方法能够在未知的动态环境中实时学习，因此可以适用于较为复杂和动态的任务。

尽管如此，时间差分方法也存在一定的局限性，比如它对于某些任务的收敛速度可能较慢，尤其是在状态空间和动作空间非常大的情况下，可能需要进行更多的调优才能达到较好的效果。

时间差分算法伪代码见表 3.4。

表 3.4　时间差分算法伪代码

1. 输入：评估的策略π，状态价值函数$v(s)$，学习率α，折扣因子γ
2. Repeat(every episode)
3. 　初始化状态s
4. 　　Repeat:
5. 　　　根据策略π 选择动作a，得到奖励r，转换到下一状态s_{t+1}

$$v(s)\leftarrow v(s)+\alpha\left[r_{t+1}+\gamma v(s')-v(s)\right]$$

6. 输出：实验中每个状态s：
7. 　$\pi(s)\leftarrow \arg\max Q(s,a)$

在移动机器人路径规划领域，强化学习理论具有很好的应用潜力，尤其是对于移动机器人在未知环境中的导航任务。通过强化学习，机器人可以在不断与环境交互的过程中逐步学习到如何做出最优决策，从而到达预定目标。与传统的路径规划方法相比，强化学习不需要事先对环境建模，而是依赖机器人与环境之间的实时交互来调整行为策略。

然而，单纯依靠传统的强化学习方法仍然无法满足复杂环境中机器人的需求，特别是在需要应对动态和紧急情况时。为了提高机器人在复杂任务中的表现力，强化学习理论需要结合其他技术，如 Actor-Critic（行动者-评论家）框架和策略梯度方法，同时也需要与深度学习等领域结合，以便处理更高维度和更复杂的环境。因此，未来的研究将着重于强化学习理论的进一步拓展和与其他智能技术的结合，以提供更具适应性和实时性的平台支持。

3.1.3　基于策略的强化学习

3.1.3.1　策略梯度

在前述基于价值的算法中，我们主要依赖于值函数的迭代计算，这在离散动作空间下非常有效，但对于连续动作空间的问题，其求解效果却显得力不从心。在解决那些具有连续动作空间、受限观测以及随机策略的强化学习问题时，基于策略的方法往往能够发挥更大的优势，并且在此类问题中更容易收敛。因此，基于策略的强化学习方法，尤其是在动作空间连续的情况下，能够提供更高效的求解方案。

如前所述，策略实际上是一个概率分布，它决定了在每个状态下选择每个动作的概率，策略的输出便是动作空间中每个动作被选择的概率。因此，策略可以看作一个关于动作选择概率的分布函数。为了求解基于策略的问题，通常采用一个函数来逼近这个策略。假设 θ 是需要训练的参数，θ 决定了策略的具体形式。求解基于策略的问题，就转化为求解这些参数 θ 的问题。因此，优化策略的关键就是优化这些参数。为了实现这一点，我们引入了策略的目标函数，通过该目标函数来优化策略参数。

策略目标函数通常通过期望回报来定义。具体来说，目标函数 $J(\theta)$ 表示在使用策略 π_θ 的情况下，从初始状态开始的期望回报，可以用如下公式表示：

$$J(\theta)=\mathbb{E}[G_t]=\mathbb{E}[Q^\pi(s_t,a_t)] \tag{3.17}$$

式中，$Q^\pi(s_t,a_t)$ 是在当前策略下，从状态 s_t 执行动作 a_t 所获得的期望回报。对于一些没有确定初始状态和终止状态的问题，则可以用整个状态分布的平均值来定义策略目标函数。此时，策略目标函数为：

$$J(\theta)=\sum_s d^\pi(s)Q^\pi(s) \tag{3.18}$$

式中，$d^\pi(s)$ 是基于策略 π_θ 生成的 MDP 的状态静态分布。有了策略目标函数后的任务就是要优化这个函数的参数 θ，使得策略更优。策略目标函数的值越大，表示策略越好。因此，可以通过梯度上升法来优化参数。梯度上升法的基本思想是沿着目标函数的梯度方向更新参数，从而使目标函数值最大化。具体来说，策略的参数 θ 更新规则为：

$$\theta\leftarrow\theta+\alpha\nabla_\theta J(\theta) \tag{3.19}$$

式中，α 是学习率，控制着每次更新的步长。

为了得到策略目标函数的梯度，根据强化学习的原理，使用期望值表示策略的梯度。通过文献［2］中的推导，可以得出策略目标函数的梯度公式为：

$$\nabla_\theta J(\theta)=\mathbb{E}_t[Q^\pi(s_t,a_t)\nabla_\theta \ln\pi_\theta(s_t,a_t)] \tag{3.20}$$

式中，$\nabla_\theta \ln\pi_\theta(s_t,a_t)$ 被称为分值函数（score function），表示对数策略函数的梯度。可以看到，策略目标函数的梯度由策略函数的对数梯度（分值函数）与即时奖励的乘积的期望组成。根据这个梯度，策略的参数更新就变得相对简单，可以通过计算每一步的期望来调整参数，从而逐步优化策略。

3.1.3.2 AC（Actor-Critic）架构

Actor-Critic（行动者-评论家）是强化学习中的一个重要结构框架，它结合了策略和价值函数的优点，以便更有效地处理复杂的学习任务。框架分为两个主要部分：行动者和评论家。行动者负责在连续的动作空间中做出决策，并与环境进行交互；而评论家则利用价值函数对行动者的表现进行评估，指导行动者选择更加优化的动作，从而实现更高效的学习。通过将策略和价值函数的优势结合，Actor-Critic 框架能够提供更为灵活和高效的策略学习，特别是在连续动作空间和高维度的问题中。

在 Actor-Critic 算法中，策略函数和价值函数需要进行近似和更新。之前已介绍过策略函数的近似方法，因此这里不再赘述。至于价值函数的近似，通常通过引入 TD（时间差分）误差（偏差）作为评估标准，来指导策略的优化。TD 误差衡量的是实际奖励与预测奖励之间的差距，这个误差用于调整评论家的价值函数。在训练过程中，策略的更新与价值函数的更新是同步进行的，相互依赖，从而加速了收敛过程，提升了算法效率。

具体来说，在 Actor-Critic 算法中，行动者通过策略函数 $\pi_\theta(s)$ 来选择动作，并根据评论家的反馈来更新策略的参数 θ；而评论家则利用状态-动作价值函数 $Q(s,a)$ 评估每一个动作的价值，并通过 TD 误差更新其参数 w。这两个部分通过交替更新，形成了一个动态的优化过程。在实际计算时，Actor 和 Critic 的更新公式可以表示为：

$$\theta_{t+1}=\theta_t+\alpha\nabla_\theta \ln\pi_\theta(s_t,a_t)\delta_t \tag{3.21}$$

$$w_{t+1}=w_t+\beta\delta_t\nabla_w Q_w(s_t,a_t) \tag{3.22}$$

式中，β 是学习率；δ_t 是 TD 误差，表示为：

$$\delta_t=r_{t+1}+\gamma Q_w(s_{t+1},a_{t+1})-Q_w(s_t,a_t) \tag{3.23}$$

该误差反映了实际奖励与基于当前策略的预期奖励之间的差距。通过这种方式，Actor 和 Critic 的参数可以同步更新，最终实现最优策略的学习。

3.2 深度强化学习理论

3.2.1 基于值函数的学习理论

值函数是强化学习算法中一个重要的概念，用来估算智能体在给定状态下采取某个动作的期望回报。在强化学习中，智能体通过与环境的交互，不断更新其对状态和动作的估计，从而做出更优的决策。在基于值函数的深度强化学习算法中，智能体通过不断更新值函数，逐步学习到在各种状态下采取某个动作的最优价值，从而实现最优决策，最终获得最大的回报。值函数通常是对未来奖励的折扣期望值的估计，可以帮助智能体选择在不同状态下最有可能获得高回报的动作。

在深度强化学习中，智能体使用深度神经网络来对值函数进行建模，这样可以处理高维的输入（如图像、视频等），并且能够提高智能体的决策能力。传统的强化学习方法在处理复杂输入时可能需要人工特征提取，而深度神经网络的引入使得智能体能够自动从原始输入数据中学习到有效的特征表示。

DQN（deep Q-network，深度 Q 网络）是基于值函数的深度强化学习算法，它由 Google DeepMind 团队在 2013 年提出，并在当时的经典游戏（如 Atari 游戏）中取得了显著的成果，成为深度强化学习的里程碑之一。DQN 的核心思想是将 Q 学习算法与深度神经网络结合。Q 学习是一种基于值函数的强化学习算法，它通过更新 Q 值（即状态-动作值）函数来学习最优策略。DQN 使用深度神经网络来逼近 Q 值函数，从而能够处理高维的输入空间。

DQN 的训练过程使用了时间差分（TD）算法，这是一种通过估计当前状态下采取某个动作的未来回报来逐步更新 Q 值的策略。具体来说，DQN 通过最小化预测 Q 值和目标 Q 值之间的差异来优化神经网络参数。目标 Q 值是通过 Q 学习的 Bellman 方程计算得到的，考虑了下一状态的最大 Q 值和当前获得的奖励。TD 算法训练神经网络如下：

$$\underbrace{Q(s_t,a_t;w)}_{\text{预测}\hat{q}_t} \approx \underbrace{r_t + \gamma \max_{a\in A} Q(s_{t+1},a;w)}_{\text{TD目标}\hat{y}_t} \tag{3.24}$$

定义损失函数：

$$L(w) = \frac{1}{2}\left[Q(s_t,a_t;w) - \hat{y}_t\right]^2 \tag{3.25}$$

假设 $\hat{y}_t$ 为常数，计算 L 关于 w 的梯度：

$$\nabla_w L(w) = \underbrace{(\hat{q}_t - \hat{y}_t)}_{\text{TD误差}\delta_t} \times \nabla_w Q(s_t,a_t;w) \tag{3.26}$$

然后使用梯度下降算法，使得 $\hat{q}_t$ 更加接近 $\hat{y}_t$：

$$w \leftarrow w - \alpha\delta_t \nabla_w Q(s_t,a_t;w) \tag{3.27}$$

为了避免训练过程中的数据相关性和稳定性问题，DQN 引入了经验回放（experience replay）和目标网络（target network）两种技术。

经验回放：在训练过程中，DQN 将智能体与环境的交互数据（即状态、动作、奖励和下一个状态的四元组）存储到一个经验回放池中。在每次训练时，从这个回放池中随机抽取一批样本进行训练。这种方法能够打破数据之间的时间相关性，增加训练的稳定性。

目标网络：DQN 使用两个神经网络，一个用于计算当前的 Q 值（即行为网络），另一个用于计算目标 Q 值（即目标网络）。目标网络的参数是周期性地从行为网络复制的，这样可以减少 Q 值的过度更新，从而提高训练的稳定性。

DQN 的成功在于，它能够在没有手动设计特征的情况下，从原始像素数据中学习出有效的策略，成功应用于多种复杂的环境，尤其是在游戏领域。它的引入标志着强化学习特别是深度强化学习技术的突破，使得智能体在各种复杂任务中能够实现接近人类水平的表现。

随着 DQN 的提出，强化学习领域进入了一个新的发展阶段。后续研究提出了许多 DQN 的改进版本，如 Double DQN、Dueling DQN 等，这些方法在提高稳定性、加速训练过程以及提高智能体的性能方面作出了重要贡献。

Rainbow DQN[3] 是一种在传统 DQN 基础上进行多项改进的强化学习算法，旨在进一步提升其性能并克服 DQN 存在的一些局限性。该算法通过集成几种先进的技巧，在多种任务上展现出更加稳定和高效的学习表现。首先，Rainbow DQN 引入了优先经验回放（prioritized experience replay），该技巧根据每个经验样本的 TD 误差（时间差分误差）确定优先级，从而实现更有效的样本采样，如图 3.5 所示。与传统的随机采样不同，优先经验回放可以根据经验的价值来调整采样策略，从而加速学习过程并提高算法的表现。此外，该算法还采用了 double Q-learning（双 Q 学习）技术，通过引入两个 Q 网络，分别用于动作选择和动作评估，double Q-learning 能够减少 Q 值的过度估计，从而提高 Q 值的准确性和稳定性。

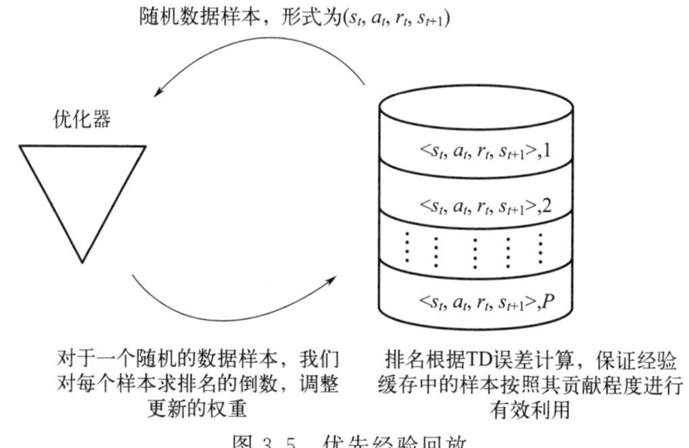
随机数据样本，形式为(s_t, a_t, r_t, s_{t+1})
优化器
<s_t, a_t, r_t, s_{t+1}>,1
<s_t, a_t, r_t, s_{t+1}>,2
<s_t, a_t, r_t, s_{t+1}>,P
对于一个随机的数据样本，我们对每个样本求排名的倒数，调整更新的权重
排名根据TD误差计算，保证经验缓存中的样本按照其贡献程度进行有效利用

图 3.5 优先经验回放

另一项关键的改进是 Dueling network architecture（网络架构），它将 Q 值函数分解为状态价值函数和优势函数，从而更加高效地估计每个动作的价值，尤其是在动作之间差异不大的情况下。通过这种结构，Rainbow DQN 能够更好地利用状态信息，减少不必要的计算，从而加快训练速度并提高最终的性能。Rainbow DQN 还引入了多步学习，通过考虑未来多个时间步的奖励来更新 Q 值。这种方法使得算法不仅依赖当前的奖励，还能充分考虑未来的回报，从而减少了估计偏差并加速了学习过程。

此外，Rainbow DQN 对目标网络的更新机制进行了优化，以确保训练过程的稳定性。目标网络的参数定期从行为网络复制来进行更新，避免了目标网络更新过于频繁导致的训练不稳定。最后，Rainbow DQN 还通过引入噪声网络（noisy networks）来改进探索策略，替代了传统的 ε-贪婪策略，允许智能体在每个时间步进行更为多样的探索，从而提高了算法的泛化能力和解决复杂问题的能力。

通过这些改进，Rainbow DQN 显著提高了 DQN 在高维度、复杂环境中的表现，尤其是在 Atari 游戏等任务上，展现了更高的学习效率和更强的稳定性。综合来看，Rainbow DQN 是一种性能更强、适应性更好的强化学习算法，为强化学习的应用和研究提供了一个更为先进的框架。

此外，引入目标网络，目标网络的结构与 DQN 完全相同，但是参数不同，记为 $Q(s_t, a_t; w^-)$。

定义损失函数为

$$L(w)=\frac{1}{2}[Q(s_t, a_t; w)-Q(s_t, a_t; w^-)]^2 \tag{3.28}$$

目标网络降低了预测 Q 值和目标 Q 值的相关性，缓解了高方差的问题，可提高算法的稳定性，加速算法的收敛。除此之外，将噪声网络应用于 DQN 方法，也可以显著提高表现力。不同于标准 DQN，噪声网络将 w 替换为 $\mu+\sigma\xi$，得到噪声 DQN，记作 $\widetilde{Q}(s_j, a_j, \xi; \mu, \sigma)$，计算损失函数为：

$$L(\mu, \sigma)=\frac{1}{2}[\widetilde{Q}(s_j, a_j, \xi; \mu, \sigma)-\widehat{y}_j]^2 \tag{3.29}$$

式中，ξ 表示随机噪声变量；μ 表示网络参数的均值（mean），是模型需要学习的可训练参数；σ 表示网络参数的标准差（standard deviation），同样是可训练参数。

在训练的时候往 DQN 的参数中加入噪声，不仅有利于探索，还能增强鲁棒性，即使参数扰动，DQN 也能对动作价值做出可靠的估计。

3.2.2 基于策略梯度的学习理论

策略学习的目的是通过求解一个优化问题，学习到最优的策略函数。这个策略函数根据当前的状态来决定下一步最优的行动。如果一个策略是优秀的，那么在该策略下，状态价值函数 $v^\pi(s_t)$ 的均值应该非常大。基于这一目标，我们定义了一个优化目标函数 $J(\theta)$ 来衡量策略的优劣，该函数只依赖于策略网络的参数 θ，并且与具体的状态 s 关。具体来说，目标函数可以表示为：$J(\theta)=\mathbb{E}_s[v^\pi(s)]$。

这个目标函数排除掉了状态 s 的因素，只依赖于策略网络 π 的参数 θ，策略越好，则目标函数越大，所以策略学习可以描述成为 $\max\limits_{\theta} J(\theta)$，是一个优化问题。

在策略梯度算法中，目标是最大化策略的期望收益，也就是期望的累计奖励。为了最大化这个期望收益，使用梯度上升方法来更新策略。通过计算目标函数相对于策略参数 θ 的梯度，沿着梯度的方向调整参数，从而提升策略的表现。梯度上升的更新规则可以写为：

$$\theta_{\text{new}} \leftarrow \theta_{\text{now}} + \beta \nabla_\theta J(\theta_{\text{now}}) \tag{3.30}$$

式中，θ_{new} 和 θ_{now} 表示更新的和现在的参数；β 是学习率，表示更新步长；$\nabla_\theta J(\theta_{\text{now}})$ 是目标函数对策略参数的梯度。通过不断更新参数 θ，策略会逐渐变得更加优越，最终收敛到最优策略。其中的策略梯度一般可以改写为以下的期望形式：

$$\frac{\partial J(\theta)}{\partial \theta} = \mathbb{E}_s \left[\mathbb{E}_{a \sim \pi(\cdot \mid s;\theta)} \left[\frac{\partial \ln \pi(a \mid s;\theta)}{\partial \theta} \times Q^\pi(s,a) \right] \right] \tag{3.31}$$

由于不知道状态 s 的概率密度函数，直接求以上的期望十分困难，一般使用策略梯度 $\nabla_\theta J(\theta)$ 的无偏估计来替代，即随机梯度：

$$g(s,a;\theta) = Q^\pi(s,a) \times \nabla_\theta \ln\pi(a \mid s;\theta) \tag{3.32}$$

DDPG（deep deterministic policy gradient，深度确定性策略梯度）是 2016 年由 DeepMind 提出的一种基于策略梯度的深度强化学习算法，专门用于解决连续动作空间的问题。在连续动作空间中，智能体能够采取任何实数值的动作，这使得传统的强化学习方法，如 Q-learning，无法直接应用。DDPG 通过结合 Actor-Critic 架构和策略梯度方法，成功地应对了这一挑战。

DDPG 算法的基本结构包括两个主要组件：策略网络和价值网络。策略网络 $\pi(s;\theta)$ 根据当前状态 s 输出连续动作，而价值网络 $Q(s,a;w)$ 则评估策略网络输出的动作的质量（即 Q 值），从而帮助指导策略网络的改进。与传统的 DQN 算法不同，DDPG 算法使用了确定性策略梯度（DPG）来对策略进行无偏估计，避免了 Q-learning 中使用的动作选择策略带来的偏差。

此外，DDPG 还借鉴了 DQN 中的经验回放和目标网络的机制。经验回放通过存储智能体的历史经验并在训练过程中随机采样，有效避免了数据间的相关性，提升了训练效率和稳定性。而目标网络则通过引入一个滞后更新的目标网络来避免训练过程中 Q 值的快速波动，从而增强了训练的稳定性。

在策略网络训练中，DDPG 使用确定性策略梯度（DPG）来做 $\nabla_\theta J(\theta)$ 的无偏估计：

$$\nabla_\theta J(\theta) = \nabla_\theta \pi(s;\theta) \times \nabla_w Q(s,a;w) \tag{3.33}$$

由此得到更新 θ 的算法。每次从经验回放缓存中随机抽取一个状态，记作 s_j，计算 $a_j = \pi(s_j;\theta)$，使用梯度上升公式更新 θ：

$$\theta \leftarrow \theta + \beta \times \nabla_\theta \pi(s_j;\theta) \times \nabla_w Q(s_j,a_j;w) \tag{3.34}$$

此处的 β 是学习率，一般需要手动调整。梯度上升可以使得目标函数 $J(\theta)$

增大，也就是让价值网络为决策网络所做的动作打分更高。而在价值网络的训练中，与 DQN 类似，使用 TD 算法让价值网络的预测更接近 TD 目标，让目标网络的预测值更加接近真实价值函数，即：

$$Q(s,a;w) \cong Q^{\pi}(s,a) \tag{3.35}$$

其梯度表示为：

$$\nabla_w L(w) = [Q(s,a;w) - r - Q(s',a';w)] \times \nabla_w Q(s,a;w) \tag{3.36}$$

价值网络的更新公式为：

$$w \leftarrow w - \alpha\delta_j \nabla_w Q(s,a;w) \tag{3.37}$$

在强化学习中，使用单个“Q 神经网络”的算法会导致学习过程不稳定。因为价值网络的参数在训练过程中会不断修改，同时还会用于策略网络的计算中。这种混合使用会导致训练过程中出现较大的方差和不稳定性，使得算法难以收敛到最优解。为了在训练过程中提供稳定的估计以及提升训练效率，DDPG 算法引入了两个目标网络，分别是目标策略网络 $\pi(s;\theta^-)$ 以及目标价值网络 $Q(s,a;w^-)$，它们的更新方式采用 soft-update（软更新），即通过对主网络的参数进行滤波得到，详细更新公式如下：

$$\theta^-_{\text{new}} \leftarrow \tau\theta_{\text{new}} + (1-\tau)\theta^-_{\text{now}} \tag{3.38}$$

$$w^-_{\text{new}} \leftarrow \tau w_{\text{new}} + (1-\tau) w^-_{\text{now}} \tag{3.39}$$

式中，τ 为默认参数，由于学习过程相对变得更加缓慢，需要更多时间进行训练。因此，需要更强大的硬件设施来满足训练的要求。

DDPG 决策算法伪代码见表 3.5。

表 3.5　DDPG 决策算法伪代码

Begin
　初始化
　　随机初始化价值网络 $Q(s,a;w)$ 和策略网络 $\pi(s;\theta)$
　　初始化目标网络 $w^- \leftarrow w$，$\theta^- \leftarrow \theta$
　For episode＝1 to T1,do
　　初始化 Carla 环境，获得初始状态 s_0
　　For t＝1 to T2,do
　　　根据噪声、当前状态 s_t、智能体选择动作 a_t
　　　执行动作，获得当前回报 r_t 以及下一步状态 s_{t+1}
　　　存储经验样本 (s_t,a_t,r_t,s_{t+1}) 至 M
　　　根据 TD 误差计算抽样概率并在 M 中排序
　　　If M 中存储数达到 N:
　　　　按照抽样概率大小从 M 中抽样 mini-batch(s_i,a_i,r_i,s_{i+1})
　　　　通过最小优级损失更新 Critic 网络 $L=\frac{1}{N}\sum_i [y_i - Q(s_i,a_i|\theta)]^2$

续表

通过随机梯度下降更新 Actor 网络：

$$\nabla_{\theta^\pi} J \approx \frac{1}{N}\sum_i \nabla_a Q(s,a \mid \theta)_{s=s_1, a=\pi(s_1)} \nabla_{\theta^\pi} \pi(s \mid w) \mid_{s_1}$$

更新目标网络：

$$\theta^-_{new} \leftarrow \tau\theta_{new} + (1-\tau)\theta^-_{now}$$

$$w^-_{new} \leftarrow \tau\omega_{new} + (1-\tau)\omega^-_{now}$$

End If

$$s_t = s_{t+1}$$

End For

End For

End

3.3 行为识别理论及方法

3.3.1 监督学习基础理论

3.3.1.1 监督学习

机器学习的范畴包括监督学习、无监督学习和半监督学习等多个领域，其中监督学习是基于带标签的数据集进行学习的一类分类识别方法。它能够通过分析和挖掘数据的内在规律，建立从输入到输出的映射模型，无论是线性还是非线性模型。当新的数据输入时，监督学习模型能够根据已经学习到的规律做出较为准确的预测结果。在监督学习中，数据集被划分为两个部分：输入数据和输出数据。输入数据通常是特征信号，而输出数据是监督信号，二者通过模型的学习过程相互联系。通过不断训练，监督学习算法会构建一个最优的模型，使得输入数据经过映射后输出的结果尽可能接近真实的目标值。

监督学习的核心任务是通过学习从输入到输出的映射关系，从而能够对新的数据进行预测。监督学习中的典型问题包括分类问题和回归问题。回归问题的输出是连续值，学习过程称为回归分析；而分类问题的输出是离散标签，学习过程称为分类分析。具体来说，回归问题的目标是学习一个函数，使得预测值尽可能接近真实值；而分类问题的目标是将样本正确地划分到对应的类别中。

在监督学习中，假设有一个包含 N 个样本的训练集 $\boldsymbol{S}=\{(\boldsymbol{x}_i,\boldsymbol{y}_i)\}_{i=1}^N$，其中 $\boldsymbol{x}_i \in \boldsymbol{X}$ 表示第 i 个样本的特征向量，$\boldsymbol{y}_i \in \boldsymbol{Y}$ 表示对应的标签。监督学习的目标是找到一个函数 $g:\boldsymbol{X}\rightarrow\boldsymbol{Y}$，它可以根据输入特征 $\boldsymbol{X}$ 预测出正确的输出 $\boldsymbol{Y}$。为了衡

量这个映射函数的优劣，定义了一个评价函数 $f: \boldsymbol{X} \times \boldsymbol{Y} \rightarrow \mathbb{R}$，用来评估 g 在每个样本上的表现。映射 g 的质量通常通过最大化评价函数的值来衡量，如下式所示：

$$g(\boldsymbol{X})=\arg \max_{\boldsymbol{Y}} f(\boldsymbol{X}, \boldsymbol{Y}) \tag{3.40}$$

为了量化模型的误差，定义了损失函数 $L: \boldsymbol{X} \times \boldsymbol{Y} \rightarrow \mathbb{R} \geqslant 0$，它衡量模型预测值$\hat{\boldsymbol{y}}_i=g(\boldsymbol{x}_i)$与真实标签$\boldsymbol{y}_i$ 之间的差异。若预测完全准确，则损失为零；否则，损失函数的值将反映模型的偏差。对于整个训练集 $\boldsymbol{S}$，损失函数的加权平均值构成了代价函数或风险函数，通常表示为：

$$R(g)=\frac{1}{N} \sum_{i=1}^{N} L(\boldsymbol{x}_i, \hat{\boldsymbol{y}}_i) \tag{3.41}$$

监督学习的目标是通过训练，找到使得代价函数 $R(g)$ 最小的映射函数 g，即优化问题可以表示为：

$$g^{*}=\arg \min_{g \in G} R(g) \tag{3.42}$$

这一过程被称为经验风险最小化（empirical risk minimization，ERM）。然而，经验风险最小化仅仅关注如何使模型在训练数据上拟合得更好，这可能导致过拟合问题，即模型在训练集上表现良好，但在未见过的测试集上表现较差。为了解决过拟合问题，提出了结构风险最小化（structural risk minimization，SRM）的方法。结构风险最小化不仅仅考虑经验风险，还增加了一个控制模型复杂度的惩罚项，以平衡偏差和方差。其优化目标为：

$$g^{*}=\arg \min_{g \in G}\left[R_{\mathrm{emp}}(g)+C \times \mathcal{C}(g)\right] \tag{3.43}$$

式中，G 表示模型可选的映射函数集合，即所有可能的候选函数 g 的集合；$R_{\mathrm{emp}}(g)$ 是模型在训练集上的平均损失，衡量模型对训练数据的拟合程度；$\mathcal{C}(g)$ 是与模型复杂度相关的惩罚项，通常与模型的参数数量或复杂度相关；C 是超参数，用来平衡经验风险和复杂度惩罚之间的权重。通过结构风险最小化，模型在追求高准确度的同时，还能够避免过度复杂化，从而提高其在未知数据上的泛化能力。

3.3.1.2 支持向量机

支持向量机（support vector machine，SVM）是一种基于监督学习的分类方法，旨在通过求解最大间隔的超平面来进行数据分类。其核心思想是通过找到一个最优的超平面来将数据集中的样本进行划分，最大化两类样本之间的间隔。该方法的核心步骤是从训练数据中选择一些特殊的点，这些点被称为支持向量，并利用这些支持向量确定分类超平面。图 3.6 展示了这一过程，其中最优超平面通过支持向量来定义，并将特征空间划分为两个区域，分别对应不同的类别。

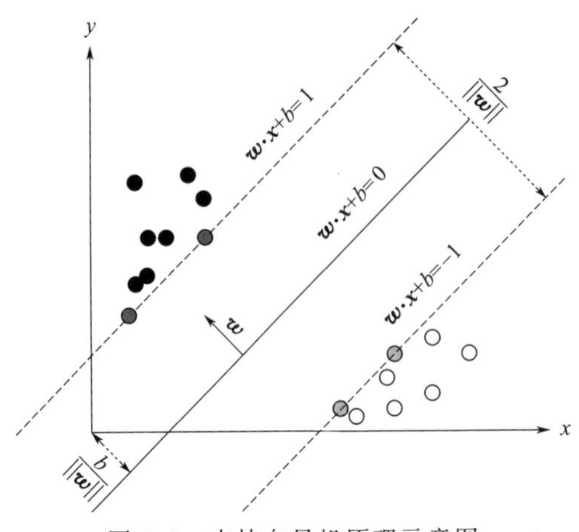

图 3.6　支持向量机原理示意图

具体来说，SVM 的分类目标是通过在特征空间中找到一个超平面来对样本进行划分。假设训练集为 $\boldsymbol{S}=\{(\boldsymbol{x}_i,y_i)\}_{i=1}^N$，其中 $\boldsymbol{x}_i\in\boldsymbol{X}$ 为第 i 个样本的特征，$y_i\in\boldsymbol{Y}$ 为其对应的标签（通常为 $+1$ 或 -1）。SVM 的目标是求解一个超平面，该超平面可以用参数 $\boldsymbol{w}$ 和 b 来表示，其方程为：

$$\boldsymbol{w}\cdot\boldsymbol{x}+b=0 \tag{3.44}$$

式中，$\boldsymbol{w}$ 是超平面的法向量；b 是偏置项。超平面的分类效果由其到各类样本的间隔决定。对于每个训练样本（$\boldsymbol{x}_i$，y_i），定义其函数间隔为：

$$\hat{\gamma}_i=y_i(\boldsymbol{w}\cdot\boldsymbol{x}_i+b) \tag{3.45}$$

通过规范化处理后，可以将间隔表述为：

$$\gamma_i=\frac{y_i(\boldsymbol{w}\cdot\boldsymbol{x}_i+b)}{\|\boldsymbol{w}\|} \tag{3.46}$$

最小函数间隔对应的优化问题是求解一组 $\boldsymbol{w}$ 和 b，使得所有训练样本的间隔 γ_i 都大于等于 1，并且间隔最大化，即最大化最小间隔：

$$\min_{\boldsymbol{w},b}\frac{1}{2}\|\boldsymbol{w}\|^2 \quad \text{s.t.}\ y_i(\boldsymbol{w}\cdot\boldsymbol{x}_i+b)\geqslant 1,\quad i=1,2,\cdots,N \tag{3.47}$$

该优化问题是一个凸二次规划问题，其解可以通过标准的凸优化方法求解。最优解 $\boldsymbol{w}^*$ 和 b^* 得到的超平面将数据集分为正类和负类，且支持向量位于这两个超平面之间，支持向量是那些影响最终决策的样本点。分类决策函数可以通过以下公式表示：

$$f(\boldsymbol{x})=\text{sign}(\boldsymbol{w}^*\cdot\boldsymbol{x}+b^*) \tag{3.48}$$

这里，sign 函数表示符号函数，用于输出最终的分类结果。支持向量即为满足 $y_i(\boldsymbol{w}\cdot\boldsymbol{x}_i+b)=1$ 的样本，这些点定义了最优超平面的边界。支持向量机通过最大化边界间隔来提高分类的鲁棒性，因为支持向量的变化会直接影响决策边界，而其他样本点对决策边界没有影响。

SVM的强大之处在于它能够处理高维空间中的数据，并且具有很好的理论基础和广泛的适用性。尤其是在小样本学习中，SVM展现了卓越的性能。SVM还可以通过核技巧（kernel trick）来处理非线性分类问题，如图3.7所示。通过将数据映射到高维空间，SVM可以在高维空间中构建超平面，从而将原本线性不可分的数据变得线性可分。例如，二维空间中的非线性数据经过映射后，可能在三维空间中变得线性可分，从而可以通过在三维空间中寻找最优超平面来实现分类。

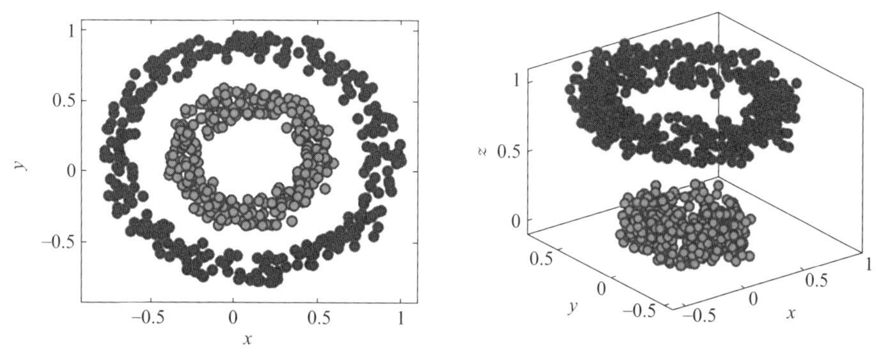

图3.7　利用核函数投影使数据可分示意图

然而，SVM也存在一些不足之处。首先，SVM是一种二分类方法，直接应用于多分类问题时需要通过构建多个二分类器来实现，常见的策略包括一对一（one-vs-one）和一对多（one-vs-all）方法。其次，由于SVM在求解分类超平面时需要进行凸优化计算，这对于大规模数据集来说是一个计算瓶颈，可能导致训练时间长、内存占用高。因此，如何有效地选择支持向量以及如何处理大规模数据集是使用SVM时需要考虑的问题。

此外，SVM对数据的质量要求较高，因为其决策边界依赖于支持向量。如果训练数据中存在错误标签或异常数据点，这些噪声可能会显著影响分类结果。因此，SVM特别适用于数据干净且噪声较少的场景。

3.3.1.3　反向传播神经网络

反向传播（back propagation，BP）神经网络是一种典型的监督学习方法，广泛应用于分类任务中。BP神经网络通过对预测结果和真实结果之间的误差进行反馈，以更新神经网络中的权重，优化模型的性能。在训练过程中，网络的目标是通过调整权重W_{ij}和W_{jk}，使得神经网络能够更准确地映射输入到输出。BP神经网络通常包括多个层次：输入层、隐藏层和输出层。每一层之间通过权重连接，传递信号并进行计算，如图3.8所示。

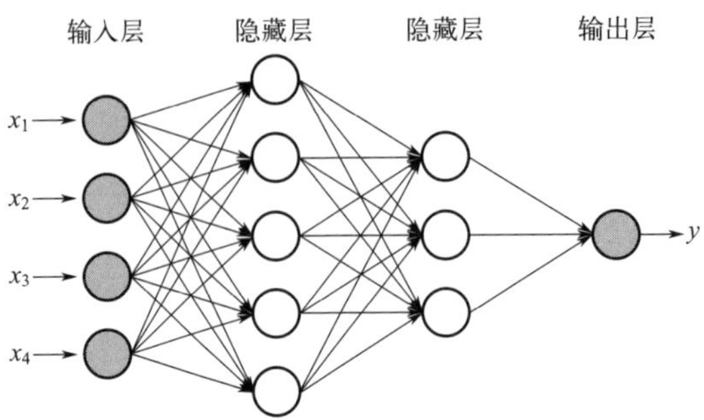

图 3.8 BP 神经网络结构示意图

BP 神经网络的训练过程分为两个主要步骤：前向传播和反向传播。前向传播是指从输入层开始，将输入数据传递到网络的各层，直到输出层产生最终预测结果。在此过程中，每一层的输出是通过对上一层输出进行加权求和后，再经过激活函数计算得到的。在反向传播过程中，通过计算输出层的误差（即预测值与真实值之间的差异），利用链式法则将误差反向传递，并逐层计算各个层的梯度，最终更新权重。

具体而言，假设在某一层中，输入数据通过加权和偏置后经过激活函数得到输出，计算公式为：

$$h_j = f\left(\sum_i x_i W_{ij} + b_j\right) \tag{3.49}$$

式中，f 为激活函数（例如 Sigmoid、ReLU 等）；x_i 是输入节点；W_{ij} 是权重；b_j 是偏置。网络的训练目标是最小化损失函数，通常使用均方误差（MSE）来度量预测误差。误差的反向传播通过计算梯度来更新每个权重，最终使得模型的预测越来越准确。

BP 神经网络的优势在于它具有强大的非线性拟合能力，能够处理复杂的分类任务。通过调整网络中的多个权重，神经网络能够从数据中学习到复杂的特征和模式。

对于训练样本集 $\boldsymbol{S}=\{(x_i, y_i)\}_{i=1}^{N}$ 中的任意一个样本 $(\boldsymbol{x}, \boldsymbol{y})$，定义预测输出与实际输出误差平方为代价函数：

$$J(\boldsymbol{W}, \boldsymbol{b}, \boldsymbol{x}, \boldsymbol{y}) = \frac{1}{2}\left\| h_{\boldsymbol{W},\boldsymbol{b}}(\boldsymbol{x}) - \boldsymbol{y} \right\|^2 \tag{3.50}$$

式中，$h_{\boldsymbol{W},\boldsymbol{b}}(\boldsymbol{x})$ 是神经网络在给定权重和偏置下对输入 $\boldsymbol{x}$ 的最终预测结果。对于训练样本集 $\boldsymbol{S}$，其误差代价函数可定义为：

$$\begin{aligned} J(\boldsymbol{W}, \boldsymbol{b}) &= \frac{1}{N}\sum_{i=1}^{N} J(\boldsymbol{W}, \boldsymbol{b}, \boldsymbol{x}^{(i)}, \boldsymbol{y}^{(i)}) + \frac{\lambda}{2}\sum_{l=1}^{n_l-1}\sum_{i=1}^{s_l}\sum_{j=1}^{s_{l+1}} (W_{ji}^{(l)})^2 \\ &= \frac{1}{N}\sum_{i=1}^{N} \frac{1}{2}\left\| h_{\boldsymbol{W},\boldsymbol{b}}(\boldsymbol{x}^{(i)}) - \boldsymbol{y}^{(i)} \right\|^2 + \frac{\lambda}{2}\sum_{l=1}^{n_l-1}\sum_{i=1}^{s_l}\sum_{j=1}^{s_{l+1}} (W_{ji}^{(l)})^2 \end{aligned} \tag{3.51}$$

式中，$W_{ji}^{(l)}$ 表示连接参数；s_l 和 s_l+1 表示神经元数目；λ 是权重衰减因子；n_l 是神经网络层数；$\frac{1}{N}\sum_{i=1}^{N}J(\boldsymbol{W},\boldsymbol{b},\boldsymbol{x}^{(i)},\boldsymbol{y}^{(i)})$ 表示均方差项；$\frac{\lambda}{2}\sum_{l=1}^{n_l-1}\sum_{i=1}^{s_l}\sum_{j=1}^{s_{l+1}}(W_{ji}^{(l)})^2$ 是权重衰减项，其作用是防止模型过拟合。

利用反向传播算法训练样本数据并确定神经网络，神经网络学习过程就是参数矩阵 $\boldsymbol{W}$ 和 $\boldsymbol{b}$ 的迭代更新过程，参数矩阵 $\boldsymbol{W}$ 和 $\boldsymbol{b}$ 可利用梯度随机下降法求解，首先定义残差公式为：

$$\frac{\partial}{\partial z_j^{(l)}}J(\boldsymbol{W},\boldsymbol{b},\boldsymbol{x},\boldsymbol{y})=\delta_j^{(l)} \tag{3.52}$$

$$\delta_j^{(n_l)}=\frac{\partial}{\partial z_j^{(n_l)}}J(\boldsymbol{W},\boldsymbol{b},\boldsymbol{x},\boldsymbol{y})=(a_j^{(n_l)}-y_j)f'(z_j^{(n_l)}) \tag{3.53}$$

$$\delta_j^{(n_l-1)}=\frac{\partial}{\partial z_j^{(n_l)}}J(\boldsymbol{W},\boldsymbol{b},\boldsymbol{x},\boldsymbol{y})=\sum_{k=1}^{s_{n_l}}(W_{kj}^{(n_l-1)}\delta_k^{(n_l)})f'(z_j^{(n_l-1)}) \tag{3.54}$$

式中，z_j 是线性组合；a_j 是激活函数输出值。

故对于任意层的残差有：

$$\delta_j^{(l)}=\sum_{k=1}^{s_{l+1}}(W_{kj}^{(l)}\delta_k^{(l+1)})f'(z_j^{(l)}) \tag{3.55}$$

计算偏导：

$$\begin{cases}\frac{\partial}{\partial W_{ij}^{(l)}}J(\boldsymbol{W},\boldsymbol{b},\boldsymbol{x},\boldsymbol{y})=a_j^{(l)}\delta_i^{(l+1)}\\ \frac{\partial}{\partial b_i^{(l)}}J(\boldsymbol{W},\boldsymbol{b},\boldsymbol{x},\boldsymbol{y})=\delta_i^{(l+1)}\end{cases} \tag{3.56}$$

参数矩阵 $\boldsymbol{W}$ 和 $\boldsymbol{b}$ 的更新参数如下：

$$\begin{cases}W_{ij}^{(l)}:=W_{ij}^{(l)}-\alpha\frac{\partial J(\boldsymbol{W},\boldsymbol{b},\boldsymbol{x},\boldsymbol{y})}{\partial W_{ij}^{(l)}}\\ b_i^{(l)}:=b_i^{(l)}-\alpha\frac{\partial J(\boldsymbol{W},\boldsymbol{b},\boldsymbol{x},\boldsymbol{y})}{\partial b_i^{(l)}}\end{cases} \tag{3.57}$$

式中，α 为学习率。

每个样本在输入网络之后得到一个预测输出，预测输出和真实值构成了误差信息，如式(3.52)～式(3.57) 所示，该过程就是将误差的梯度信息从后往前传递，每轮迭代结束后，可以根据误差信息更新神经网络结构参数，如此循环往复直至达到预设的精度指标为止。

从数学角度看，反向传播（BP）神经网络具备拟合任意非线性函数的能力，这一特点源自其深度结构和激活函数的使用。根据通用逼近定理（universal approximation theorem)，一个具有足够隐藏层的前馈神经网络在适当的条件下能够逼近任何连续的函数。然而，尽管理论上 BP 神经网络具有如此强大的拟合能力，在实际应用中，尤其是在复杂问题的求解上，往往面临一些挑战。

其中一个主要问题是网络结构的选择，这一过程依赖于经验，而缺乏系统的理论指导。例如，选择合适的隐藏层数和每层的神经元数量、激活函数的种类以及训练算法的优化方式等，都通常是基于试验和误差调整。即使对于同一个任务，网络结构的不同选择也可能导致显著不同的性能表现。因此，在复杂的应用场景中，设计一个有效的 BP 神经网络（以下简称 BP 网络）结构往往需要大量的实践经验和调优工作，这使得其在某些任务上可能无法达到理想的效果。

尽管如此，相较于支持向量机（SVM），BP 网络在处理多分类问题时具有一定的优势。支持向量机是二分类模型，通常需要通过构建多个支持向量机来处理多分类问题（如一对一或一对多的方法），而 BP 网络只需要构建一个多层的单一网络模型即可直接处理多分类任务。通过输出层的多神经元表示不同的分类，BP 网络能够在训练时同时考虑所有类别的信息，因此对于复杂的多分类问题更加便捷和直接。

此外，BP 网络在处理训练数据时，也能利用所有参与训练的样本信息，而不是像 SVM 那样仅依赖于支持向量。这意味着，在面对数据中存在一定噪声或错误标签的情况下，BP 网络相对具有较强的抗干扰能力。少数几个错误标签或数据错乱的样本对整体分类准确率的影响较小，因为 BP 网络通过迭代的方式不断调整权重，优化整体性能，而不是仅依赖于极少数决定分类决策的支持向量。

然而，尽管 BP 网络在多分类问题中具有优势，并且对于噪声数据具有一定的鲁棒性，但在实际应用中尤其是对于复杂的行为动作识别问题，它也存在着一定的局限性。行为动作识别任务的挑战在于，动作本身往往是连续的、动态的，并且涉及多种复杂的动作模式。而 BP 网络在处理这类问题时面临着过拟合、梯度消失、局部最小值等问题，尤其是在数据量巨大且模式复杂的情况下，网络往往难以捕捉到足够有效的特征。

由于人体行为动作识别的复杂性，BP 网络和 SVM 本身的限制使得它们并不是理想的解决方案。因此，需要寻求其他更为有效的识别算法，特别是能够处理时间序列数据和具有时序性特征的深度学习方法，如卷积神经网络（CNN）和循环神经网络（RNN），这些方法在处理视频数据和连续动作识别中具有显著优势。

3.3.2 基于深度学习的行为识别理论

深度学习技术的爆发主要源于计算能力的显著提升，特别是在图像识别领域取得的突破，深度学习因此成为了当前最为热门的机器学习方法之一。其强大的表现能力主要体现在其能够有效地学习和提取数据中复杂的内部结构特征，相比传统的机器学习方法，深度学习能够自动从原始数据中进行多层次特征抽取，进而提升模式识别的精度和鲁棒性。这种技术发展迅速，并逐渐扩展到包括自然语言处理、语音识别、推荐系统、行为识别等多个领域。

深度学习的一大优势在于，它能够在大规模数据的支持下自动学习特征，从而不需要手动提取特征。这种自动学习的能力使得深度学习在图像识别、语音识别、自然语言处理等多个领域中取得了显著的成果。国内外的研究者纷纷将深度学习应用到文本分析、图像分类、机器翻译、自动驾驶等应用中，极大推动了人工智能技术的发展。深度学习的核心思想是构建多层次的神经网络（即深度神经网络），通过多层结构的逐级信息传递和处理，使得模型能够从数据中自动提取高级特征，进行更加精准的预测和决策。

此外，深度学习技术逐渐趋向人工智能的方向，目标是让机器具备像人类一样的学习和推理能力。这一目标使得深度学习不仅仅是一种复杂的算法工具，它更是实现智能机器的重要组成部分。深度学习不仅能解决简单的模式识别问题，还能够应对多样复杂的任务，尤其在处理视觉、语音等具有高维度和时序关系的数据时，深度学习显示出了强大的优势。

在深度学习的多种模型中，卷积神经网络（convolutional neural network，CNN）、循环神经网络（recurrent neural network，RNN）和长短期记忆（long short-term memory，LSTM）网络是其中最具代表性的三种架构。卷积神经网络特别适合处理图像数据，通过局部感知、权重共享等机制，有效提取图像中的空间特征，并且在视觉任务中取得了突破性的进展。循环神经网络则特别擅长处理序列数据，它能够通过时间步的递归结构来对数据中的时序依赖关系建模，这使得它在语音、文本、时间序列等任务中表现优异。而长短期记忆（LSTM）网络作为一种改进版的循环神经网络，解决了传统 RNN 在处理长序列时面临的梯度消失和爆炸问题，因此在长时间依赖任务中取得了更好的效果。接下来，我们将分别介绍这三种深度学习架构及其在各个领域中的应用。

3.3.2.1　卷积神经网络

卷积神经网络（CNN）是一种前馈神经网络，广泛应用于图像处理领域。其设计灵感源自生物视觉系统，通过模仿视觉机制，CNN 能够实现高效的图像特征提取。其核心思想是通过卷积操作对图像进行逐层滤波，最终提取出最具代表性的特征，从而完成从输入到输出的映射。CNN 的优点在于其鲁棒性，特别是在处理位移、拉伸及选择变化等图像变换时，能够保持一定的不变性。此外，CNN 通过局部信息的挖掘，能够有效提升误差反向传播的效率，从而加快模型的训练过程。

CNN的基本结构包括卷积层、激活函数、池化层、全连接层和目标函数等几个主要部分，如图3.9所示。

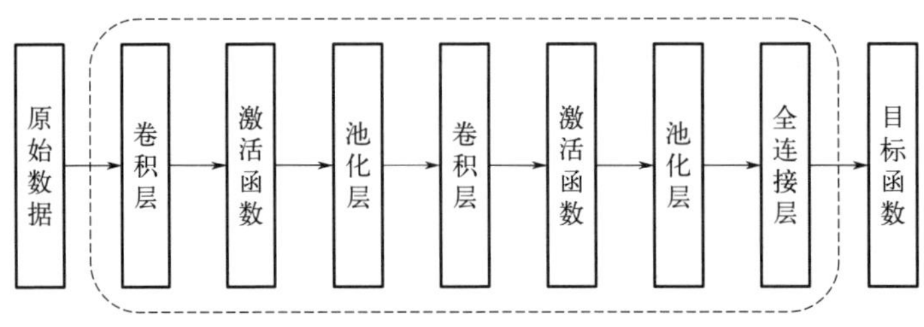

图3.9 卷积神经网络结构示意图

(1) 卷积层

卷积层是CNN中最重要的部分，它负责提取数据中的特征。卷积操作通过将一组固定大小的卷积核（或称滤波器）应用于输入数据，从而生成特征图。每个卷积核能够捕捉输入数据的不同局部特征，经过多层卷积后，最终提取出数据中的高级特征。卷积层的优势包括稀疏连接、参数共享和相对不变性。稀疏连接意味着每个神经元只与输入数据的一部分进行连接，减少了计算量；参数共享则是指在整个输入空间中使用相同的卷积核，这样大大减少了需要学习的参数数量；相对不变性则使得网络对于图像的平移、缩放等变换具有较好的鲁棒性。

(2) 激活函数

激活函数为网络提供了从输入到输出之间的非线性映射。实际的输入到输出的映射函数是不可达的，激活函数的作用就是通过不同的选择来逼近真实的映射函数。常见的激活函数包括Sigmoid、tanh和ReLU等。Sigmoid函数（又称Logistic函数）是早期使用的激活函数之一，其输出值范围在（0,1）之间，表达式如式(3.58）所示。Sigmoid的函数和梯度图如图3.10所示。在处理较大输入时，Sigmoid函数的梯度会趋近于0，这导致了梯度消失问题。

$$\sigma(x)=\frac{1}{1+\exp(-x)} \tag{3.58}$$

为了解决这个问题，ReLU（rectified linear unit，线性整流单元）函数被提出，ReLU函数能够有效避免梯度消失问题，因为它对于正输入值直接输出，而负输入则输出零。ReLU的函数和梯度如图3.11所示，ReLU函数能够加速神经网络的训练过程，并有效降低计算成本。

$$\mathrm{ReLU}(x)=\max\{0,x\}=\begin{cases}x, & x\geqslant 0\\ 0, & x<0\end{cases} \tag{3.59}$$

(3) 池化层

池化层的主要作用是对特征图进行下采样，从而减小特征图的尺寸，降低计算复杂度。池化操作可以减少参数数量，同时还能够增强特征的抽象性和不变

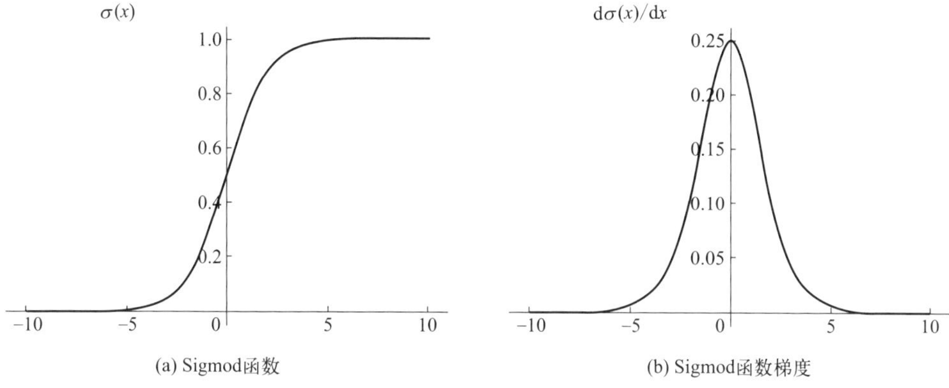

图 3.10　Sigmoid 函数及其梯度示意图

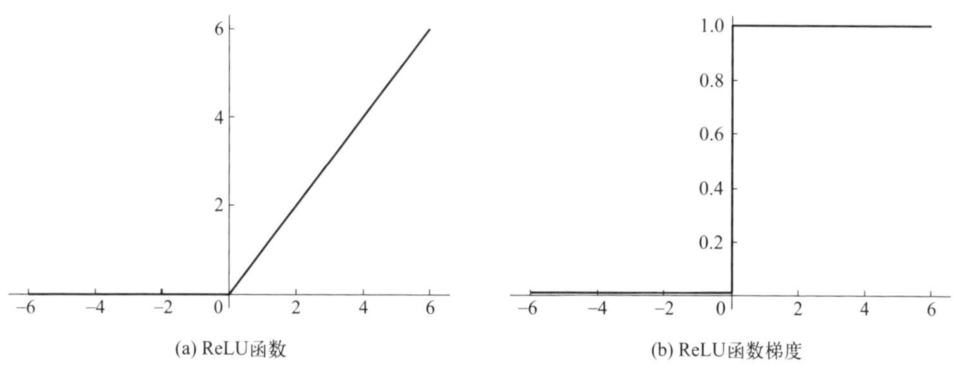

图 3.11　ReLU 函数及其梯度示意图

性。常见的池化操作包括最大池化和平均池化，其中最大池化选取每个局部区域中的最大值作为代表，能够保留最重要的特征。池化层不仅能够降低计算消耗，还能防止模型的过拟合，提高模型的泛化能力。

(4) 全连接层

全连接层通常位于网络的最后部分，接收经过卷积层和池化层处理后的特征图，并根据这些特征进行分类或回归任务。全连接层将卷积层提取到的特征映射到最终的输出类别或标签。全连接层的每个神经元都与上一层的所有神经元相连接，因此它能够对复杂特征进行有效的整合，从而完成最终的分类任务。

(5) 目标函数

目标函数是网络训练的关键，它衡量了网络输出与真实标签之间的差距。最常用的目标函数之一是交叉熵损失函数，它用于分类任务，可计算预测结果与真实标签之间的差异。交叉熵损失函数的表达式为：

$$H_{y'}(y) = -\sum_i y'_i \log(y_i) \tag{3.60}$$

式中，y_i 为实际输出；y_i' 为预测输出。交叉熵损失函数的目标是最小化预测输出与真实标签之间的差异，从而训练出一个尽可能精确的模型。

3.3.2.2 循环神经网络

循环神经网络（RNN）是一种专门用于处理序列数据的神经网络模型，其独特的循环结构使其能够在序列的演进过程中进行递归更新，从而利用前一个时间步的输出作为当前时间步的输入。这种结构赋予了 RNN 强大的记忆能力，使其能够有效捕捉时间序列数据中的依赖关系。RNN 的网络结构包含一个环状连接，如图 3.12 所示，允许信息在时间维度上传递，同时通过参数共享，使得模型能够有效处理不同长度的序列数据。

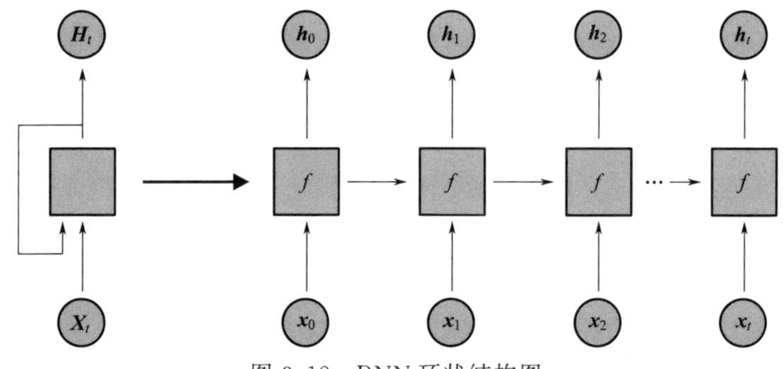

图 3.12　RNN 环状结构图

RNN 的基本数学表达式涉及隐藏状态的更新和输出的生成，其中包括权重矩阵、偏置项和激活函数。具体来说，隐藏状态的更新可以表示为：

$$\boldsymbol{h}_t = f(\boldsymbol{W}_{hh}\boldsymbol{h}_{t-1} + \boldsymbol{W}_{xh}\boldsymbol{x}_t + \boldsymbol{b}_h) \tag{3.61}$$

而输出则可以表示为：

$$\boldsymbol{y}_t = g(\boldsymbol{W}_{hy}\boldsymbol{h}_t + \boldsymbol{b}_y) \tag{3.62}$$

3.3.2.3 长短期记忆网络

循环神经网络（RNN）在处理序列数据时，尽管能够捕捉时间序列的依赖关系，但在面对长序列时，常常会遇到梯度消失或梯度爆炸的问题。这是因为，当节点之间的时间差距过大时，误差在反向传播过程中可能会过度衰减或过度放大，从而使得模型难以有效学习长程依赖。因此，传统的 RNN 在处理长序列时会遇到较大的困难，尤其是在需要捕捉长期依赖的任务中，容易丧失前期信息。为了克服这一缺陷，长短期记忆（LSTM）网络应运而生，LSTM 网络通过引入专门的门控机制，解决了 RNN 在处理长程依赖问题时的不足，LSTM 网络结构如图 3.13 所示。

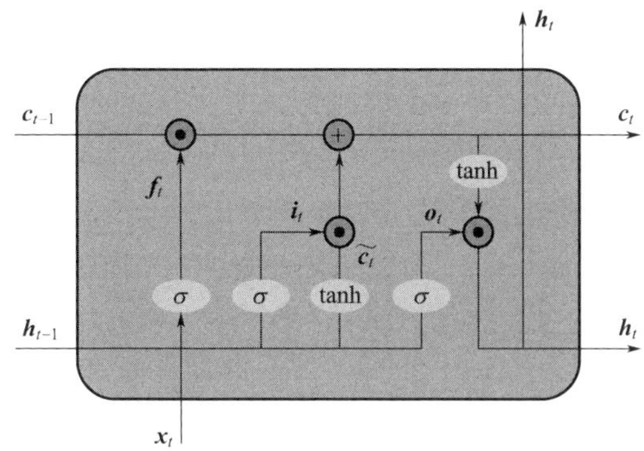

图 3.13　LSTM 网络结构图

LSTM 结构通过增加遗忘门、输入门和输出门，能够在每个时间步根据需要选择性地保留或丢弃信息。具体来说，时间序列首先进入遗忘门，遗忘门决定当前时刻需要保留多少前一时刻的信息，以及哪些信息需要丢弃。其计算公式为：

$$\boldsymbol{f}_t=\sigma(\boldsymbol{W}_f\boldsymbol{x}_t+\boldsymbol{U}_f\boldsymbol{h}_{t-1}+\boldsymbol{b}_f) \tag{3.63}$$

式中，$\boldsymbol{f}_t$ 代表遗忘门的输出；σ 为 Sigmoid 激活函数；$\boldsymbol{W}_f$、$\boldsymbol{U}_f$ 是学习的权重；$\boldsymbol{b}_f$ 是学习的偏差；$\boldsymbol{x}_t$ 是当前的输入；$\boldsymbol{h}_{t-1}$ 是上一个时间步的输出。

接着，信息进入输入门，输入门决定哪些信息需要存储，具体计算公式为：

$$\boldsymbol{i}_t=\sigma(\boldsymbol{W}_i\boldsymbol{x}_t+\boldsymbol{U}_i\boldsymbol{h}_{t-1}+\boldsymbol{b}_i) \tag{3.64}$$

与此同时，LSTM 还通过候选细胞状态$\widetilde{\boldsymbol{c}_t}$ 来表示候选的记忆内容，式(3.65)展示了候选细胞状态的计算方式。

$$\widetilde{\boldsymbol{c}_t}=\tanh(\boldsymbol{W}_c\boldsymbol{x}_t+\boldsymbol{U}_c\boldsymbol{h}_{t-1}+\boldsymbol{b}_c) \tag{3.65}$$

式中，$\boldsymbol{W}_i$、$\boldsymbol{U}_i$、$\boldsymbol{W}_c$、$\boldsymbol{U}_c$ 是要学习的权重；$\boldsymbol{b}_i$ 和 $\boldsymbol{b}_c$ 是偏差；$\tanh(x)$ 是双曲正切函数。候选细胞状态通过双曲正切函数（tanh）来处理当前输入和前一时刻的隐藏状态。通过这样的机制，LSTM 可以在每个时刻选择性地存储重要信息并丢弃不必要的部分。

LSTM 的核心在于细胞状态的更新，其最终的细胞状态$\boldsymbol{c}_t$ 为：

$$\boldsymbol{c}_t=\boldsymbol{f}_t\odot\boldsymbol{c}_{t-1}+\boldsymbol{i}_t\odot\widetilde{\boldsymbol{c}_t} \tag{3.66}$$

式中，$\odot$表示向量之间的元素乘积。$\boldsymbol{c}_t$ 是由前一时刻的细胞状态$\boldsymbol{c}_{t-1}$ 和遗忘门与输入门控制的当前候选细胞状态$\widetilde{\boldsymbol{c}_t}$ 加权合成的。通过这样的机制，LSTM 可以有效地防止信息在长时间步之间丢失，从而避免梯度消失的问题。输出门则决定了当前时刻哪些特征信息能够输出，输出门和最终输出的计算方式为：

$$\boldsymbol{o}_t=\sigma(\boldsymbol{W}_o\boldsymbol{x}_t+\boldsymbol{U}_o\boldsymbol{h}_{t-1}+\boldsymbol{b}_o) \tag{3.67}$$

$$\boldsymbol{h}_t=\boldsymbol{o}_t\odot\tanh(\boldsymbol{c}_t) \tag{3.68}$$

输出门同样采用 Sigmoid 函数来选择性地激活信息，并与当前细胞状态的双曲正切值结合生成当前时刻的隐藏状态$\boldsymbol{h}_t$。

尽管 LSTM 在处理长序列时具有显著优势，但它依然只考虑过去的信息，而忽略了更复杂的时间序列依赖。在一些任务中，可能需要同时考虑过去和未来的信息，这时就需要更为复杂的模型结构，如双向 LSTM（BiLSTM）或其他变种。因此，尽管 LSTM 在许多序列数据处理任务中表现优异，但它在面对某些特定的时间序列问题时，仍然可能需要结合其他技术来进一步增强处理能力。

3.3.3 基于深度学习的行为识别方案

在实际工程中，选择适当的算法进行行为识别时，一个至关重要的考虑因素是方差和偏差之间的折中。偏差和方差是衡量模型性能的两个关键指标，它们之间存在一定的权衡关系。偏差反映了模型预测的输出与真实值之间的差距，通常可以理解为模型的表达能力或准确性。一个高偏差的模型往往表现为欠拟合，即无法准确捕捉到数据的真实规律。而方差则反映了模型对训练数据的敏感程度，它衡量了模型在不同数据集上的预测误差。当模型的方差较大时，意味着模型在面对不同的数据集时，分类结果的稳定性较差，容易出现过拟合。

从数学角度来看，偏差和方差的定义可以通过以下公式表示：

偏差（bias）：

$$\text{Bias}(X)=\mathbb{E}[f(X)]-f(X) \tag{3.69}$$

式中，$\mathbb{E}[f(X)]$表示模型的期望输出；$f(X)$ 是模型的实际输出。

方差（variance）：

$$\text{Var}(X)=\mathbb{E}[\{f(X)-E[f(X)]\}^2] \tag{3.70}$$

式中，$\text{Var}(X)$ 衡量了模型输出的波动性，反映了模型对不同训练数据集的依赖程度。

在理想情况下，如果训练数据集充足，模型可以趋近于真实映射，进而使得偏差和方差都非常小。然而，在实际分类识别问题中，训练数据通常是有限的，因此偏差和方差往往呈现相互制约的关系，偏差和方差的折中是选择合适模型的核心。

从泛化误差的角度来看，模型的总误差可以拆分为偏差、方差和噪声三个部分。实际应用中，若在训练过程中过度追求减小偏差，往往会导致模型复杂度过高，进而引发较大的方差。此时，虽然模型在训练集上的表现非常好，但其在测试集上的表现可能很差，出现所谓的“过拟合”现象，导致模型的泛化能力下降。具体来说，在此过程中，训练误差会不断减小，但测试误差却随着模型复杂度的增加而增大，形成典型的偏差-方差折中问题。方差、偏差和泛化误差关系曲线如图 3.14 所示。

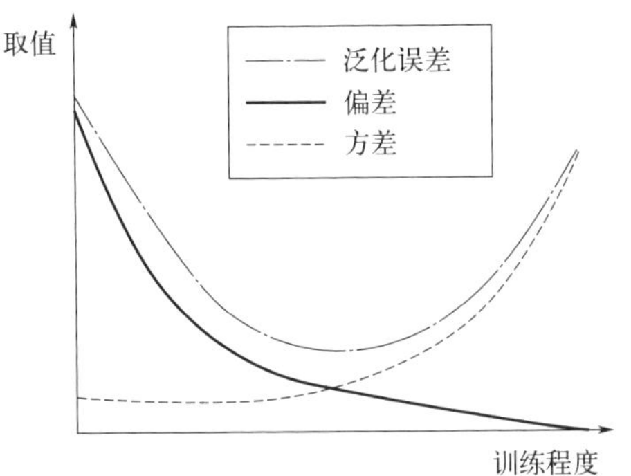

图 3.14　方差、偏差与泛化误差关系曲线

因此，在选择算法时，关键是要平衡偏差与方差。此处以骨骼数据的行为识别问题为例，首先要求所选择的模型具备较强的表达能力，能够高效地处理和捕捉骨骼数据中蕴含的复杂结构特性。与此同时，过于复杂的模型可能会导致鲁棒性不足，容易出现过拟合，从而影响模型在未知数据上的泛化能力。因此，选择合适的算法时，需要兼顾模型的表现能力和泛化能力，避免模型过于复杂而导致的稳定性问题。

在一般的人机协作装配场景中，人类在完成装配任务过程中的行为动作通常具有明显的特征。由于每个人在执行任务时的动作存在差异，且这些动作不会完全一致，因此，从人类的角度来看，分辨行为动作的类型是相对容易的。然而，装配过程中的行为是一个连续的动态过程，涉及时间维度和空间维度上的信息，因此，采集到的行为数据通常不具备线性可分性。在理论上，支持向量机（SVM）和反向传播（BP）神经网络都能够进行行为动作的识别，但由于此处的研究目标是基于人体骨骼数据的行为运动识别，因此在算法选择时，还需要考虑多个实际因素。

首先，使用 Kinect 传感器采集人体行为动作数据。考虑到参与人机协作实验的操作人员可能存在操作习惯的差异，以及实验过程中可能会受到外界干扰或噪声的影响，因此，所选模型必须具备较强的鲁棒性和抗干扰能力，能够有效应对这些不确定性因素[4]。其次，由于人机协作场景的多样性，所选的算法应具备较强的迁移能力和泛化能力，能够在不同的人机协作场景中无须重新训练模型的情况下，依然能够完成多分类任务。这要求模型能够在多个场景中有效应用，并具有较强的分类识别能力，以适应不同场景中可能出现的各种行为模式。最后，Kinect 传感器采集到的数据不仅包含图像信息，还包含人体骨骼数据。此处将骨骼数据作为研究对象，并将其用于行为动作识别。为了能够更好地处理这类数据，设计的识别方案应考虑使用统一的网络结构，以便对不同类型的数据（如图像和骨骼数据）都能进行有效的行为识别。

图 3.15 展示了基于深度学习的行为识别方案。该方案将原始的骨骼数据作为输入，通过卷积操作和池化操作提取数据中的深层特征。卷积操作能够提取出数据的局部特征，而池化操作则能够有效地降低数据的维度，并增强模型的鲁棒性和泛化能力。最后，通过选择合适的分类器对深层特征进行映射，从而输出最终的识别标签。通过这种方式，能够提高模型在复杂和多变的场景中的适应性和识别准确性，同时也能充分利用骨骼数据的深层特征，进而实现高效的行为识别。

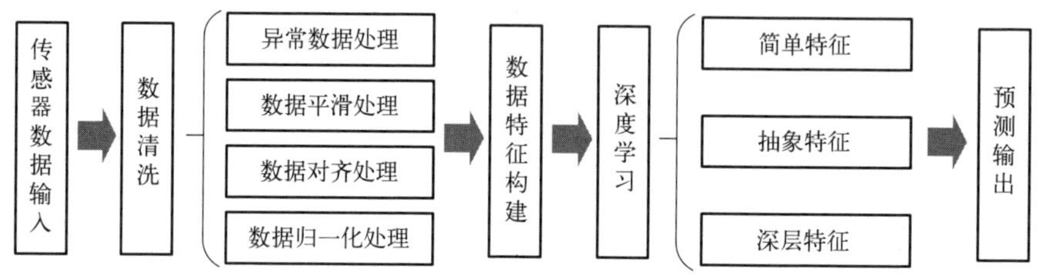

图 3.15　基于深度学习的行为识别方案

3.4 人类反馈方法

3.4.1 RLHF 算法

强化学习（RL）通常需要一个人工定义的奖励函数，用于评估智能体在执行某个行为时的好坏。然而，在许多实际任务中，目标往往复杂、模糊或难以明确量化，这使得设计一个有效的奖励函数变得非常困难。为了解决这一问题，RLHF（reinforcement learning from human feedback，基于人类反馈的强化学习）算法应运而生，它通过引入人类的反馈来引导智能体的学习过程，提供了一种灵活的训练方式。

RLHF 算法的核心思想是通过学习人类的偏好和反馈来指导智能体的决策，如图 3.16 所示。在这一过程中，人类并不直接为智能体提供精确的奖励信号，而是通过某种方式(例如偏好排序、评分、示范等）对智能体的行为进行反馈。基于这些反馈，智能体可以逐步调整其策略，以更好地符合人类的期望。为了实现这一目标，RLHF 算法通常采用能够捕捉人类偏好的模型来预测人类的反馈。这些模型可以是传统的统计模型，如回归模型或决策树，也可以是深度神经网络模型，具体取决于任务的复杂性和需求。

RLHF 算法有许多显著的优点。首先，人类反馈能够提供更加灵活和宽泛的目标，尤其是在任务的目标不明确或难以通过标准奖励函数进行定义时。通过人类的反馈，智能体可以从经验中学习如何应对复杂和多变的环境。其次，RLHF 算法

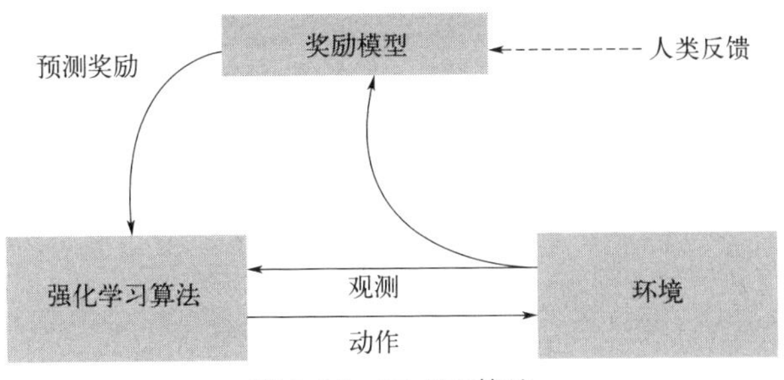

图 3.16　RLHF 算法

能够帮助智能体理解和学习人类的偏好与行为，使其决策更加符合人类的价值观和行为方式。这对于需要与人类共同协作的应用场景（如人机交互等）尤为重要。

在具体实施过程中，RLHF 算法的奖励模型可以根据人类的反馈数据，从头训练策略神经网络，或者基于已有的预训练策略网络进行微调。每次训练迭代中，智能体执行一系列动作，并根据这些动作获得人类的反馈。然后，利用这些反馈，智能体更新其策略并优化决策过程。通过不断地迭代更新，智能体逐渐能够在复杂环境中做出更加合理的决策，从而提升其在实际任务中的表现力。

RLHF 算法过程主要分为三个阶段，第二和第三阶段的具体流程以及关键细节的推导至关重要。其中，策略网络和奖励模型是核心组成部分，强化学习策略表示为 $\pi(a|s)$，即从状态到动作的映射；而奖励模型表示 $\tilde{r}(r|s,a)$，即从状态和动作到奖励的映射。

在第一阶段，假设策略 π 的预训练已经完成，接下来可以通过监督学习训练奖励模型，随后固定奖励模型的网络参数。训练好的奖励模型将作为指导，帮助更新强化学习智能体的策略。具体而言，策略 π 与环境进行交互，生成一系列的轨迹 $\{\boldsymbol{\sigma}^1,\boldsymbol{\sigma}^2,\cdots,\boldsymbol{\sigma}^i\}$，其中每个轨迹 $\boldsymbol{\sigma}^i$ 由多个状态-动作对组成，即 $\boldsymbol{\sigma}^i=[(s_1^i,a_1^i),\cdots,(s_{k-1}^i,a_{k-1}^i)]$。在这个过程中，强化学习的目标是最大化奖励模型预测的奖励值之和，即通过更新策略参数，使得每一轨迹的奖励尽可能高。

第二阶段，策略通过与环境交互生成的轨迹将被用来进一步优化奖励模型。在这一阶段，从生成的轨迹中随机选取一对轨迹 $\{\boldsymbol{\sigma}^1, \boldsymbol{\sigma}^2\}$，并将其交给人类进行比较。通过人类的反馈，得到一个三元组（$\boldsymbol{\sigma}^1,\boldsymbol{\sigma}^2,\boldsymbol{\mu}$），其中 $\boldsymbol{\mu}\in\{(0,1),(1,0),(0.5,05)\}$，表示人类对两条轨迹的偏好。这个过程提供了基于人类反馈的比较数据，用于后续的奖励模型训练。

第三阶段，奖励模型的参数通过监督学习进行优化。在这一阶段，使用第二阶段中的三元组数据来训练奖励模型，目标是让奖励模型能够准确地预测哪个轨迹更好。具体而言，奖励模型 P 的输出是对两条轨迹的预测比较，$\boldsymbol{\sigma}^1>\boldsymbol{\sigma}^2$ 表示轨迹 1 比轨迹 2 更好：

$$P\left[\boldsymbol{\sigma}^{1}>\boldsymbol{\sigma}^{2}\right]=\frac{\exp\sum_{t}\tilde{r}(s_{t}^{1},a_{t}^{1};\theta)}{\exp\sum_{t}\tilde{r}(s_{t}^{1},a_{t}^{1};\theta)+\exp\sum_{t}\tilde{r}(s_{t}^{2},a_{t}^{2};\theta)} \tag{3.71}$$

损失函数被定义为：

$$\mathcal{L}^{\text{Reward}}=-\mathbb{E}_{(\boldsymbol{\sigma}^{1},\boldsymbol{\sigma}^{2},\boldsymbol{\mu})\sim\mathcal{D}}\left[\mu(0)\ln P\left[\boldsymbol{\sigma}^{1}>\boldsymbol{\sigma}^{2}\right]+\mu(1)\ln P\left[\boldsymbol{\sigma}^{2}>\boldsymbol{\sigma}^{1}\right]\right] \tag{3.72}$$

这个损失函数的目标是最小化预测与实际反馈之间的差异，进而优化奖励模型的参数。通过计算梯度，可以利用该损失函数更新策略模型，从而不断优化智能体的决策过程。

在传统强化学习中，奖励函数通常是由设计者预先定义的，而 RLHF 算法则通过人类反馈来训练一个奖励模型，从而替代传统的奖励函数。这一奖励模型会根据输入的状态和动作，预测出一个奖励值 r，并将其反馈给智能体，进而影响智能体的决策。由于奖励函数在训练过程中可能会经历剧烈的变化，因此，为了避免训练过程中的不稳定性，通常采用 on-policy（同策略）的强化学习算法，这样可以确保智能体在策略更新过程中能够稳定地进行训练和学习。

奖励模型训练伪代码见表 3.6。

表 3.6 奖励模型训练伪代码

Begin
  初始化奖励模型网络 $\tilde{r}(s_t,a_t;\theta)$，轨迹长度 length
  For Epochs=1 to T,do:
    抽取三元组 $(\boldsymbol{\sigma}^1,\boldsymbol{\sigma}^2,\boldsymbol{\mu})$，令 $t=0$
    While True:
      If t!=length:
        使用奖励模型为第一条轨迹的动作打分 $r_{1,t}=\tilde{r}(s_t^1,a_t^1;\theta)$
        使用奖励模型为第二条轨迹的动作打分 $\tilde{r}_{2,t}=\tilde{r}(s_t^2,a_t^2;\theta)$
        $t=t+1$
      else:
        定义奖励模型预测器，$\boldsymbol{\sigma}^1>\boldsymbol{\sigma}^2$ 表示轨迹 1 比轨迹 2 更好：
        $$P\left[\boldsymbol{\sigma}^{1}>\boldsymbol{\sigma}^{2}\right]=\frac{\exp\sum_{t}\tilde{r}(s_{t}^{1},a_{t}^{1};\theta)}{\exp\sum_{t}\tilde{r}(s_{t}^{1};a_{t}^{1};\theta)+\exp\sum_{t}\tilde{r}(s_{t}^{2},a_{t}^{2};\theta)}$$
        求损失函数：
        $$\mathcal{L}^{\text{Reward}}=-\mathbb{E}_{(\boldsymbol{\sigma}^{1}\boldsymbol{\sigma}^{2},\boldsymbol{\mu})\sim\mathcal{D}}\left[\mu(0)\ln P\left[\boldsymbol{\sigma}^{1}>\boldsymbol{\sigma}^{2}\right]+\mu(1)\ln P\left[\boldsymbol{\sigma}^{2}>\boldsymbol{\sigma}^{1}\right]\right]$$
        通过梯度下降更新网络 $\nabla_{\theta}\mathcal{L}^{\text{Reward}}$
      break
  End For
End

为了加快这个过程，一般而言，可以根据任务要求，预先使用其他训练方法训练智能体。首先使用预先训练好的模型来初始化策略网络的参数；然后将策略网络与环境进行交互，基于奖励模型给出回报分数，使用 PPO（近端策略优化）算法更新策略；重复训练奖励模型以及策略网络模型，每一轮迭代都会使得策略网络模型越来越适应人类的偏好。

3.4.2　PPO 算法

深度强化学习可以分为同策略（on-policy）和异策略（off-policy）两类。两者的主要区别在于如何收集经验并更新目标策略。在同策略方法中，训练过程中使用的行为策略和目标策略是完全相同的，即智能体在执行动作时会根据当前的策略来进行决策，同时利用这些执行的动作来不断更新同一个策略。与此相反，异策略方法则允许智能体使用一个行为策略来收集经验数据，而后将这些经验用于更新另一个目标策略。也就是说，智能体可以通过不同的行为策略来收集数据，而不是仅依赖于当前目标策略进行决策。

在深度强化学习中，DQN 和 DDPG 都是典型的异策略算法。它们采用的训练方式称为经验回放（experience replay）。这种方法的核心思想是，智能体在环境中收集到的经验（即状态、动作、奖励、下一个状态的四元组）被存储在一个经验池中，然后智能体可以反复从这个经验池中随机抽取样本进行训练，而无须每次都依赖当前的行为策略。这样做的一个显著优点是，它能够有效打破经验之间的相关性，使得训练过程更加稳定，并且提高了训练数据的利用效率。

然而，异策略方法并不总是优于同策略方法。尽管异策略通过经验回放能够进行多次利用和反复训练，但同策略方法在某些方面也有其独特优势。特别是在学习状态之间的关系时，同策略方法通常能够更加精确地估计状态价值（state value）并选择最优的动作。由于同策略方法直接利用当前策略进行决策，因此它能够根据实时的反馈信息来调整和优化策略，使得学习过程更加稳定。此外，同策略方法在更新模型时只需要更新一个策略网络，这使得其相对容易实现，且计算效率可能更高，尤其是在训练过程中参数更新更加平滑和一致时。

定义策略 π 的期望累计回报为 $\eta(\pi)$：

$$\eta(\pi)=\mathbb{E}_{s_0,a_0,\cdots}\left[\sum_{t=0}^{\infty}\gamma^t r_t\right] \tag{3.73}$$

定义累计频率函数：

$$\rho_\pi(s)=\sum_{t=0}^{\infty}\gamma^t P(s_t=s) \tag{3.74}$$

为了让策略持久稳定提升，可以定量地给出新旧策略之间的关系，其中 $\tilde{\pi}$ 是指新策略：

$$\eta(\tilde{\pi})=\eta(\pi)+\sum_{s}\rho_{\tilde{\pi}}(s)\sum_{a}\tilde{\pi}(a\mid s)A_{\pi}(s,a) \tag{3.75}$$

式中，$A_{\pi}(s,a)$ 衡量了在状态 s 下执行动作 a 相对于策略 π 的平均表现的优劣。

只要可以使上式中加号右边部分大于 0，就可以获得稳定的策略提升，但是由于实际过程中，无法使用新策略本身去优化自己，因此一般使用替代函数近似。

2015 年，Schulman 等人提出并分析了置信域策略优化（TRPO）算法，使用如下公式来近似：

$$L_{\pi}(\tilde{\pi})=\eta(\pi)+\sum_{s}\rho_{\pi}(s)\sum_{a\sim\pi}\frac{\tilde{\pi}(a\mid s)}{\pi(a\mid s)}\times\pi(a\mid s)A_{\pi}(s,a) \tag{3.76}$$

置信域探讨的是优化区间，核心思想是在控制策略更新步长的情况下最大化替代函数，其优化问题可以描述为以下公式：

$$\begin{aligned}&\text{maxmize}L_{\pi}(\tilde{\pi})\\&\text{s. t. }\mathbb{E}_{s\sim\rho_{\pi}}D_{\text{KL}}[\pi(\cdot\mid s)\mid\tilde{\pi}(\cdot\mid s)]\leqslant\delta\end{aligned} \tag{3.77}$$

式中，D_{KL} 是指策略差异。

尽管 TRPO 创新性的结合 KL 散度与重要性采样方法，得到更优的采样效率以及收敛性，但是会面临算法结构过于复杂、兼容性较差以及在处理函数二阶近似时计算量过大的问题。

2017 年，Schulman 等人提出了一种基于 Actor-Critic 框架的算法，名为 proximal policy optimization（近端策略优化，PPO）。该算法在连续控制领域取得了最先进的成果，成为 OpenAI 默认的算法之一，其推出立刻引起了广泛关注。PPO 算法的高效性得益于其不需要二阶近似或 KL 散度约束，也相对较易于实现和调节。PPO 将 TRPO 中原始优化项和约束条件组合，转化为一个没有约束条件的截断式优化目标：

$$\mathbb{E}_{t}\left[\min\left\{\frac{\pi_{\theta}(a_{t}\mid s_{t})}{\pi_{\theta_{k}}(a_{t}\mid s_{t})}A^{\theta_{k}}(s_{t},a_{t}),\text{clip}\left[\frac{\pi_{\theta}(a_{t}\mid s_{t})}{\pi_{\theta_{k}}(a_{t}\mid s_{t})},1-\epsilon,1+\epsilon\right]A^{\theta_{k}}(s_{t},a_{t})\right\}\right] \tag{3.78}$$

式中，clip 是截断函数，防止策略更新幅度过大；ϵ是截断阈值，限制策略更新的最大步长。

具体来讲，PPO 其实是一种悲观约束，优化目标中包含一个对于原始优化项和截断式优化目标取最小值的操作。其变化趋势如图 3.17 所示。

具体来讲，当预期收益较好时，PPO 会保持谨慎，选择在 $r(\theta)>1+\varepsilon$ 时使用截断值，避免激进的优化行为。而当预期收益较差时，PPO 仍然会保持足够的惩罚力度，选择在 $r(\theta)<1-\varepsilon$ 时使用截断值。PPO 算法主要由 Actor 和 Critic 两

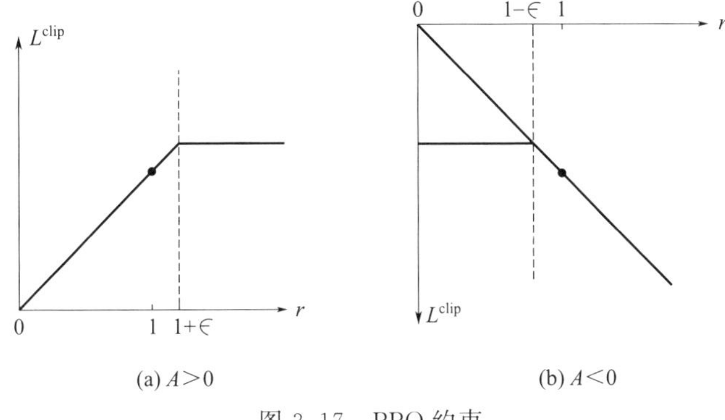

(a) $A>0$　　(b) $A<0$

图 3.17　PPO 约束

部分构成，其中 Critic 部分采用 TD 误差形式进行更新，类似于 DDPG 算法；另一部分的 Actor 则采用 PPO-Clip 形式，经过 OpenAI 研究团队的实验验证，这种更新方式可以更有效地利用数据并具有更好的可行性。PPO 的主要算法流程如表 3.7 所示。

表 3.7　PPO 算法流程

1	**Begin**
2	初始化:
3	初始化$Q(s,a;\theta)$和$\pi(s;\phi)$
4	初始化训练轮次E,轨迹长度T, 批次大小B
5	**For** k=0 to T:
6	使用当前策略$\pi_\theta(a\mid s)$,从环境中采集一定量的样本数据,其中包括状态s_t、动作a_t、奖励r_t和下一个状态s_{t+1}
7	**For** e=0 to E−1:
8	计算$r_t(\theta)=\dfrac{\pi_\theta(a_t\mid s_t)}{\pi_{\theta_{old}}(a_t\mid s_t)}$
9	计算优势函数的估计值$\hat{A}_t=r_t-v(s_t)$
10	计算带有截断项的损失函数
11	$L^{clip}(\theta)=\dfrac{1}{BT}\sum_{r\in b}\sum_{t=0}^{T-1}\min\{r_t(\theta)\hat{A}_t,\mathrm{chip}[r_t(\theta),1-\epsilon,1+\epsilon]\hat{A}_t\}$
12	梯度下降更新θ
13	计算损失函数 $L_\phi=\dfrac{1}{BT}\sum_{\tau\in b}\sum_{t=0}^{T-1}[v_\phi(s_t)-\hat{r}_t]^2$

参考文献

[1] 战忠丽，王强，陈显亭．强化学习的模型、算法及应用［J］．电子科技，2011，24（01）：47-49.

[2] Thomas P S，Brunskill E. Policy gradient methods for reinforcement learning with function approximation and action-dependent baselines［J］. arXiv preprint arXiv，2017：1706.06643.

[3] Hessel M, Modayil J, Van Hasselt H, et al. Rainbow: Combining improvements in deep reinforcement learning [C] //Proceedings of the AAAI Conference on Artificial Intelligence, 2018.

[4] Zhang P, Lan C, Xing J, et al. View Adaptive Neural Networks for High Performance Skeleton-based Human Action Recognition [J]. IEEE Transactions on Pattern Analysis&Machine Intelligence, 2018, 41 (8): 1963-1978.

第 **4** 章

移动机器人的自主路径规划与控制

4.1 移动机器人运动学与动力学建模

移动机器人的运动学与动力学建模是描述移动机器人在空间中运动规律的基础。它是自动驾驶、驾驶辅助系统、路径规划、车辆控制等领域的核心内容。通过运动学模型和动力学模型，可以了解移动机器人的运动行为，分析控制输入与移动机器人状态之间的关系，进而实现对移动机器人的精确控制和运动预测。

4.1.1 移动机器人运动学模型

移动机器人运动学模型主要描述移动机器人的位移、速度、加速度与其控制输入之间的关系，通常在不考虑移动机器人的动力学特性（如惯性、摩擦力等）的情况下进行建模。移动机器人运动学模型通常用于低速、正常行驶条件下的控制与路径规划。移动机器人运动学方程如下：

$$\begin{cases}\dot{x}=v_x=v\cos\varphi \\ \dot{y}=v_y=v\sin\varphi \\ \dot{\varphi}=\dfrac{v\tan\delta}{l}\end{cases} \Rightarrow \begin{bmatrix}\dot{x}\\ \dot{y}\\ \dot{\varphi}\end{bmatrix}=\begin{bmatrix}v\cos\varphi\\ v\sin\varphi\\ \dfrac{v\tan\delta}{l}\end{bmatrix}=\begin{bmatrix}f_1\\ f_2\\ f_3\end{bmatrix} \tag{4.1}$$

式中，f_1 为 x 方向的速度分量；f_2 为 y 方向的速度分量；f_3 为转向角速度（航向角变化率）。

移动机器人的基本几何参数如图 4.1 所示。图中，v 为移动机器人沿本体坐标系 X 轴正方向运动的速度，l 为前后驱动轴的距离，φ 为移动机器人的偏航角，δ 为移动机器人的前轮转角。

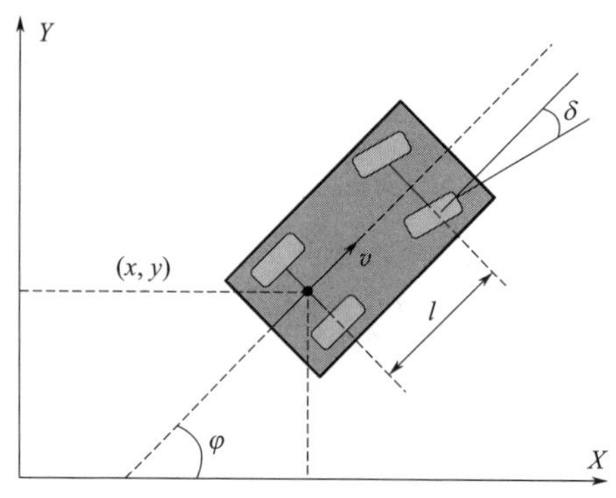

图 4.1　移动机器人运动学基本几何参数

选取状态量为 $\boldsymbol{\chi}=[x, y, \varphi]^{\mathrm{T}}$，控制量为 $\boldsymbol{u}=[v, \delta]^{\mathrm{T}}$，则对于参考轨迹的任意一个参考点，用 r 表示，式(4.1) 可以改写为：

$$\dot{\boldsymbol{\chi}}=f(\boldsymbol{\chi}, \boldsymbol{u}) \Rightarrow \dot{\boldsymbol{\chi}}_r=f(\boldsymbol{\chi}_r, \boldsymbol{u}_r) \tag{4.2}$$

其中，$\boldsymbol{\chi}_r=[x_r, y_r, \varphi_r]^{\mathrm{T}}$；$\boldsymbol{u}_r=[v_r, \delta_r]^{\mathrm{T}}$。对上式在参考点采用泰勒级数展开，并忽略高阶项：

$$\dot{\boldsymbol{\chi}}=f(\boldsymbol{\chi}_r, \boldsymbol{u}_r)+\frac{\partial f(\boldsymbol{\chi}, \boldsymbol{u})}{\partial \boldsymbol{\chi}}(\boldsymbol{\chi}-\boldsymbol{\chi}_r)+\frac{\partial f(\boldsymbol{\chi}, \boldsymbol{u})}{\partial \boldsymbol{u}}(\boldsymbol{u}-\boldsymbol{u}_r) \tag{4.3}$$

4.1.2　移动机器人动力学模型

移动机器人动力学模型考虑了移动机器人的质量、惯性、牵引力、摩擦力以及其他动力学因素，描述了移动机器人在运动过程中力和运动状态的关系。与运动学模型不同，动力学模型更为复杂，需要考虑外部力的影响，适用于高精度控制和复杂场景中的仿真与控制，如图 4.2 所示。

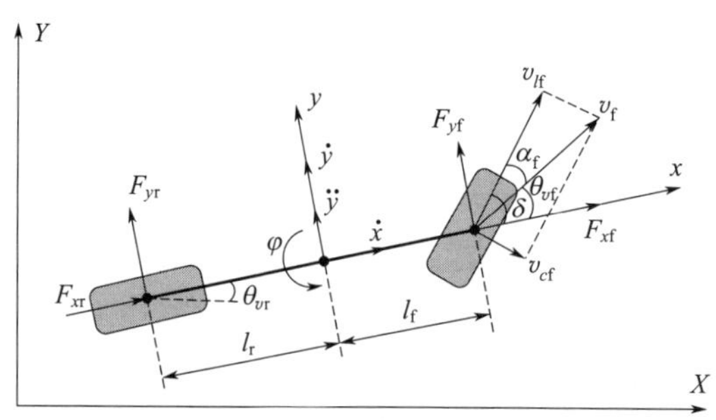

图 4.2　移动机器人动力学基本几何参数

车身 y 轴方向应用牛顿第二定律可得：

$$ma_y=F_{yf}+F_{yr} \tag{4.4}$$

式中，a_y 是车辆质心处的横向加速度；F_{yf}、F_{yr} 为地面给前轮胎和后轮施加的横向力。

横向加速度 a_y 由两部分组成，即车辆沿车身 y 轴横向运动产生的加速度 $\ddot{y}$、车身横摆运动产生的向心加速度 $v_x\dot{\varphi}$，因此有：$a_y=\ddot{y}+v_x\dot{\varphi}$。

$$m(\ddot{y}+v_x\dot{\varphi})=F_{yf}+F_{yr} \tag{4.5}$$

然后，车辆绕 z 轴的转矩平衡方程为：

$$I_z\ddot{\varphi}=F_{yf}l_f-F_{yr}l_r \tag{4.6}$$

式中，I_z 为横摆转动惯量；l_f 和 l_r 分别是质心到前轴的距离和质心到后轴的距离。

对于轮胎受到的两个横向力，根据小侧偏角假设（通常称为“线性滑模”假设），我们可以简化轮胎侧偏力与侧偏角之间的关系。假设轮胎的横向力（侧偏力）与车轮的侧偏角之间呈线性关系，即轮胎的侧偏力是侧偏角的线性函数：

$$\alpha_f=\delta-\theta_{vf} \tag{4.7}$$

式中，θ_{vf} 是前轮胎速度方向与车身纵轴的夹角；δ 为前轮转向角。

后轮的侧偏角为：

$$\alpha_r=-\theta_{vr} \tag{4.8}$$

因此，前轮和后轮的横向力为：

$$\begin{cases}F_{yf}=2C_{\alpha f}(\delta-\theta_{vf})\\F_{yr}=-2C_{\alpha r}\theta_{vr}\end{cases} \tag{4.9}$$

式中，$C_{\alpha f}$ 和 $C_{\alpha r}$ 分别指前轮和后轮侧偏刚度。

将车辆质心到车轮这一部分视为刚体，则根据刚体运动学有：

$$\begin{cases}\tan\theta_{vf}=\dfrac{v_y+\dot{\varphi}l_f}{v_x}\\\tan\theta_{vr}=\dfrac{v_y-\dot{\varphi}l_r}{v_x}\end{cases}\Rightarrow\begin{cases}\theta_{vf}=\dfrac{v_y+\dot{\varphi}l_f}{v_x}\\\theta_{vr}=\dfrac{v_y-\dot{\varphi}l_r}{v_x}\end{cases} \tag{4.10}$$

4.2 移动机器人控制系统搭建

图 4.3 展示了一个移动机器人路径规划与控制系统的整体框架，其主要功能是通过多个模块的协作，完成从路径规划目标输入到车辆运动执行的完整流程。整个系统以基于深度学习的路径规划算法为核心，辅以定位模块、路径跟踪控制器及车辆模型，构建了一套高效的路径规划与控制体系。

首先，系统的输入包括路径规划目标和传感器坐标转换两部分。路径规划目标由外部任务指定，明确了机器人需要到达的目标位置或执行的任务。与此同时，传感器采集机器人与周围环境的信息，例如障碍物分布、地图数据等，并通

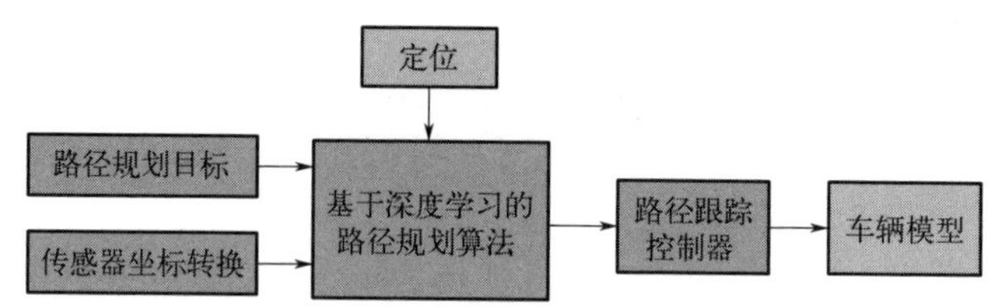

图 4.3　移动机器人路径规划与控制系统的整体框架

过坐标转换将这些信息转换为算法可直接处理的形式，这为后续路径规划提供了必要的环境感知与数据支持。

接下来是定位模块，该模块通过多传感器数据融合实时估算机器人在环境中的位置与姿态。准确的定位信息是路径规划和控制的基础，确保路径生成与跟踪的实际可行性。

路径规划的核心是基于深度学习的路径规划算法，该模块接收传感器数据和定位信息，结合目标要求生成全局或局部路径。深度学习技术在路径规划中扮演重要角色，它可以利用历史数据和实时环境信息，学习复杂环境中的最优路径生成策略，从而应对动态环境中的障碍物、非线性路径约束等复杂情况。

在规划路径生成后，系统将路径传递给路径跟踪控制器。控制器负责实时计算机器人所需的控制输入，例如速度和转向角度，以确保机器人精确沿规划路径运动。典型控制算法包括 PID（比例-积分-微分）控制、纯跟踪算法和模型预测控制（MPC），这些算法可根据车辆的动态特性和环境变化进行调整。

最后，控制信号传递给车辆模型，驱动机器人完成实际路径跟踪任务。车辆模型通常以运动学或动力学形式表示，能够精确描述机器人在控制信号作用下的运动行为。通过模型反馈与控制器闭环协作，系统可以进一步优化运动精度与鲁棒性。

4.3　移动机器人自主导航与路径跟踪控制

4.3.1　基于复杂动态环境下的 SLAM 算法

4.3.1.1　系统框架

SLAM 技术是移动机器人在未知环境中完成高智能任务的关键。视觉 SLAM 是一种利用视觉传感器感知周围环境的方法，能够为机器人提供丰富的环境语义信息。环境语义信息对于智能机器人具有重要意义，因为它不仅有助于机器人进行精确定位，还能帮助构建具有语义内容的环境地图，并为人机交互提供支持。视觉 SLAM 的出现，使得机器人可以在没有预先构建地图的情况下，通过感知周围环境来同时进行自我定位和地图构建。

2007 年，Davison 等人[1] 提出了 Mono-SLAM，这是一个实现单目实时 SLAM 的系统，开启了视觉 SLAM 领域的研究。紧接着，Klein 等人[2] 提出了 PTAM（parallel tracking and mapping，并行跟踪与建图），创新性地将 SLAM 系统划分为独立的跟踪和映射线程，并成功应用了特征点，这一研究为 SLAM 技术的高效性和实时性提供了新思路。随后，Leutenegger 等人[3] 提出了 OKVIS（开源关键帧视觉惯性 SLAM），融合了视觉和惯性测量单元（IMU）数据，进一步提高了定位精度。Mur-Artal 等人[4-6] 则基于特征点提出了 ORB-SLAM 系列（ORB-SLAM、ORB-SLAM2、ORB-SLAM3），这些系统的出现推动了 SLAM 技术在实际应用中的广泛应用。然而，大多数现有的视觉 SLAM 系统都假设环境是静态的，即环境中不含有运动物体。实际上，现实世界中的很多场景是动态的，尤其在机器人执行任务时，运动物体的存在会对 SLAM 系统的定位和制图精度造成显著影响。传统的点云图方法无法充分表达复杂的动态环境，尤其是无法有效处理运动物体。因此，如何在复杂环境中有效地识别和处理运动物体，并消除这些物体对视觉 SLAM 系统的干扰，成为了提升视觉 SLAM 精度和鲁棒性的关键。

为了应对这一问题，近年来的研究开始关注语义映射（semantic mapping）。语义映射可以分为面向场景的语义映射和面向对象的语义映射两种类型。面向场景的语义映射将环境中的语义信息整合到三维点云中，从而构建一个包含环境语义的地图。而面向对象的语义映射则更加关注将语义信息与特定对象相关联，在这种映射中，语义信息通常以聚类的方式存在，主要针对地图中的特定对象进行处理。在机器人感知中，面向对象的语义地图被认为更加实用，因为它不仅能帮助机器人识别场景中的各个对象，还能提高地图的可用性。McCormac 等人提出了一种基于体素的在线语义 SLAM 系统，这一系统通过实时地对环境进行建模，动态地识别和处理场景中的语义信息[7]。Hoang 等人则提出了 Object-RPE（object-based relative pose estimation，基于对象的相对姿态估计）系统，这一系统通过结合对象级别的语义信息来提高视觉 SLAM 的定位精度[8]。Hosseinzadeh 等人提出了一种通过二次曲面表示对象的 SLAM 方法，这一方法可以更精确地处理动态物体[9]。Oberlander 等人[10] 则提出了一种融合拓扑、度量和语义信息的混合地图表示方法，这种混合地图表示方式能够为机器人提供更加全面的环境感知。混合地图表示，即将拓扑信息、度量信息和语义信息结合起来，这已成为 SLAM 领域的一个重要研究方向。Luo 等人[11] 使用物体识别算法对场景进行分类，并将分类结果与拓扑节点融合，从而为每个拓扑节点分配语义信息。Lin 等人[12] 提出了一种基于对象建模和语义图匹配的闭环方法，通过使用体素和长方体对场景中的对象特征进行建模，从而进一步表示具有拓扑信息的语义图。Yang 等人[13] 提出了一种自动表示室内空间的语义和拓扑结构重构方法，能够利用平面光栅图来实现室内空间的语义表示和拓扑结构建模。Jin 等人[14] 则提出了一种基于语义分割模块的动态视觉 SLAM 方法，通过语义标签和深度图像创建具有语义信息的三维点云图。

然而，尽管许多方法尝试通过将语义信息与拓扑节点结合来提升 SLAM 的精度，但这些方法通常忽视了环境中丰富的物理细节，导致机器人虽然能够快速移动至目标位置，但却缺乏与物理对象的智能交互能力。拓扑信息和语义信息的融合往往只限于拓扑节点的语义标记，未能深入挖掘和表达物体级别的语义和动态变化，这限制了移动机器人在复杂动态环境中的性能和适应性。综上所述，语义 SLAM 的研究不仅涉及如何高效地结合语义信息与地图构建技术，还需要应对动态环境下物体识别与跟踪的挑战。

为了消除动态目标对 SLAM 系统的影响，并提高地图构建的精度，本小节基于第 2 章的场景理解与语义地图构建内容提出了一种移动机器人定位与语义映射系统，该系统在 ORB-SLAM3 的经典三线程架构的基础上，新增了两个并行线程，以提升系统的功能和鲁棒性。这两个新增线程分别是“动态特征剔除线程”和“语义地图构建线程”。动态特征剔除线程的核心任务是识别并去除动态物体的特征，减少运动目标对 SLAM 系统定位精度和地图构建的影响。通过这一线程的优化，系统能够在动态环境中保持稳定的定位性能，消除运动物体带来的干扰，从而确保地图的准确性和一致性。同时，语义地图构建线程负责生成实例级的三维密集语义地图。这一语义地图不仅保留了环境的几何信息，还整合了各类语义信息，使得机器人能够理解和感知环境中的各种物体和场景。通过这种方式，机器人不仅能够进行精确的定位，还能通过语义信息辅助导航，实现与环境的智能交互。这使得机器人能够在复杂环境中做出更加智能的决策，提升任务执行的效率和可靠性。

4.3.1.2 实验验证

(1) 实验平台及评价指标

为了测试 SLAM 系统在具有动态对象的复杂环境中的可行性和有效性，本小节在静态、低动态和高动态的公共数据集以及真实的实验室场景中进行了实验。为了简化后续的讨论，给改进后的 SLAM 系统起了一个名字：TSG-SLAM。为满足复杂环境的需求，开发了移动机器人实验平台。它包括一个 Mecanum 轮式移动机器人、一个 Kinect V2 深度摄像头、一台电脑和一个车载电源等组件。这个实验平台如图 4.4 所示。

该软件系统基于 Ubuntu 16.04，使用 ROS 框架管理整个系统。程序主要使

图 4.4　实验平台

用 C++ 语言编写，并集成了多个开源库，包括：用于处理关键帧图像的 OpenCV、用于矩阵运算的 Eigen、用于实例分割的 Keras、用于求解最小二乘问题的 Ceres、用于图形优化的 G2O、用于生成点云的 PCL，以及用于构建八叉树图的 OctoMap[15]。

为了评估 SLAM 系统的定位精度，我们采用绝对轨迹误差（ATE）和相对位姿误差（RPE）作为评价指标，用以对运动轨迹估计进行综合评价。ATE 用于评估 SLAM 系统的整体精度，其计算公式如下：

$$\text{ATE}=\sqrt{\frac{1}{N}\sum_{i=1}^{N}\left\|\text{trans}(T_{\text{g},i}^{-1}T_{\text{e},i})\right\|_2^2} \tag{4.11}$$

式中，N 为帧数；$T_{\text{g},i}$ 和 $T_{\text{e},i}$ 为第 i 帧的真实位置值和评估位置值。

利用 RPE 度量来评估 SLAM 系统在一定固定时间内轨迹估计的局部精度和位置估计漂移。在固定时间间隔 t 内，RPE 为：

$$\text{RPE}=\sqrt{\frac{1}{N-\Delta t}\sum_{i=1}^{N-\Delta t}\left\|\text{trans}[(T_{\text{g},i}^{-1}T_{\text{g},i+\Delta t})^{-1}(T_{\text{e},i}^{-1}T_{\text{e},i+\Delta t})]\right\|_2^2} \tag{4.12}$$

式中，Δt 表示 t 中的帧数。

(2) 公共数据集实验

为了测试系统，我们从 TUM 数据集中选择了静态、低动态和高动态场景。静态场景包括 fr1/desk 和 fr1/room。fr1/desk 序列中，相机移动范围较小，主要捕捉室内场景，重点是桌子及其上的物品；而 fr1/room 序列的相机移动范围较大，涵盖了大部分室内空间。

为了更好地分析动态目标对定位和制图的影响，我们选择了以动态目标为主要内容的动态数据集。低动态场景包括 fr3_sitting_static 和 fr3_sitting_xyz，展示了两个人坐在椅子上聊天，伴随挥手和转头等小动作。fr3_sitting_static 的相机运动范围小；而 fr3_sitting_xyz 的相机则在 x、y、z 方向上围绕动态主体运动，覆盖了更大的范围。高动态场景为 fr3_walking_static 和 fr3_walking_xyz，描绘了两个人快速、大范围的运动。fr3_walking_static 和 fr3_walking_xyz 中的相机运动与 fr3_sitting_static 和 fr3_sitting_xyz 相似。

为了比较 TSG-SLAM 与 ORB-SLAM3 的性能，我们对 ATE 和 RPE 数据进行了分析，计算了平均值、中位数、均方根误差（RMSE）和标准差（STD）。其中，RMSE 衡量观测值的精度，反映系统的准确性；STD 衡量观测值的离散度，反映系统的鲁棒性。此外，我们还计算了 TSG-SLAM 相对于 ORB-SLAM3 的定位性能改进率，公式如下：

$$\eta=\frac{\delta_1-\delta_T}{\delta_1}\times 100\% \tag{4.13}$$

式中，η 为改进率（IR）；δ_T 和 δ_1 分别表示 TSG-SLAM 和 ORB-SLAM3 的误差。

表 4.1 展示了静态场景中 ATE 和 RPE 的比较。从表中可以看出，在本地场景 fr1/desk 中，两个系统的误差都很小，差异不大。在全局场景 fr1/room 中，ATE 明显增加，但仍在可接受范围内，两种系统的误差非常接近，有些误差甚至低于 ORB-SLAM3。

表 4.1　静态情况下 ATE 和 RPE 的比较

评价指数		fr1/desk			fr1/room		
		ORB-SLAM3	TSG-SLAM	IR	ORB-SLAM3	TSG-SLAM	IR
ATE /m	平均值	0.0178	0.0160	10.11%	0.0579	0.0512	11.57%
	中位数	0.0144	0.0132	8.33%	0.0468	0.0415	11.32%
	RMSE	0.0212	0.0191	9.91%	0.0660	0.0589	10.76%
	STD	0.0114	0.0105	7.90%	0.0318	0.0297	6.60%
RPE /m	平均值	0.0144	0.0140	2.78%	0.0146	0.0149	−2.05%
	中位数	0.0097	0.0102	−5.15%	0.0113	0.0117	−3.54%
	RMSE	0.0196	0.0192	2.04%	0.0189	0.0192	−1.59%
	STD	0.0134	0.0131	2.24%	0.0119	0.0123	−3.36%

ORB-SLAM3 作为目前最成熟的视觉 SLAM 算法之一，以其在静态场景下的高定位精度而著称。而 TSG-SLAM 引入了基于 ORB-SLAM3 的动态特征剔除模块，在静态场景下并未表现出显著的优势。因此，在静态场景中，两种系统的定位精度非常相似。

图 4.5 和图 4.6 分别显示了 fr1/desk 和 fr1/room 序列的估计轨迹和真实轨迹的比较，估计的轨迹与真实轨迹非常接近。因此，在静态场景下，TSG-SLAM 在定位性能上没有明显优势，两种系统都具有较高的定位精度。

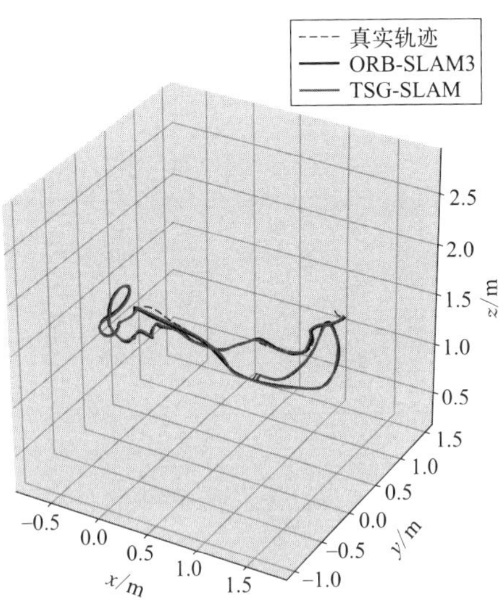

图 4.5 fr1/desk 的估计轨迹与真实轨迹（见书后彩插）

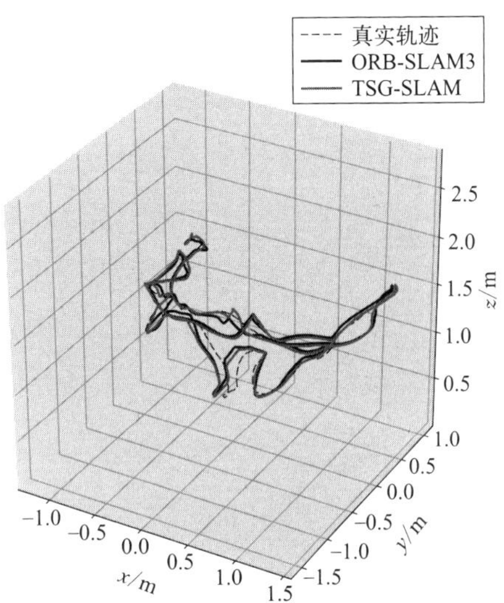

图 4.6 fr1/room 的估计轨迹与真实轨迹（见书后彩插）

表 4.2 比较了低动态情况下的 ATE 和 RPE。在以动态目标为重点的 fr3_sitting_static 静态序列中，TSG-SLAM 比 ORB-SLAM3 误差更小，ATE 和 RPE 的 RMSE 改进率分别为 45.45%和 34.05%。同样，在视野更大的 fr3_sitting_xyz 序列中，ATE 和 RPE 的 RMSE 改善率分别达到 39.2%和 20.71%。图 4.7 和图 4.8 分别显示了 fr3_sitting_static 和 fr3_sitting_xyz 序列的估计轨迹和真实轨迹的比较。ORB-SLAM3 的估计轨迹与真实轨迹存在一定偏差，尤其是在 fr3_sitting_static 上，而 TSG-SLAM 的估计轨迹更接近真实轨迹。因此，在低动态场景下，TSG-SLAM 在定位方面具有明显的优势，其定位精度显著提高。

表 4.2 低动态情况下 ATE 和 RPE 的比较

评价指数		fr3_sitting_static			fr3_sitting_xyz		
		ORB-SLAM3	TSG-SLAM	IR	ORB-SLAM3	TSG-SLAM	IR
ATE /m	平均值	0.0143	0.0074	48.25%	0.0105	0.0064	39.05%
	中位数	0.0133	0.0060	54.89%	0.0088	0.0046	47.73%
	RMSE	0.0154	0.0084	45.45%	0.0125	0.0076	39.2%
	STD	0.0058	0.0039	32.76%	0.0067	0.0049	26.86%
RPE /m	平均值	0.0174	0.0105	39.66%	0.0161	0.0129	19.88%
	中位数	0.0168	0.0087	48.21%	0.0125	0.0096	23.2%
	RMSE	0.0185	0.0122	34.05%	0.0198	0.0157	20.71%
	STD	0.0161	0.0112	30.43%	0.0116	0.009	22.41%

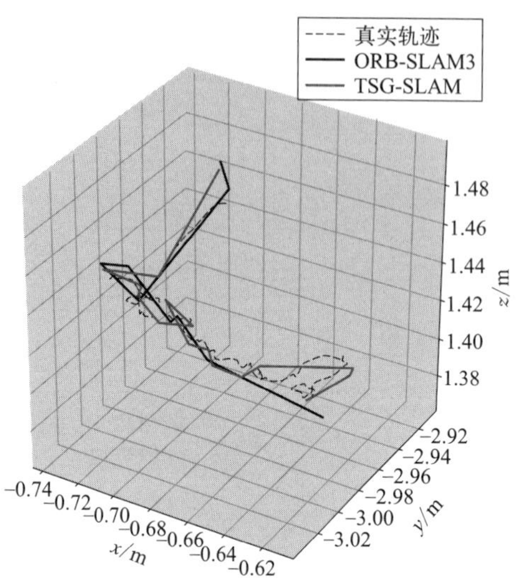

图 4.7 fr3_sitting_static 的估计轨迹与真实轨迹（见书后彩插）

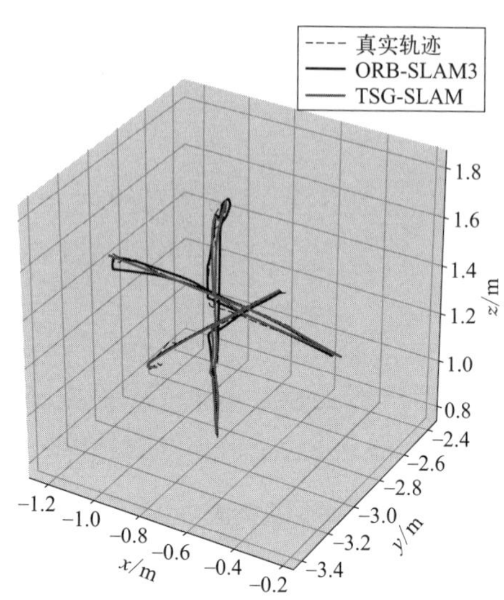

图 4.8 fr3_sitting_xyz 的估计轨迹与真实轨迹（见书后彩插）

表 4.3 比较了高动态场景下的 ATE 和 RPE。从表中可以看出，ORB-SLAM3 的误差较大，尤其是 ATE 的 RMSE，fr3_walking_static 和 fr3_walking_xyz 序列的 RMSE 分别为 0.3832m 和 0.7123m。而 TSG-SLAM 在误差控制方面表现更好，ATE 的 RMSE 和 STD 改进率均超过 96%，RPE 的 RMSE 和 STD 改进率也超过 55%。这表明，TSG-SLAM 在高动态场景下显著提高了全局定位精度和稳定性。

表 4.3 高动态场景下 ATE 和 RPE 的比较

评价指数		fr3_walking_static			fr3_walking_xyz		
		ORB-SLAM3	TSG-SLAM	IR	ORB-SLAM3	TSG-SLAM	IR
ATE /m	平均值	0.3697	0.0054	98.54%	0.5975	0.0228	96.18%
	中位数	0.3534	0.0046	98.70%	0.5835	0.0171	97.07%
	RMSE	0.3832	0.0010	99.74%	0.7123	0.0121	98.30%
	STD	0.1009	0.0024	97.62%	0.3877	0.0121	96.87%
RPE /m	平均值	0.0212	0.0074	5.09%	0.0311	0.0251	19.29%
	中位数	0.0093	0.0049	47.31%	0.0207	0.0163	21.26%
	RMSE	0.0367	0.0094	74.39%	0.0850	0.0376	55.76%
	STD	0.0300	0.0059	80.33%	0.0790	0.0280	64.56%

图 4.9 和图 4.10 分别显示了 fr3_walking_static 和 fr3_walking_xyz 序列的

估计轨迹与真实轨迹的比较。从图中可以看出，ORB-SLAM3 的估计轨迹与真实轨迹偏差较大，而 TSG-SLAM 的估计轨迹虽有一定偏差，但总体上更接近真实轨迹。

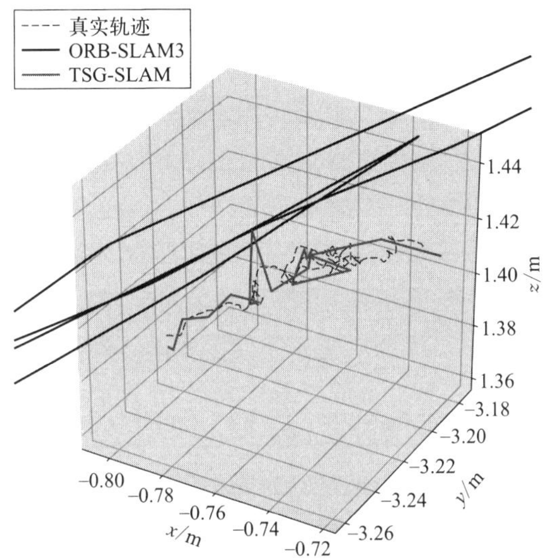

图 4.9　fr3_walking_static 的估计轨迹与真实轨迹（见书后彩插）

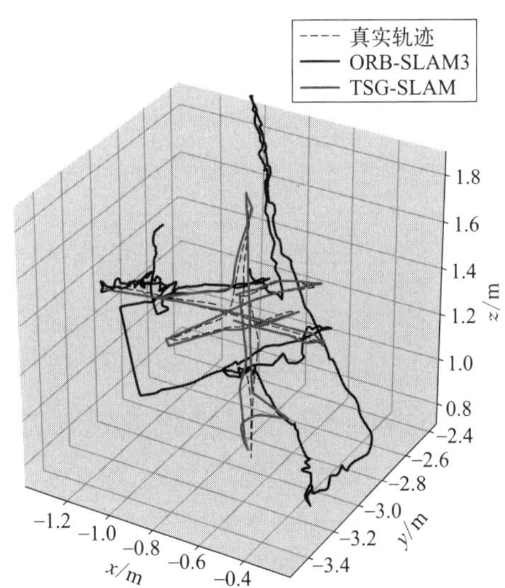

图 4.10　fr3_walking_xyz 的估计轨迹与真实轨迹（见书后彩插）

因此，在高动态场景下，ORB-SLAM3 的表现较差，无法有效发挥作用，而 TSG-SLAM 依然能够稳定运行，并显著提高定位精度。

为了全面评估 TSG-SLAM 在复杂动态目标环境中的定位性能，此处将其与近年来在动态 SLAM 领域表现良好的其他系统进行对比，具体包括 DS-SLAM、

DynaSLAM、MISD-SLAM 和 RDS-SLAM 等动态 SLAM 系统。这些系统在动态环境下的表现已经得到了广泛验证，因此选择它们作为对比对象，以突出 TSG-SLAM 在动态目标处理中的优势。

由于我们使用不同的计算机进行实验测试，直接比较系统的误差数据存在一定困难，因此，此处采用了相对准确率改进率作为性能比较的标准，特别关注 ATE 的 RMSE 和 STD 改进率。这一评价标准有助于消除硬件差异对实验结果的影响，使得对比更加公平。具体的对比结果见表 4.4。由表可知，在 fr3_sitting_static 的低动态场景下，TSG-SLAM 相比其他动态 SLAM 系统展现了显著的优势。这是因为动态特征剔除方法具有较高的动态分割精度，能够更准确地识别和去除动态目标对 SLAM 系统的干扰，从而提高定位的精度。因此，TSG-SLAM 的 ATE 改进率明显高于其他动态 SLAM 系统，表现出了优越的性能。

表 4.4　各 SLAM 系统相对于 ORB-SLAM3 的 ATE 改进率比较

场景	ATE 改进率					
	指数	DS-SLAM	DynaSLAM	MISD-SLAM	RDS-SLAM	TSG-SLAM
fr3_walking_static	RMSE	97.76%	98.11%	63.31%	97.78%	99.74%
	STD	97.83%	97.89%	68.92%	97.37%	97.62%
fr3_walking_xyz	RMSE	97.30%	98.21%	95.54%	98.39%	98.30%
	STD	96.69%	98.23%	94.89%	98.52%	96.87%
fr3_sitting_static	RMSE	27.78%	—	11.94%	30%	45.45%
	STD	23.26%	—	24.23%	25.58%	32.76%

然而，由于 DynaSLAM 的相关论文中没有提供测试数据，我们无法对其进行直接对比。但在高动态场景中，所有动态 SLAM 系统相较于 ORB-SLAM3 系统都有显著的改进，表明动态目标处理在高动态环境中对 SLAM 系统的优化作用是明显的。

尽管在某些高动态场景中，TSG-SLAM 的改进率略低于一些其他动态 SLAM 系统，但总体来说，TSG-SLAM 仍展现出较强的优势，尤其在动态目标去除精度和定位稳定性方面表现突出。这表明 TSG-SLAM 在复杂动态目标环境中具有良好的适应性和可靠性，能够有效提升移动机器人的定位精度和系统的整体性能。

综上所述，TSG-SLAM 系统克服了复杂环境下运动目标带来的挑战，在各种动态环境下表现出可靠的性能，具有较高的定位精度和稳定性。在某些低动态场景下，它的性能也可以与其他性能最好的动态 SLAM 系统相媲美，甚至在定位精度方面优于它们。

(3) 真实世界的场景实验

为了验证 TSG-SLAM 系统在现实场景中的有效性，在室内实验室进行了移动机器人同步定位和语义映射的实验。由于复制移动机器人的相同轨迹具有挑战性，因此在室内实验室中使用远程控制的移动机器人进行了实验。生成与机器人运动视点相同的摄像机视点数据集，用于评估 ORB-SLAM3 和 TSG-SLAM 系统。在静态和动态两种不同的实验场景下进行了评估，以评估系统在同步定位和语义映射方面的性能，如图 4.11 所示。为了模拟动态环境，实验者在场景中自由移动，从不同角度捕捉图像序列。

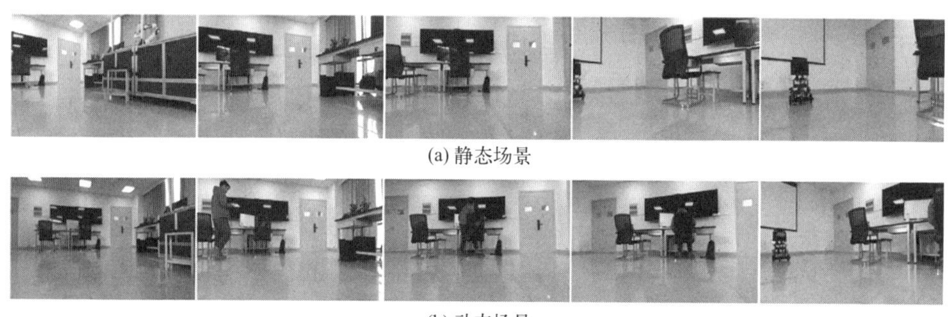

(a) 静态场景

(b) 动态场景

图 4.11　真实场景的部分图像序列

在现实场景中，获得准确的摄像机运动轨迹是一项挑战。因此，基于实验场景下移动机器人捕获的数据集，比较了 TSG-SLAM 和 ORB-SLAM3 的估计轨迹。由于移动机器人所处的地面接近水平，为了便于对估计轨迹进行比较，建立了 x-y 方向的二维估计轨迹图。图 4.12 给出了静态场景下 TSG-SLAM 和 ORB-SLAM3 的估计轨迹比较。移动机器人采用带差动转向的 Mecanum 轮毂，当转向角较大时，会引起摄像机抖动，导致在急转弯时估计轨迹波动较大。然而，

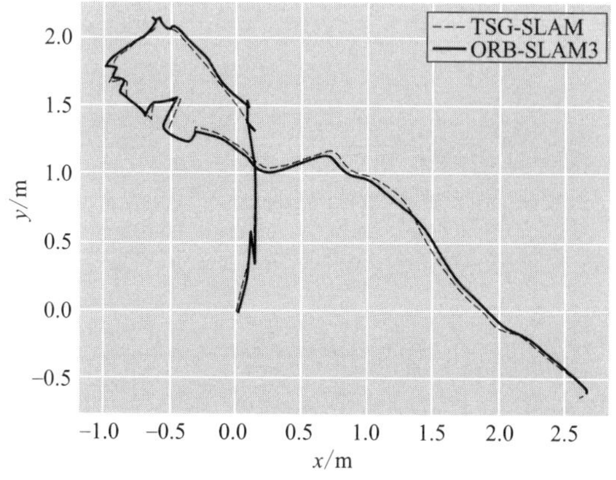

图 4.12　真实静态场景下估计轨迹的比较

TSG-SLAM 和 ORB-SLAM3 在真实静态场景下的估计轨迹几乎相同，这与公共静态数据集估计轨迹的比较结果一致。由于 ORB-SLAM3 在静态场景下具有较好的定位精度，该结果表明，TSG-SLAM 在真实静态场景下也具有良好的定位精度。

图 4.13 展示了 TSG-SLAM 和 ORB-SLAM3 在动态场景下的估计轨迹比较。在轨迹的前半部分，没有观察到动态目标或距离摄像机较远，两种方法产生的估计轨迹几乎相同。然而，在摄像机接近动态目标的中间部分时（图 4.13 中用方框标出），ORB-SLAM3 受到了明显影响，导致估计的运动轨迹出现了较大波动。另一方面，处理动态目标的 TSG-SLAM 受影响较小，导致估计轨迹波动较小。

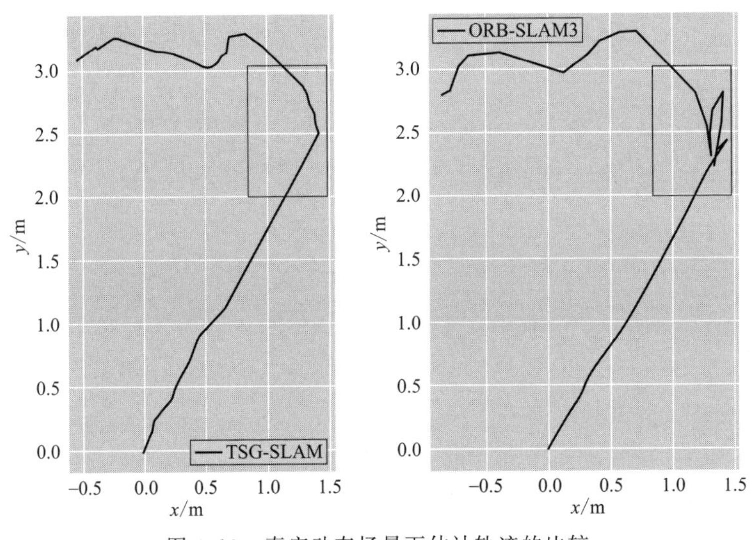

图 4.13　真实动态场景下估计轨迹的比较

4.3.2　路径跟踪控制

Pure Pursuit 跟踪控制器是 R. Wallace 于 1985 年提出的一种用于横向位置控制的方法[16]。它是一种传统的几何路径跟踪方法，采用前瞻点计算车辆的转向角，以实现路径跟踪控制。由于 Pure Pursuit（PP）方法涉及的计算主要基于几何关系，其设计简单、易于实现，因此被广泛应用于自动驾驶和机器人路径规划领域。

Pure Pursuit 方法的核心是通过几何计算将车辆后轴的位置与车辆前方优选轨迹上的前瞻点的圆曲率联系起来。前瞻点是通过一个预览距离（L_{p}）来确定的，这个距离从车辆当前后轴位置沿参考路径向前延伸，指示车辆需要跟踪的目标点。Pure Pursuit 方法通过在预览点（前瞻点）与前轮转向角之间建立联系，使车辆沿着一条经过预览点的曲线行驶，从而实现高效的路径跟踪控制[17]。

其几何描述如图 4.14 所示，预览距离 L_p 是一个动态变量，根据当前车辆位置和参考路径实时更新。Pure Pursuit 方法的几何关系可以通过如下方程进行推导：

$$L_p=\sqrt{(x_C-x_A)^2+(y_C-y_A)^2} \tag{4.14}$$

式中，(x_C,y_C) 表示前瞻点的坐标。

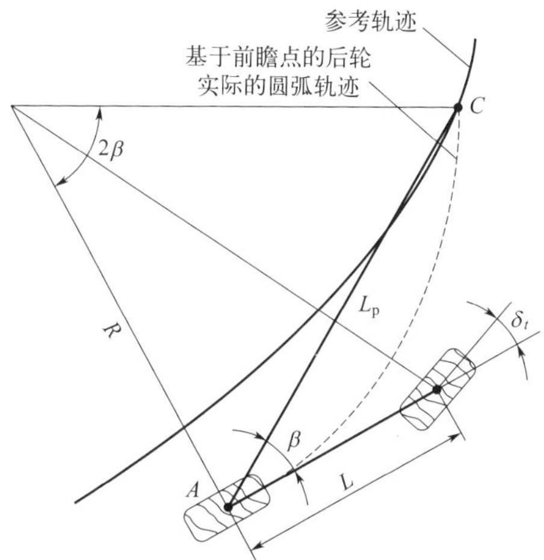

图 4.14　PP 方法的几何关系

$$\frac{L_p}{\sin(2\beta)}=\frac{R}{\sin\left(\frac{\pi}{2}-\beta\right)} \tag{4.15}$$

$$\rho_t=\frac{\tan\delta_t}{L} \tag{4.16}$$

$$\delta_t=\arctan\frac{2L\sin\beta}{L_p} \tag{4.17}$$

式中，δ_t 表示所需的转向角；ρ_t 表示 t 时刻的曲率。

4.4　路径规划算法概述

在机器人、自动驾驶、无人机等领域，路径规划作为核心技术，直接决定了系统的导航与决策能力。

传统路径规划算法根据不同的原理和应用场景可以大致分为三类：基于势场的算法、启发式搜索算法和基于采样的算法。这些算法各自具有不同的特点和适用环境，选择合适的算法可以显著提高路径规划的效率和效果。

基于势场的算法，常用于局部路径规划，尤其适用于动态和复杂的环境。人工势场法是这一类算法的代表，由 Khatib 于 1986 年提出[18]。该方法通过模拟虚拟力场来引导机器人运动，力场由引力场和斥力场两部分组成。引力场吸引机器人向目标点移动，而斥力场则由障碍物产生，排斥机器人以避免碰撞。机器人在势场中根据引力和斥力的合力决定运动方向。Adeli 等人[19] 进一步改进了人工势场法，引入了新的潜在函数，结合障碍物、起始点和目标点的距离关系，逐步寻找最佳路径。Yan[20] 提出通过引入种子点的概念来丰富势场的生成方式，从而改善路径的多样性。Wu 等人[21] 通过引入模糊斥力来克服传统人工势场法中的局部极小值问题，确保机器人能绕过障碍物并到达目标，特别是在目标点离障碍物较近时能够避免无法到达的情况。

启发式搜索算法，例如 A* 算法，是路径规划中非常常见的算法。A* 算法由 Hart 等人[22] 于 1968 年提出，是对 Dijkstra 算法的改进，具有较高的效率和较强的最优性保证。A* 通过结合实际代价和启发式估计代价（即到目标的预估距离)，使用启发式搜索策略来引导路径搜索，从而迅速找到最短路径。尽管 A* 算法能够高效地解决路径规划问题，但在处理大规模或复杂场景时，存储空间的需求往往较高。为了解决这一问题，Podsedkowski[23] 提出了优化评价函数和节点空间的改进方法，从而减少内存消耗。此外，Stentz[24] 提出了 D* 算法，基于 A* 的思想进行改进，特别适用于动态环境，因为它能够在环境发生变化时动态更新路径。模拟退火算法和粒子群优化算法（PSO）也是常见的启发式搜索方法。模拟退火通过模拟物理退火过程[25]，随机搜索解空间并逐步收敛到全局最优解；而 PSO 则通过模拟群体智能来寻找最优解，适用于解决高维复杂问题，但其早熟收敛和全局搜索能力较弱。

基于采样的算法，如 RRT（快速探索随机树）和 PRM（概率路线图)，主要用于高维空间或者复杂的环境中。RRT 是一种增量式的搜索算法，通过从起始点出发不断随机采样和扩展树状结构，直到到达目标点。RRT 算法的随机性虽然使得它能够快速探索空间，但得到的路径可能并非最优。为了改善这一问题，Melchior 等人[26] 提出了 RRT* 算法，通过对新节点和临近节点的优化处理，逐渐提高路径的质量，并减少路径代价。PRM 算法[27] 是一种基于采样的图搜索方法，首先在空间中随机采样点，然后通过碰撞检测连接这些点形成图，最后通过图搜索获得可行路径。虽然 PRM 在复杂的环境中能生成有效的路径，但在狭窄或障碍物密集的环境中，算法的效率和路径质量会受到限制。为了解决这一问题，Chen 等人[28] 提出了一种结合虚拟力场的 PRM 采样策略，通过改进采样和连接策略，提升了路径规划的连通性和避障能力。此外，薛阳等人[29] 通过使用局部敏感哈希算法优化 PRM 的搜索效率，减少了构建无向图的时间，提高了整体路径规划效率。

随着强化学习（RL）理论的进步，越来越多的领域开始将其应用于实际问题，特别是在机器视觉[30,31]、自动驾驶[32]、智能语音[33] 以及医学研究[34] 等领域，强化学习表现出了强大的潜力。在路径规划领域，强化学习的应用也越来越广泛。Igarashi[35] 提出了一个基于强化学习的路径规划方法，将每个时间步的路径规划问题转化为离散的优化问题，并构建了一个包括目标项、平滑度项和碰撞项的综合目标函数来进行优化。通过这种方法，强化学习成功解决了移动机器人在动态环境中的路径规划问题。文献［36］则提出了一种改进的强化学习策略，针对不同学习阶段的需求，使用密集网络框架来计算 Q 值，从而提高了收敛速度、路径规划成功率和路径精度。不过，该方法仅适用于离散状态空间。在另一项研究中，文献［37］通过结合 FastSLAM 和 Dueling DQN 算法，在未知环境下构建了二维环境地图，成功实现了机器人在复杂环境中的自主导航，具有很好的避障能力。而文献［38］则通过神经网络增强了机器人对环境的感知能力，并采用分层强化学习（HRL）来映射动作与状态之间的关系，解决了路径规划中的自学习、收敛速度慢和路径不平滑等问题。文献［39］提出了一个完整的覆盖路径规划（CCPP）模型，结合了强化学习的 Actor-Critic experience replay（ACER，Actor-Critic 经验回放）算法和长短期记忆（LSTM）层的卷积神经网络（CNN），该模型有效地降低了路径生成的计算成本。在无人水面舰艇（USV）的自动控制中，文献［40］提出了一种基于深度确定性策略梯度（DDPG）算法的网络结构，成功实现了推力和舵角的连续输出，从而优化了航行控制系统。Yurtsever[41] 则提出了一种将路径规划任务与基于视觉的深度强化学习（DRL）框架相结合的混合方法，在动态城市模拟环境 CARLA 中实现了有效的导航。文献［42］利用 Q-learning 算法，通过结合风向变化的奖励矩阵和一组动态动作，成功解决了帆船在逆风区域无法加速的问题。文献［43］提出了一种基于深度强化学习的目标导向避障导航系统，该系统通过端到端训练自动优化避障策略，无需人工干预或操作者的监督。最后，文献［44］将双网络架构和递归神经网络（RNN）与强化学习结合，设计了新的参数函数来提高模型性能。该系统在路径规划的寻径效率和路径长度方面都得到了显著提升。

从这些研究成果可以看出，强化学习在路径规划中的应用前景广阔，尤其是在复杂和动态的环境下，强化学习能够通过自主学习和调整策略来不断优化路径规划，提高系统的整体性能。这些研究不仅为机器人路径规划提供了新的思路，也为自动驾驶、无人机导航等领域的应用奠定了基础。

4.5　基于强化学习的路径规划方法

本节将基于改进的软行动者-评论家（Soft Actor-Critic，SAC）算法，深入讨论强化学习在路径规划中的应用。通过结合 SAC 算法的优势，探索如何在动态和不确定环境中，通过自主学习和策略优化，实现高效的路径规划。

4.5.1 改进的 SAC 算法

4.5.1.1 SAC 算法

SAC 算法是一种基于最大熵理论的异策略（off-policy）行动者-评论家（Actor-Critic）方法。与传统的策略不同，SAC 使用行为策略生成的数据来训练目标策略，这提高了样本利用效率，加快了训练过程。该算法适用于连续的状态和动作空间，扩展了可选的动作范围。与确定性策略的强化学习算法不同，SAC 采用随机策略（stochastic policy），避免了算法过早收敛到局部最优解。此外，SAC 通过引入熵来促进探索，增强了算法的性能和鲁棒性。

熵是信息论中的基本概念，它用来衡量系统的混乱程度或不确定性。具体来说，当系统的状态越稳定时，熵值较小；当系统的随机性越大时，熵值越大。例如，在抛硬币实验中，如果每次的结果都相同（全是正面或反面），则熵值较小，表明系统的确定性较高；而当正面和反面的概率都接近 0.5 时，熵值较大，表明系统的不确定性增大。

假设随机变量 x 的概率密度函数为 P，即 $x\sim P$，那么 x 的熵 H 的计算公式为：

$$H(P)=\underset{x\sim P}{\mathbb{E}}[-\ln P(x)] \tag{4.18}$$

经典的强化学习算法学习策略时，以最大化累计奖励的期望值为目标，具体表达式如式(4.19) 所示：

$$\pi^{*}=\arg\max_{\pi} Q(s,a)=\arg\max_{\pi}\mathbb{E}\left[\sum R(s_t,a_t)\right] \tag{4.19}$$

而 SAC 算法中强化学习的目标是最大化熵正则化奖励，熵正则化奖励是累计奖励与策略熵之和。换句话说，SAC 算法是在经典的强化学习算法最大化奖励的基础上增加了策略熵。SAC 算法寻找最优策略的过程为：

$$\pi^{*}=\arg\max_{\pi}\underset{\tau\sim\pi}{\mathbb{E}}\left[\sum_{t=0}^{\infty}\gamma^{t}\{\underbrace{R(s_t,a_t,s_{t+1})}_{\text{奖励}}+\underbrace{\alpha H[\pi(\cdot\mid s_t)]\}}_{\text{熵}}\right] \tag{4.20}$$

式中，H 为策略熵；α 为熵正则化系数（熵值权重），用于调整奖励与熵值的相对大小。α 越大表示熵值占比越大，那么智能体会倾向于探索环境，从而使用不同的动作去达成目标；α 越小表示熵值所占比重越小，那么智能体会更倾向于利用原有的动作去达成目标。同理，相较于经典的强化学习算法，SAC 算法的状态价值函数 v^{π} 和状态-动作价值函数 Q^{π} 中都添加了熵的奖励，具体定义如式(4.21) 和式(4.22) 所示：

$$v^{\pi}(s)=\underset{t\sim\pi}{\mathbb{E}}\left[\sum_{t=0}^{\infty}\gamma^{t}\{R(s_t,a_t,s_{t+1})+\alpha H[\pi(\cdot\mid s_t)]\}\right] \tag{4.21}$$

$$Q^{\pi}(s,a)=\underset{t\sim\pi}{\mathbb{E}}\left\{\sum_{t=0}^{\infty}\gamma^{t}R(s_t,a_t,s_{t+1})+\alpha\sum_{t=1}^{\infty}\gamma^{t}H[\pi(\cdot\mid s_t)]\right\} \tag{4.22}$$

v^{π} 和 Q^{π} 之间的关系为：

$$v^{\pi}(s)=\underset{a\sim\pi}{\mathbb{E}}[Q^{\pi}(s,a)]+\alpha H[\pi(\cdot\mid s)] \tag{4.23}$$

贝尔曼方程的公式为：

$$\begin{aligned}Q^{\pi}(s,a)&=\underset{\substack{s'\sim P\\a'\sim\pi}}{\mathbb{E}}[R(s,a,s')+\gamma\{Q^{\pi}(s',a')+\alpha H[\pi(\cdot\mid s')]\}]\\&=\underset{s'\sim P}{\mathbb{E}}[R(s,a,s')+\gamma v^{\pi}(s')]\end{aligned} \tag{4.24}$$

至此，策略网络可以通过贝尔曼方程对策略的网络参数进行迭代得到最优策略。

SAC 算法更新过程是一种熵值权重 α 自动调整的过程，算法中包含了 2 个 Q 网络（Critic 网络）和 1 个 Actor 网络（策略网络）。下面对 Q 网络和 Actor 网络更新过程进行介绍。

（1）Q 网络更新过程

从经验池中采样经验（s_t,a_t,r_t,s_{t+1},d）对 Q 网络进行更新，Q 网络的状态-动作价值估计为：

$$Q^{\pi}(s_t,a_t)\approx r_t+\gamma[Q^{\pi}(s_{t+1},\tilde{a}_{t+1})-\alpha\ln\pi(\tilde{a}_{t+1}\mid s_{t+1})],\quad \tilde{a}_{t+1}\sim\pi(\cdot\mid s_{t+1}) \tag{4.25}$$

式中，$\tilde{a}_{t+1}$ 是由 Actor 网络对环境状态为 s_{t+1} 的预测值。SAC 使用均方损失函数作为损失，Q 网络的损失函数定义为：

$$\mathrm{Loss}(\phi_j)=\frac{1}{|B|}\sum_{(s_t,a_t,r_{t+1},s_{t+1},d)\in B}\{[Q_{\phi_j}(s_t,a_t)-Q_{\mathrm{target}}(r_t,s_{t+1},d)]^2\},\quad j=1,2 \tag{4.26}$$

式中，ϕ_j 为双 Q 网络的参数。

SAC 算法在训练 Q 网络的过程中使用了 clipped double-Q trick（裁剪双 Q 技巧），所以 Q_{target} 值为两个 Q 网络中估值较小的那个，具体定义为：

$$Q_{\mathrm{target}}(r_t,s_{t+1},d)=r_t+\gamma(1-d)\{\min_{j=1,2}[Q_{\phi_{\mathrm{target},j}}(s_{t+1},\tilde{a}_{t+1})]-\alpha\ln\pi_{\theta}(\tilde{a}_{t+1}\mid s_{t+1})\},\quad j=1,2 \tag{4.27}$$

（2）Actor 网络更新过程

SAC 使用 squashed Gaussian policy（压缩高斯策略）选择动作，具体定义为：

$$\tilde{a}_{\theta}(s,\xi)=\tanh[\mu_{\theta}(s)+\xi\times\sigma_{\theta}(s)],\quad \xi\sim\mathcal{N}(\boldsymbol{O},\boldsymbol{I}) \tag{4.28}$$

式中，θ 为 Actor 网络 π_θ 的参数；$\mu_\theta(s)$ 是 Actor 网络 π_θ 输出的动作分布的期望；$\sigma_\theta(s)$ 是 Actor 网络 π_θ 输出的动作分布的标准差；ξ 是一个服从正态分布的随机噪声。同时使用 reparameterization trick（重新参数化技巧）优化策略，使得对动作的期望变为对噪声的期望：

$$\underset{a\sim\pi_\theta}{\mathbb{E}}\left[Q^{\pi_\theta}(s,a)-\alpha\ln\pi_\theta(a\mid s)\right]=\underset{\xi\sim\mathcal{N}}{\mathbb{E}}\{Q^{\pi_\theta}[s,\tilde{a}_\theta(s,\xi)]-\alpha\ln\pi_\theta[\tilde{a}_\theta(s,\xi)\mid s]\} \tag{4.29}$$

Actor 网络 π_θ 的优化目标为：

$$L(\pi_\theta,D)=\max_\theta \underset{\substack{s\sim D\\ \xi\sim N}}{\mathbb{E}}\left(\min_{j=1,2}\{Q_{\phi_j}[s,\tilde{a}_\theta(s,\xi)]\}-\alpha\ln\pi_\theta[\tilde{a}_\theta(s,\xi)\mid s]\right) \tag{4.30}$$

式中，D 为经验回放缓冲区。

4.5.1.2 SAC-LSTM 算法

（1）LSTM 和 burn-in 网络的引用

在移动机器人路径规划中，单一的状态信息往往不足以为机器人提供足够的决策依据，因此，此处对 SAC 算法的神经网络部分进行了改进，采用了长短期记忆（LSTM）网络，使得算法具备了记忆能力，从而能够综合考虑历史状态与当前状态，以做出更为合理的决策。

图 4.15 为 SAC 算法引入 LSTM 后的网络结构图。从图中可以看出，SAC-LSTM 算法的网络结构分为两个主要部分：Actor 网络和 Critic 网络。

在 Actor 网络中，第一层是一个全连接层（FC1），它接收状态向量 $\boldsymbol{s}$ 作为输入，并通过 256 个神经元和 ReLU 激活函数进行处理，从而提取状态特征。接下来，第二层是一个 LSTM 层，包含 256 个神经元，赋予网络记忆能力，使其能够综合考虑历史和当前的状态信息。这一层的引入提高了模型在处理时序决策时的准确性和稳定性。然后，第三层是另一个全连接层（FC2），同样由 256 个神经元组成，并使用 ReLU 激活函数。这一层的作用是对 LSTM 层输出的特征进行进一步处理，为后续的动作预测提供信息。最后，输出层由 4 个神经元组成，输出的是动作的均值 μ 和标准差 σ，这两者定义了一个高斯分布 $N=(\mu,\sigma)$。通过从该分布中重采样，生成最终的动作值，并使用 tanh 激活函数将输出限定在合适的范围内。

Critic 网络的输入包括状态向量 $\boldsymbol{s}$ 和动作向量 $\boldsymbol{a}$。首先，Critic 网络的第一层与 Actor 网络相似，也是一个全连接层（FC1），接收状态向量 $\boldsymbol{s}$ 作为输入，并通过 256 个神经元和 ReLU 激活函数进行处理。接下来的 LSTM 层，也由 256 个神经元组成，主要作用是提取状态的时序特征，并结合动作特征生成更精确的值函数。第三层是一个全连接层（FC2），该层由 16 个神经元构成，负责对动作

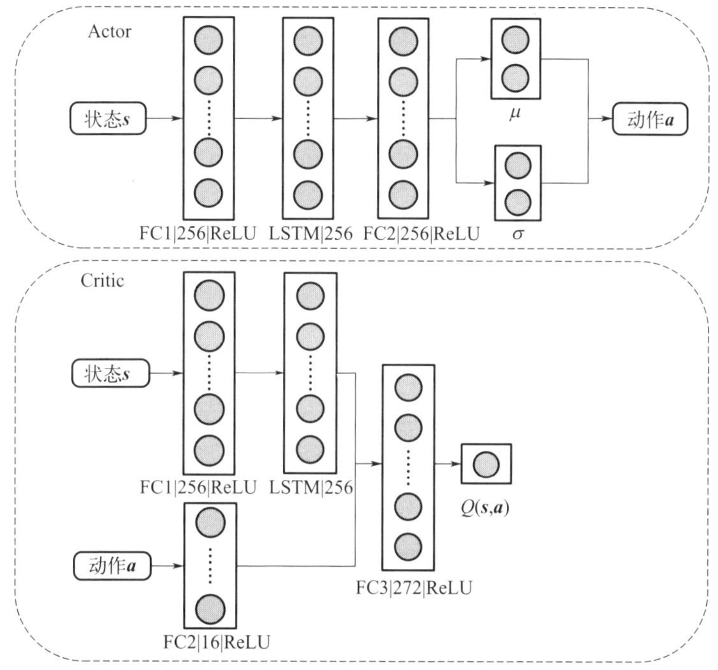

图 4.15　SAC-LSTM 神经网络结构

向量 $\boldsymbol{a}$ 进行特征提取，使用 ReLU 激活函数。第四层是另一个全连接层（FC3），其输入为 LSTM 层输出的状态特征与 FC2 层提取的动作特征拼接后的结果，包含 272 个神经元，并同样使用 ReLU 激活函数。最后，输出层由 1 个神经元构成，用于输出 Q 值，表示状态-动作对的价值。这个 Q 值用于更新 Actor 网络，从而优化策略。

LSTM 网络的训练通常需要连续的序列样本，因为 LSTM 具有记忆能力，能够有效捕捉时间序列中的长期依赖关系。然而，连续序列样本之间的强相关性往往会导致参数更新的方差增大，影响训练的稳定性。为了解决这个问题，当前的主流方法之一是采用 DRQN[45]（深度循环 Q 网络）中的乱序更新策略。具体而言，乱序更新策略的过程如下：从经验池中随机选择一个回合的经验，然后从这些回合经验中随机抽取一段定长的连续序列，作为训练的输入；每次训练前，LSTM 网络的隐藏状态都会被重置为零，这种做法可以有效避免参数更新中由于连续性强而导致的高方差问题。图 4.16 展示了乱序更新的示意图。图中，带有阴影的圆代表一个经验元组（$s_t, a_t, r_{t+1}, s_{t+1}, d$），粗线条方框则表示一个长度为 L 的序列经验，而 DRL 代表引入了 LSTM 网络的深度强化学习算法。乱序更新的优点是操作简单，且计算复杂度较低。然而，这种更新方式也存在一定的缺点。由于每次训练前都会将 LSTM 的隐藏状态重置为零，网络无法利用先前的记忆信息。这会损害 LSTM 网络的记忆能力，从而影响算法的长期性能，特别是在需要长期记忆和时序信息的任务中，可能导致学习效果不理想。

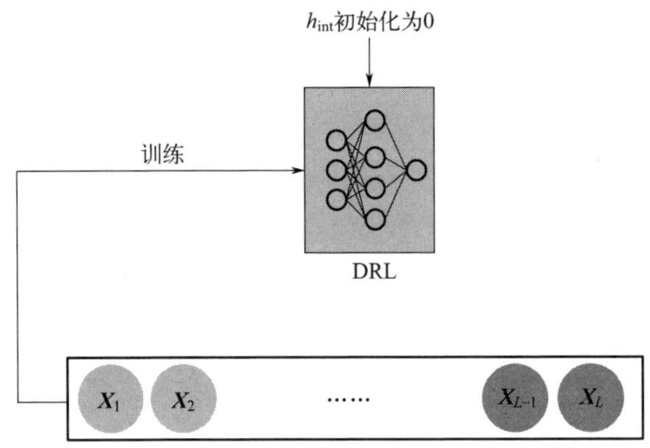

图 4.16 乱序更新方式

因此，引入 R2D2 算法中的 burn-in[46] 机制来解决 LSTM 网络在训练过程中的记忆问题。burn-in 机制是一种预热策略，即在正式训练 LSTM 网络之前，先使用一部分历史数据对 LSTM 网络的隐藏状态 h_{int} 进行初始化。这一机制的核心思想是通过先行输入一段历史数据，使 LSTM 网络的记忆状态更好地反映任务的历史信息，从而提高训练过程中的稳定性和效果。图 4.17 展示了 burn-in 机制在深度强化学习（deep reinforcement learning，DRL）中的应用示意图。在图中，粗实线方框代表一个完整的序列数据；带浅阴影的圆表示用于 burn-in 的数据部分，共有 l_b 项数据；带深阴影的圆代表用于训练的数据部分，共有 l_t 项数据。在 DRL 算法采样该序列后，前 l_b 项数据会被输入 DRL 算法中，用于更新 LSTM 的隐藏状态 h_{int}。接着，后 l_t 项数据会用于训练过程，推动算法的学习。

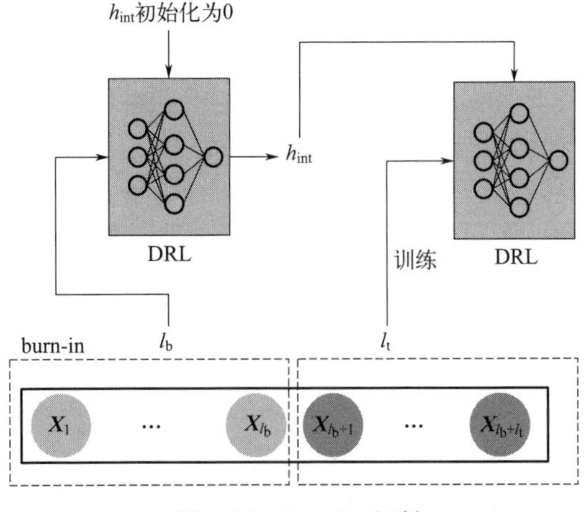

图 4.17 burn-in 机制

通过引入 burn-in 机制，LSTM 网络在训练前不再将隐藏状态置零，而是利用历史数据对隐藏状态进行初始化，这有效避免了记忆能力受损的问题。这样，LSTM 网络能够更好地捕捉历史信息，提高对时序数据的理解和决策能力，从而增强算法的性能和稳定性。

此处采用固定长度为 L 的序列 $\{(s_t, a_t, r_{t+1}, s_{t+1}, d), \cdots, (s_{t+L}, a_{t+L}, r_{t+1+L}, s_{t+1+L}, d)\}$ 作为一条完整的经验序列。在引入 burn-in 机制后，burn-in 期间的经验元组不会用于网络训练，因此，为了避免浪费经验数据，提出了一种经验存储策略，图 4.18 展示了这种经验存储的具体形式。在图中，每个小圆片代表一个经验元组 $(s_t, a_t, r_{t+1}, s_{t+1}, d)$，而相邻的两条经验序列之间共享一部分重复的经验元组。通过这种方式，经验存储不仅能有效避免因 burn-in 造成的空白数据，还能确保每一条经验序列的重用性和训练的连续性，从而提升训练效率并加速算法收敛。

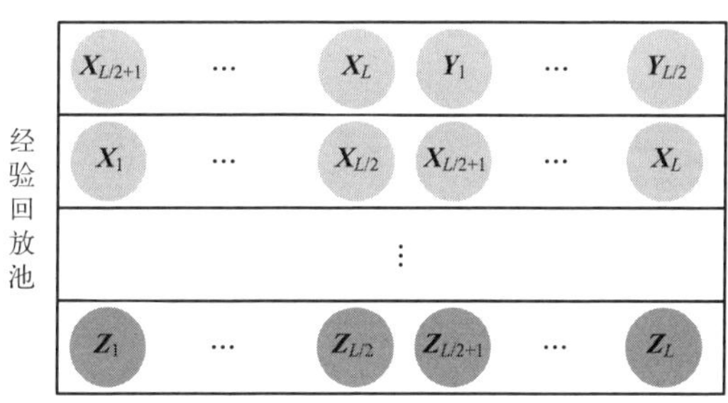

图 4.18　经验存储形式

(2) 优先经验回放机制

在基于深度强化学习的智能体训练过程中，智能体通过与环境交互来生成训练数据，这些数据以 $(s_t, a_t, r_t, s_{t+1}, d)$ 的形式存储在经验回放池中。由于这些数据是智能体在环境探索过程中获得的，因此样本通常比较稀疏，同时连续采集的样本具有较强的相关性。为了提高样本的利用效率并避免过拟合，深度强化学习算法通常会对经验回放池中的样本进行随机采样。这样不仅可以提高样本的利用效率，还能破坏样本之间的相关性，防止神经网络陷入过拟合。

然而，传统的随机采样假定所有经验样本的重要性是相同的，但实际上，不同的经验样本对算法的学习过程具有不同的重要性。例如，成功率较高或经常失败的经验往往对算法更有价值，因为它们能帮助算法更快地收敛。因此，此处提出将优先经验回放（prioritized experience replay）机制与 SAC 算法相结合，让智能体能够根据经验样本的重要性进行采样。通过对高价值样本进行更频繁的采样，能够加速算法的收敛过程。

在强化学习中，TD 误差常用于衡量样本的重要性。TD 误差的值越大，表示该样本对算法的学习过程越重要。因此，算法优先学习那些 TD 误差较大的经验，从而加快学习速度。在优先经验回放的 DQN 算法中，TD 误差被定义为当前 Q 值与目标 Q 值之间的差值 δ_t，具体公式为：

$$\delta_t = r(s_t, a_t) + \gamma Q_{\text{target}}(s_{t+1}, \tilde{a}_{t+1}) - Q(s_t, a_t) \tag{4.31}$$

式中，Q_{target}、Q 分别是目标 Q 网络和当前 Q 网络。与 DQN 算法不同的是，SAC 算法中包含两个 Q 网络，所以此处将一个经验元组（$s_t, a_t, r_t, s_{t+1}, d$）的 TD 误差绝对值 $|\delta_t|$ 定义为两个 Q 网络的 TD 误差的绝对值的均值，具体定义为：

$$|\delta_t| = \frac{1}{2}\sum_{j=1}^{2} |Q_{\phi_j}(s_t, a_t) - Q_{\text{target}}(r_t, s_{t+1}, d)| \tag{4.32}$$

由于引入 LSTM 网络后，经验的存储形式已变为如图 4.18 所示的形式，且结合 burn-in 机制，因此将经验样本 $\{(s_t, a_t, r_{t+1}, s_{t+1}, d), \cdots, (s_{t+L}, a_{t+L}, r_{t+1+L}, s_{t+1+L}, d)\}$ 的 TD 误差定义为后 l_{t} 项经验元组的 TD 误差绝对值，具体定义为：

$$\delta = \frac{1}{l_{\text{t}}}\sum_{t=l_{\text{b}}+1}^{l_{\text{b}}+l_{\text{t}}} |\delta(s_t, a_t, r_t, s_{t+1}, d)| \tag{4.33}$$

式中，l_{t}、l_{b} 分别为每条经验中用于训练的数据长度和用于预热 LSTM 网络（即 burn-in）的数据长度。经验样本采样的概率为：

$$P(i) = \frac{p_i^{\alpha}}{\sum_k p_k^{\alpha}}, \quad \alpha \in [0,1] \tag{4.34}$$

式中，α 是优先级调控系数，当 α 为 0 时，采样方式就会退化成均匀采样；p_i 是以 TD 误差为标准的优先级指标。优先级指标基于比例优先的方式，定义为：

$$p_i = |\delta_i| + \varepsilon \tag{4.35}$$

式中，ε 通常为一个很小的正数，目的是保证 TD 误差值为 0 的经验样本也能被抽取到。但是由于算法优先考虑更新 TD 误差值较大的样本，会改变训练样本的概率分布。这样的做法可能会导致偏差，甚至可能会导致神经网络无法收敛。因此需要引入重要性采样调整样本的学习速率，具体定义为：

$$w_i = \left(\frac{1}{N} \times \frac{1}{P(i)}\right)^{\beta} \tag{4.36}$$

式中，N 为经验回放池的容量；β 为一个超参数，取值在 0～1 之间。按上述方式对经验的重要程度进行区分，能够提高算法的学习效率。

此处在 SAC 算法的基础上引入了 LSTM 神经网络、burn-in 机制以及优先经验回放机制，提出了一种改进的 SAC-LSTM 算法。该算法的工作流程如下：首先，智能体通过与环境的交互生成经验元组（$s_t, a_t, r_t, s_{t+1}, d$），这些经验元组按照图 4.18 所示的方式存储在经验回放池中；接着，算法通过优先经验回放机制从回放池中进行采样，同时利用 burn-in 机制对 LSTM 网络的隐藏状态进行初始化，从而提高训练效果；最终，智能体使用这些经验进行训练，优化策略和价值网络。具体的流程如图 4.19 所示。

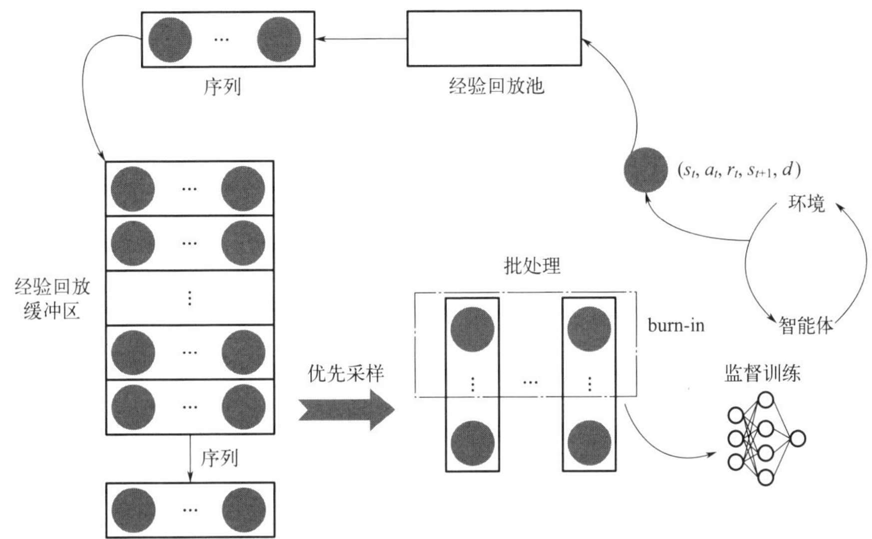

图 4.19　SAC-LSTM 算法流程图

4.5.2　移动机器人路径规划设计

4.5.2.1　路径规划框架总图

移动机器人路径规划的目标是为机器人规划一条从起点到终点的最优路径，要求在避开障碍物的同时，最小化移动成本并尽可能快速地到达目的地。深度强化学习（DRL）算法则通过智能体与环境的交互学习策略，以最大化智能体的长期回报。将深度强化学习应用于移动机器人路径规划任务，实际上是将路径规划问题转化为一个强化学习问题，其中机器人通过不断尝试不同的动作与环境交互，学习出一条能够有效、快速到达目标点的最优策略。在此过程中，环境与智能体的交互必须遵循马尔可夫决策过程（MDP）模型，这要求对状态空间、动作空间以及奖励函数进行定义。在 MDP 模型下，智能体根据当前状态选择适当的动作，并根据所选动作和环境反馈的奖励信息更新策略，以实现任务目标。

本小节将 SAC-LSTM 算法应用于移动机器人路径规划任务，通过强化学习的框架使得机器人能够在动态环境中根据状态信息做出决策并规划路径。由于更好地整合了 LSTM 的记忆能力，SAC-LSTM 不仅可以处理当前的状态，还能够根据历史状态做出更合理的决策。

图 4.20 展示了应用 SAC-LSTM 算法的移动机器人路径规划框架。智能体在与环境的交互中，利用强化学习学习到的策略来选择动作，从而生成从起点到终点的最优路径。

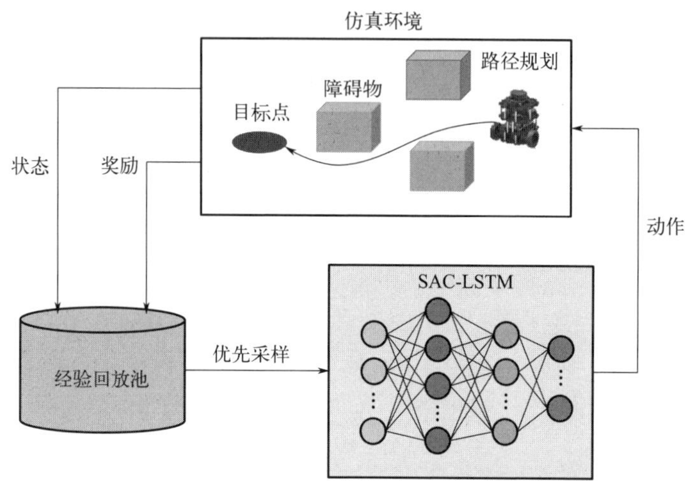

图 4.20　SAC-LSTM 算法在移动机器人路径规划中的应用框架

在此框架中，SAC-LSTM 算法通过结合历史状态和当前状态来选择一个合适的动作，从而指导移动机器人在环境中执行该动作。每当机器人执行动作并与环境交互后，它会根据所选动作的结果获得一个奖励值和新的状态值。此时，算法会根据新的经验进行策略更新，以更好地应对未来的决策。

在训练过程中，SAC-LSTM 算法引入了优先经验回放机制，这使得算法能够根据经验样本的优先级进行采样。具体来说，优先经验回放机制通过计算 TD 误差（时间差分误差）来衡量每个经验样本的重要性。TD 误差较大的样本表明这些样本在学习过程中具有较高的价值，因此它们会被更频繁地采样，从而加快算法的收敛速度。

此外，结合 burn-in 机制，SAC-LSTM 算法在训练前对 LSTM 网络的隐藏状态进行初始化，从而避免了将 LSTM 网络的隐藏状态置零所导致的记忆能力丧失。通过 burn-in 机制，算法能够更好地利用历史经验，增强网络的记忆能力，进一步提升训练效果。

最终，经过多次与环境的交互，SAC-LSTM 算法会逐渐学习到一个能够使移动机器人快速、稳定地到达目标点的最优路径规划策略。通过这种方式，智能体能够在复杂和动态的环境中做出高效的决策，从而实现路径规划任务。

4.5.2.2　状态空间和动态空间的设计

状态空间是智能体与环境交互的基础，它定义了智能体所能感知到的环境信息。在移动机器人路径规划任务中，合理的状态空间设计至关重要，因为它直接影响智能体选择动作的能力，从而决定了路径规划的效果。为了使机器人能够从起点到达目标点并避开障碍物，状态空间需要包含传感器感知的环境信息以及目标点的位置。

本实验中，所使用的移动机器人配备了激光雷达作为传感器，雷达能够感知周围环境的障碍物。激光雷达的检测范围为［0°,360°］，并且提供了 360 维的检测数据。为了避免数据维度过大导致的计算复杂度问题，同时保证能够有效地获取环境信息，此处对雷达的检测范围进行了调整，将其设置为［−90°,90°］，即仅考虑机器人前方及其左右 90°范围内的环境信息。此外，雷达的检测距离被限制在［0.1m,3.5m］之间，以确保采集到的数据在合理范围内。

在这种设置下，雷达所采集的数据被降维到 20 个维度，每个维度代表从机器人当前位置到环境中某个角度的障碍物的距离，如图 4.21 所示。该 20 维的激光雷达数据（scan）与目标点的位置一起构成了机器人路径规划的状态空间。通过将这些感知数据与目标点的位置信息相结合，SAC-LSTM 算法能够在训练过程中学习如何选择最优的动作，使机器人能够在复杂环境中避开障碍并快速到达目标点。

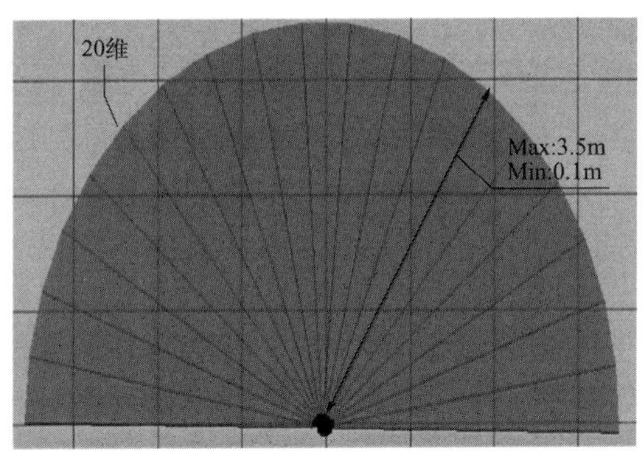

图 4.21　移动机器人雷达扫描范围

为了快速到达目标点，我们应该指导机器人如何朝着目标点方向前进，因此此处选择以差角 $\mathrm{Rad}^{t}_{\mathrm{diff\_angle}}$（移动机器人正面朝向与目标点之间的夹角）和机器人与目标点之间的距离 dis_t 为状态，如图 4.22 所示。通过移动机器人的里程计我们可以获得移动机器人的坐标为（x^{t}_{robot}，y^{t}_{robot}），目标点坐标为（x_{goal}，y_{goal}），那么就可以计算出机器人与目标点之间的距离 dis_t：

$$\mathrm{dis}_t=\sqrt{(x_{\mathrm{goal}}-x^{t}_{\mathrm{robot}})^2+(y_{\mathrm{goal}}-y^{t}_{\mathrm{robot}})^2} \tag{4.37}$$

航向角 yaw 的可以通过里程计获得，但获得之后的数据并不能直接使用，要先将其转化成欧拉角 euler：

$$yaw_t = euler_{from_{quaternion(orientation)}} \tag{4.38}$$

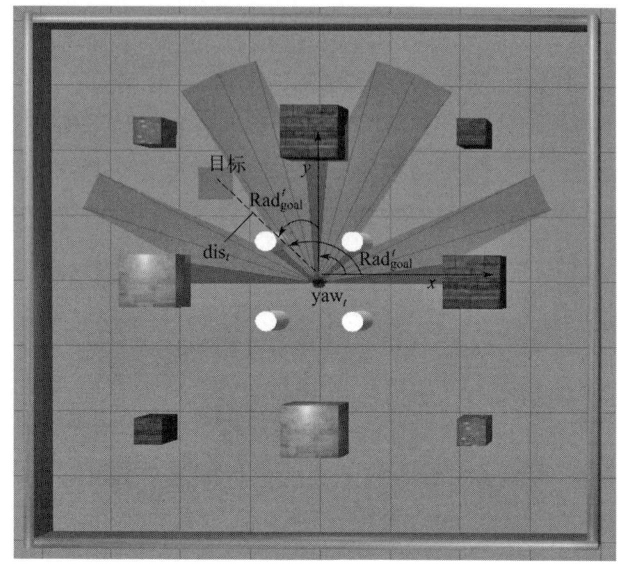

图 4.22　移动机器人状态示意图

移动机器人与目标点的夹角 Rad^t_{goal} 可以通过反正切函数得到：

$$Rad^t_{goal} = \arctan2(x_{goal} - x^t_{robot}, y_{goal} - x^t_{robot}) \tag{4.39}$$

差角为目标点夹角与航向角的差值：

$$Rad^t_{diff\_angle} = Rad^t_{goal} - yaw_t \tag{4.40}$$

此外，还将移动机器人上一时刻的线速度、角速度（ν_{t-1}, ω_{t-1}）添加到状态中，以便于环境给予的奖励与移动机器人的动作对应。综上，我们将移动机器人的状态空间设置为 20 维的雷达检测数据、移动机器人上一时刻的线速度、角速度、差角、目标点和移动机器人之间的距离：

$$\boldsymbol{S}_t = [scan_t, \nu_{t-1}, \omega_{t-1}, Rad^t_{diff\_angle}, dis_t] \tag{4.41}$$

之前的许多深度强化学习算法通常采用离散化的动作空间，将移动机器人的线速度和角速度划分为若干个离散的量级。虽然这种方式在实现上相对简单，但它并未考虑到移动机器人实际输出的动作是连续的，这与现实环境存在一定的差距。因此，本小节提出的网络模型采用了连续的动作空间，使得仿真更贴近实际情况。

在这种模型中，网络输出的是连续的线速度和角速度。线速度 ν_t 的取值范围为 [0,0.22]（m/s），角速度的取值范围为 [−2,2]（rad/s）。其中，线速度表示机器人沿前进方向的运动速度，而角速度则表示机器人的转动速率。当角速度大于零时，机器人会朝顺时针方向转动；当角速度小于零时，机器人则会朝逆时针方向转动。

采用连续的动作空间使得算法能够更加灵活地调整机器人在环境中的运动。通过这种方式，机器人能够根据实时的环境反馈做出更加精准的动作决策，从而提高路径规划的效率和准确性。与离散化动作相比，连续动作空间能够更好地模拟机器人在实际操作中的表现，增强了算法在复杂环境中的适应性。

4.5.2.3　奖励函数设计

奖励函数在深度强化学习中起着重要的指挥作用，它是评估智能体所采取行动的基准。奖励函数类似于传统路径规划任务中的约束条件，它能够告诉智能体在当前状态下什么样的行为应当避免，什么样的行为是较好的。此处设置的奖励函数是由两部分奖励函数之和组成：

$$R_{total}=R_a+R_b \tag{4.42}$$

R_a、R_b 的具体表达式为：

$$R_a=\begin{cases} r_a, & d_t<d_o \\ r_c, & d_{s\_min}^t<d_{min} \\ \eta_1(d_{t-1}-d_t)+\eta_2(\pi-|\varphi|), & \text{其他} \end{cases} \tag{4.43}$$

$$R_b=\begin{cases} \eta_3(d_{s\_min}^t-d_{max}), & d_{max}>d_{s\_min}^t>d_{min} \\ 0, & \text{其他} \end{cases} \tag{4.44}$$

式中，r_a 和 r_c 为正值和负值奖励；d_o 表示到达目标点距离的阈值；d_{min} 表示与周围物体发生碰撞的阈值；d_{max} 是设定的安全距离阈值；d_t 是当前时刻移动机器人与目标点之间的距离；d_{t-1} 是上一时刻移动机器人与目标点之间的距离；$d_{s\_min}^t$ 表示当前时刻雷达扫描的最小距离；φ 是航向角；η_1、η_2、η_3 是奖励因子。

此处将移动机器人到达指定目标点或与障碍物发生碰撞的情况设计成稀疏奖励，其他情况则设计为密集奖励，这种设计方式能够确保算法在训练过程中的稳定性。

(1) 稀疏奖励

稀疏奖励设置较为简单，包括移动机器人到达目标点或与障碍物发生碰撞后所获得的一个即时奖励。当移动机器人与目标点之间的距离小于阈值 d_o，当作已抵达目标点，那么移动机器人会获得一个正值奖励 r_a；当移动机器人与障碍物之间的距离小于阈值 d_{min}，当作已发生碰撞，那么移动机器人会获得一个负值奖励 r_c。

(2) 密集奖励

密集奖励包括移动机器人的距离奖励、朝向角奖励和安全奖励。$\eta_1(d_{t-1}-d_t)$ 是距离奖励，可以看出，当移动机器人向目标点移动的速度越快，奖励越大；反之，速度越慢，奖励越小。$\eta_2(\pi-|\varphi|)$ 为朝向角奖励，当移动机器人直

面目标点时，φ 取最小值为 0，奖励最大；反之，当移动机器人背向目标点时，φ 取最大值为 π，奖励最小。距离奖励与朝向角奖励之和 $\eta_1(d_{t-1}-d_t)+\eta_2(\pi-|\varphi|)$ 的目的是让移动机器人能够快速地抵达目标点。$\eta_3(d^t_{s\_min}-d_{max})$ 为安全奖励，当移动机器人与障碍物之间的距离小于设定的阈值 d_{max} 时，将会获得一个负奖励，并且距离越近，获得的负奖励越大。安全奖励的目的是让移动机器人在路径规划过程中与障碍物保持一个安全距离。

综上所述，奖励函数的伪代码如表 4.5 所示。

表 4.5　奖励函数伪代码

奖励函数伪代码：
输入：初始化的奖励因子η_1、η_2、η_3，条件d_o、d_{min}、d_{max}和智能体的动作a_t
输出：奖励值r
Begin
智能体执行动作 a_t
计算密集奖励(距离奖励、朝向角奖励)$r=\eta_1(d_{t-1}-d_t)+\eta_2(\pi-\|\varphi\|)$
If　与障碍物之间为危险距离，即$d_{max}>d^t_{s_min}>d_{min}$：
$r+=\eta_3(d^t_{s\_min}-d_{max})$
Elif　抵达目标点，即 $d_t<d_o$：
$r+=r_a$
Elif　与障碍物发生碰撞，即$d^t_{s_min}<d_{min}$：
$r+=r_c$
End if
返回奖励值r
End

4.5.3 移动机器人仿真环境设计

4.5.3.1 仿真环境的搭建

此处使用 Gazebo 软件对实验场景进行搭建，根据移动机器人在室内环境进行路径规划的需求，搭建了如图 4.23 所示的三个实验环境以测试算法的性能。三个环境分别为无障碍物环境、静态障碍物环境和动态障碍物环境，三个环境的面积都为 8m×8m。无障碍物环境周围仅有四面墙壁；静态障碍物环境则在其基础上增加了四个 $d=0.3\text{m}$、$h=0.5\text{m}$ 的圆柱体，四个 0.5m×0.5m×0.5m 的正方体和四个 0.8m×0.8m×0.8m 的大正方体，这些障碍物都是静止的；在动态障碍物环境中，四个小圆柱体绕坐标原点即环境的中心点以 0.5rad/s 的速度匀速逆时针旋转，同时四个大正方体绕坐标原点以 0.5rad/s 的速度顺时针旋转，四个小正方体为静止的障碍物。

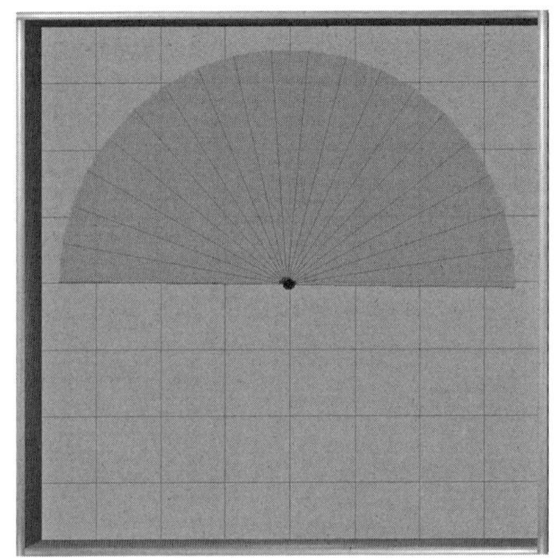
(a) 无障碍物环境

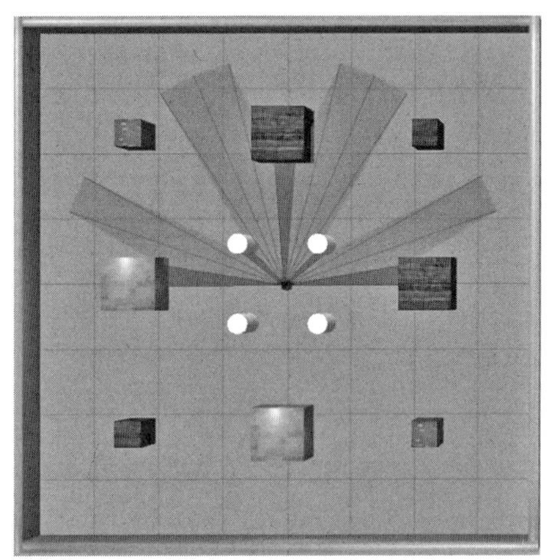
(b) 静态障碍物环境

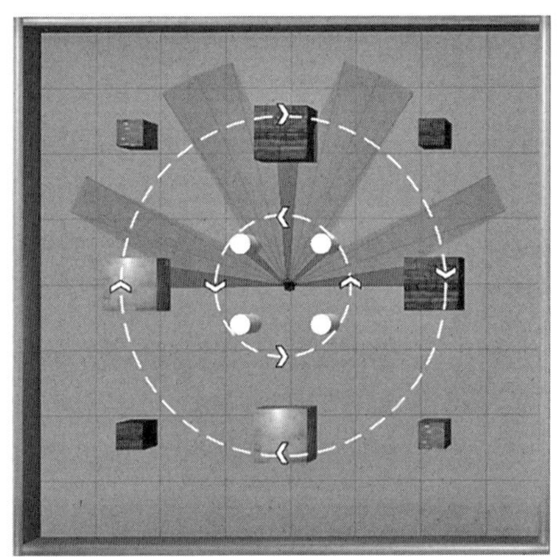
(c) 动态障碍物环境

图 4.23　实验场景

与深度学习需要制作数据集去训练神经网络不同，深度强化学习是通过智能体与环境交互获取训练所需数据。在 Gazebo 搭建的 3D 实验环境中，获取数据这个过程会消耗大量的时间和计算机资源，所以此处选择加速实验场景的时间用以缩短训练的时长。在 Gazebo 中 real_time_update_rate 的默认值是 1000，max_step_size 的默认值是 0.001，将两者相乘，得到仿真时间与真实时间的比值为默认值 1。为了提升仿真的速度，一般修改实验环境的 worlds 文件中的 max_step_size 的值，此处将其值修改成 0.05，这样可以使仿真速度提升 5 倍。详细代码请参见表 4.6。

表 4.6 仿真环境时间加速代码

仿真环境时间加速代码：

```
<physics type='ode'>
<max_step_size> 0.001</max_step_size>
<--<real_time_factor> 1</real_time_factor> -->
<--<real_time_update_rate> 1000</real_time_update_rate> -->
<gravity> 0 0-9.8</gravity>
</physics>
```

4.5.3.2 路径规划实验及结果分析

实验中将对比 SAC 算法和改进的 SAC-LSTM 算法，分析和总结它们在不同场景下的表现。

实验环境采用了 Ubuntu 18.04 操作系统，结合 CUDA 10.1、PyTorch 3.7 以及 ROS Kinetic 开发平台。硬件配置方面，使用了配备 AMD R7 5800H 处理器和 GeForce GTX 3060 显卡（6GB 显存）的计算机。具体的实验参数设置可参见表 4.7。为了更好地理解 SAC-LSTM 算法在路径规划中的实际运行过程，图 4.24 展示了在实验过程中，SAC-LSTM 算法在计算图中的各节点运行状态。图中清晰地标示了各个节点之间的消息传递关系，帮助我们更直观地理解算法在路径规划任务中的信息流动。

表 4.7 移动机器人实验参数设计表

参数名称	参数赋值
折扣因子 γ	0.99
学习率 l_r	0.001
目标网络延迟更新 τ	0.001
优先级系数 α	0.6
修正误差参数 β	0.4
SAC 经验池容量	20000
SAC-LSTM 经验池容量	5000
SAC 批尺寸	512
SAC-LSTM 批尺寸	32
“burn-in”预热长度 l_b	16
训练长度 l_t	16

续表

参数名称	参数赋值
最大步数	500
优化器	Adam
奖励因子η_1	4
奖励因子η_2	0.1
奖励因子η_3	−3
到达目标点获取奖励r_a	100
与障碍物碰撞奖励r_c	−50
障碍物的最小距离阈值d_{min}	0.15
目标最小距离阈值d_o	0.15
安全距离阈值d_{max}	0.3

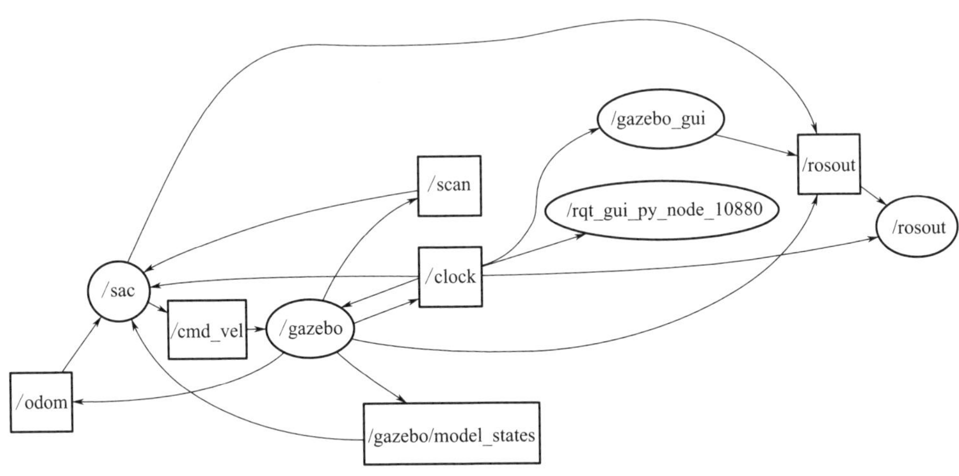

图 4.24 节点运行状态图

图 4.24 中的椭圆表示节点，长方形表示话题，箭头的指向代表该节点是否发布或订阅话题。路径规划算法节点/sac 通过订阅由节点/gazebo 所发布的里程计数据话题/odom、模型状态话题/gazebo/model_states、时间话题/clock 和传感器信息话题/scan，能够获取周围的环境信息和移动机器人位姿状态信息，再通过对节点/gazebo 发布/cmd_vel 话题，从而控制移动机器人的动作，实现了路径规划算法与环境的交互。

(1) 无障碍物实验

此处采用平均奖励作为算法的评价指标，其值越大，说明算法的性能越好。平均奖励的计算公式为：

$$\text{reward}=\frac{\sum_{i=1}^{T} r}{T} \tag{4.45}$$

在实验中，T 表示每个回合内智能体所走的步数，$T=\min(\text{max\_step}, T)$；$r$ 表示单步的奖励值。在前文中已经介绍了移动机器人的训练流程，机器人从起始位置（0,0）出发，目标位置是随机生成的。在一个回合内，当机器人成功到达目标点后，环境会重新生成一个新的目标点，这意味着在一个回合内，机器人可能会多次到达目标点。

为了比较 SAC 算法和 SAC-LSTM 算法的表现，我们将这两种算法按照预设参数在如图 4.23(a) 所示的无障碍物环境中进行了 1000 回合的训练。在训练过程中，智能体的表现通过平均奖励曲线进行跟踪，如图 4.25 所示。在实验的初期阶段，由于机器人刚开始与环境进行交互，且往往因为缺乏经验导致它经常会原地转圈或远离目标点，因此在前 10 回合内，两种算法的平均奖励都出现了下降的趋势。这一现象说明机器人在初期学习过程中很难采取有效的路径规划策略。

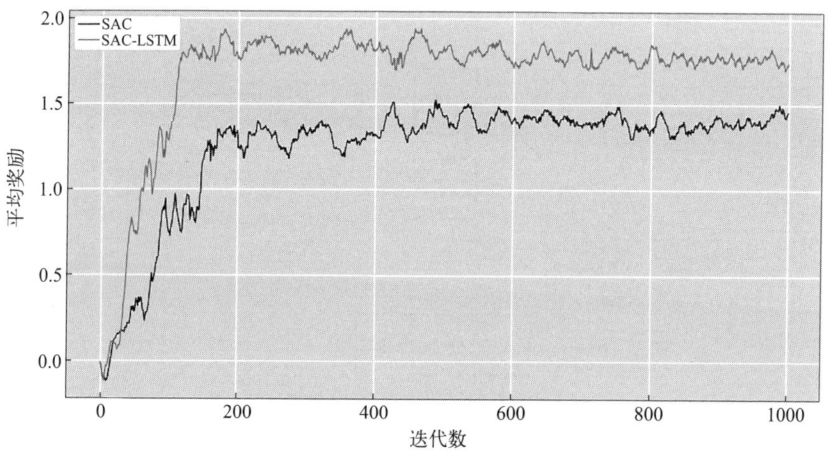

图 4.25　无障碍物场景下实验平均奖励曲线

然而，随着训练的推进，SAC 和 SAC-LSTM 算法都开始逐渐收敛。在第 10 回合之后，平均奖励值出现了显著的提升。SAC-LSTM 算法在第 130 回合时便达到了奖励峰值，并完成了收敛，而 SAC 算法则是在第 180 回合时达到了奖励峰值并最终收敛。尽管两种算法都在无障碍物场景中能够顺利完成任务，SAC-LSTM 算法的收敛速度明显快于 SAC 算法。此外，SAC-LSTM 算法的收敛后平均奖励值也显著高于 SAC 算法。这表明 SAC-LSTM 算法在路径规划过程中能够更频繁地到达目标点，且能有效避免无效的路径选择，表现出更高的路径规划性能。

从实验结果来看，SAC-LSTM 算法不仅在收敛速度上优于 SAC 算法，而且在最终的路径规划精度上也表现得更为出色。这表明，在复杂环境下，SAC-LSTM 算法能够通过引入 LSTM 神经网络来更好地处理历史信息，从而在每个回合内采取更高效的路径规划策略。因此，SAC-LSTM 算法在实际应用中能够更快速地学习到从起点到终点的最优路径，展现出了更强的适应性和更高的性能。

为了进一步验证 SAC 算法与 SAC-LSTM 算法在路径规划中的性能，在无障碍物环境（场景）下对两种算法进行了 200 次独立测试。每次测试中，目标点的位置都是随机生成的，从而模拟了不同的环境配置。测试结果如表 4.8 所示。通过对比可以发现，SAC 算法的路径规划成功率为 97%，即在 200 次测试中，SAC 算法成功找到有效路径并到达目标点的次数为 194 次。而 SAC-LSTM 算法则表现得更加优异，成功率达到了 100%。这意味着在 200 次测试中，SAC-LSTM 算法都成功完成了路径规划任务，找到了从起点到目标点的有效路径。

表 4.8　无障碍物场景下实验结果

算法名称	成功率
SAC	194/200=97%
SAC-LSTM	200/200=100%

这种显著的差异表明，SAC-LSTM 算法在处理路径规划任务时，相较于传统的 SAC 算法，更能有效地处理复杂的环境因素和动态变化。SAC-LSTM 通过引入 LSTM 神经网络，能够记住历史状态信息，并结合当前状态做出更加精确的决策，避免了因忽略历史信息而可能导致的路径规划失败。尤其是在目标点位置随机生成的情况下，SAC-LSTM 算法的优越性得到了更充分的体现，表明它在应对不同环境配置时具备更强的适应性和更高的可靠性。这些实验结果进一步证明了 SAC-LSTM 算法的有效性，尤其在无障碍物环境下，它展现出了接近完美的性能，能够高效且稳定地完成路径规划任务。

图 4.26 展示了当 SAC-LSTM 算法在无障碍物环境下进行路径规划时，移动机器人从起点驶向目标点的运动过程。图中的黑点是移动机器人，扇形代表雷达扫描的范围，小方块就是目标点位置。可以看到，移动机器人在无障碍物环境中从起点出发，以最优路径准确地到达目标点。

(2) 静态障碍物实验

为了进一步评估 SAC-LSTM 和 SAC 算法在有障碍物环境中的路径规划能力，在如图 4.23(b) 所示的静态障碍物环境中进行了 1000 回合的训练实验。与无障碍物环境相比，静态障碍物环境明显更加复杂和挑战性更大。在这种环境中，机器人需要探索更为复杂的路径以避免碰撞，从而有效地到达目标点。因

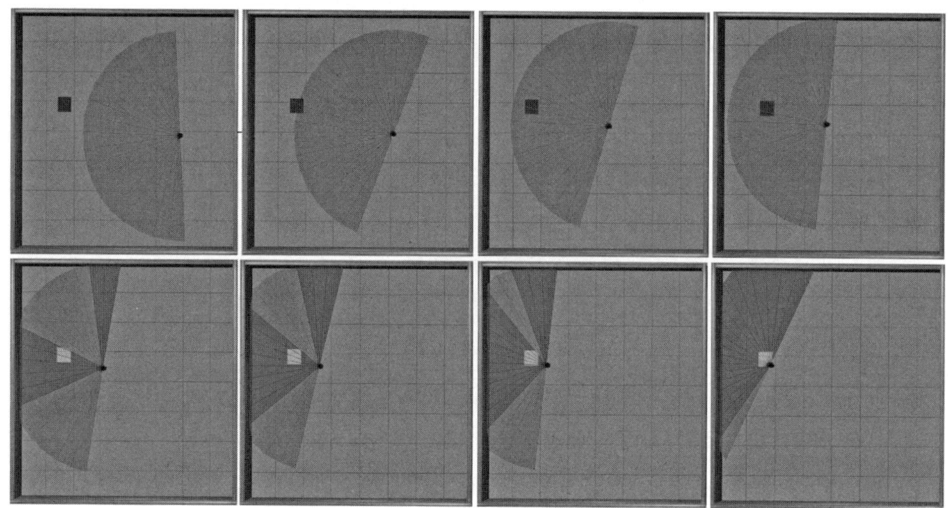

图 4.26 移动机器人在无障碍物环境中驶向目标点过程

此，算法需要花费更多的时间来探索环境并逐步收敛。

从图 4.27 实验结果看，SAC-LSTM 算法在 20 回合后便开始了收敛过程，并且在整个收敛过程中，其平均奖励值始终高于 SAC 算法，在第 380 回合完成了收敛。而 SAC 算法的收敛过程明显较为缓慢，虽然在 30 回合后奖励波动开始减小并进入收敛阶段，但直到 500 回合时，SAC 算法才完成路径规划的优化，达到较为稳定的状态。相比之下，SAC-LSTM 算法通过引入 LSTM 神经网络的记忆能力，能够更快速地适应环境中的动态变化，尤其是在复杂的障碍物环境中，能够更高效地规避障碍并找到最优路径。

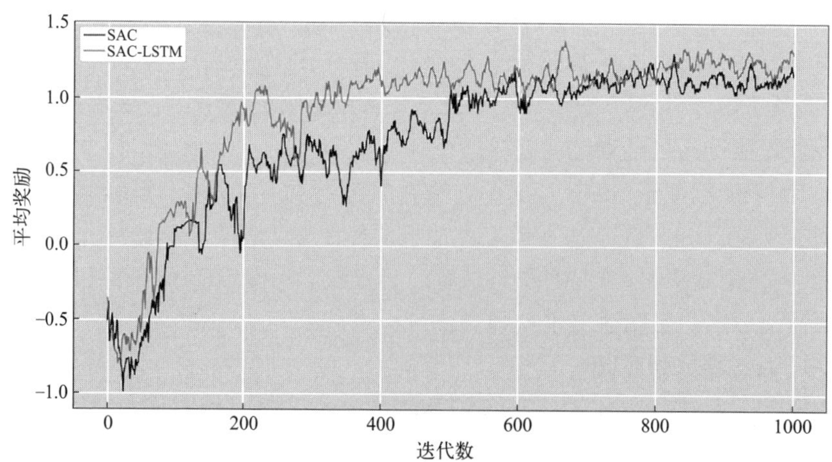

图 4.27 静态障碍物场景下实验平均奖励曲线

最终，SAC-LSTM 算法收敛后的平均奖励值也明显高于 SAC 算法，这说明 SAC-LSTM 在静态障碍物环境中不仅能够更快地收敛，而且在整个训练过程中表现出更优的路径规划性能。总体来看，SAC-LSTM 算法在静态障碍物环境中的表现优于传统的 SAC 算法，展示了其在复杂环境中的强大适应性和优秀的路径规划能力。

在静态障碍物环境中，为了进一步验证 SAC 和 SAC-LSTM 算法的路径规划能力，对两种算法进行了 200 次测试。每次测试中，目标点都是随机生成的，旨在模拟不同的环境条件和挑战。测试结果如表 4.9 所示。

表 4.9 静态障碍物场景下实验结果

算法名称	成功率
SAC	183/200=91.5%
SAC-LSTM	193/200=96.5%

从测试结果来看，SAC 算法在静态障碍物环境中的路径规划成功率为 91.5%。这一结果表明，虽然 SAC 算法在大多数情况下能够成功规划出路径，但在面对障碍物较多的环境时，它仍然存在一定的失败概率，尤其是在需要避开多个障碍物的复杂场景中，算法可能由于局部最优问题或探索不足，无法及时避开障碍物或选择最佳路径，从而影响成功率。相比之下，SAC-LSTM 算法的成功率显著更高，达到了 96.5%。这一结果表明，SAC-LSTM 算法通过引入 LSTM 神经网络的记忆机制，能够在面对复杂和动态的障碍物环境时更好地处理历史信息，从而有效避免碰撞并成功找到通往目标的路径。LSTM 的记忆能力使得算法能够对环境的变化做出更快速的反应，并在规划路径时考虑到之前的经验，这有助于提高算法在静态障碍物环境中的成功率。

综合来看，SAC-LSTM 算法相较于传统的 SAC 算法，在静态障碍物环境中展现出了更高的稳定性和更强的路径规划能力，能够有效提高机器人在复杂环境中的任务完成率。这也证明了 LSTM 网络在强化学习任务中的优势，特别是在处理具有复杂结构和时序依赖的路径规划问题时，能显著提升算法的性能。

图 4.28 展示了 SAC-LSTM 算法在静态障碍物环境下进行路径规划时，移动机器人从起点驶向目标点的运动过程。可以看出，移动机器人避开环境中的障碍物，并以最优路径抵达目标点。

(3) 动态障碍物实验

实际生活中，移动机器人在路径规划过程中难免会遇到动态障碍物。因此搭建了如图 4.23(c) 所示的动态障碍物环境，以贴近实际的路径规划场景。在动态障碍物场景中对 SAC 与 SAC-LSTM 算法进行 1000 回合训练，训练结果如图 4.29 所示。

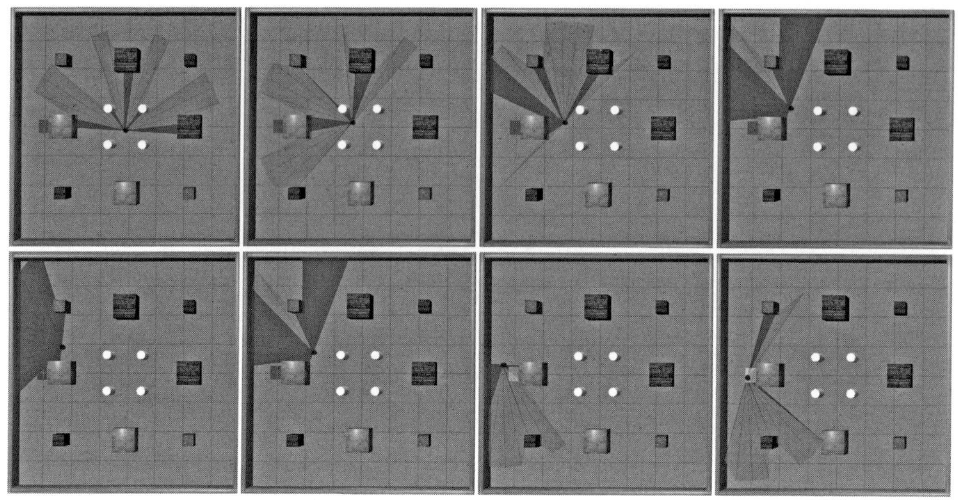

图 4.28 移动机器人在静态障碍物环境中向目标点移动过程

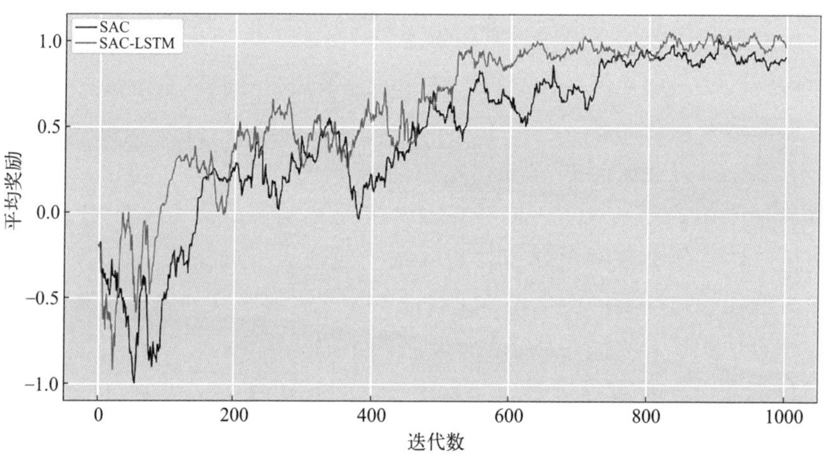

图 4.29 动态障碍物场景下实验平均奖励曲线

从图 4.29 中可以观察到，在动态障碍物环境下，由于障碍物的运动状态不断变化，路径规划的任务变得更加复杂。因此，SAC 和 SAC-LSTM 算法在训练过程中呈现出较大的波动。具体来说，SAC-LSTM 算法在经过约 75 回合的波动后开始逐渐收敛，并在第 510 回合完成了收敛过程。而 SAC 算法则在第 95 回合左右开始收敛，但直到第 710 回合才相对稳定。显然，SAC-LSTM 算法的收敛速度较 SAC 算法更快，这说明 LSTM 网络的引入有效地增强了算法处理动态障碍物环境变化的能力。此外，尽管两种算法最终都收敛了，但 SAC-LSTM 算法收敛后的平均奖励略高于 SAC 算法，进一步验证了其在动态障碍物环境中的优势。

为了进一步验证 SAC-LSTM 和 SAC 算法在动态障碍物环境中的路径规划能力，对两种算法进行了 200 次测试。每次测试中的目标点都是随机生成的，旨在模拟机器人在复杂动态障碍物环境下的路径规划任务。测试结果如表 4.10 所示。从测试结果来看，SAC 算法在动态障碍物环境中的成功率为 78.5%，这一成功率较低，表明在动态障碍物环境中，SAC 算法由于无法及时应对障碍物的运动，因此在一定比例的测试中未能成功规划出有效路径。相比之下，SAC-LSTM 算法在同样的测试环境中表现更加优越，成功率达到了 89%。这一结果表明，SAC-LSTM 算法通过结合 LSTM 网络对历史状态的记忆和处理，在面对动态障碍物时能够更好地应对环境变化，避免了因障碍物移动而导致的路径规划失败。LSTM 的引入增强了算法的时间感知能力，使得智能体能够更加精确地预测障碍物的运动轨迹，从而有效避开障碍物并成功到达目标。

表 4.10 动态障碍物场景下实验结果

算法名称	成功率
SAC	157/200=78.5%
SAC-LSTM	178/200=89%

综上所述，SAC-LSTM 算法在动态障碍物环境中的表现明显优于 SAC 算法，具有更快的收敛速度和更高的路径规划成功率。这表明，SAC-LSTM 算法在处理复杂环境中的动态变化时，具有较强的适应能力和更好的路径规划效果。

图 4.30 为 SAC-LSTM 算法应用于路径规划任务时，移动机器人在动态障碍物环境中的移动过程。可以看出，移动机器人能够避开动态障碍物，以最优路径抵达目标点。

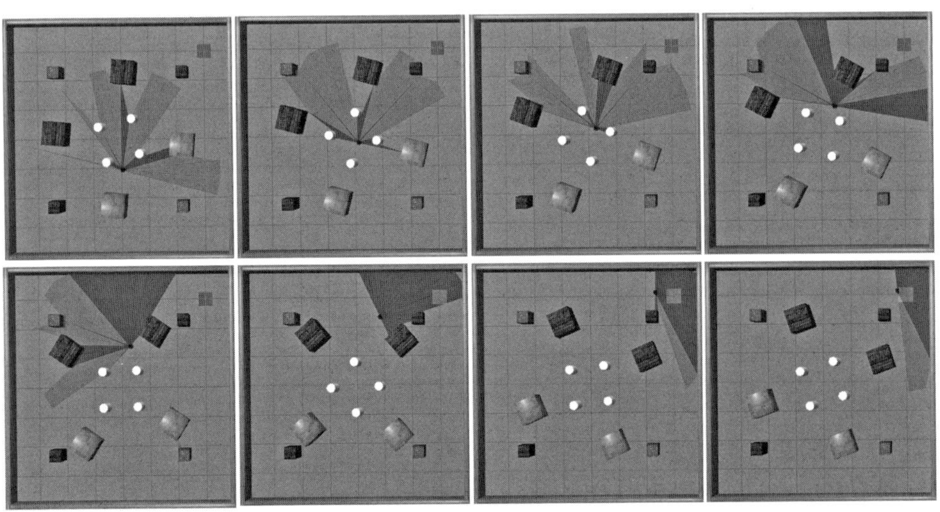

图 4.30 移动机器人在动态障碍物环境中驶向目标点过程

在动态障碍物场景中进行路径规划任务的难度明显增大，因为障碍物的运动使得环境不断变化，给智能体的路径决策带来了更多不确定性。与静态障碍物环境相比，动态障碍物环境更贴近实际应用中的情形，尤其是在移动机器人需要实时处理周围障碍物变化的工作场景中。因此，为了更全面地评估 SAC 和 SAC-LSTM 算法在动态障碍物环境中的表现，除了成功率测试外，此处设计了一组扩展实验，重点考察机器人在动态障碍物环境中的路径规划长度、规划时间以及到达目标点的次数。通过这些额外的实验，可以更直观地了解两种算法在复杂、变化的环境中的性能。

在这组实验中，选择在动态障碍物环境中随机生成了 10 个目标点，具体位置如图 4.31 所示。目标点的分布方式保证了每个目标点都位于障碍物活动范围内，从而使得移动机器人在执行任务时，必须实时调整路径，避免与移动障碍物发生碰撞。通过这种设置，实验能够更真实地反映机器人在动态障碍物环境下完成路径规划任务时所面临的复杂情况。

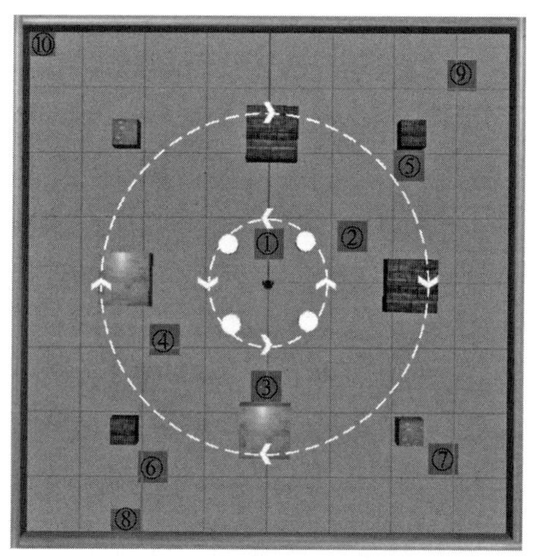

图 4.31　目标点位置

这组实验的核心目的是测试两种算法在动态障碍物环境下的实际表现，具体包括评估机器人从起始点到目标点所需的路径长度（路径规划长度）、规划时间以及到达目标点的次数。在动态障碍物环境中，机器人不仅需要规避静态障碍物，还要时刻关注障碍物的运动轨迹，从而合理地规划路径并迅速做出决策。路径规划长度反映了算法在避开障碍物的同时，是否能高效找到最短路径；而规划时间则体现了算法对环境变化的响应速度，反映了在动态障碍物环境下，算法决策的实时性和效率；到达目标点的次数则表明了算法的稳定性，尤其是在动态障碍物频繁干扰下，能否确保高频率地到达目标点。

通过这些综合实验，对 SAC 和 SAC-LSTM 算法在动态障碍物环境中的性能进行了详细比较。由于 SAC-LSTM 算法引入了 LSTM 网络，使得它能够利用历史状态信息进行决策，因此在应对动态障碍物环境变化时可能具有更强的适应能力，避免在路径规划过程中由于动态障碍物的影响而出现较大误差或失败。最终，通过对这些关键指标的分析，可以更全面地了解两种算法在实际动态障碍物场景中的表现，从而为未来的实际应用提供更为精准的参考。

在图 4.31 中，目标点按照与移动机器人起始点的直线距离大小进行排序，以起始点坐标为原点。为了评估 SAC 和 SAC-LSTM 算法在动态障碍物环境中的路径规划性能，对每个目标点进行了 30 次实验，记录了每次实验中路径规划的长度、路径规划的用时以及成功到达目标点的次数。在每个实验中，路径长度和规划用时（规划时间）是根据成功完成路径规划任务的实验平均值进行计算的。具体的实验结果可以参考表 4.11 和表 4.12。

表 4.11　SAC-LSTM 算法测试结果

目标点	目标点位置	路径长度/m	规划用时/s	成功次数
1	(0.60,0.00)	0.64	4.36	30
2	(0.72,−1.35)	1.61	8.89	30
3	(−1.59,0.02)	1.76	10.47	29
4	(−0.89,1.65)	1.90	10.98	30
5	(1.82,−2.24)	2.94	16.61	27
6	(−2.86,1.83)	3.65	20.95	24
7	(−2.69,−2.83)	4.33	24.72	24
8	(−3.74,2.24)	4.82	27.54	23
9	(3.21,−3.09)	4.85	27.42	25
10	(3.72,3.68)	5.44	31.22	29

表 4.12　SAC 算法测试结果

目标点	目标点位置	路径长度/m	规划用时/s	成功次数
1	(0.60,0.00)	0.67	5.02	30
2	(0.72,−1.35)	1.75	9.65	30
3	(−1.59,0.02)	1.89	11.28	24
4	(−0.89,1.65)	2.03	11.87	27
5	(1.82,−2.24)	3.05	17.68	23
6	(−2.86,1.83)	3.69	21.83	24
7	(−2.69,−2.83)	4.40	25.08	28
8	(−3.74,2.24)	4.95	29.63	18
9	(3.21,−3.09)	4.95	27.8	25
10	(3.72,3.68)	—	—	0

从实验结果来看，在测试的 10 个目标点中，SAC-LSTM 算法表现出了明显的优势。与 SAC 算法相比，SAC-LSTM 算法的平均路径长度和平均规划用时均较短。这意味着，SAC-LSTM 算法不仅能够为移动机器人规划出更短的路径，还能够在更短的时间内完成任务。此外，SAC-LSTM 算法成功到达目标点的次数也大多高于 SAC 算法，这进一步表明，在动态障碍物环境中，SAC-LSTM 算法能够更好地应对挑战并成功完成路径规划任务。

特别的是，在第 10 号目标点的实验中，SAC 算法仅基于当前状态信息做出决策，导致机器人无法成功抵达目标点。相比之下，SAC-LSTM 算法由于引入了 LSTM 网络，使得算法具备了记忆能力，能够综合考虑历史状态与当前状态，从而做出更为合理的决策。这种记忆机制使得 SAC-LSTM 算法能够更好地应对复杂和变化的环境，帮助机器人成功完成路径规划任务。因此，SAC-LSTM 算法在该场景中的表现明显优于 SAC 算法，尤其是在需要考虑历史信息的复杂动态障碍物环境中，能够显著提升路径规划的效果和可靠性。

根据上述三个仿真环境的实验结果，可以得出以下结论：经过训练的移动机器人能够成功完成路径规划任务，且在不同的环境中都能够表现出一定的学习能力。然而，与原始的 SAC 算法相比，改进后的 SAC-LSTM 算法在多个方面表现出了显著的优势，尤其在路径规划成功率和收敛速度上均有明显提高。

具体来说，在无障碍物、静态障碍物和动态障碍物这三种不同的环境中，SAC-LSTM 算法都展示出了更快的收敛速度和更高的成功率。在无障碍物环境中，SAC-LSTM 算法的收敛速度比 SAC 算法快，且最终的平均奖励也更高，表明它能够更高效地学习并完成任务。到了静态和动态障碍物环境中，SAC-LSTM 算法仍然表现出了优越性，尤其是在动态障碍物场景中，算法能够处理更加复杂和变化的环境，且路径规划用时更短，规划路径也更为紧凑，成功到达目标点的次数明显更多。由于引入了 LSTM 网络的记忆机制，SAC-LSTM 能够在路径规划过程中综合考虑历史状态信息，使得智能体能够应对动态障碍物环境中的干扰，选择更加合理的路径。相反，SAC 算法由于缺乏记忆能力，仅依赖当前状态信息，难以有效应对复杂和动态变化的环境，导致其在规划路径和完成任务时表现不如 SAC-LSTM。

总的来说，SAC-LSTM 算法在动态复杂环境中的路径规划任务中，展现了更强的适应性和高效性，能够在较短的时间内规划出更短的路径，并更频繁地成功到达目标点，表现出了显著的性能提升。

参考文献

[1] Davison A J, Reid I D, Molton N D, et al. MonoSLAM: Real-time single camera SLAM [J]. IEEE Transactions on Pattern Analysis and Machine Intelligence, 2007, 29 (6): 1052-1067.

[2] Klein G, Murray D. Parallel Tracking and Mapping for Small AR Workspaces [C] // In Proceedings of the 2007 6th IEEE and ACM International Symposium on Mixed and Augmented Reality, Nara, Japan, 2007: 1-10.

[3] Leutenegger S, Lynen S, Bosse M, et al. Keyframe-Based Visual-Inertial Odometry Using Nonlinear Optimization [J]. The International Journal of Robotics Research, 2015, 34 (3): 314-334.

[4] Mur-Artal R, Montiel J M M, Tardos J D. ORB-SLAM: A Versatile and Accurate Monocular SLAM System [J]. IEEE Transactions on Robotics: A publication of the IEEE Robotics and Automation Society, 2015, 31 (5): 1147-1163.

[5] Mur-Artal R, Tardós J D. ORB-SLAM2: An Open-Source SLAM System for Monocular, Stereo, and RGB-D Cameras [J]. IEEE Transactions on Robotics, 2017, 33 (5): 1255-1262.

[6] Campos C, Elvira R, Rodríguez J J G, et al. ORB-SLAM3: An Accurate Open-Source Library for Visual, Visual-Inertial, and Multimap Slam [J]. IEEE Transactions on Robotics, 2021, 37 (6): 1874-1890.

[7] McCormac J, Clark R, Bloesch M, et al. Fusion++: Volumetric object-level slam [C] //2018 international conference on 3D vision (3DV) . IEEE, 2018: 32-41.

[8] Hoang D C, Lilienthal A J, Stoyanov T. Object-RPE: Dense 3D reconstruction and pose estimation with convolutional neural networks [J]. Robotics and Autonomous Systems, 2020, 133: 103632.

[9] Hosseinzadeh M, Li K, Latif Y, et al. Real-time monocular object-model aware sparse SLAM [C] //2019 International Conference on Robotics and Automation (ICRA). IEEE, 2019: 7123-7129.

[10] Oberlander J, Uhl K, Zollner J M, et al. A region-based SLAM algorithm capturing metric, topological, and semantic properties [C] //2008 IEEE International Conference on Robotics and Automation. IEEE, 2008: 1886-1891.

[11] Luo R C, Chiou M. Hierarchical semantic mapping using convolutional neural networks for intelligent service robotics [J]. IEEE Access, 2018, 6: 61287-61294.

[12] Lin S, Wang J, Xu M, et al. Topology aware object-level semantic mapping towards more robust loop closure [J]. IEEE Robotics and Automation Letters, 2021, 6 (4): 7041-7048.

[13] Yang B, Jiang T, Wu W, et al. Automated semantics and topology representation of residential-building space using floor-plan raster maps [J]. IEEE Journal of Selected Topics in Applied Earth Observations and Remote Sensing, 2022, 15: 7809-7825.

[14] Jin J, Jiang X, Yu C, et al. Dynamic visual simultaneous localization and mapping based on semantic segmentation module [J]. Applied Intelligence, 2023, 53 (16): 19418-19432.

[15] Hornung A, Wurm K M, Bennewitz M, et al. OctoMap: An efficient probabilistic 3D mapping framework based on octrees [J]. Autonomous Robots, 2013, 34: 189-206.

[16] Campbell S F. Steering control of an autonomous ground vehicle with application to the DARPA urban challenge [D]. Cambridge: Massachusetts Institute of Technology, 2007.

[17] Snider J M. Automatic steering methods for autonomous automobile path tracking [D]. Pittsburgh: Carnegie Mellon University, 2009.

[18] Khatib O. Real-time obstacle avoidance for manipulators and mobile robots [J]. The International Journal of Robotics Research, 1986, 5 (1): 90-98.

[19] Adeli H, Tabrizi M H N, Mazloomian A, et al. Path Planning for Mobile Robots using Iterative

Artificial Potential Field Method [J]. International Journal of Computer Science Issues (IJCSI), 2011, 8 (4): 28.

[20] Yan J. Research on UAV Coverage Path Planning Algorithm Based on Improved Artificial Potential Field Method [J]. Operations Research and Fuzziology, 2019, 09 (4): 264-270.

[21] Wu X, Gong S, Xie P. Local Path Planning Based on Improved Artificial Potential Field Using Fuzzy Repulsion Force for Robot [J]. Journal of Electrical Engineering, 2014, 2 (3): 48-60.

[22] Hart P E, Nilsson N J, Raphael B. A Formal Basis for the Heuristic Determination of Minimum Cost Paths [J]. IEEE Transactions on Systems Science & Cybernetics, 1968, 4 (2): 100-107.

[23] Podsedkowski L, Nowakowski J, Idzikowski M, et al . A New Solution for Path Planning in Partially Known or Unknown Environment for Nonholonomic Mobile Robots [J]. Robotics and Autonomous Systems, 2001, 34 (2/3): 145-152.

[24] Stentz A. Optimal and efficient path planning for partially-known environments [C] //Proceedings of the 1994 IEEE International Conference on Robotics and Automation. IEEE, 1994: 3310-3317.

[25] Kenndy J, Eberhart R C. Particle Swarm Optimization [C] //Proceedings of IEEE International Conference on Neural Networks. IEEE, 1995: 1942-1948.

[26] Melchior N A, Simmons R. Particle RRT for Path Planning with Uncertainty [C] // IEEE International Conference on Robotics & Automation. IEEE, 2007: 67- 624.

[27] Kavraki L E, Svestka P, Latombe J C, et al. Probabilistic Roadmaps for Path Planning in HighDimensional Configuration Spaces [J]. IEEE Transactions on Robotics and Automation, 1996, 2 (4): 566-580.

[28] Chen G, Luo N, Liu D, et al. Path planning for manipulators based on an improved probabilistic roadmap method [J]. Robotics and Computer-Integrated Manufacturing, 2021, 72: 102196.

[29] 薛阳，孙越，叶晓康，等. 基于近似最近邻搜索的改进 PRM 算法 [J]. 计算机工程与设计，2021, 42 (11): 3211-3217.

[30] Mungofa P, Schumann A, Waldo L. Chemical crystal identification with deep learning machine vision [J]. BMC Research Notes, 2018, 11: 1-6.

[31] Zeng F, Wang C, Ge S S. A survey on visual navigation for artificial agents with deep reinforcement learning [J]. IEEE Access, 2020, 8: 135426-135442.

[32] Lei X Y, Zhang Z A, Dong P F, et al. Dynamic Path Planning of Unknown Environment Based on Deep Reinforcement Learning [J]. Journal of Robotics, 2018: 1-10.

[33] Parrell B. A Potential Role for Reinforcement Learning in Speech Production [J]. Journal of Cognitive Neuroscience, 2021, 33 (8): 1470-1486.

[34] Jonsson A. Deep reinforcement learning in medicine [J]. Kidney diseases, 2019, 5 (1): 18-22.

[35] Igarashi H. Path planning of a mobile robot by optimization and reinforcement learning [J]. Artificial Life and Robotics, 2002, 6: 59-65.

[36] Zheng S, Liu H. Improved Multi-Agent Deep Deterministic Policy Gradient for Path Planning-Based Crowd Simulation [J]. IEEE Access, 2019, 7: 147755-147770.

[37] Wen S, Zhao Y, Yuan X, et al. Path Planning for Active SLAM Based on Deep Reinforcement Learning Under Unknown Environments [J]. Intelligent Service Robotics, 2020, 13 (2): 263-272.

[38] Yu J L, Su Y C, Liao Y F. The Path Planning of Mobile Robot by Neural Networks and Hierarchical

Reinforcement Learning [J]. Frontiers in Neurorobotics, 2020, 14: 63.

[39] Lakshmanan A K, Mohan R E, Ramalingam B, et al. Complete coverage path planning using reinforcement learning for tetromino based cleaning and maintenance robot [J]. Automation in Construction, 2020, 112: 103078.

[40] Xu X, Lu Y, Liu X, et al. Intelligent collision avoidance algorithms for USVs via deep reinforcement learning under COLREGs [J]. Ocean Engineering, 2020, 217 (3): 107704.

[41] Yurtsever E, Capito L, Redmill K, et al. Integrating Deep Reinforcement Learning with Model-based Path Planners for Automated Driving [J]. 2020 IEEE Intelligent Vehicles Symposium, 2020: 1311-1316.

[42] Silva Junior A G, Santos D H, Negreiros A P F, et al. High-level path planning for an autonomous sailboat robot using Q-Learning [J]. Sensors, 2020, 20 (6): 1550.

[43] Cimurs R, Lee J H, Suh I H. Goal-oriented obstacle avoidance with deep reinforcement learning in continuous action space [J]. Electronics, 2020, 9 (3): 411.

[44] Quan H, Li Y, Zhang Y. A novel mobile robot navigation method based on deep reinforcement learning [J]. International Journal of A dvanced Robotic Systems, 2020, 17 (3): 1729881420921672.

[45] Hausknecht M, Stone P. Deep Recurrent Q-Learning for Partially Observable MDPs [C] //2015 AAAI Fall Symposium Series, 2015.

[46] Kapturowski S, Ostrovski G, Quan J, et al. Recurrent experience replay in distributed reinforcement learning [C] //International Conference on Learning Representations, 2018.

第5章

机械臂的自主抓取与控制策略

5.1 机械臂运动学与动力学建模

5.1.1 机械臂运动学模型

在研究机械臂时，建立其运动学模型是分析和设计的首要任务。机械臂运动学研究的核心是探讨关节空间 C_q 与工作空间 C 之间的映射关系，这种关系描述了机械臂如何从关节位置变换到工作空间中的具体位置和姿态。由于运动学研究侧重于位置和速度等运动参数，一般不考虑与驱动力或阻力相关的力学效应。在运动学建模中，关键研究对象包括机械臂的位移矢量 $\boldsymbol{P}$、速度矢量 $\boldsymbol{v}$、加速度矢量 $\boldsymbol{a}$ 及其所有高阶导数。机械臂运动学模型因此涵盖了多种空间几何参数和随时间变化的动态量，尤其强调关节之间的位置关系及其变化规律。

机械臂的典型结构由多个关节和连接这些关节的连杆组成。每个关节具有一定的自由度，能够实现平移或旋转动作。为了清晰描述机械臂中每个关节的位置关系，通常在每个关节处建立一个坐标系，从而形成一条完整的关节链。这种关节链的位置和姿态关系是运动学分析的重点。Denavit 和 Hartenberg 在 1955 年提出的一种标准化建模方法，即 D-H 法[1]，是目前应用最广泛的机械臂建模方法之一。D-H 法采用四个参数对机械臂的关节和连杆关系进行描述，这些参数是连杆长度 l_i、扭转角度 α_i、偏距 d_i 和关节角度 θ_i。

在 D-H 建模框架下，关节的作用是连接两个相邻连杆，例如 i 和 $i-1$。其几何关系可用两个主要参数描述：偏距 d_i，表示沿关节轴线从一个连杆到下一个连杆的距离；关节角度 θ_i，表示当前关节相对于下一个关节轴线的旋转角度。

同样，连杆可以视为一个刚体，其几何关系由连杆长度 l_i 和连杆扭转角度 α_i 确定，这两个量分别定义了与连杆相关的坐标轴在空间中的位置和相对扭转角度。通过这些参数，能够系统地描述每个关节和连杆之间的关系，从而为整个机械臂的运动学建模提供基础。

机械臂的末端通常配有执行器，用于完成特定任务，而基底通常是固定的连杆。为了简化分析和计算，末端连杆和基底连杆的参数通常被设定为零，没有实际意义。在分析不同类型的关节时，D-H 法的参数化表达式具有高度通用性。例如，对于转动关节，关节角度 θ_i 是变量，而偏距 d_i 是常数；对于移动关节，偏距 d_i 是变量，而关节角度 θ_i 保持恒定，可统一表示为式(5.1)。通过统一的矩阵变换形式，D-H 法能够直观地表示关节之间的位置和姿态变化，为机械臂从基底到末端执行器的全局位姿计算奠定了理论基础。

$$q_i=\begin{cases}\theta_i, & \text{转动关节}\\ d_i, & \text{移动关节}\end{cases} \tag{5.1}$$

在图 5.1 中，机械臂的关节坐标系的定义以关节轴线与相邻关节轴线的公垂线交点作为原点，这种方法确保了每个关节坐标系的唯一性和规范性。具体来说，Z 轴的正方向沿着关节轴线向上延伸，用以描述关节的旋转或移动自由度；X 轴则沿着公垂线方向，从当前关节轴线指向相邻关节轴线，用以反映关节之间的空间位置关系；而 Y 轴则根据右手螺旋定则确定，形成正交右手坐标系。通过这种规则，可以在每个关节及其连杆上建立局部坐标系，其中左侧轴与连杆的坐标系定义为 $\{I_{i-1}\}$，而右侧对应的坐标系定义为 $\{I_i\}$。

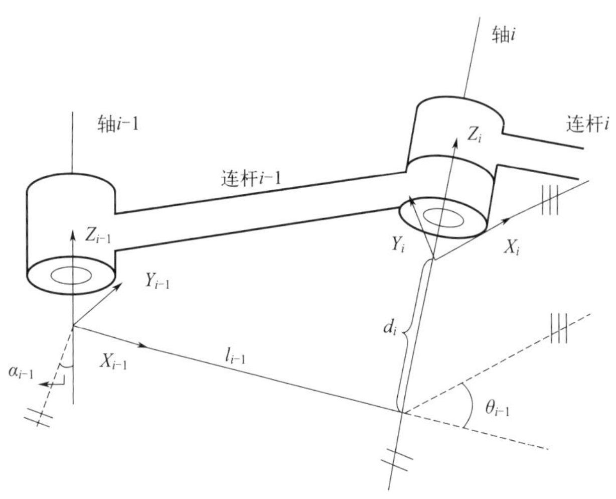

图 5.1　连杆关系描述图

为描述相邻连杆之间的空间位置和方向关系，D-H 法采用两次平移和两次旋转的操作步骤，构建相邻关节坐标系之间的转移矩阵。D-H 法不仅能够清晰地表达机械臂关节和连杆之间的几何关系，还通过齐次变换矩阵的形式，简化了复杂运动学问题的计算。其中两次平移和旋转的具体步骤如图 5.2 所示。

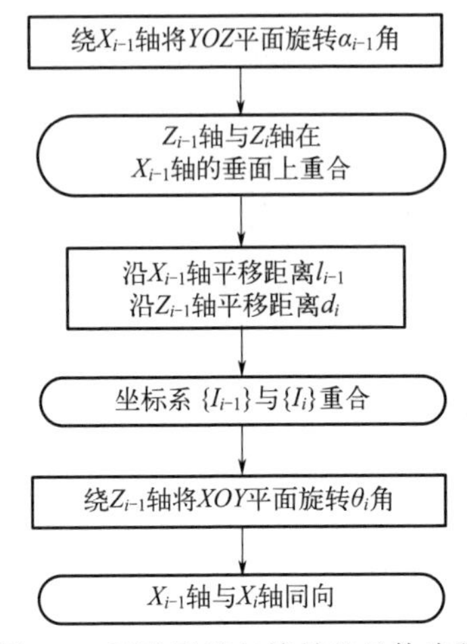

图 5.2　两次平移与旋转的具体步骤

根据 D-H 法定义，机械臂相邻关节之间的坐标系变换可以用一个 4×4 的齐次变换矩阵${}^{i-1}_{i}\boldsymbol{T}$ 表示，具体形式如下：

$$
{}^{i-1}_{i}\boldsymbol{T}=\begin{bmatrix}1 & 0 & 0 & 0\\0 & \cos\alpha_{i-1} & -\sin\alpha_{i-1} & 0\\0 & \sin\alpha_{i-1} & \cos\alpha_{i-1} & 0\\0 & 0 & 0 & 1\end{bmatrix}\begin{bmatrix}1 & 0 & 0 & l_{i-1}\\0 & 1 & 0 & 0\\0 & 0 & 1 & 0\\0 & 0 & 0 & 1\end{bmatrix}
\begin{bmatrix}1 & 0 & 0 & 0\\0 & 1 & 0 & 0\\0 & 0 & 1 & d_i\\0 & 0 & 0 & 1\end{bmatrix}\begin{bmatrix}\cos\theta_i & -\sin\theta_i & 0 & 0\\\sin\theta & \cos\theta & 0 & 0\\0 & 0 & 1 & 0\\0 & 0 & 0 & 1\end{bmatrix} \tag{5.2}
$$

则：

$$
{}^{i-1}_{i}\boldsymbol{T}=\begin{bmatrix}\cos\theta_i & -\sin\theta_i & 0 & l_{i-1}\\\sin\theta_i\cos\alpha_{i-1} & \cos\theta_i\cos\alpha_{i-1} & -\sin\alpha_{i-1} & -d_i\sin\alpha_{i-1}\\\sin\theta_i\sin\alpha_{i-1} & \cos\theta_i\sin\alpha_{i-1} & \cos\alpha_{i-1} & d_i\cos\alpha_{i-1}\\0 & 0 & 0 & 1\end{bmatrix}
$$

式(5.2) 中用${}^{i-1}_{i}\boldsymbol{T}$ 表示了两个相邻的坐标系——坐标系 $\{I_i\}$ 和坐标系 $\{I_{i-1}\}$ 之间的转换关系，通过${}^{i-1}_{i}\boldsymbol{T}$ 可以将坐标系 $\{I_i\}$ 中的位置关系转换到坐标系 $\{I_{i-1}\}$ 中，即：

$$
{}^{i-1}\boldsymbol{P}={}^{i-1}_{i}\boldsymbol{T}\,{}^{i}\boldsymbol{P} \tag{5.3}
$$

式中，${}^{i}\boldsymbol{P}$ 为坐标系 $\{I_i\}$ 中点 P 的位置矢量；${}^{i-1}\boldsymbol{P}$ 为坐标系 $\{I_{i-1}\}$ 中点 P 的位置矢量。

(1) 正向运动学模型

对于一个刚性连接的多轴机械臂，通过正向运动学的求解过程，可以精确地确定末端执行器（即最后一个连杆的坐标系）在基坐标系中的位置和姿态。这一过程的核心在于建立每个关节和连杆之间的运动关系描述。首先，为了实现机械臂的运动分析，需要依次为每个连杆分配一个局部坐标系，并根据关节的运动特性和几何关系确定相邻连杆之间的齐次变换矩阵 ${}^{i-1}_{i}\boldsymbol{T}$。该矩阵定义了连杆 $i-1$ 与连杆 i 坐标系之间的变换关系，包含了位移和平移信息。

在得到了所有相邻连杆间的变换矩阵后，可以通过逐步递推的方法，将多个关节之间的关系合成为从基坐标系到末端坐标系的整体变换矩阵 ${}^{0}_{n}\boldsymbol{T}$。具体而言，${}^{0}_{n}\boldsymbol{T}$ 是各相邻变换矩阵的连乘结果，即：

$$ {}^{0}_{n}\boldsymbol{T}={}^{0}_{1}\boldsymbol{T}\,{}^{1}_{2}\boldsymbol{T}\,{}^{2}_{3}\boldsymbol{T}\cdots{}^{n-1}_{n}\boldsymbol{T}=K(\boldsymbol{q}) \tag{5.4} $$

式中，$K(\boldsymbol{q})$ 是坐标系 $\{I_n\}$ 对于坐标系 $\{I_0\}$ 的 n 个关节变量的函数；$\boldsymbol{q}$ 为关节变量。

正如上所述，如果能够准确获得机械臂各关节的参数和位置信息，则可以通过多连杆变换矩阵 ${}^{0}_{n}\boldsymbol{T}$ 计算出机械臂末端在工作空间中的位置和姿态。在笛卡儿坐标系中，机械臂末端的位姿由六个自由度描述，其中三个自由度对应平移运动（沿 X、Y、Z 方向），另三个自由度对应旋转运动（绕 X、Y、Z 轴）。因此，一般来说，具有六个自由度的机械臂可以实现末端在工作空间内的任意位姿，为复杂任务提供高度灵活的操作能力。以广泛应用的 UR5 机械臂为例，其设计具有六个关节，自由度达到 6，能够满足各种工业应用对灵活性的要求。为了更直观地描述 UR5 的运动学特性，可以利用 Denavit-Hartenberg（D-H）参数化方法来定义关节和连杆的关系。UR5 的每个关节通过 D-H 参数表来描述，其参数见表 5.1。

表 5.1　UR5 机械臂连杆 D-H 参数表

关节	θ_i	α_{i-1}	l_i/mm	d_i/mm	转角范围
1	0°	90°	0	89.2	(−360°,360°)
2	−90°	0°	425	0	(−360°,360°)
3	0°	0°	392	0	(−360°,360°)
4	−90°	90°	0	109.3	(−360°,360°)
5	0°	−90°	0	94.75	(−360°,360°)
6	0°	0°	0	82.5	(−360°,360°)

根据式(5.4) 和表 5.1 可得各连杆的齐次变换矩阵如下：

$$
\begin{cases}
{}_1^0\boldsymbol{T}=\begin{bmatrix}\cos\theta_1 & 0 & \sin\theta_1 & 0\\ \sin\theta_1 & 0 & -\cos\theta_1 & 0\\ 0 & 1 & 0 & 89.2\\ 0 & 0 & 0 & 1\end{bmatrix} & {}_2^1\boldsymbol{T}=\begin{bmatrix}\cos\theta_2 & \sin\theta_1 & 0 & 425\cos\theta_2\\ \sin\theta_2 & \cos\theta_2 & 0 & 425\sin\theta_2\\ 0 & 0 & 1 & 0\\ 0 & 0 & 0 & 1\end{bmatrix}\\
{}_3^2\boldsymbol{T}=\begin{bmatrix}\cos\theta_3 & -\sin\theta_3 & 0 & 392\cos\theta_3\\ \sin\theta_3 & \cos\theta_3 & 0 & 392\sin\theta_3\\ 0 & 0 & 1 & 0\\ 0 & 0 & 0 & 1\end{bmatrix} & {}_4^3\boldsymbol{T}=\begin{bmatrix}\cos\theta_4 & 0 & \sin\theta_4 & 0\\ \sin\theta_4 & 0 & -\cos\theta_4 & 0\\ 0 & 1 & 0 & 109.3\\ 0 & 0 & 0 & 1\end{bmatrix}\\
{}_5^4\boldsymbol{T}=\begin{bmatrix}\cos\theta_5 & 0 & \sin\theta_5 & 0\\ \sin\theta_5 & 0 & -\cos\theta_5 & 0\\ 0 & -1 & 0 & 94.75\\ 0 & 0 & 0 & 1\end{bmatrix} & {}_6^5\boldsymbol{T}=\begin{bmatrix}\cos\theta_6 & -\sin\theta_6 & 0 & 0\\ \sin\theta_6 & \cos\theta_6 & 0 & 0\\ 0 & 0 & 0 & 82.5\\ 0 & 0 & 0 & 1\end{bmatrix}
\end{cases}
\tag{5.5}
$$

将各个连杆的变换矩阵相乘得到${}_6^0\boldsymbol{T}$：

$$
{}_6^0\boldsymbol{T}={}_1^0\boldsymbol{T}{}_2^1\boldsymbol{T}{}_3^2\boldsymbol{T}{}_4^3\boldsymbol{T}{}_5^4\boldsymbol{T}{}_6^5\boldsymbol{T}=\begin{bmatrix}n_x & s_x & l_x & p_x\\ n_y & s_y & l_y & p_y\\ n_z & s_z & l_z & p_z\\ 0 & 0 & 0 & 1\end{bmatrix}
\tag{5.6}
$$

式中，(n_x, n_y, n_z) 表示 X 轴在基坐标系中的方向向量（通常称为法线向量）；(s_x, s_y, s_z) 表示 Y 轴在基坐标系中的方向向量（通常称为滑动向量）；(l_x, l_y, l_z) 表示 Z 轴在基坐标系中的方向向量（通常称为接近向量）；(p_x, p_y, p_z) 表示机械臂末端执行器的位置坐标。

描述姿态的方法比较多，例如：X-Y-Z 固定坐标系法[2]：

$$
\begin{cases}
\beta=l\tan2\left(-n_z, \sqrt{n_x^2+n_y^2}\right)\\
\alpha=l\tan2\left(\dfrac{n_y}{\cos\beta}, \dfrac{n_x}{\cos\beta}\right)\\
\gamma=l\tan2\left(\dfrac{s_z}{\cos\beta}, \dfrac{l_x}{\cos\beta}\right)
\end{cases}
\tag{5.7}
$$

式中，β 为回转角；α 为俯仰角；γ 为偏向角。这样就得到了机械臂的正向运动学模型。

(2) 逆向运动学模型

理论上，无论机械臂的物理结构包含多少关节轴和连杆，根据式(5.6) 都能够构建其正向运动学模型，即可以解算出表示末端位姿的 $K(\boldsymbol{q})$ 函数。然而，在机械臂的控制与路径规划中，通常遇到的实际问题并不是直接计算末端位姿，而是已知末端执行器在工作空间中的目标位置和姿态（即变换矩阵${}_n^0\boldsymbol{T}$），需要反过来求解出各关节角度的集合 $\{\theta_1, \theta_2, \theta_3, \cdots, \theta_n\}$。这一过程被称为机械臂的逆向运动学（inverse kinematics，IK）建模。

$$\boldsymbol{q}=K^{-1}({}_n^0\boldsymbol{T}) \tag{5.8}$$

式(5.8) 给出了某一末端位姿对应的机械臂的关节角度，$\boldsymbol{q}$ 为关节变量。

在实际应用中，机械臂的逆向运动学（逆运动学）解通常不是唯一的，尤其是对于自由度大于 6 的机械臂。这类机械臂的关节具有冗余性，其运动学解是欠定的，即存在无穷多种关节角度组合可以实现相同的末端位姿。工业生产中常用的 6 轴机械臂则具有较高的自由度，能够灵活执行所需的几乎任何轨迹或角度任务。然而，在某些特殊的机械臂结构中，由于几何约束的限制，可能会出现无封闭解的情况。根据 Pieper 准则[3]，机械臂的逆向运动学存在封闭解需要满足以下两个充分条件之一：一是三个相邻的关节轴相交于一点；二是三个相邻的关节轴相互平行。这两个条件确保了机械臂能够通过解析方法求得关节角度的封闭解。然而，若不满足这些条件，则封闭解可能不存在，这就需要依赖数值方法或优化技术进行近似求解。

在实际操作中，机械臂还可能处于某些特殊的位姿，这些位姿称为奇异位姿。奇异位姿通常会导致逆向运动学解的丢失或不稳定。奇异性可能由机械臂的某些关节轴线重合、平行或因位置达不到目标而引起。在奇异位姿附近，机械臂的运动能力会受到严重限制，例如某方向上的自由度丧失或关节运动速度的急剧增大。此外，奇异位姿可能影响机械臂的力控制和精度，对工业应用造成困扰。

5.1.2　机械臂动力学模型

动力学模型，也被称为动力分析模型（dynamic analysis model），是描述机械系统运动与受力关系的关键工具，其建模的精确性直接影响机械系统的控制性能和效果。动力学模型在机械臂控制、轨迹规划以及负载能力优化中具有核心地位，是机械系统实现高精度、高效率操作的基础。早期的机械系统研究主要聚焦于单刚体的动力学特性。然而，随着工业和工程需求的增长，这一领域在 18 世纪后逐步扩展到多刚体系统的研究。多刚体系统是指多个刚体通过运动副（如铰链或滑动副）相互连接形成的机械系统，通常以连杆和关节的组合形式出现。多刚体动力学的研究则集中在系统中各刚体的运动和受力之间的相互关系。研究多刚体系统的动力学规律，不仅能够准确描述复杂机械装置的运行状态，还能为其控制提供可靠的理论基础。多轴机械臂是典型的多刚体系统，由多个关节和连杆组成，其动力学复杂程度随着自由度的增加而成倍提升。机械臂的动力学建模主要研究末端执行器的轨迹、速度和加速度与关节力矩或驱动力之间的关系。在该领域，经典的理论方法和现代数值方法相结合，已经形成了一套较为成熟的研究体系和建模方法。

动力学模型的复杂性不仅来源于多刚体系统的高维非线性，还涉及摩擦力、惯性耦合、重力影响等多种实际因素。这些影响需要通过精细的建模手段和参数辨识技术予以解决。

基本的动力学模型可表示为：

$$\boldsymbol{\tau}=\boldsymbol{D}(q)\dot{q}+\boldsymbol{F}(q,\dot{q})+\boldsymbol{G}(q) \tag{5.9}$$

式中，$\boldsymbol{\tau}$ 为关节力矩矢量；$\boldsymbol{D}(q)$ 为机械臂的 $n\times n$ 的质量矩阵；$\boldsymbol{F}(q,\dot{q})$ 为 $n\times 1$ 的离心力和科氏力矢量；$\boldsymbol{G}(q)$ 为 $n\times 1$ 的重力矢量。

机械臂的动力学研究问题可分为三类：动力学正问题、逆问题和正逆混合问题。动力学正问题指在已知驱动力（力矩矢量 $\boldsymbol{\tau}$）的情况下，求解机械臂的运动；动力学逆问题则是在已知机械臂的位置矢量 $\boldsymbol{P}$、速度矢量 $\boldsymbol{v}$、加速度矢量 $\boldsymbol{a}$ 等运动学参数的情况下，求解驱动力（力矩矢量 $\boldsymbol{\tau}$）；正逆混合问题则是已知部分关节的运动情况（$\boldsymbol{P}$、$\boldsymbol{v}$、$\boldsymbol{a}$）和部分关节的力矩矢量 $\boldsymbol{\tau}$，求解其他关节的运动情况和力矩矢量 $\boldsymbol{\tau}$。在机械臂规划控制中，常见的是动力学正问题。机械臂的动力学建模方法可分为数值计算方法和符号计算方法。数值计算方法简化了计算任务，降低了计算量，但难以求解通用表达式，且算法误差较大，精度较低；符号计算方法能够得到通用表达式，但计算量较大，形式复杂，难以通过计算机求解，具有较大局限性。按照多刚体系统的建模原理，常用的建模方法包括牛顿-欧拉（Newton-Euler，N-E）法、拉格朗日公式(Lagrange formulation）法、罗伯特-维登伯格法和凯恩（Kane）法等。其中，牛顿-欧拉法和拉格朗日公式法是当前最常用的两种算法。相较之下，效率更高的 N-E 法由于具有更直观的物理意义，且计算量较小，因此应用更为广泛。

N-E 法采用递归方式建立模型，从而提高计算效率。其原理可分为三部分：运动外推、力外推和力矩矢量外推。通过向外迭代，得到连杆的运动学参数，并计算作用在连杆质心上的惯性力和力矩；向内迭代求出关节的力矩矢量。在计算过程中，运动被分解为平动和转动，分别通过牛顿方程和欧拉方程进行求解。对于机械臂动力学分析，使用牛顿-欧拉（N-E）法的模型可表示为以下形式：

$$\boldsymbol{\tau}_i=\sum_{j=1}^{n}\sum_{k=1}^{j}\mathrm{tr}(\boldsymbol{U}_{jk}\boldsymbol{I}_j\boldsymbol{U}_{ji})\ddot{\theta}_k+\sum_{j=1}^{n}\sum_{k=1}^{j}\sum_{m=1}^{j}\mathrm{tr}\left(\frac{\partial \boldsymbol{U}_{ij}}{\partial \theta_k}\boldsymbol{I}_j\boldsymbol{U}_{ji}^{\mathrm{T}}\right)\ddot{\theta}_k\ddot{\theta}_m-\sum_{j=1}^{n}m_j\boldsymbol{U}_{jr}\boldsymbol{P}_j^j\boldsymbol{G} \tag{5.10}$$

式中，$\boldsymbol{U}_{ij}$ 表示关节 j 的运动作用在连杆 i 的效果；$\dfrac{\partial \boldsymbol{U}_{ij}}{\partial \theta_k}=\boldsymbol{U}_{ijk}$，表示关节 j 和关节 k 的运动共同作用在连杆 i 的效果；$\boldsymbol{P}_j^j$ 为坐标矢量，表示连杆 j 的质心在坐标系 $\{j\}$ 中的位置；$\boldsymbol{I}_j$ 表示连杆 j 惯性张量；m_j 表示连杆 j 的质量；$\boldsymbol{G}$

为重力矢量。部分符号的具体表达式如下：

$$\boldsymbol{I}_j=\int \boldsymbol{P}_j^j(\boldsymbol{P}_j^j)^{\mathrm{T}}\mathrm{d}m=\begin{bmatrix}\int \boldsymbol{x}_j^2\mathrm{d}m & \int \boldsymbol{x}_j\boldsymbol{y}_j\mathrm{d}m & \int \boldsymbol{x}_j\boldsymbol{z}_j\mathrm{d}m & \int \boldsymbol{x}_j\mathrm{d}m\\ \int \boldsymbol{x}_j\boldsymbol{y}_j\mathrm{d}m & \int \boldsymbol{y}_j^2\mathrm{d}m & \int \boldsymbol{y}_j\boldsymbol{z}_j\mathrm{d}m & \int \boldsymbol{y}_j\mathrm{d}m\\ \int \boldsymbol{x}_j\boldsymbol{z}_j\mathrm{d}m & \int \boldsymbol{y}_j\boldsymbol{z}_j\mathrm{d}m & \int \boldsymbol{z}_j^2\mathrm{d}m & \int \boldsymbol{z}_j\mathrm{d}m\\ \int \boldsymbol{x}_j\mathrm{d}m & \int \boldsymbol{y}_j\mathrm{d}m & \int \boldsymbol{z}_j\mathrm{d}m & \int \mathrm{d}m\end{bmatrix}\quad \boldsymbol{P}_j^j=\begin{bmatrix}\boldsymbol{x}_j\\ \boldsymbol{y}_j\\ \boldsymbol{z}_j\\ 1\end{bmatrix} \tag{5.11}$$

$$\boldsymbol{U}_{ij}=\frac{\partial_0^i\boldsymbol{T}}{\partial\theta_j}=\begin{cases}{}_0^{j-1}\boldsymbol{T}\boldsymbol{q}_j\,{}_{j-1}^{j}\boldsymbol{T}, & j\leqslant i\\ 0, & j>i\end{cases} \tag{5.12}$$

$$\frac{\partial\boldsymbol{U}_{ij}}{\partial\theta_k}=\boldsymbol{U}_{ijk}=\begin{cases}{}_0^{j-1}\boldsymbol{T}\boldsymbol{q}_j\,{}_{j-1}^{k-1}\boldsymbol{T}\boldsymbol{q}_k\,{}_{k-1}^{i}\boldsymbol{T}, & j\leqslant k\leqslant i\\ {}_0^{k-1}\boldsymbol{T}\boldsymbol{q}_k\,{}_{k-1}^{j-1}\boldsymbol{T}\boldsymbol{q}_j\,{}_{j-1}^{i}\boldsymbol{T}, & k\leqslant j\leqslant i\\ 0, & i<j\ \text{或}\ i<k\end{cases} \tag{5.13}$$

式中，$\boldsymbol{q}$ 为关节变量。如果用 $\boldsymbol{q}_{\mathrm{r}}$ 表示旋转关节，$\boldsymbol{q}_{\mathrm{t}}$ 表示平移关节，可得：

$$\boldsymbol{q}_{\mathrm{r}}=\begin{bmatrix}0&1&0&0\\1&0&0&0\\0&0&0&0\\0&0&0&0\end{bmatrix}\quad \boldsymbol{q}_{\mathrm{t}}=\begin{bmatrix}0&1&0&0\\0&0&0&0\\0&0&0&1\\0&0&0&0\end{bmatrix} \tag{5.14}$$

化简后就可得到与式(5.9) 形式相同的动力学模型一般表达式：

$$\boldsymbol{\tau}=\boldsymbol{D}(\theta)\ddot{\theta}+\boldsymbol{F}(\theta,\ddot{\theta})+\boldsymbol{G}(\theta) \tag{5.15}$$

其中：

$$\boldsymbol{\tau}=\begin{bmatrix}\tau_1\\ \vdots\\ \tau_n\end{bmatrix}\quad \boldsymbol{D}(\theta)=\begin{bmatrix}D_{11}&\cdots&D_{1n}\\ \vdots&\ddots&\vdots\\ D_{n1}&\cdots&D_{nn}\end{bmatrix}\quad \boldsymbol{F}(\theta,\ddot{\theta})=\begin{bmatrix}F_1\\ \vdots\\ F_n\end{bmatrix}\quad \boldsymbol{G}(\theta)=\begin{bmatrix}G_1\\ \vdots\\ G_n\end{bmatrix}$$

相应的正动力学模型如下：

$$\ddot{\theta}=\boldsymbol{D}(\theta)^{-1}[\boldsymbol{\tau}-\boldsymbol{F}(\theta,\ddot{\theta})-\boldsymbol{G}(\theta)] \tag{5.16}$$

以上就是机械臂正逆动力学建模的推导过程。通过建立动力学方程，我们可以求解机械臂执行避障任务时所需的关节力矩矢量。假设动力学模型是准确的，力矩矢量可以通过式(5.15) 进行计算，并在后续的任务中重复使用，从而理论上得到所需的轨迹。然而，在实际应用中，由于机械臂建模的精度限制以及外部噪声的干扰，仅依靠动力学和运动学模型无法精确解决避障问题。尽管如此，运动学和动力学模型仍是建立整个机械臂系统模型的必要条件，并为研究机械臂避障算法提供了基础。

5.2 机械臂自主抓取的感知、策略与规划

5.2.1 移动物体感知系统

5.2.1.1 坐标转换

在机械臂的工作空间中，目标抓取终点的位置通常由一个固定的坐标系来表示。在实际的机器人抓取实验中，物体的位置往往通过摄像头来检测，此时目标检测算法（如 YOLO[4] ）输出的位置坐标是基于相机（摄像机）坐标系的。相机坐标系通常以相机镜头为原点，z 轴沿着相机的光轴指向前方，而 x 和 y 轴则分别与相机的水平和垂直方向对齐。然而，前文中所设计的强化学习控制系统针对的是基于机器人基座坐标系的目标位置。机器人基座坐标系通常是固定在机器人基座上的三维坐标系，其原点位于机器人底座的位置，坐标轴与机器人运动的方向密切相关。因此，为了使得相机检测到的目标信息能够与机器人控制系统匹配，需要将目标在相机坐标系中的位置转换到机器人基座坐标系中，这一过程称为坐标转换。

(1) 位姿描述和坐标变换

位置和姿态（位姿）的描述：首先，假设空间中存在一个基准坐标系 $\{A\}$，然后在此空间中为刚体 B 建立坐标系 $\{B\}$。在这种假设下，位姿描述的本质是刚体 B 的坐标系相对于基准坐标系 $\{A\}$ 的变换关系。对于坐标系 $\{B\}$，通常选择刚体的重心或几何中心作为坐标系的原点。可以通过位置矢量 ${}^{A}\boldsymbol{P}_{B}$ 来描述在基准坐标系 $\{A\}$ 中，运动坐标系 $\{B\}$ 原点的位置。对于坐标系 $\{B\}$ 的姿态，则使用旋转矩阵 ${}_{B}^{A}\boldsymbol{R}$ 表示。

旋转矩阵的定义为：坐标系 $\{B\}$ 的 x 轴在坐标系 $\{A\}$ 的 x、y、z 轴上的投影，构成旋转矩阵的第一列；同理，坐标系 $\{B\}$ 的 y 轴和 z 轴在坐标系 $\{A\}$ 的 x、y、z 轴上的投影分别构成旋转矩阵的第二列和第三列。由此，可以得出刚体 B 的参考坐标系 $\{B\}$ 的位姿：

$$\{B\}=\{{}_{B}^{A}\boldsymbol{R}\cdot{}^{A}\boldsymbol{P}_{B}\} \tag{5.17}$$

平移转换：如果某个坐标系在参考坐标系的空间中以姿态不变的方式进行运动，那么这种空间变换称为平移变换。在平移变换中，姿态角度保持不变，也就是说，旋转矩阵为单位矩阵。因此，这种变换只会改变运动坐标系原点相对于基准坐标系的位置。

运动坐标系 $\{B\}$ 在基准坐标系 $\{A\}$ 中的位置可以用位置矢量 ${}^{A}\boldsymbol{P}_{B}$ 来描

述，如图 5.3 所示。由向量加法公式，可以得出坐标系 {B} 相对于坐标系 {A} 的位置向量，如式(5.18) 所示，这称为坐标平移方程。

$$^{A}\boldsymbol{P}={}^{B}\boldsymbol{P}+{}^{A}\boldsymbol{P}_{B} \tag{5.18}$$

在描述坐标关系时，通常运动坐标系 {B} 在基准坐标系 {A} 中的位姿可以通过运动坐标系 {B} 下的位姿矩阵左乘复合（包括平移和旋转）变换矩阵来得到。在平移变换中，坐标系 {B} 的姿态不发生改变，因此位置变换矩阵 $\boldsymbol{T}$ 可以表示为：

$$\boldsymbol{T}(x,y,z)=\begin{bmatrix}1 & 0 & 0 & P_x\\ 0 & 1 & 0 & P_y\\ 0 & 0 & 1 & P_z\\ 0 & 0 & 0 & 1\end{bmatrix} \tag{5.19}$$

式中，P_x、P_y 和 P_z 是平移向量 $\boldsymbol{d}$ 相对于参考坐标系 x、y、z 轴的 3 个分量。可以看到，矩阵的前 3 列表示的旋转矩阵不变，因为投影均为 1（即单位矩阵），而最后 1 列表示坐标系 {B} 的原点相对于坐标系 {A} 的位置。这种由 3×3 旋转矩阵和 3×1 位置矩阵，再加上第四行的 [0 0 0 1] 的行向量，组成的矩阵称为齐次矩阵。

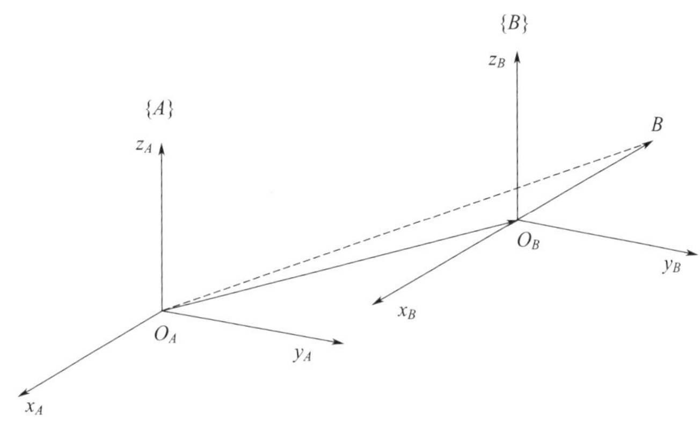

图 5.3　平移转换

旋转变换：对于旋转变换的推导，可以从绕 x、y、z 轴的旋转开始理解。首先假设运动坐标系 {B} 位于基准坐标系 {A} 的原点，并且两者的 x、y、z 轴完全重合。通过对这个简单例子的理解，我们可以将其推广到其他旋转或平移与旋转组合的情况。在此假设下，假设坐标系 {B} 绕基准坐标系 {A} 的 x 轴旋转一个角度 θ。假设在运动坐标系 {B} 上存在一个点 B，该点相对于运动坐标系 {B} 的坐标为 P_x、P_y 和 P_z，而相对于基准坐标系 {A} 的坐标为 P_a、P_b 和 P_c。当运动坐标系 {B} 绕其任意坐标轴旋转一定角度时，坐标系 {B} 上的点 B 以相同的方式进行变换。在旋转前，点 B 在运动坐标系和基准坐标系

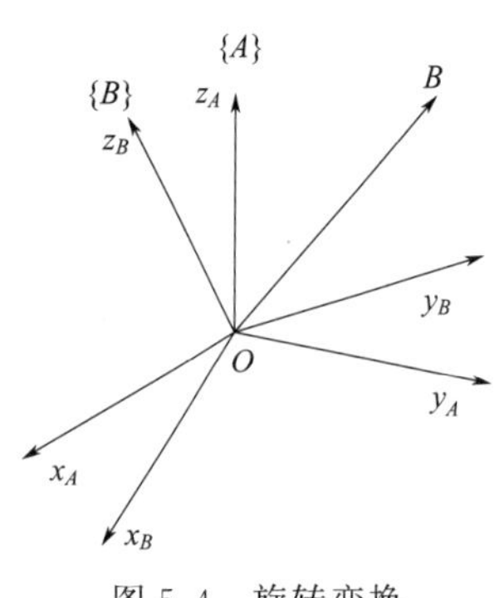

图 5.4　旋转变换

中的坐标向量是相同的，坐标轴重合。但在旋转后，点 B 在旋转坐标系 $\{B\}$ 中的相对位置和姿态保持不变，但在基准坐标系 $\{A\}$ 中的坐标 P_a、P_b 和 P_c 会发生变化。因此，我们需要通过旋转矩阵来求解运动坐标系 $\{B\}$ 旋转后的点 B 在基准坐标系 $\{A\}$ 中的新坐标。旋转变换如图 5.4 所示，此时旋转后 B 点相对于基准坐标系 $\{A\}$ 的坐标可用矩阵的形式表示：

$$\begin{bmatrix} P_a \\ P_b \\ P_c \end{bmatrix} = \begin{bmatrix} 1 & 0 & 0 \\ 0 & \cos\theta & -\sin\theta \\ 0 & \sin\theta & \cos\theta \end{bmatrix} \begin{bmatrix} P_x \\ P_y \\ P_z \end{bmatrix} \tag{5.20}$$

复合变换：如果运动坐标系 $\{A\}$ 多次沿 x、y、z 轴平移变换并且绕这三个轴旋转变换，则此种变换为上述两种变换的结合，称为复合变换。复合变换需要按照先后顺序进行变换，复合变换如图 5.5 所示。

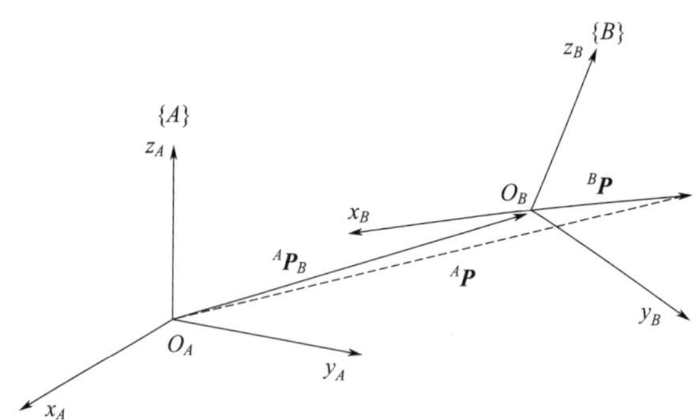

图 5.5　复合变换

复合变换便是平移变换和旋转变换的结合，变换矩阵为：

$$^A\boldsymbol{P} = {}^A_B\boldsymbol{T} \times {}^A_B\boldsymbol{R} = \begin{bmatrix} {}^A_B\boldsymbol{T} & & {}^A\boldsymbol{P}_B \\ & & \\ 0 \quad 0 \quad 0 & & 1 \end{bmatrix} \begin{bmatrix} {}^A\boldsymbol{P} \\ 1 \end{bmatrix} \tag{5.21}$$

式中，${}^A_B\boldsymbol{T}$、${}^A_B\boldsymbol{R}$ 分别为坐标系 $\{B\}$ 与坐标系 $\{A\}$ 之间的平移矩阵和旋转矩阵。

(2) 系统总体坐标转换框架

在实际的机器人抓取任务中，从 YOLOv3 模型获得目标物体的位置后，需要将该位置从 Kinect 相机坐标系转换到机器人坐标系中进行进一步处理。坐标转换关系如图 5.6 所示。首先 YOLOv3 输出的是物体在相机图像中的二维像素坐标，结合 Kinect 提供的深度信息，可以生成物体在相机坐标系 $\{C\}$ 下的三维坐标。这一过程中，深度信息帮助获取目标在空间中的实际位置，通过结合 YOLO 输出的像素坐标和深度值，能够将目标从图像空间转换到三维物理空间。接下来，需要通过坐标转换步骤，获取 Kinect 相机坐标系 $\{C\}$ 与机器人基座坐标系 $\{B\}$ 之间的转换矩阵。这个转换矩阵将物体在相机坐标系下的三维坐标与机器人基座坐标系下的三维坐标关联起来。通过将转换矩阵与物体在相机坐标系下的三维坐标相乘，就可以得到物体在机器人基座坐标系 $\{B\}$ 中的具体位置。这一步骤确保了物体在不同坐标系下的位置可以正确映射，从而使机器人能够准确地定位物体。此外，机械臂末端坐标系 $\{G\}$ 与机器人基座坐标系 $\{B\}$ 之间的转换矩阵通常是由机器人系统提供的。这意味着，在得到物体位置后，机器人可以根据已知的坐标变换关系，将物体位置映射到机械臂末端执行器的位置，从而实现精准的抓取操作。最后，将机器人基座坐标系 $\{B\}$ 下的物体三维坐标作为强化学习控制系统中的状态输入之一，与深度强化学习算法结合。通过这种方式，机器人控制系统能够根据目标物体的位置来调整抓取动作，进行目标抓取或避障等任务。

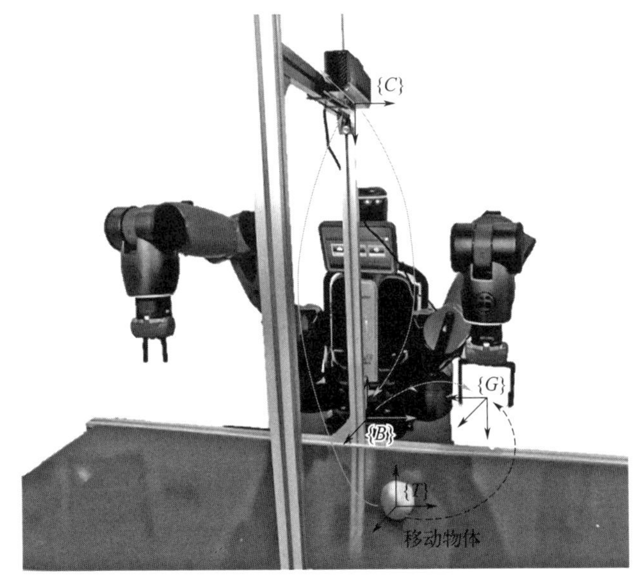

图 5.6　坐标转换关系

5.2.1.2　YOLO 检测结果

YOLOv3 是当前目标检测领域中最为先进和准确的算法之一[4]，因此本节选择 YOLOv3 作为移动物体检测的核心算法。通过结合 Kinect 传感器获取的深度图像，YOLOv3 被用来实时检测和定位移动物体的位置。YOLOv3 在进行目标检测时，能够准确地识别图像中的目标物体，并输出其在图像空间中的坐标。

图 5.7 展示了在两个不同运动轨迹下，YOLOv3 检测到的结果。通过 YOLOv3 模型，能够在捕捉到的深度图像中标定出物体的位置，并对其进行三维坐标计算。这一过程利用 Kinect 提供的深度信息将二维图像中的目标物体位置转化为实际空间中的三维坐标，从而为后续的机器人抓取任务提供必要的位置信息。

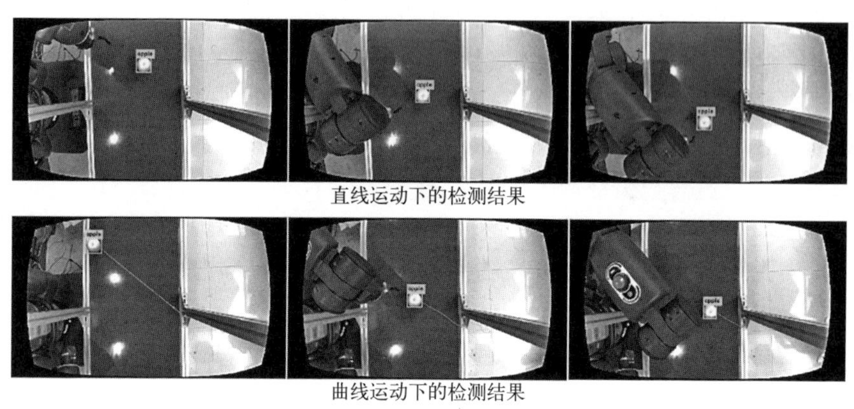
直线运动下的检测结果

曲线运动下的检测结果

图 5.7　目标检测结果

目标检测模块的实时性是确保抓取任务成功的关键。通过 YOLOv3 模型，系统每 30ms 就能输出一个运动物体的三维坐标，保证了对快速移动物体的实时跟踪与定位。这一检测速度完全能够满足机器人抓取任务的实时性要求，使得机器人可以及时调整抓取策略，以适应目标物体的位置变化。

5.2.1.3　内参标定

为了在移动物体、机器人和摄像头之间实现有效的坐标系转换，从而获取物体在机器人坐标系中的精确位置坐标，需要对 Kinect 相机与 Baxter 机器人之间的坐标转换进行标定。这一过程中，内参标定和外参标定是必不可少的步骤。

内参标定的主要功能是建立物体的二维像素坐标和三维空间坐标之间的转换关系。通过内参标定，可以校准相机镜头的几何畸变（如径向畸变和切向畸变），确保获取的图像数据在计算机视觉系统中更为准确。本节采用了 Kinect 官方提供的校准方法进行内参标定。具体来说，内参标定主要通过棋盘格标定板来计算出相机的焦距、光心坐标以及畸变系数等参数，这些参数可以对准确地将深度图像的二维坐标转化为三维坐标提供帮助。

在进行标定时，图 5.8 显示了具体步骤，包括 RGB 标定（RGB calibration）、红外相机标定（IR calibration）以及帧同步标定（frames synchronization calibration）。RGB 标定用于对 RGB 相机的内外参进行标定，以便提高彩色图像的精度；红外相机标定则是对 Kinect 中的红外传感器进行标定，确保深度图像的精确度；帧同步标定则是确保 RGB 图像和深度图像之间的时间同步，以确保每一帧的图像数据都能对应到相同的时间戳。

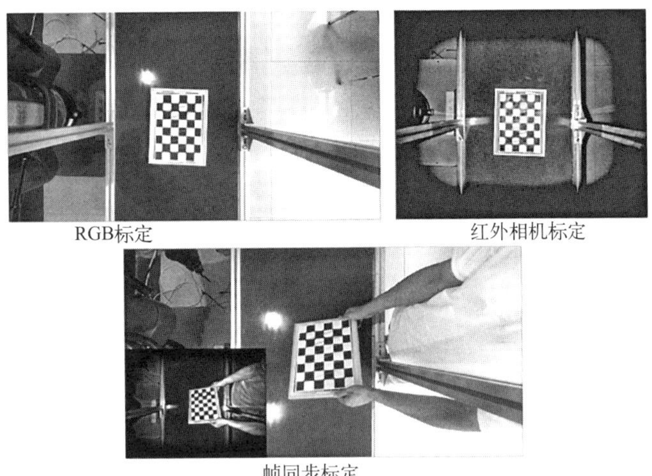

图 5.8　内参标定步骤

标定结果如图 5.9 所示。经过内参标定后，该系统能够基于 Kinect 相机坐标系，将二维像素坐标实时转换为三维坐标。具体过程如下：首先，Kinect 深度相机通过 YOLO 算法检测到移动物体在图像中的像素坐标；然后，结合 Kinect 相机的深度信息，即相机与物体的 z 轴距离，利用内参标定得到的系数，计算出物体在相机坐标系下的三维坐标。图中的数字表示实时显示的移动物体在 Kinect 相机坐标系中的三维位置。

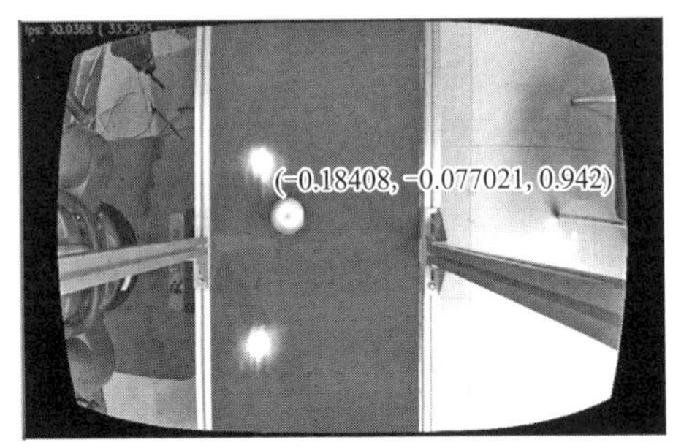

图 5.9　相机坐标系下的三维坐标

5.2.1.4　外参标定

外参标定用于确定 Kinect 相机坐标系与 Baxter 机器人基座坐标系之间的变换关系。这一过程通过计算相机坐标系和机器人基座坐标系之间的旋转矩阵和平移向量来实现，从而可以将 Kinect 相机捕捉到的目标物体位置从相机坐标系转化为机器人基座坐标系，确保机器人的控制系统能够正确理解物体在工作空间中的位置。

(1) 最小二乘法拟合

最小二乘法（又称最小平方法）是一种数学优化技术[5]。它通过最小化误差的平方和寻找数据的最佳函数匹配。利用最小二乘法可以简便地求得未知的数据，并使得这些求得的数据与实际数据之间误差的平方和为最小。最小二乘法还可用于曲线拟合。其他一些优化问题也可通过最小化能量或最大化熵用最小二乘法来表达，最小二乘法的矩阵形式为：

$$\boldsymbol{A}\boldsymbol{x}=\boldsymbol{b} \tag{5.22}$$

式中，$\boldsymbol{A}$ 为 $n\times k$ 的矩阵；$\boldsymbol{x}$ 为 $k\times 1$ 的列向量。

当找到向量 $\boldsymbol{x}$ 使得 $\|\boldsymbol{A}\boldsymbol{x}-\boldsymbol{b}\|$ 最小，则 $\boldsymbol{x}$ 为该方程的最小二乘解。

求解最小二乘的方法有奇异值分解、正规方程、QR 分解三种。本节中采用正规方程对平面方程进行拟合，以实现 Kinect 深度相机的外参标定。正规方程组的解为：

$$\boldsymbol{x}=(\boldsymbol{A}^{\mathrm{T}}\boldsymbol{A})^{-1}\boldsymbol{A}^{\mathrm{T}}\boldsymbol{b} \tag{5.23}$$

另一方面，平面方程的一般表达式为：

$$\boldsymbol{A}\boldsymbol{x}+\boldsymbol{B}\boldsymbol{y}+\boldsymbol{C}\boldsymbol{z}+\boldsymbol{D}=\boldsymbol{0} \tag{5.24}$$

将其变换为如下形式：

$$\boldsymbol{z}=-\frac{\boldsymbol{A}}{\boldsymbol{C}}\boldsymbol{x}-\frac{\boldsymbol{B}}{\boldsymbol{C}}\boldsymbol{y}-\frac{\boldsymbol{D}}{\boldsymbol{C}} \tag{5.25}$$

令$\boldsymbol{a}_0=-\frac{\boldsymbol{A}}{\boldsymbol{C}}$，$\boldsymbol{a}_1=-\frac{\boldsymbol{B}}{\boldsymbol{C}}$，$\boldsymbol{a}_2=-\frac{\boldsymbol{D}}{\boldsymbol{C}}$，则

$$\boldsymbol{z}=\boldsymbol{a}_0\boldsymbol{x}+\boldsymbol{a}_1\boldsymbol{y}+\boldsymbol{a}_2 \tag{5.26}$$

此时对应的最小二乘矩阵形式为：

$$\boldsymbol{A}=\begin{bmatrix} x_1 & y_1 & 1 \\ x_1 & y_1 & 1 \\ \cdots & \cdots & \cdots \\ x_n & y_n & 1 \end{bmatrix} \quad \boldsymbol{x}=\begin{bmatrix} \boldsymbol{a}_0 \\ \boldsymbol{a}_1 \\ \boldsymbol{a}_2 \end{bmatrix} \quad \boldsymbol{b}=\begin{bmatrix} z_1 \\ z_2 \\ \cdots \\ z_n \end{bmatrix} \tag{5.27}$$

式中，$(x_1,y_1,z_1),(x_2,y_2,z_2),\cdots,(x_n,y_n,z_n)$ 为输入的三维点坐标，套用正规方程的解，即可求得 $(\boldsymbol{a}_0,\boldsymbol{a}_1,\boldsymbol{a}_2)$。

(2) 标定结果

外参标定的主要目的是获取 Kinect 相机坐标系与机器人基座坐标系之间的转换关系，从而实现从相机坐标系到机器人基座坐标系的坐标转换。为了实现这一目标，本节采用了最小二乘法进行标定。在外参标定中，最小二乘法用于拟合 AR 标记与 Baxter 机械臂夹爪的运动轨迹，从而计算出 Kinect 相机与机器人基座坐标系之间的转换矩阵。具体而言，在标定过程中，使用 AR（增强现实）标记作为标定对象，将其放置于机械臂的工作空间内，利用 Kinect 相机和机械臂

末端夹爪的运动数据来进行标定。通过跟踪 AR 标记的运动轨迹以及夹爪的运动轨迹，最小二乘法拟合这两者的关系，最终得出 Kinect 相机坐标系与机器人基座坐标系之间的转换矩阵。

如图 5.10 所示，图中的浅色轨迹代表通过最小二乘法拟合得到的 AR 标记在机器人基座坐标系中的运动轨迹，深色轨迹则表示 Baxter 机械臂末端夹爪的运动轨迹。从图中可以看出，两条轨迹几乎重合，显示出较高的拟合度，说明标定结果较好，转换矩阵的精度较高。这表明 Kinect 相机与机器人基座坐标系之间的转换关系得到了准确的计算，可以为后续的坐标转换提供可靠的依据，从而确保机械臂能够根据相机捕捉到的物体位置进行精确抓取。

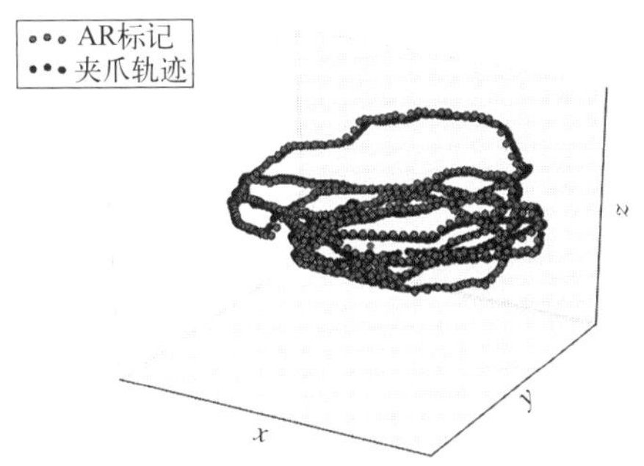

图 5.10 外参标定的轨迹拟合

ROS 中 RViz 软件可以将标定的过程和标定结果可视化。如图 5.11 所示，标定结果描述了 Kinect 和机器人之间的相对位置。

(a) 标定过程　(b) 标定结果

图 5.11 RViz 可视化标定过程

5.2.2 机械臂自主抓取的策略

5.2.2.1 概述

本节基于 SAC（Soft Actor-Critic）强化学习算法进行改进，以提升机械臂控制系统的性能和泛化能力。具体改进内容包括以下几个方面：

首先，针对 SAC 中的值函数计算，本节引入了熵正则化。熵正则化是用来平衡探索和利用的策略，其中熵项的引入能够增加策略的随机性，从而鼓励智能体在训练初期进行更多的探索。为了使训练过程更加灵活，本节将熵正则化系数 α 设定为自动调整的形式。具体而言，在训练的早期阶段，较高的 α 值鼓励更多的探索，而在后期阶段，较低的 α 值则促使智能体更多地进行利用，从而提高训练效率并稳定学习过程。

其次，本节对 Q 函数的更新引入了 clipped double-Q trick，这一技术可以有效避免 Q 值的过高估计和次优策略的更新。通过这种方法，Q 函数的估计更为准确，从而避免了由于 Q 值过高估计导致的策略不稳定和发散问题。具体而言，clipped double-Q trick 通过将两个独立的 Q 函数与目标 Q 函数结合使用，减少了高估偏差的影响，确保了 Q 函数的学习更加稳健和有效。

另外，为了应对机械臂控制任务中的高维动作和状态空间，本节还在神经网络的训练过程中引入了 L_2 正则化修正。L_2 正则化的引入有助于避免模型在训练过程中出现过度拟合问题，提升了深度强化学习控制方法在机械臂控制中的泛化能力。通过对网络参数进行惩罚，L_2 正则化有效控制了神经网络的复杂度，从而增强了模型对新环境的适应性和鲁棒性。

在本节的改进方法中，整个网络同时学习策略网络 π_θ 和两个 Q 函数 Q_{ϕ_1} 和 Q_{ϕ_2}，以此来优化策略并减少 Q 值估计误差。这一网络结构能够有效提升强化学习算法在高维控制任务中的表现，并能够应对机械臂控制中的复杂动态环境。

Q 函数训练和策略函数训练参见第 4 章内容，以下详述 L_2 正则化修正。

5.2.2.2 L_2正则化

在强化学习中，尤其是对于高维的动作空间和状态空间，过拟合是一个常见的问题。过拟合会导致模型在训练数据上表现良好，但在新的、未见过的环境中表现不佳，从而影响模型的泛化能力和稳定性。L_2 正则化是一种应对这一问题的常用技术，可以有效地抑制过拟合，并提升模型在未知环境中的表现。L_2 正则化通过在目标函数中加入一个正则项，限制模型的权重大小，防止其变得过大，避免模型在训练过程中过于拟合训练数据。正则化项通常是模型参数的平方和，它鼓励模型选择更为平滑、简单的权重，从而增强泛化能力。

在本节中，针对机械臂控制问题，状态空间和动作空间的维度较高，因此容易出现过拟合现象。为了解决这一问题，本节在 SAC（Soft Actor-Critic）强化学习算法中加入了 L_2 正则化。具体而言，正则化通过对目标函数 J 添加一个 L_2 范数惩罚项来实现，其中 $\Omega(\theta)=\|\omega\|_2^2$，代表参数的 L_2 范数。L_2 正则化后的目标函数可以表示为：

$$\widetilde{J}(\theta;X,y)=J(\theta;X,y)+\frac{\alpha}{2}\Omega(\theta)$$

式中，$\alpha\in[0,+\infty]$，当 $\alpha=0$ 时，表示没有使用正则化，α 越大，表示正则化惩罚越大；θ 表示网络模型中神经网络的所有权重参数。此时目标函数 J 相对参数 w 所对应的梯度为：

$$\nabla_w\widetilde{J}(w;X,y)=\alpha w+\nabla_w J(w;X,y)$$

因此，权重参数 w 可以由下式更新：

$$w\leftarrow w-\varepsilon[\alpha w+\nabla_w J(w;X,y)]$$

式中，ε 为人为设置的学习率，范围为 [0,1]。

由此，综上所述，基于 Soft Actor-Critic 的强化学习网络数据交互如图 5.12 所示。

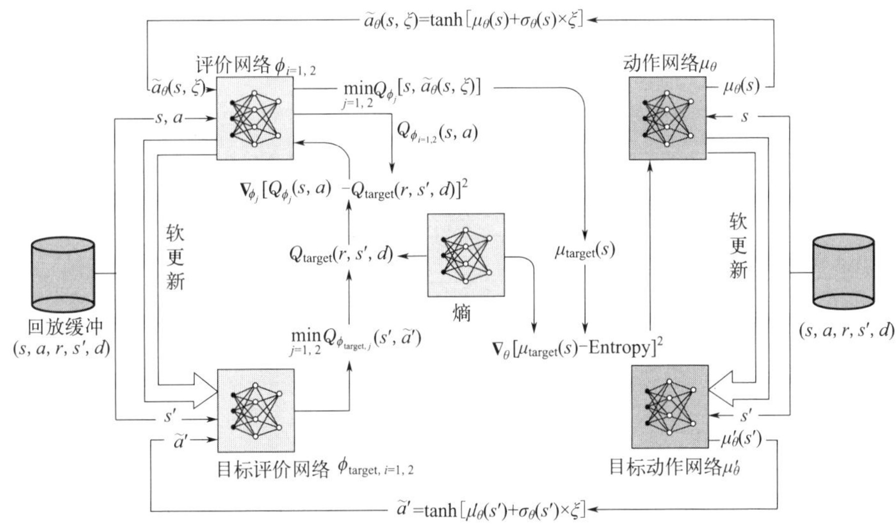

图 5.12　网络数据交互过程

5.2.2.3　密集奖励与稀疏奖励

在强化学习中，奖励函数的设计至关重要，它直接影响到智能体学习的效率和最终的表现。在移动物体抓取问题中，合理的奖励设计不仅能够加速训练过程，还能提高抓取任务的成功率和策略的稳定性。为了有效地指导智能体在环境中学习，我们设计了一种结合密集奖励 R_{dense} 和稀疏奖励 R_{sparse} 的混合奖励函数。

$$R_{\text{dense}}=-w_{\text{dist}}r_{\text{dist}}-w_{\text{vel}}r_{\text{vel}}\tag{5.28}$$

式中，r_{dist} 是机械臂夹爪和移动物体之间的距离决定的密集奖励；r_{vel} 是机械臂末端与物体的相对速度决定的密集奖励；w 是平衡两个奖励的相应权重。

r_{dist} 被定义为夹爪末端和目标物体中心之间的欧几里得距离：

$$r_{dist}=\sqrt{(x_g-x_t)^2+(y_g-y_t)^2+(z_g-z_t)^2} \tag{5.29}$$

式中，(x_t, y_t, z_t) 和 (x_g, y_g, z_g) 分别为移动物体中心和机械臂夹爪末端基于机器人坐标系的三维坐标。

r_{vel} 是机械臂末端移动速度与物体移动速度的差值，它被定义为：

$$r_{vel}=\sqrt{(v_{xg}-v_{xt})^2+(v_{yg}-v_{yt})^2+(v_{zg}-v_{zt})^2} \tag{5.30}$$

式中，(v_{xt}, v_{yt}, v_{zt}) 和 (v_{xg}, v_{yg}, v_{zg}) 分别为移动物体和机械臂末端基于机器人坐标系在 x、y 和 z 方向下的移动速度。

另一方面，抓取移动物体采用了先实现稳定跟踪再进行抓取的策略。具体而言，系统首先确保物体与机械臂末端之间的相对位置和相对速度在设定的阈值范围内，保持稳定的相对运动。在此过程中，系统计算物体在 x、y、z 方向（基于机器人坐标系）的相对距离，并根据这些信息控制机械臂末端在相应方向上移动。当物体与机械臂末端的相对距离和相对速度连续 10 个采样时间都保持在设定的阈值内时，系统判定机械臂已成功实现稳定跟踪，进入抓取阶段。

在抓取阶段，机械臂通过控制夹爪的开合度来抓取物体。为了保证抓取的稳定性和可靠性，此处采用了稀疏奖励机制。具体而言，只有当物体与夹爪末端的相对距离 r_{dist} 和相对速度 r_{vel} 在连续 10 个采样时间内都小于设定的阈值时，系统才会给予奖励。这一策略可以有效地引导机械臂学习如何保持稳定的跟踪，并避免在不稳定的状态下进行抓取操作。

$$R_{sparse}=\begin{cases}-5, & r_{vet}\leqslant V_{thre}\\ -10, & r_{dist}\leqslant S_{thre}\\ +10, & (r_{dist}\leqslant S_{thre})\wedge(r_{vel}\leqslant V_{thre})\\ +20, & \text{成功抓取}\end{cases} \tag{5.31}$$

式中，S_{thre}、V_{thre} 为期望的相对距离和相对速度的差值。

综上所述，奖励函数伪代码如表 5.2 所示。

表 5.2　奖励函数伪代码

奖励函数设计
1:输入:初始化的权重参数 w_{dist}、w_{vel}、S_{thre}、V_{thre}，以及由智能体输出的动作 a
2:输出:奖励值 R
3:Begin:
4:　智能体在环境中执行动作 a
5:　获取移动物体的位置和速度 (x_t, y_t, z_t)、(v_{xt}, v_{yt}, v_{zt})
6:　获取夹爪末端的位置和速度 (x_g, y_g, z_g)、(v_{xg}, v_{yg}, v_{zg})

续表

奖励函数设计
计算密集奖励$R_{dense}=-w_{dist}r_{dist}-w_{vel}r_{vel}$
If $r_{dist}>S_{thre}$ and $r_{vel}\leqslant V_{thre}$==True:
R- =5
Els $r_{dist}\leqslant S_{thre}$ and $r_{vel}>V_{thre}$==True:
R-=10
Els $r_{dist}\leqslant S_{thre}$ and $r_{vel}\leqslant V_{thre}$==True:
R+=10
Try 抓取物体:
If 抓取成功:
R+=20
End if
End if
返回奖励值R
End

5.2.2.4　状态空间和动作空间的定义

在设计深度强化学习算法时，状态空间和动作空间的定义至关重要，特别是针对移动物体的抓取任务，相较于固体物体的抓取，移动物体抓取任务的复杂性大大增加。移动物体抓取涉及动态环境下的实时调整和控制，因此在定义状态和动作时，必须充分考虑这些动态特性，确保算法能够有效适应环境变化。

首先，移动物体的三维坐标需要在机器人世界坐标系下进行表示。这一要求不仅能够简化控制算法的实现，还带来了一个显著的优势：训练好的控制策略模型可以较为容易地迁移到实际应用中，而无需进行大量的微调或重新训练。因此，机器人（如 Baxter 七自由度机械臂）的姿态也必须在机器人坐标系下表示，以确保在控制过程中的一致性和准确性。

其次，移动物体的三维坐标（x_t, y_t, z_t）以及其矢量速度（v_{xt}, v_{yt}, v_{zt}）是通过目标检测系统获得的，而不是通过端到端的视觉运动学习方案获得。这是因为现有的 sim2real（虚拟到现实）技术，尤其是在 CoppeliaSim 等物理仿真平台中的视觉渲染效果仍然不够真实。现有的 sim2real 技术在将仿真环境的控制策略迁移到实际环境时，可能会遭遇显著的性能瓶颈，或者需要大量的计算资源来处理与视觉相关的强化学习算法。这种局限性使得通过直接视觉感知进行控制的策略在移动物体抓取中面临更大的挑战。

因此，在移动物体抓取任务的状态空间中，除了包括物体在机器人坐标系下的三维坐标和速度信息，还需要包括机械臂的关节信息。这些信息包括七自由度机械臂的七个关节的转动角速度 $\omega_1 \sim \omega_7$ 和位置 $p_1 \sim p_7$，这些信息是基于机器人坐标系进行表示的，能够为深度强化学习模型提供必要的反馈，帮助其理解机械臂的状态并做出相应的控制决策，如式(5.32) 所示：

$$s=\{x_t, y_t, z_t, v_{xt}, v_{yt}, v_{zt}, \omega_1, \omega_2, \cdots, \omega_6, \omega_7, p_1, p_2, \cdots, p_6, p_7\} \quad (5.32)$$

对于动作空间 a，定义为控制 Baxter 机械臂的七个关节的角速度 $v_1 \sim v_7$：

$$a=\{v_1, v_2, v_3, v_4, v_5, v_6, v_7\} \quad (5.33)$$

5.2.2.5 深度强化学习控制流程

基于上述介绍，整个改进 SAC 算法的控制机械臂的过程如图 5.13 所示。在此过程中，算法通过强化学习方法学习如何控制机械臂以完成任务，比如抓取移动物体。图中展示了整个控制过程的框架，从环境交互到策略更新的各个阶段。在该过程中，动作 a 包括 Baxter 机械臂七个关节的角速度，即控制每个关节的

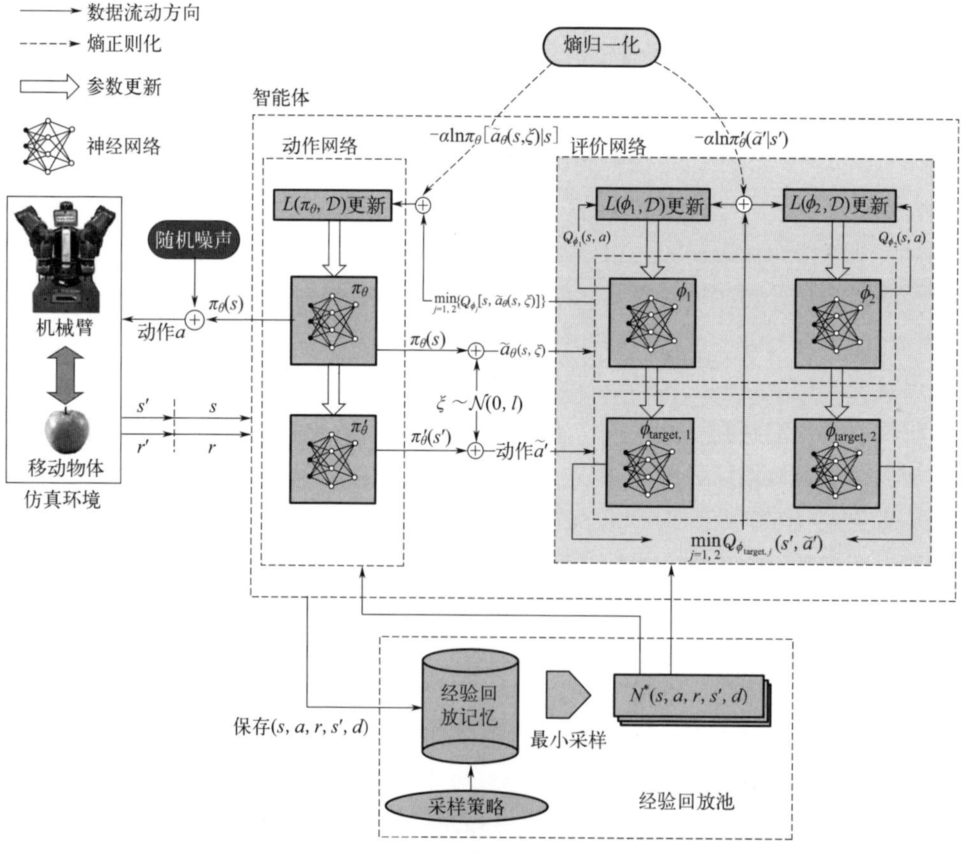

图 5.13　基于改进 SAC 的控制过程

速度，以实现机械臂的精确操作。每个关节的角速度控制能够影响机械臂末端执行器的位置和姿态，进而帮助机械臂在动态环境下跟踪和抓取移动物体。

5.2.2.6　仿真结果分析

为了实现有效的移动物体抓取任务，首先建立了一个新的 CoppeliaSim 仿真环境，用于模拟物体的移动抓取场景并训练相应的控制策略。CoppeliaSim 是一个强大的机器人仿真平台，广泛应用于机器人的控制、路径规划和多机器人系统研究。在本研究中，由于实际任务中使用的是双臂 Baxter 机器人，因此仿真环境采用了 Baxter robot 机器人模型，其中包括 Baxter 机械臂、Baxter 夹持器以及一个边长为 0.025m 的随机移动立方体作为抓取对象，构建的仿真环境如图 5.14 所示。通过该仿真环境，能够模拟机械臂与移动物体交互的动态过程，并测试其抓取策略的有效性。

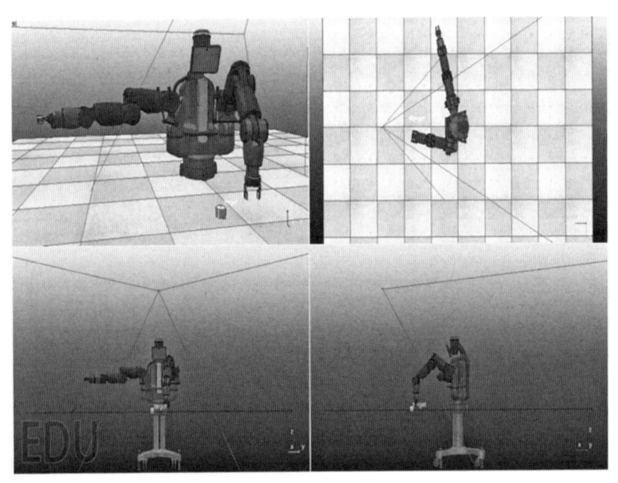

图 5.14　抓取仿真环境

为了全面评估所提出的移动物体抓取系统，定义了一个移动物体抓取任务。该任务的核心目标是通过强化学习（RL）算法优化机械臂的运动规划策略。具体来说，任务包括两部分：一是稳定跟踪，即通过不断调整末端执行器的位置，使机械臂能够精准地追踪并保持对移动物体的跟随；二是物体抓取，即在机械臂稳定跟踪目标物体的基础上，在适当的时机执行抓取操作。该任务具有较高的挑战性，因为需要设计一个能够平衡物体跟踪与抓取的策略，尤其是在动态环境下，物体的运动轨迹可能具有较大的不确定性。为了实现这一目标，强化学习算法将反复训练，以学习如何在各种复杂情况下完成抓取任务。

任务步骤的设计旨在确保移动物体抓取任务的有效性，并且通过强化学习模型不断优化机械臂的抓取策略。具体步骤如下：

① 设定物体加速度范围：首先，将移动目标物体的加速度范围设定为[−1,1]，表示物体在一个固定平面内做随机直线运动。在每个 episode 的开始步长，物体的加速度值会随机分配在该范围内，模拟物体的运动行为。接下来，在每个时间步长，物体的加速度将会在上一时刻的基础上加上一个较小的随机增量，从而使得物体的运动轨迹具有随机性与不确定性。为了简化模型，物体只在一个平面内进行直线运动，这样能够减少运动维度，方便进行后续的控制和抓取。

② 强化学习控制系统：在系统初始化后，强化学习模型生成的策略将被用来控制机械臂的运动。此时，机械臂需要调整末端执行器的位置，以保持与移动物体之间的相对位置不变。为了完成这一目标，系统会在 5 个时间步长内持续执行此任务，确保机械臂能够跟踪物体并保持在物体的相对位置附近。这一阶段的关键是精确控制机械臂的动作，以便准确预测和跟踪物体的动态变化。

③ 抓取操作：当机械臂成功稳定地跟踪移动物体时，系统开始计算夹爪与物体在 x、y、z 方向上的相对距离。通过对这些距离的测量，系统进一步调整机械臂末端的位置，使得夹爪能够精确地到达物体并完成抓取。

实验中使用的超参数如表 5.3 所示。

表 5.3 超参数设置

网络名称	学习率	优化器	网络层数或大小
Q 网络	0.0003	Adam	27×512×512×521×1
策略网络	0.0003	Adam	20×512×512×521×512×7
完整状态序列的步长			50
样本批			128
折扣因子 γ			0.999

图 5.15 显示了移动物体抓取策略的训练结果，涵盖了平均奖励和抓取成功率两个重要指标。从图中可以观察到，得益于 SAC 算法中熵项的引入，整个训练过程非常平稳，奖励值逐步提升，没有出现剧烈的波动或振荡。这种平稳的增长反映了强化学习模型在不断探索和优化过程中保持了良好的稳定性，避免了过度探索或过早收敛的情况。

在评估抓取成功率时，每训练 400 次，系统会保存一次当前模型，并加载该模型进行测试。在测试阶段，模型会进行 100 次抓取任务，并计算抓取成功率。这种方法能够有效评估训练过程中模型的泛化能力和实际抓取表现。在经过 10 万次训练后，训练效果趋于一致，奖励值达到了一个合理水平，且抓取成功率显著提高。

这一结果表明，经过充分的训练，系统已经能够稳定地适应移动物体的动态变化，且具备了较高的抓取成功率。通过持续的训练和策略优化，系统能够不断

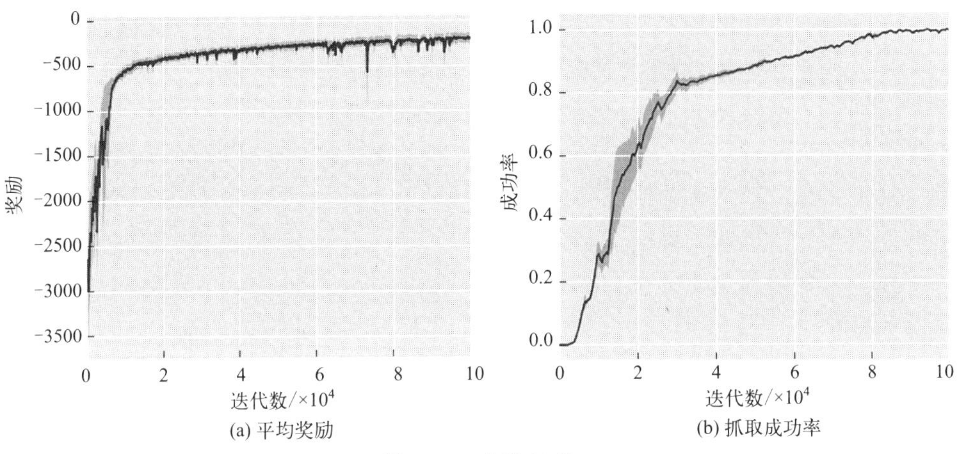

(a) 平均奖励　(b) 抓取成功率

图 5.15　训练结果

提升其在现实应用中的表现。这也验证了改进 SAC 算法在强化学习任务中的有效性，尤其是在需要平稳收敛的复杂任务中，能够提供稳定的策略输出并保证较高的任务完成率。

为了进一步评估所提出的系统，将其与两种最先进的强化学习（RL）算法进行比较，分别是 TD3（twin delayed deep deterministic policy gradient，双延迟深度确定性策略梯度）[6] 和 DDPG（deep deterministic policy gradient，深度确定性策略梯度）[7]。这两种算法在相同的任务设置下，分别使用 3 种不同的随机种子进行训练，总训练次数为 10 万次。训练过程中，奖励值和成功率被用于衡量不同算法的表现。从图 5.16 中可以清晰地看到，SAC 算法相比于 TD3 和 DDPG 更加稳定，奖励增长平稳，且最终的成功率显著高于其他算法。DDPG 算法在训练过程中出现了较大的振荡，且未能成功完成任务，这表明该算法在处理

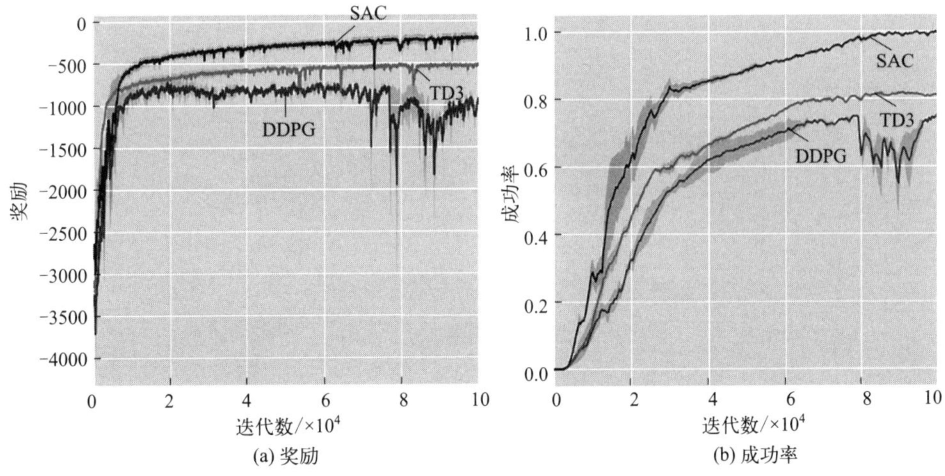

(a) 奖励　(b) 成功率

图 5.16　SAC 与 TD3 和 DDPG 的性能对比

复杂动态任务时容易出现不稳定的情况。虽然 TD3 在完成任务方面表现较好，但其训练性能和最终的成功率仍低于 SAC 算法，且收敛速度相对较慢。因此，从训练稳定性和任务完成度两个角度来看，SAC 算法显然优于 TD3 和 DDPG。基于 SAC 的移动抓取系统在训练过程中表现出了更高的稳定性和高效的策略优化，能够在复杂的动态环境中提供更高的抓取成功率，因此选择基于 SAC 的方法作为实际应用中的主要方案。

接下来评估训练模型在不同的物体移动轨迹下的性能，分别为物体直线和曲线随机移动。首先，Baxter 机械臂的初始位置还有移动物体的初始位置和加速度在环境中随机初始化。然后，根据目标和机器臂状态，通过提出的深度强化学习框架，生成机械臂抓取策略，驱动夹爪末端与移动目标保持相对位置稳定，以此跟踪移动目标。当持续稳定跟踪 5 个步长时，夹持器在基于机器人坐标系方向上移动相应距离，拿起目标物体，成功完成任务。

表 5.4 总结了两种运动轨迹下的抓取成功率。从结果可以看出，当物体以直线运动时，该系统的抓取成功率很高。同时，由于策略是在物体直线运动的情况下训练的，所以当物体做随机曲线移动时成功率略低。图 5.17 展示了物体两种运动轨迹的测试案例，步骤如下：a. 机器人和物体的位置被随机初始化；b. 机械手通过使用生成的强化学习策略接近目标；c. 保持夹爪和物体之间的相对位置稳定以便跟踪；d. 成功地抓住移动物体。

表 5.4　抓取成功次数统计

物体移动轨迹类型	成功抓取次数 （总抓取数为 50）
直线	42
曲线	22

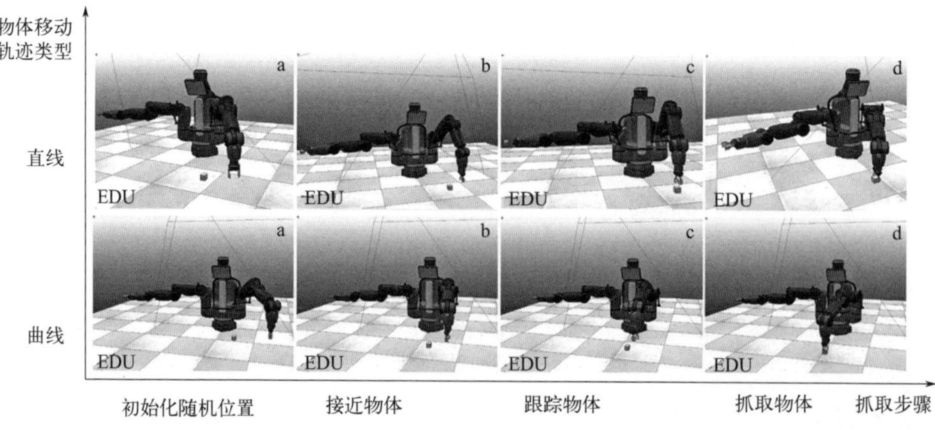

图 5.17　不同移动轨迹下的抓取测试

图 5.18 记录了在 CoppeliaSim 中移动物体和夹爪的轨迹。从轨迹中可以看出，在两种不同运动轨迹中，每段都有所对应的接近-跟踪-抓取的步骤。实现了跟踪＋抓取的一体化策略，满足任务要求。

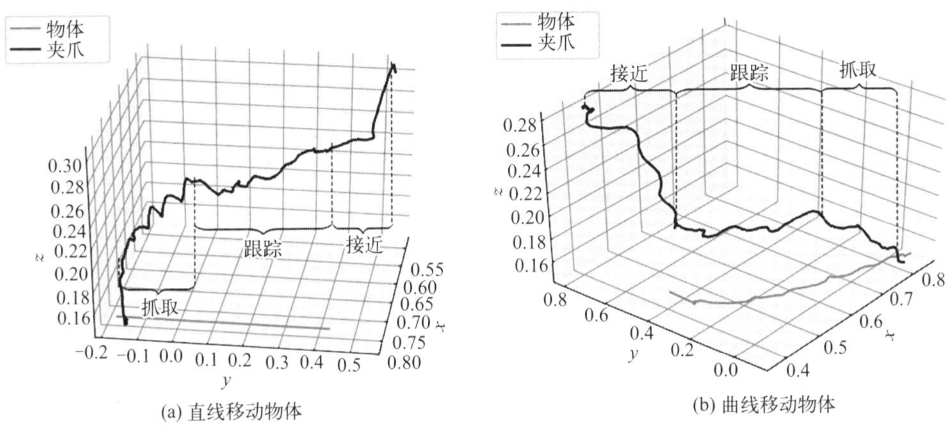

图 5.18　夹爪和物体对应的移动轨迹

5.2.3　机械臂自主抓取路径规划

5.2.3.1　总体结构

本节主要探讨了如何将预测准确性较高的 LSTM-FC（长短期记忆与全连接）网络模型与机器人抓取控制结合，以实现对移动物体的精准抓取。图 5.19 展示了该系统的总体框架。首先，从 CoppeliaSim 仿真环境中获取实时的运动特征信息。这些信息包括物体的速度、位置、加速度等动态参数，这些特征信息将作为输入传递给训练好的 LSTM-FC 网络模型。LSTM-FC 网络是一种结合了长短期记忆（LSTM）和全连接（FC）层的深度学习模型，特别适合处理时间序列数据，能够有效地预测物体在未来几秒钟内的运动轨迹和位置。通过 LSTM-FC 网络的预测，系统能够提前获得物体在未来的几秒钟内的位置坐标。接下来，运动规划模块根据机械臂当前的状态（包括各关节的位置、速度等），利用逆向运动学算法来计算出控制机械臂运动所需的各个轴的旋转指令。逆向运动学

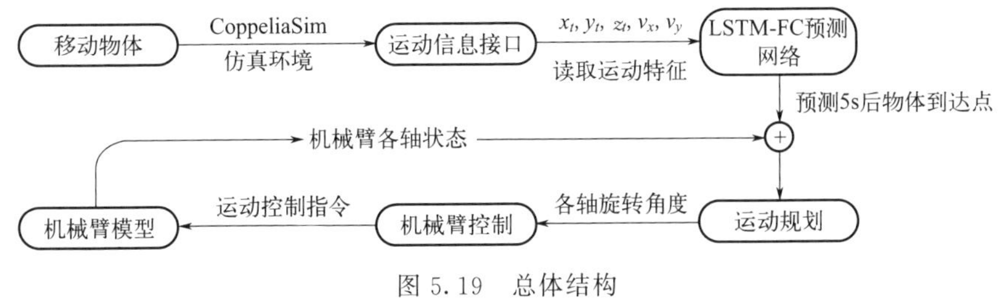

图 5.19　总体结构

通过机械臂末端执行器（如夹爪）与目标物体之间的空间关系，推导出各关节的精确角度，以确保机械臂能够准确到达目标位置。最后，将计算出的旋转指令输入机械臂的控制器中，控制器依据指令调整各关节的角度，实现机械臂的精确运动，最终完成抓取任务。

在本小节中，将详细介绍 LSTM-FC 网络如何通过对历史数据的学习，预测抓取点，并且深入探讨如何将这些预测结果与机械臂控制系统结合，实现高效、精准的移动物体抓取。

5.2.3.2 历史轨迹特征选取

为了深度挖掘物体移动过程中的历史轨迹信息，此处以物体 t 时刻时基于机器人基座坐标系的 x 轴坐标 x_t、y 轴坐标 y_t、x 轴方向速度 v_x、y 轴方向速度 v_y 作为物体的运动特征输入网络，以 $t+1$ 时刻的物体位置坐标（x_{t+1}，y_{t+1}）作为标签来构建移动预测模型，建立物体历史移动轨迹与未来轨迹特征数据之间的关系，那么 t 时刻的移动物体的运动特征信息为：

$$s(t)=\{x_t, y_t, v_x, v_y\} \tag{5.34}$$

为了实现移动物体的轨迹预测，此处将连续 n 个时刻的物体历史轨迹运动特征 $s(t-n+1),\cdots,s(t-1)$，$s(t)$ 作为预测模型特征输入，模型输出为 $t+1$ 时刻物体基于机器人基座坐标系的 x 轴坐标 x_{t+1} 与 y 轴坐标 y_{t+1}。综上所述，整个移动物体轨迹预测模型为：

$$p(t+1)=f(\{s(t-n+1),\cdots,s(t-1),s(t)\}) \tag{5.35}$$

$$p(t+1)=(x_{t+1},\ y_{t+1}) \tag{5.36}$$

式中，n 为特征输入的时间步长。

5.2.3.3 LSTM-FC 模型

在本小节中，设计了一个结合 LSTM（长短期记忆）网络和全连接（FC）层的神经网络模型，用于预测物体的移动轨迹。然而，神经网络的设计没有固定的标准，网络结构的选择、输入特征的数量、数据分布的特点以及数据量的大小等因素都会显著影响模型的预测性能。此外，网络中的超参数（如学习率、批次大小等）以及每层神经元的数量也是决定模型性能的关键因素。在神经网络模型中，如果网络的深度或神经元的数量过小，可能导致拟合度不足，进而导致训练过程中的欠拟合，无法充分捕捉数据中的复杂模式。相反，如果网络的深度或神经元的数量过大，可能会导致模型过于复杂，出现过拟合现象，使得模型在训练数据上的表现很好，但对新的、未见过的数据预测效果差。这种过拟合的情况使得预测结果与实际结果之间存在较大的偏差，从而影响物体未来轨迹的预测准确性。

因此，本研究针对物体移动轨迹的特性，通过多次实验来确定最合适的网络结构。经过调优后，最终确定的模型结构如图 5.20 所示。该神经网络模型由 LSTM 层和全连接（FC）层组成，共有四个隐藏层。前两层是 LSTM 结构，每层分别包含 32 个和 16 个节点，负责捕捉物体移动过程中的时序依赖性和历史轨迹信息。后两层为全连接层，分别包含 64 个和 32 个节点，用于进一步处理和输出预测结果。为了防止网络层数过多导致的过拟合，在这两个全连接层中引入了 dropout 技术。dropout 是一种正则化方法，通过随机“丢弃”部分神经元（即以一定的概率暂时不连接部分神经元），有效抑制过拟合。具体地，这两个全连接层的 dropout 率分别设置为 0.5 和 0.3，这样可以使模型在训练过程中更具泛化能力，提高预测的稳定性和准确性。通过多次实验验证，最终得出的网络结构能够在物体移动轨迹预测任务中达到较好的预测效果。

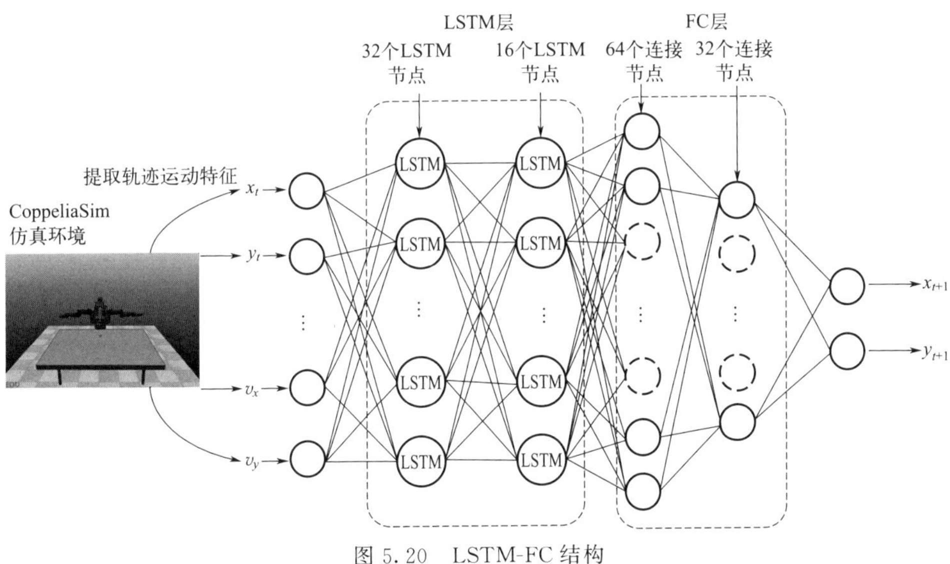

图 5.20　LSTM-FC 结构

5.2.3.4　仿真结果分析

(1) 仿真环境的建立

为了采集移动物体随机运动产生的历史轨迹，此处以 CoppeliaSim 软件作为仿真平台搭建抓取仿真环境。CoppeliaSim 是机器人仿真软件里的翘楚，它拥有众多机器人仿真需要的功能，比如，机器人正逆向运动学解算器、机械臂高维的路径规划、嵌入图像处理的视觉传感器等，同时也拥有四个强大的物理引擎（ODE、Bullet、Vortex、Newton）用于对仿真环境的渲染，足以实现真实机器人的运动模拟[8]。搭建的仿真环境如图 5.21 所示，将移动物体设置成一个边长为 2.5cm 的正方体，速度从 [−1,1] 的区间中随机生成，模拟移动物体的随机运动。当物体开始运动时，从接口采集物体 x 轴速度、y 轴速度，以及位置坐标作为表征移动轨迹的特征值。

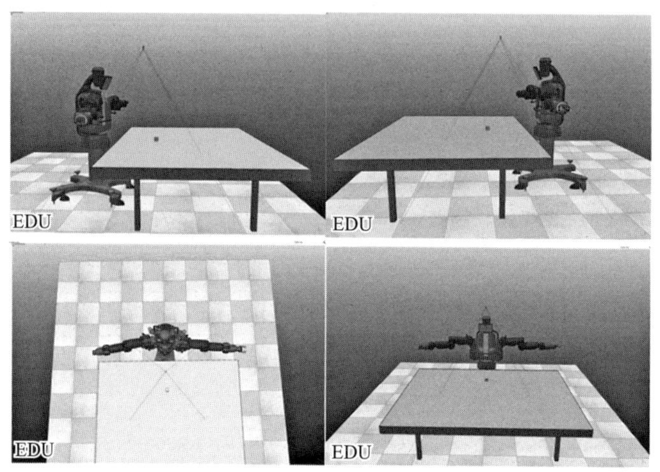

图 5.21　仿真环境

经过数据收集，本小节获得了完整的特征数据。但由于不同的特征有不同的单位，同时各个特征的取值范围也不同，这影响了网络模型在训练过程中的表现。为了消除不同特征范围的影响，减小不同单位度量引起的误差，对特征数据采用离差标准化方法进行归一化处理。同样地，为了使网络输出与实际预测结果统一，最终还需对模型输出进行反归一化。具体的归一化公式如式(5.37）所示。数据归一化后，每个特征的数值范围在 0 到 1 之间[9]。

$$x_{\mathrm{n}}=\frac{x-x_{\min}}{x_{\max}-x} \tag{5.37}$$

式中，x 是从仿真环境中得到的运动特征的原始值；$x_{\min}$ 为特征数据中的最小值；$x_{\max}$ 为特征数据中的最大值；x_{n} 为归一化后的值。

本小节总共收集了 300 组完整的物体移动轨迹进行训练与测试。在训练模型的同时，将所有数据集分为训练集（80%）和测试集（20%）。输入层节点与输入特征数一样，输出层节点为 2。利用训练集对本小节提出的 LSTM-FC 网络模型进行训练，利用测试集的数据对模型测试。批次大小、周期大小、学习率以及相关超参数设置如表 5.5 所示。

表 5.5　超参数设置

参数	优化器	学习率	损失函数	训练集	窗口长度	批次大小	周期大小
设置值	Adam	0.0001	MSE	3000	20	256	400

使用均方误差（MSE）来评价 LSTM-FC 轨迹预测模型。均方误差是预测

值与真实值之差的平方和的平均值，它能够真实反映预测模型的预测精度。它的数值越小，预测精度就越高。MSE 具体计算方式如下：

$$\mathrm{MSE}=\frac{1}{m}\sum_{i=1}^{m}(x_i-\hat{x}_i)^2 \tag{5.38}$$

式中，x_i 为真实值；$\hat{x}_i$ 为预测值。

(2) 结果分析

按上述参数设置开始训练模型，该模型在训练过程中，训练集和测试集的学习曲线如图 5.22 所示。从图中可以看出，随着训练的进行，训练集和测试集的误差逐渐减小，表明模型逐步收敛，并且能够较好地适应训练数据。在训练初期，训练集误差较大，但随着迭代次数的增加，模型逐渐学习到了物体移动轨迹的规律，误差迅速下降。在模型训练的后期，误差趋于平稳，说明模型的性能稳定，且能够在一定程度上避免过拟合现象。

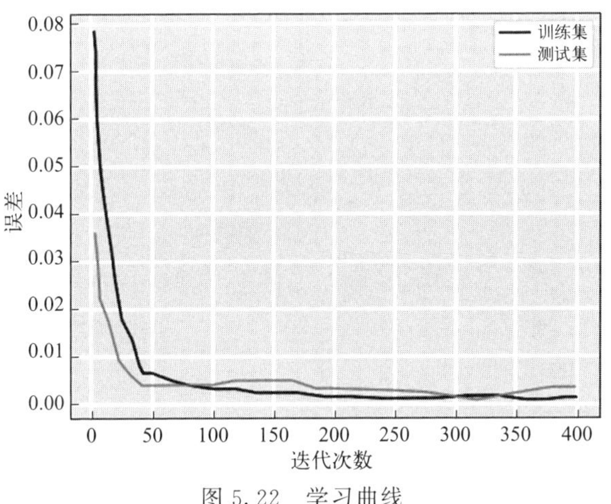

图 5.22　学习曲线

另外，历史轨迹长度对模型预测结果也具有显著影响。本小节通过选择不同的历史轨迹长度 $n=\{5,10,15,20,25\}$ 来分别训练轨迹预测模型，并使用均方误差（MSE）作为评价指标对不同模型进行对比，实验结果如表 5.6 所示。结果表明，当输入的轨迹长度 $n=20$ 时，模型的预测均方误差最小，预测精度最高。具体来说，随着历史轨迹长度的增加，模型能够获得更多的历史信息，从而更好地捕捉物体移动的规律，进而提高预测精度。然而，随着轨迹长度继续增加（如 $n=25$），误差开始有所回升，表明过长的历史轨迹输入可能会导致模型复杂度的增加，从而影响预测的稳定性。因此，在本实验中，历史轨迹长度为 20 时取得了最佳的预测效果。

综上所述，合适的轨迹长度对提高模型预测精度起着关键作用。通过优化历史轨迹的长度输入，结合合适的神经网络结构和超参数设置，能够有效提升物体移动轨迹的预测精度和模型的泛化能力。

表 5.6 MSE 值

输入轨迹长度 n	预测均方误差 MSE
5	8.865×10^{-4}
10	6.761×10^{-4}
15	7.786×10^{-4}
20	4.631×10^{-4}
25	5.655×10^{-4}

为了验证模型的有效性，本小节设计了多种不同的物体轨迹运动模式，并将运动特征实时读取并输入训练好的预测模型中。具体来说，仿真平台通过 CoppeliaSim 环境实时获取物体的运动数据（包括位置坐标和速度信息），这些数据作为输入传入模型进行轨迹预测；模型基于历史运动数据预测物体未来几秒钟的运动轨迹，并将预测结果输出；最终，通过对比物体的真实轨迹与模型预测的轨迹，来评估预测模型的准确性。

图 5.23 展示了真实轨迹与预测轨迹的对比结果。图中，移动物体的位置坐标以米（m）为单位，呈现了物体在不同时间步长内的运动路径。可以看出，在多种不同轨迹的测试下，预测结果与真实轨迹非常接近，模型成功捕捉到了物体运动的规律。这进一步验证了所设计的 LSTM-FC 网络模型在物体轨迹预测任务中的可行性和有效性。

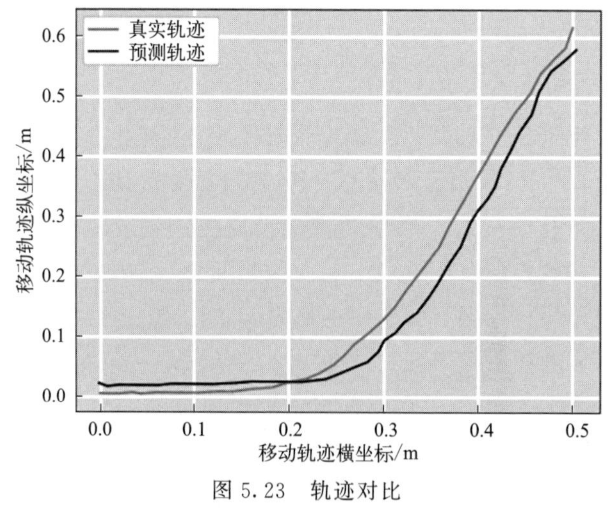

图 5.23 轨迹对比

为了验证所提混合模型的有效性，本小节对比了 LSTM 和 LSTM-FC 两种预测模型的性能。两个模型采用相同的超参数设置进行训练，以确保实验的公平性。图 5.24 展示了两种模型在预测过程中所得到的轨迹点的横纵坐标误差变化。

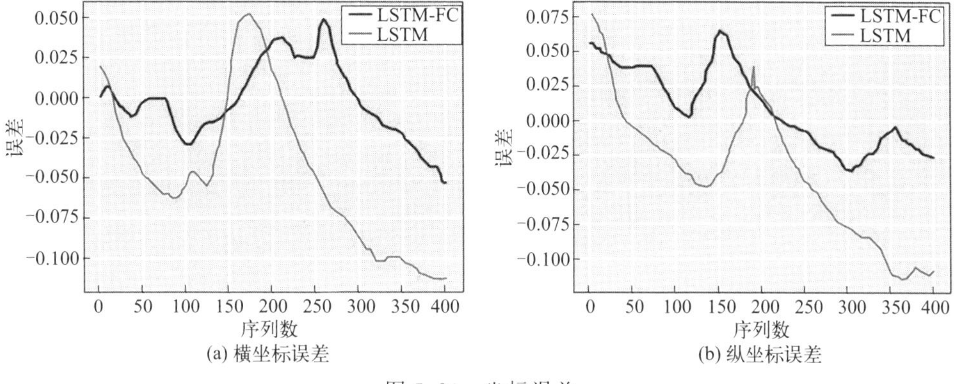

图 5.24　坐标误差

图 5.24（a）展示了移动点轨迹的横坐标误差，图 5.24（b）展示了纵坐标误差。通过对比可以明显看出，LSTM-FC 混合模型的误差波动明显较小，预测结果更为平稳。相比之下，单一的 LSTM 模型在误差上存在较大的波动，尤其是在较长时间步长（较大序列数）的预测中，其误差会逐渐增大。LSTM-FC 模型通过结合 LSTM 层与全连接层，有效地提高了对物体轨迹的平滑预测能力，减轻了误差的波动性。

此外，LSTM-FC 模型的误差数值明显低于单一 LSTM 模型，表明混合模型在预测精度上更具优势。其稳定性和准确性在实际应用中非常重要，尤其是在需要高精度控制的任务中，如机械臂抓取。由此可以得出结论，LSTM-FC 模型在物体轨迹预测任务中表现优于单一 LSTM 模型，具备更高的准确性和鲁棒性。

仿真抓取结果通过实时抓取过程的截图进行展示，如图 5.25 和图 5.26 所示。图 5.25 展示了当物体沿一种轨迹进行移动时的抓取过程，而图 5.26 则展示了物体沿另一种不同轨迹运动时的抓取过程。

图 5.25　1 号移动轨迹抓取过程

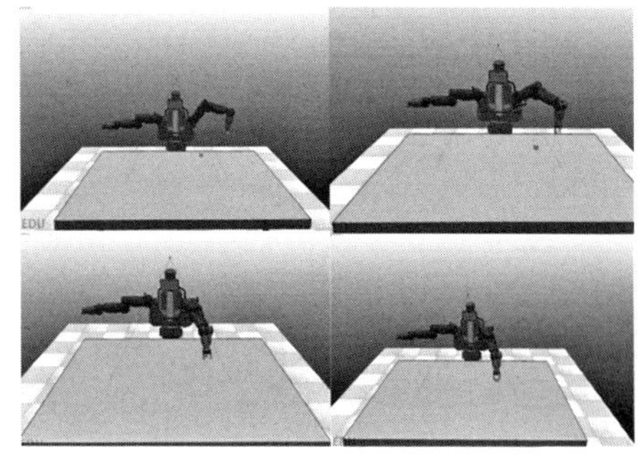

图 5.26　2 号移动轨迹抓取过程

从这两张图中可以看出，由于所使用的 LSTM-FC 预测模型具有较高的精度，在这两个不同的轨迹下，机械臂都能通过精确的预测控制成功抓取物体。无论物体的运动轨迹如何变化，机械臂都能够保持稳定的跟踪与抓取过程。这验证了所提出的 LSTM-FC 模型在实际物体抓取任务中的有效性，尤其是在处理复杂动态环境时的可靠性和准确性。

5.3 面向混叠环境的机械手自主抓取策略

5.3.1 混叠目标检测技术

5.3.1.1 简单堆叠环境下的工件抓取策略

(1) YOLO 检测算法的部署

深度学习的目标检测算法基于大量的数据训练寻找特征，从而实现对目标物的检测与分类。此类方法众多，YOLO 检测算法是 Redmon 提出的单阶段目标检测算法，不同于 RCNN 系列两阶段目标检测算法，只需要通过一次网络就可以得到目标的位置和类别信息。而 YOLOv5 是目前检测效果最好的算法之一，它沿用了 v3、v4 的整体布局，利用回归的方法同时进行了创新，在保证检测精度的前提下，模型检测速度大幅度提高，更加适应实时检测的要求。而根据网络深度，又分为 YOLOv5s、YOLOv5m、YOLOv5l、YOLOv5x 这四个版本。由于抓取场景简单，此处使用模型最小的 YOLOv5s 网络进行检测，通过一定的标注过的工件数据集进行训练，使用训练完的模型便可以精准地检测到抓取场景中的工件，如图 5.27 所示。

图 5.27 工件检测图

在图 5.28 所示的简单抓取场景中，系统可以基于 RealSense 相机坐标系，将二维像素坐标实时转化为三维坐标。首先，RealSense 深度相机从 YOLO 算法检测到移动物体在图像视野中的像素点二维坐标，之后结合 RealSense SDK 中的深度信息，获得检测框中心点的深度值。最后使用 ROS 操作系统为中间介质，使 Franka 机械手与 RealSense 相机联系起来，系统实时发送坐标点信息话题，机械手接收该话题并进行坐标转换和运动学分析，获得机械手坐标系下该物体的坐标，通过逆向运动学与位姿变换求解各个关节和夹持器的位姿值，实现抓取。

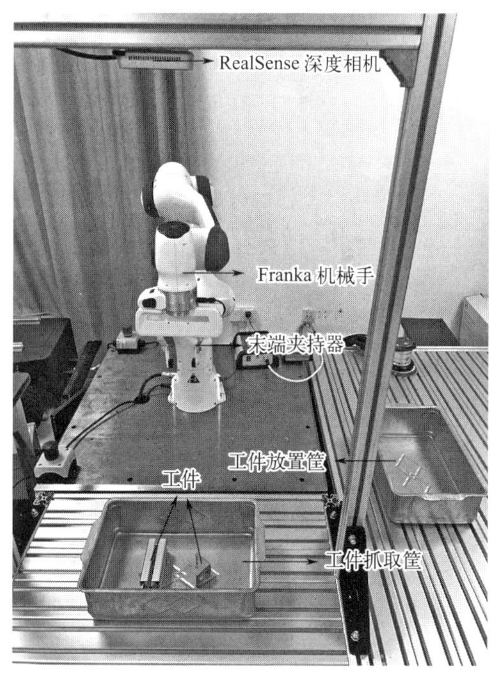

图 5.28　简单抓取场景

如图 5.29 所示，工件抓取筐中简单放置了两个物体，逻辑上，机械手会根据获得的三维坐标信息，优先抓取离相机最近的物体。在图（a）中，虽然两者高度一致，但左侧的方块中心有一定的凹槽，右侧角块则没有，因此，机械手会优先抓取角块放置于右侧的工件放置筐中，随后将方块夹取到右侧的工件放置筐中，如图（b）～(f）所示。

该方法主要针对图 5.30 中整齐堆叠的工件或对机械手姿态要求不高的场合。在该方法中，无须对机械手进行训练，抓取方法比较简单，效率较高，但当环境变得复杂时，该方法将不再适用。

(2）简单堆叠场景下抓取方法的不足

在面对复杂的混叠环境与一些极端情况，上述算法存在较多的弊病。在随机生成的混叠环境——也是工厂工件常出现的堆叠环境中，虽然能够通过 YOLO

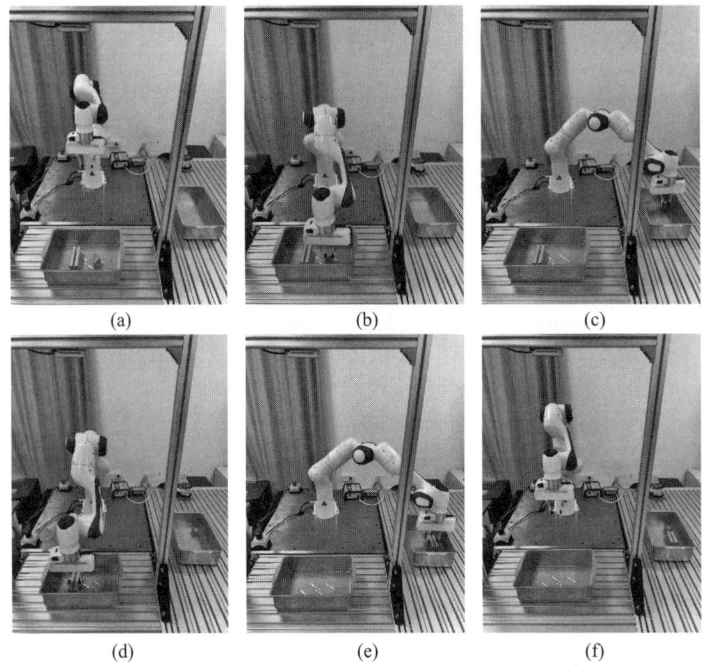
(a) (b) (c)
(d) (e) (f)

图 5.29 简单场景下物体抓取

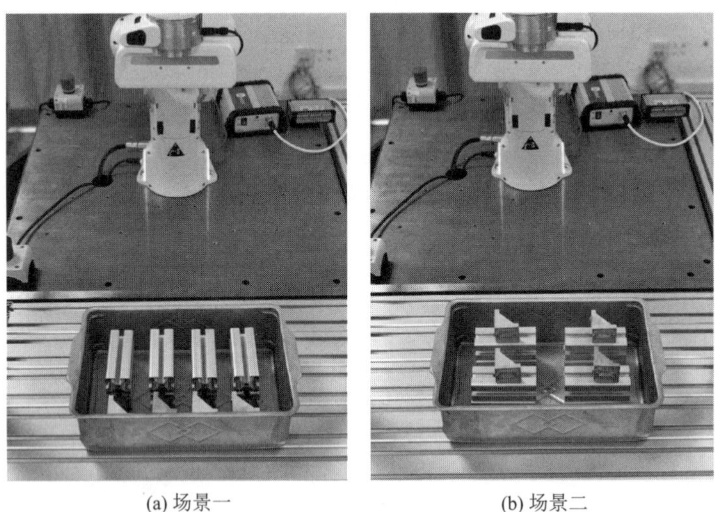
(a) 场景一 (b) 场景二

图 5.30 简单堆叠场景

检测算法获得物体的抓取中心点，但机械手无法得到物体的姿态信息，也就无法自适应地改变其抓取姿态，如图 5.31 所示，其中“I”字形标志代表着机械手抓取成功率较高的抓取姿态。在简单场景下，机械手抓取过程中的末端姿态是固定的，研究人员往往会提前设置好四元数参数，在抓取过程中，会保持同一种姿态进行抓取，这导致在混叠环境下，无法使用最佳的抓取姿态，导致抓取失败，因此该方法很难具有泛化性。

图 5.31　混叠抓取环境

如图 5.32 的特殊抓取场景，通常在复杂混叠环境中也常常出现该种堆叠场景，图（a）工件抓取筐中的两方块会紧紧靠在一起，此时机械手很难单独抓起其中一个物体，也无法将两物体同时抓起来；图（b）场景同理，此时，方块会紧靠在工件抓取筐筐壁，机械手甚至会连同工件抓取筐一同抓起。在遇到以上两种情况时，普通的抓取动作，已很难将物体抓起，此时需要增加其他动作，从而打破原有的堆叠环境，实现抓取。

(a)

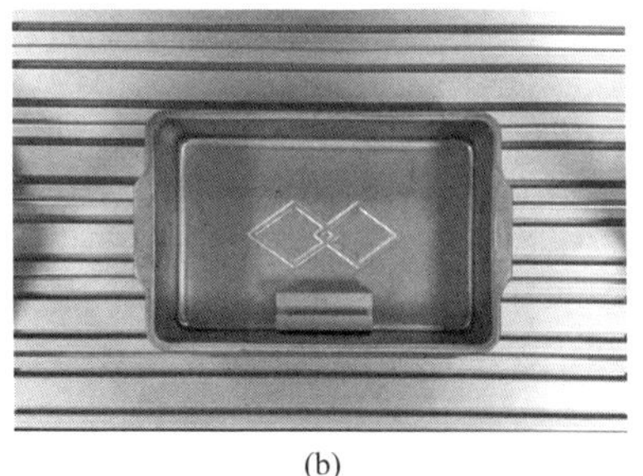

(b)

图 5.32　特殊抓取环境

5.3.1.2　混叠环境下的目标分割算法

(1) 全卷积神经网络

全卷积神经网络（fully convolutional network，FCN）是首个端到端的针对像素级预测的神经网络，在全卷积神经网络结构中，网络中的全连接层被卷积层所代替。这个操作一方面可以将原本全连接层的输出转换成特征图，方便进行下采样和上采样操作；另一方面，使得分类网络能输出热图形式，为端到端的密集学习提供一种有效的方法。因此，FCN 可以学习到不同层次的特性信息，包括深度信息，这对机械手抓取系统极为重要。该网络的网络模型通常有 FCN-32s、FCN-16s、FCN-8s 这三种，越往后，模型越复杂，分割的精度越高。通常，将 FCN 网络概括为编码器（encoder）和解码器（decoder）两部分。编码器部分，使用预训练的卷积神经网络作为编码器，例如 VGG[10]、AlexNet[11]、ResNet[12]、DenseNet[13] 等。编码器的任务是提取输入图像的特征，通常会使用卷积层和池化层来缩小特征图的尺寸和数量，减少网络的运算量。解码器的任务是将编码器提取出的特征图进行上采样，并将其融合在一起以生成像素级别的分割结果。解码器包含反卷积层、插值层、卷积层等操作，以逐步扩大特征图的尺寸和数量。

以最为简单的 FCN-32s 为例，如图 5.33 所示，其只是将预测结果上采样了 32 倍，然后还原回原图大小。由于使用的是 AlexNet 训练好的模型进行初始化，其深度值为 21，包含了 20 个类别及 1 个背景信息。在 FCN-32s 网络结构中，输入图像的尺寸为 227×227×3，经过一系列的卷积操作、下采样操作，最终得到一个 21×32×32 的特征层，再经过上采样就得到了和原图尺寸一致的特征图，但此时深度还是 21；之后，对每一个像素的 21 个深度值进行 Softmax 处理，便可得到该像素针对每一个类别的预测概率，取其中概率最大值作为预测类别，实现分割。

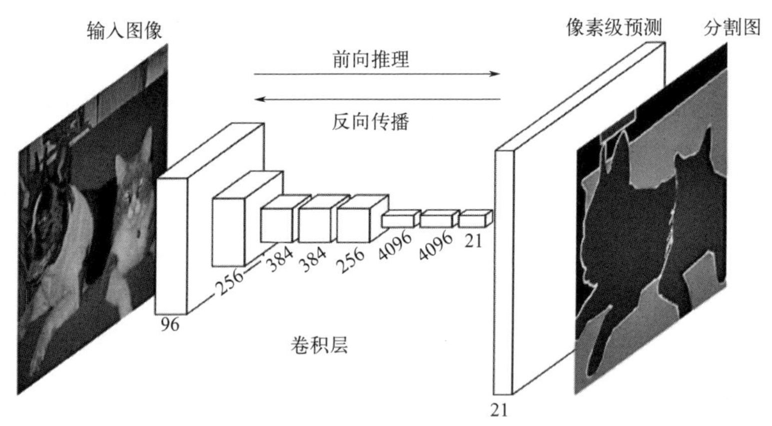

图 5.33　FCN-32s 密集预测图

针对网络中第五层的输出结果不够精确的问题，采取了一种图像恢复方法，即对第五层的输出结果进行 32 倍反卷积操作。但是，实验发现单纯地对第五层进行反卷积操作并不能完全恢复出原图，因此需要尝试对第四层和第三层的输出也进行反卷积操作，以获取更多的信息。最后，将这三个反卷积的结果进行图像融合，得到了更加精确的原图恢复结果。这种方法可以有效提高图像恢复的精度。如图 5.34 所示，底层和高层的特征图被结合了起来，这样的操作被称为跳跃结构，通过该操作将编码器和解码器之间的特征图进行融合，提高了模型性能与预测的精确度。

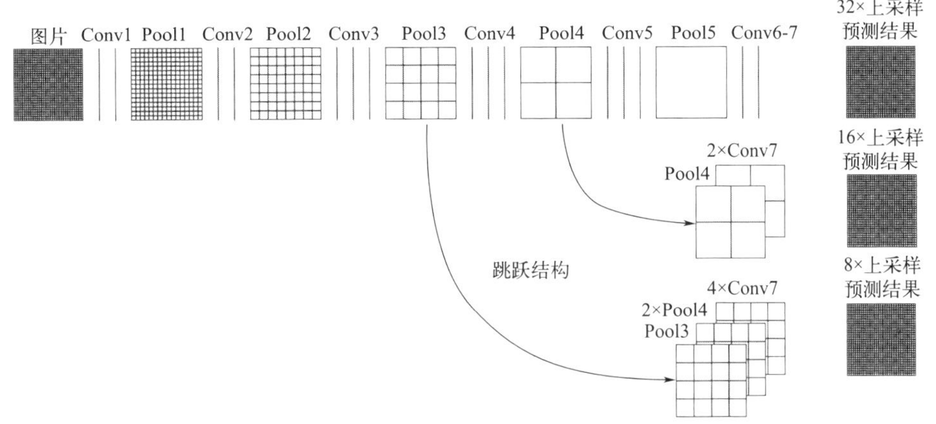

图 5.34　FCN 与跳跃结构图

（2）密集卷积网络

密集卷积网络（DenseNet）是一种卷积神经网络，用于解决深度卷积神经网络中存在的梯度消失和特征稀疏问题，如图 5.35 所示。它的核心思想是通过将前一层的输出与后续所有层的输入拼接在一起，来增加网络中特征的复用程

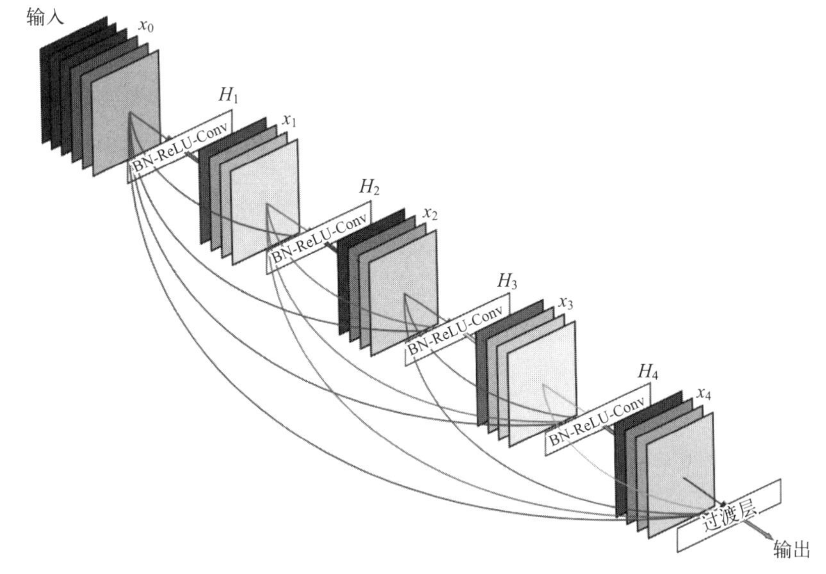

图 5.35　密集卷积网络特征图

度，从而避免信息在传递过程中的丢失。与传统卷积神经网络不同，密集卷积网络具有 $L(L+1)/2$ 个直接连接（L 表示层数），这些直接连接可以使网络中每个层都可以直接访问来自前面所有层的信息，从而增加了网络的深度和复杂度，同时减少了参数量。此外，DenseNet 还可以通过特征重用来提高特征的表达能力，更好地处理数据集中的小样本问题。

(3) 目标分割算法部署

为了提高模型的泛化能力和避免过拟合现象，通常需要在大规模数据集上进行预训练，这样可以使模型对于更广泛的输入数据具有更好的适应性。对于计算机视觉领域来说，ImageNet 数据集是其中一个非常著名的大型数据集，包含数百万张图像和数千个类别的标签，这使得它成为预训练模型的首选数据集之一。在预训练过程中，模型通过多轮迭代，学习如何提取特征以及分类图像。一旦预训练完成，可以使用预训练模型的特征提取器作为新模型的基础，这可以大大缩短模型训练的时间和计算成本，并且还可以提高模型的准确率和泛化能力。因而 DenseNet-121 网络先在 ImageNet 上进行预训练，从而避免了过拟合并缩短了训练时间。此处使用 FCN 作为目标分割系统，是因为该网络可以接受任意尺寸的输入图像。在非结构环境中的物体状态信息采集中，工件抓取筐中的工件类型较为复杂，传统的检测方法很容易被高处的物体遮掩，无法检测，因此需要使用 FCN 对每个像素进行预测。由于这些预测点保留了深度信息，只需要根据坐标变换，便可以将像素点坐标转换为机械手坐标系下的坐标，实现抓取。

由于上采样后的热图保留了工件的深度信息，同时为了适应混叠环境的抓取需求，抓取策略会优先抓取离相机较近的工件。图 5.36 中，相比于其他工件，在工件抓取筐中被抓工件位置最高，抓取策略会优先对该工件执行抓取。

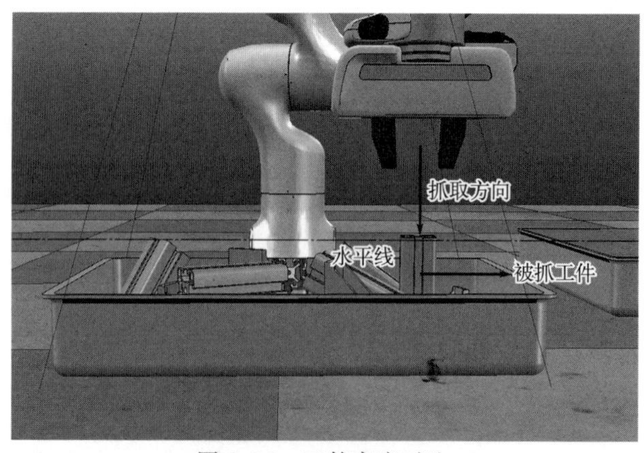

图 5.36　工件高度对比

复杂场景的目标检测过程如图 5.37 所示，视觉处理模块为 FCN-DenseNet 结构，以场景中深度相机生成的 RBG-D 图作为输入，通过仿射变换分别对 RGB

图和深度图进行预处理得到特征图。需要注意的是，深度图通常为单通道，为了能够在 DenseNet-121 中预训练，将该深度图通过通道克隆处理成了与彩色图相同的三通道，并进行了归一化。将两张特征图利用 121 层的 DenseNet 模型进行预训练，得到两张 1024 通道的特征图，将这两张特征图进行矩阵拼接，再把得到的特征图输入 FCN 中进行学习，最终将通过双线性采样放大后的特征图输出为具有深度信息的热图，该热图的分辨率与输入图像的分辨率保持相同。如果动作中添加了推的动作，则需要将高度图输入两个 FCN 中，分别用于推动和抓取动作的生成。在热图中，通常用冷色与暖色来代表抓取点置信度，颜色越接近红褐色，说明该点的抓取或推动置信度越高。

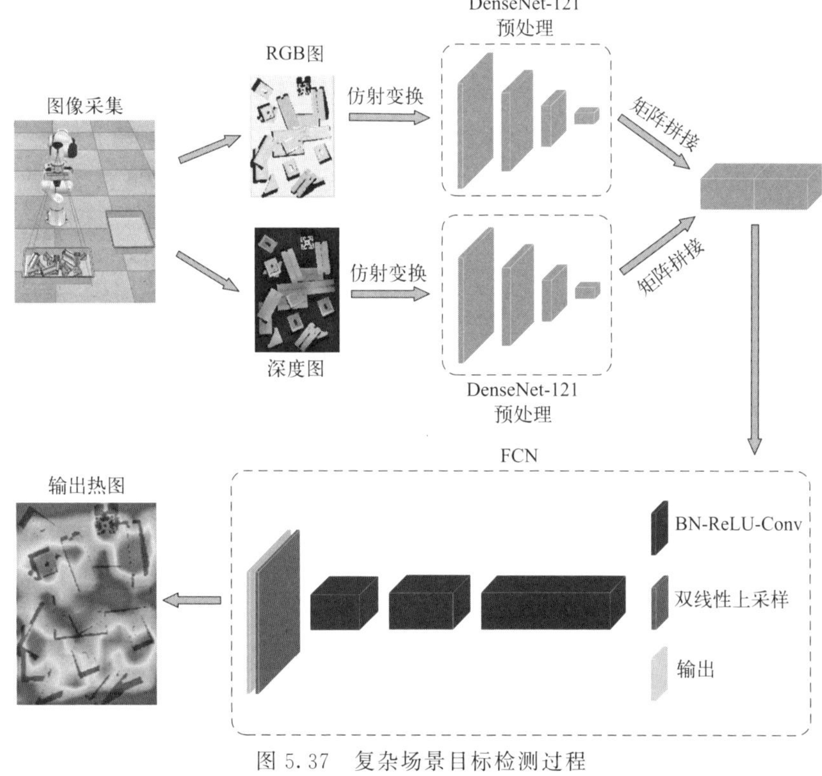

图 5.37　复杂场景目标检测过程

5.3.2　基于改进 SAC 算法的机械手抓取策略

此处在原有的 SAC 算法基础上做出了稳定性改进与效率改进。稳定性改进的目的是优化机械手在抓取训练中的探索能力，保证了模型的鲁棒性与泛化性，具体表现在：将熵正则化系数设定为在学习过程中自行调整，用以平衡探索与利用之间的关系，防止机械手进行无用的探索；更新 Q 目标函数时，使用两个 Critic 网络与两个目标 Critic 网络，避免 Q 值被过高估计，提高模型学习过程的稳定性；由于机械手的抓取过程通常是高维运动，动作空间与状态空间比较复杂，在训练时，常常出现过拟合现象，影响实验测试，此处通过在策略网络和Q网络的损失函数中添加一个权重衰减项来防止神经网络的过拟合，提高了算法的稳定性。效率改进的目的是加快网络收敛，提高智能体的学习效率和性能，为此，引入优先经验回放（prioritized experience replay，PER）机制，使得机械手在抓取中能够积极采样更高价值的样本，以加快学习过程。

① 为了使熵正则化系数（熵系数）能够在学习中自行调整，可以采用以下公式来更新熵系数 α：

$$\alpha \leftarrow \max(\alpha_{\min}, \alpha \mathrm{e}^{-\alpha \mathrm{lr}^t}) + \epsilon \tag{5.39}$$

式中，t 表示当前的训练步数；$\alpha_{\min}$ 表示熵系数的最小值；lr 表示学习率；ϵ 表示一个较小的常数，用来确保熵系数不会太小。通过以上方式，熵系数会随着训练的进行而逐渐减小，使得策略在开始时更加专注于探索，随着学习的进行逐渐倾向于利用已知的较好的动作策略。同时，由于熵系数的变化是平滑的，避免了在训练过程中出现过度探索或过度利用的情况。

② 在 SAC 算法更新 Critic 网络时，需要使用 Q 目标函数来计算误差，并根据误差更新网络参数，因此，更新 Q 目标函数时，使用了裁剪双 Q 技巧，避免 Q 值被过高估计，提高模型学习过程的稳定性和收敛性。

裁剪双 Q 技巧使用两个价值网络和一个策略网络：$Q(s_t;a_t;w_1)$，$Q(s_t;a_t;w_2)$，$\pi(s_t,\theta)$。三个神经网络分别对应一个目标网络：$Q(s_t;a_t;w_1^-)$，$Q(s_t;a_t;w_2^-)$，$\pi(s_t,\theta^-)$。用目标策略网络计算动作：

$$\hat{a}_{j+1}^- = \pi(s_{j+1};\theta^-) \tag{5.40}$$

然后使用两个目标价值网络计算：

$$\hat{y}_{j,1} = r_j + \gamma Q(s_{j+1}, \hat{a}_{j+1}^-; w_1^-) \tag{5.41}$$

$$\hat{y}_{j,2} = r_j + \gamma Q(s_{j+1}, \hat{a}_{j+1}^-; w_2^-) \tag{5.42}$$

取较小者为 TD 目标：

$$\hat{y}_j = \min\{\hat{y}_{j,1}, \hat{y}_{j,2}\} \tag{5.43}$$

裁剪双 Q 技巧中的 6 个神经网络的关系如图 5.38 所示。

整个基于 SAC 算法的机械手抓取流程图如图 5.39 所示。动作 a_t 的确定是选择 $Q_{\mathrm{g}}(s_t)$ 和 $Q_{\mathrm{p}}(s_t)$ 中值更大的那一个。经验池存储了智能体在与环境交互过程中所经历的状态、动作、奖励和下一个状态。在训练的初期，会产生一定数量的经验，当这些经验达到一定数量后，从经验池中定量采样优先级较高的经验加以训练并更新策略。根据模型要求，当只训练一个抓取动作的模型时，只需要训练一个 FCN 即可；当训练完整的动作模型时，则需要使用 2 个 FCN 生成两张热图，分别用于推动动作和抓取动作。

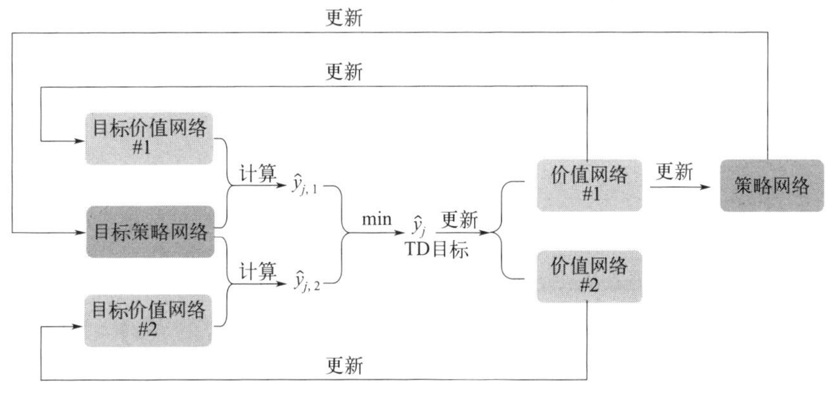

图 5.38　裁剪双 Q 技巧网络结构

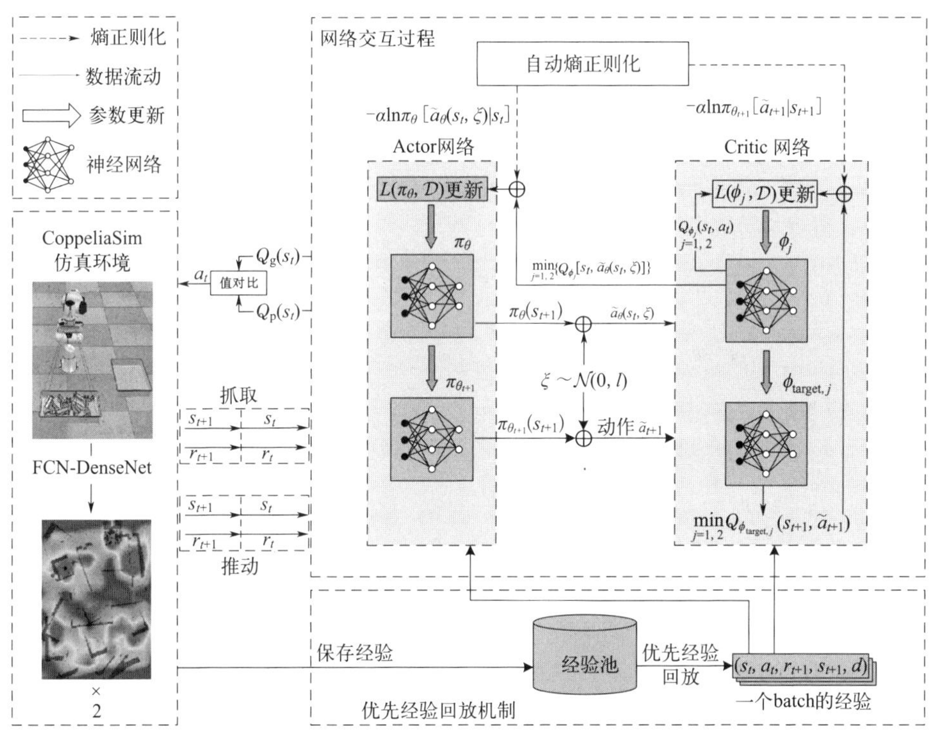

图 5.39　基于 SAC 算法的机械手抓取框架

5.3.3　混叠环境下的抓取实验

5.3.3.1　训练环境、流程与参数配置

图 5.40 为机械手在 CoppeliaSim 仿真环境中的训练示意图，该场景包括了 Panda 机械手、末端夹持器、RGB-D 相机、混叠堆放的 20 个工件、工件放置筐

和抓取筐。在 CoppeliaSim 仿真环境中，内置了逆向运动学模块，机械手根据抓取点坐标信息便可计算出对应的运动姿态。工件放置筐位于机械手旁 0.3m 处，处于机械手工作范围内。相机被安装在工件抓取筐上方 0.9m 处，获得的图像尺寸大小为 640×480。工件抓取筐覆盖的桌面面积为 $0.225m^2$，混叠环境的生成是随机的，每次 4 种不同类型的工件被随机抽取，从工件抓取筐上方 10cm 处某点向下掉落，保证了训练模型的泛化性。

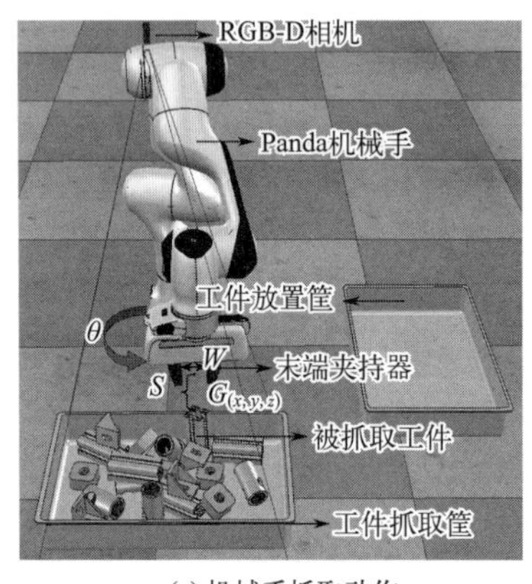

(a) 机械手抓取动作

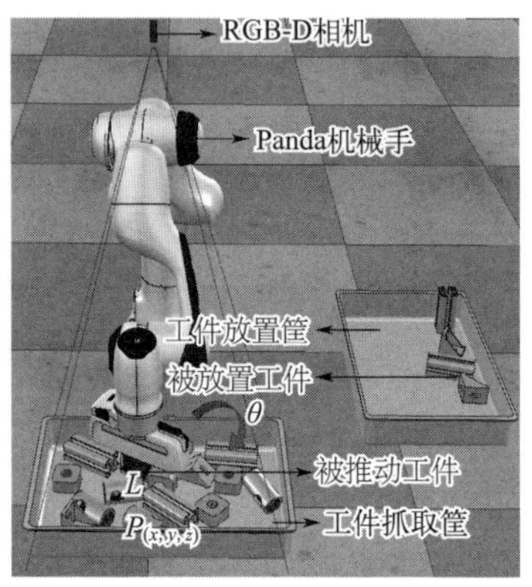

(b) 机械手推动动作

图 5.40 机械手训练示意图

当机械手根据策略进行抓取时，首先，机械手移动并将末端夹持器旋转一定角度 θ 后到达抓取点上方，此时夹持器中心点位置离抓取点$G_{(x,y,z)}$ 的距离 S 为 10cm；之后，末端夹持器张开，夹持器张开距离 W 为 5cm；最后，机械手垂直向下进行抓取并按照由远及近的方式放置工件，当工件被放置在右侧的工件放置筐中，表明抓取成功。推动动作略有不同，机械手旋转末端夹持器后并不会张开夹持器，而是直接垂直向下到达推动点 $P_{(x,y,z)}$，并沿着旋转角度 θ 向前推动，推动距离 L 为 5cm。系统会根据机械手抓取和推动情况得到预先设置的奖励，根据该奖励促进机械手在动作的过程中不断学习，最终获得最优的动作模型。

图 5.41 表示推与抓动作相结合的模型训练过程。生成混叠环境（场景）后，从 20 至 50 范围内选择一随机数字 n。机械手只有在执行抓取动作时才会记录一个动作数，推动动作不参与其中，但在测试中，系统会记下推动动作的动作数量，方便求取动作效率。当动作数等于 n 或者 20 个工件都被抓取时，便会重新生成混叠环境。在训练的初期，机械手抓取成功率不够高，更多的是对环境的探索。当动作数大于等于 n 而工件还未完全抓完时，需要强制回合结束，重新生成混叠环境，用以提高机械手的学习效率。需要注意的是，训练只有抓取动作的模型时，该训练流程有所改变，将取消 Q 值大小比较过程以及推动动作，其余内容保持不变。

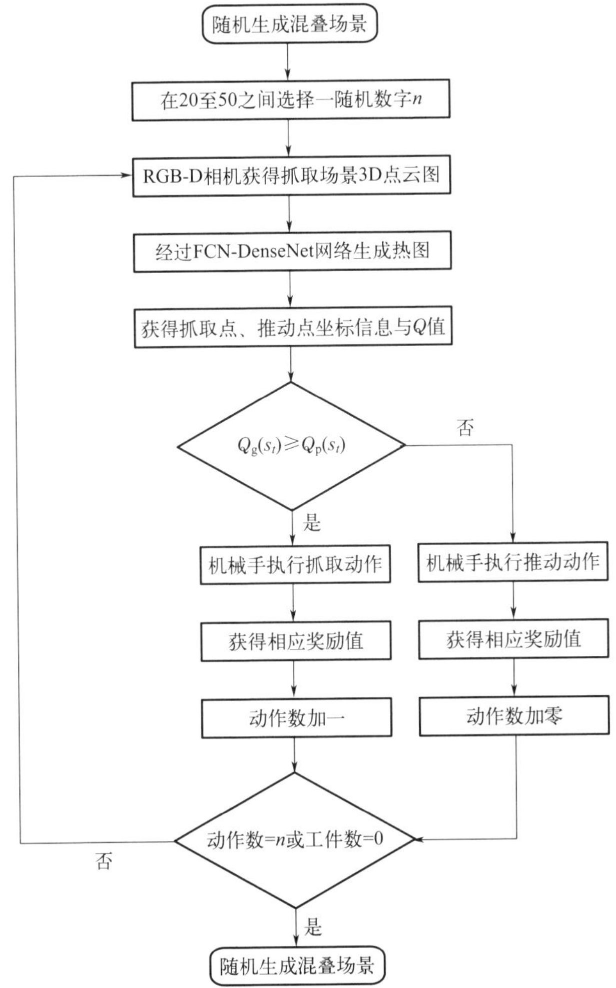

图 5.41　推与抓动作相结合的模型训练流程

本实验所使用的各类算法及模型由 PyTorch 深度学习框架构建，编程语言为 Python，系统及硬件配置为：Ubuntu 16.04、NVIDIA Titan Xp、Intel i7-7700K。网络参数信息如表 5.7 所示。

表 5.7　网络参数信息

变量名称	变量赋值
优化器(optimizer)	Adam
折扣因子 γ	0.99
激活函数	ReLU
最大动作数	50
超参数 β	0.4

Adam（adaptive moment estimation，自适应矩估计）是一种基于梯度下降算法的优化算法，它结合了动量梯度下降算法和自适应学习率算法，能够快速地收敛并且能避免陷入局部最优解。

折扣因子 γ 是控制未来奖励的重要参数，其值介于 0 和 1 之间，折扣因子越接近 1，智能体对未来奖励的考虑就越多，对长期累计奖励的最大化也就越强烈。

5.3.3.2 改进前后的 SAC 算法对比实验

在实验中，改进前后的 SAC 算法会对网络进行 10000 次训练。在训练中，每 50 次保存一次模型，计算该模型的平均抓取成功率并绘制在图 5.42 中，奖励函数的定义已在前文中给出。

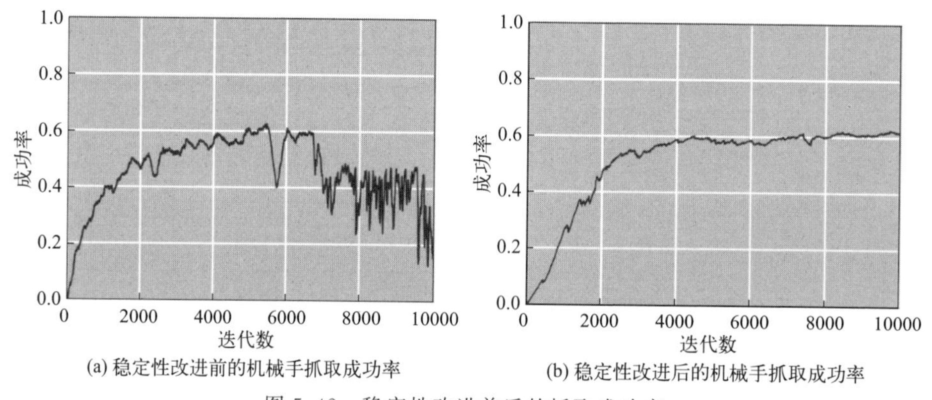

图 5.42　稳定性改进前后的抓取成功率

通过对比改进前的模型与改进后的模型，不难看出，在进行基础改进前，机械手在抓取过程中往往进行一些不必要的探索，使得抓取成功率不稳定，波动较大，甚至偶尔出现抓取成功率倒退、训练失败的情况；经过改进后，机械手抓取成功率上升得更为平缓，稳定性更高。当模型训练（迭代）至 4000 次时，基于改进后 SAC 算法的模型能够以 60%左右的成功率控制机械手完成抓取任务。

相比于传统强化学习对离散动作进行训练，模型收敛得较快，此处机械手的动作是一个连续值，并且 SAC 算法的特点在于对环境拥有更多的探索，这使得模型需要训练较长的时间才能满足需求。为此，引入了优先经验回放（PER）策略，并命名为 SAC-PER。如图 5.43 所示，引入了优先经验回放后，虽然抓取成功率没有明显增加，但是相比于原有的方法，拟合时间更快，效率更高。

5.3.3.3 机械手抓取实验

本小节对基于 SAC 算法的复杂混叠环境下的抓取进行仿真实验，首先介绍

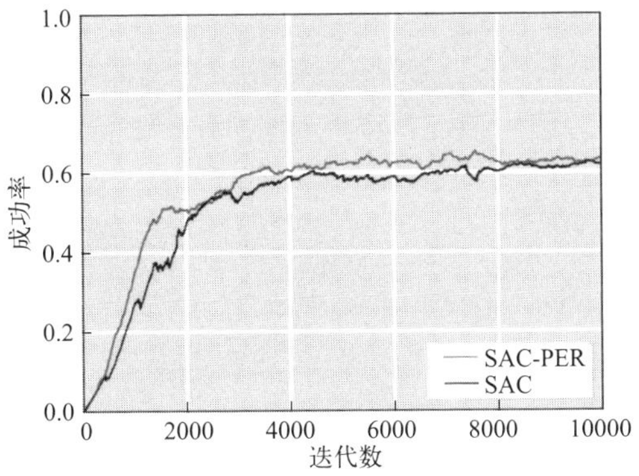

图 5.43　引入优先经验回放后的抓取成功率

了该方法的性能，之后针对前文提出的两种抓取动作无法解决的场景进行仿真实验，并探究不同工件数量对抓取成功率的影响。

(1) 仿真训练结果

针对混叠环境下的工件抓取，对比了抓取与推动相结合的方法与单单只有抓取这一种动作的方法，将两者的成功率绘制到图 5.44 中进行比较。相比于只有抓取这一种动作的策略，通过推动动作打破无法进行抓取的困境，辅助抓取动作进行工件的抓取，极大地提高了抓取的成功率，最终使得抓取成功率稳定在 89%左右。

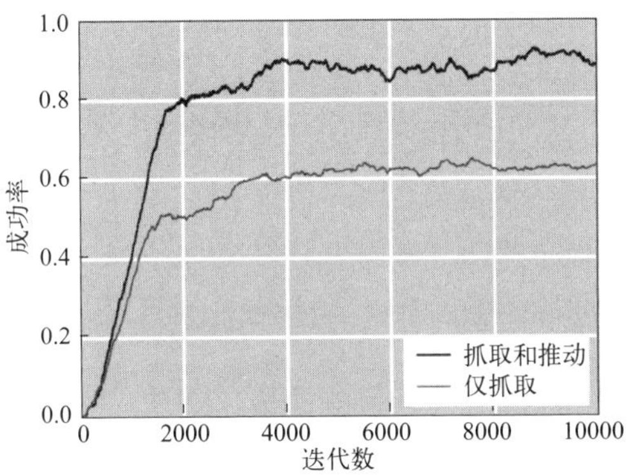

图 5.44　两种抓取策略的抓取成功率对比

在机械手抓取模型测试中，不仅仅需要考虑抓取成功率，还需要对抓取平均完成率与动作效率的数值进行比对。本小节将训练 10000 次后的模型用于测试，总共进行 50 回合测试，每回合尝试对工件抓取筐中的物体进行 n 次抓取，同时使用两个指标评估模型性能，分别是任务完成率与动作效率。任务完成率定义为：抓取回合结束后，成功抓取的工件数与总工件数之间的比值。动作效率为测试中工件的数量与执行所有动作之前的比值，对于只有抓取的动作，动作效率与抓取成功率是一致的。本小节也加入了传统的 DQN 方法进行对比，由于该方法输出的是离散动作，因此，此处将机械手旋转角度 θ 设置为 16 种，每种旋转角度之间的角度差为 22.5°，同时也训练 10000 次进行对比。

由表 5.8 可知，无论是传统的 DQN 方法还是基于 SAC 的方法，推动动作的添加都极大地提高了任务完成率；相比于传统的 DQN 算法，基于 SAC 的推与抓动作相结合的策略，拥有更高的抓取成功率与动作效率，性能更好。

表 5.8　不同模型类别性能对比

模型类别	任务完成率	抓取成功率	动作效率
单抓取(SAC)	73.4%	61.6%	61.6%
单抓取(DQN)	66.5%	52.1%	52.1%
推与抓结合(SAC)	100.0%	89.3%	73.6%
推与抓结合(DQN)	100.0%	79.8%	64.1%

(2) 机械手抓取过程

本小节通过手动设置两种复杂混叠环境中常遇到的场景，将训练完成后的模型用于测试，验证推与抓的协同作用对不同场景下的工件抓取是有效的。对于抓取场景一，如图 5.45 所示，在该场景下，两个工件相互紧靠在一起，传统的抓取方法无法对任意一个单独的工件进行抓取。根据基于 SAC 的策略，在图 5.46 中体现了机械手根据策略得到每个动作点的三维坐标以及执行该动作时机械手的姿态，其中圆圈部分为动作点，“I”字形标记为机械手的抓取姿态及推动方向。

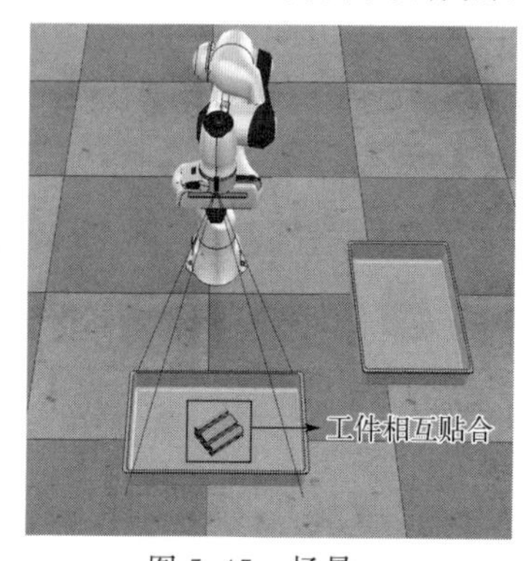

图 5.45　场景一

图 5.47 详细演示了机械手的动作过程，其中图（a）为机械手抓取的原始状态，根据策略，机械手得到相应的抓取点坐标与末端夹持器的旋转角度，同时推动的 Q 值大于抓取的 Q 值，机械手执行推动动作，此时末端夹持器为闭合状态；图（b）与图（c）展示的是机械手的推动动作，经过该动作，原本相互紧靠的两长方体工件位置发生了改变，策略判断出该场景下，抓取动作的 Q 值更大，更适合对工件进行抓取；机械手的抓取过程如图（d）、图（e）所示，机械手将抓取的工件放置在右侧的工件放置筐中；同理，对场景中另一个工件执行抓取动作，如图（f）、图（g）所示；图（h）为抓取任务完成后的场景，机械手重新回到初始状态。

在图 5.48 的抓取场景中，该工件紧紧靠在工件抓取筐旁，如果直接执行抓取操作，机械手势必会撞击到工件抓取筐，如果在抓取前先进行推动操作，则可

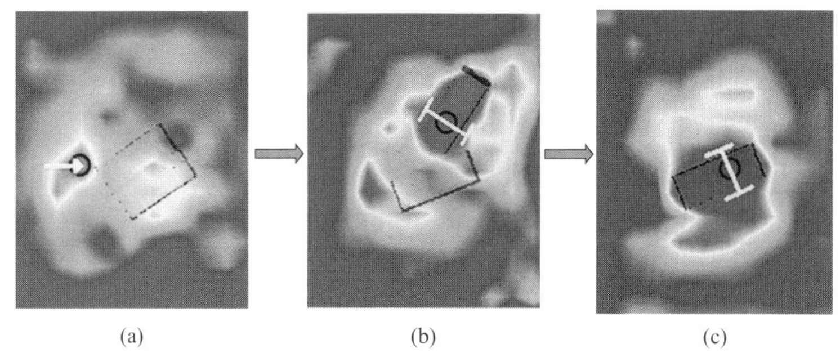

图 5.46 场景一：决策得出的动作热图（见书后彩插）

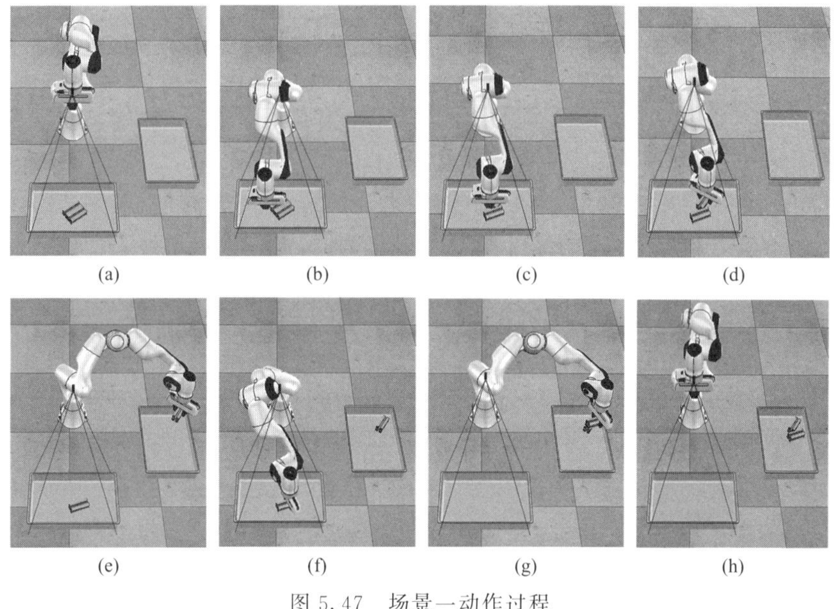

图 5.47 场景一动作过程

解决上述问题。

机械手根据图 5.49 所示的动作热图，判断出该种场景下需要对工件执行先推后抓的动作。在图 5.50(a) 中，机械手将紧靠在工件抓取筐中的工件，往左下方推动 5cm；推动完成后，机械手按照图（b）、图（c）所示的过程执行抓取动作，并放置在右侧的工件放置筐中；图（d）中机械手完成抓取任务，回到初始状态。

(3) 工件数量对模型性能的影响

在混叠环境中，工件抓取筐中不同数量的工件对抓取的性能存在一定的影响；为此使用三种不同工件数量的混叠环境进行测试。在图 5.51 中，三种混叠环境下，工件抓取筐中的工件数量分别为 10、20、30。工件的产生和训练时一

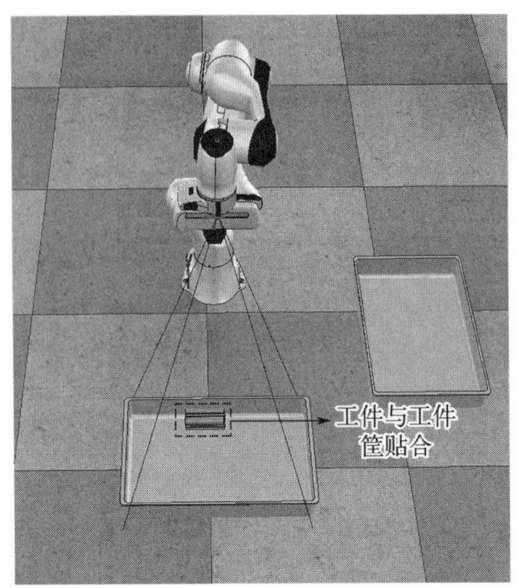

图 5.48　场景二

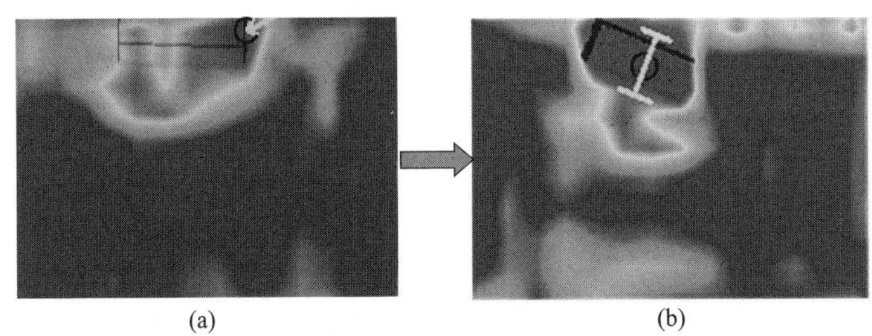

图 5.49　场景二：决策得出的动作热图（见书后彩插）

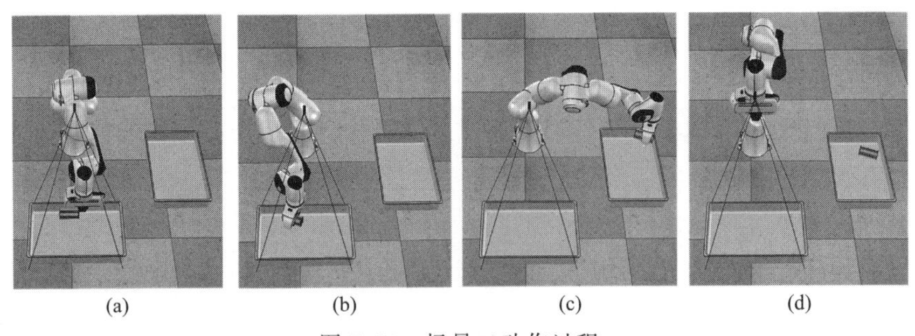

图 5.50　场景二动作过程

样，从工件抓取筐上方 10cm 的空间中随机掉落，这保证了混叠环境的随机性。本小节的模型使用的是基于 SAC 算法的推与抓动作相结合的策略，每一次测试包含 10 个回合，当工件被全部抓取，表示该回合结束，统计最终四次测试的任务完成率、抓取成功率、动作效率的平均值。

经过测试，机械手能够完成全部工件的抓取，但混叠环境中不同数量工件对

10个工件

20个工件

30个工件

图 5.51　不同工件数量混叠场景

抓取成功率和动作效率存在一定的影响。由图 5.52 中的实验数据可知，随着工件数量的增加，抓取成功率会轻微降低，没有拉开明显的差距，但动作效率下降得十分明显。当工件数量为 10 时，此时堆叠情况较为简单，成功率与动作效率最高，此混叠环境下，往往只需少数或者无需推动动作，便能成功抓取，因此动作效率与成功率没有发生大的变化。当工件数量达到 30 个时，抓取成功率与动作效率普遍最低，此时，机械手需要更多的推动动作来辅助抓取。这个结果表明，随着混叠环境变得复杂，模型的结果会受到一定的影响，从而导致抓取成功率降低，同时因为工件数量的增加，借助推的动作也会增加，相应动作效率也会变低。

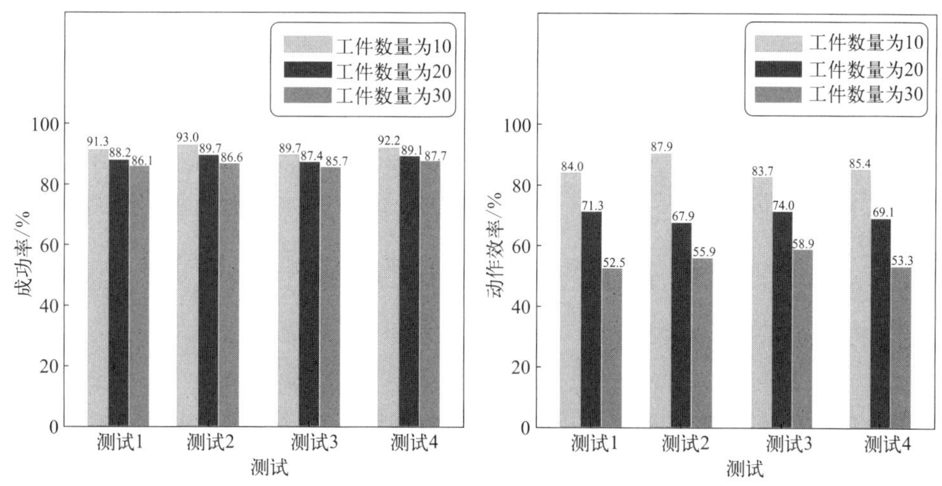

图 5.52　工件数量对测试结果的影响

(4) 模型的泛化性测试

强化学习的泛化性（generalization）是指在已经学习到的环境之外，智能体也能够成功地执行任务的能力，这也是强化学习方法优于其他传统方法的地方之一。

在图 5.53 所示的深度强化学习模型的泛化性测试实验中，本小节使用了与训练过程所用工件类型不同的八类物体，数量为 20 个，其生成方式与前文一致。在构建的新的混叠环境中，机械手依旧执行推动和抓取动作相互配合的策略，对新的混叠环境中的物体进行抓取，记录新场景下的任务完成率、抓取成功率与动作效率，并取平均值，抓取过程如图 5.54 所示。

图 5.53　未训练的混叠场景

(a)

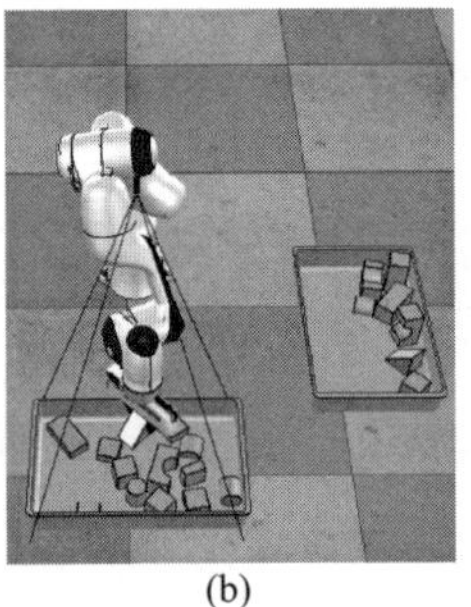

(b)

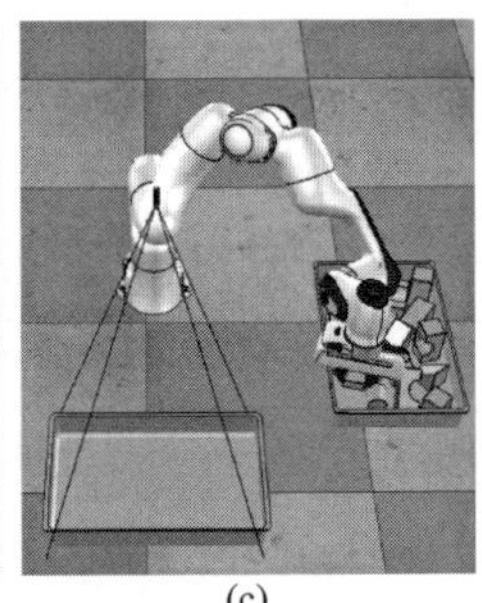

(c)

(d)

图 5.54　新场景下机械手抓取过程

如表 5.9 所示，经过测试，虽然抓取成功率与动作效率相比于原场景（四类工件）有所降低，但机械手依旧能够 100%完成抓取任务，实现要求。这正是基于 SAC 算法的混叠环境抓取模型具有良好泛化能力的体现，可以将已经学习到的知识应用于新的场景中。常规强化学习算法，更换抓取物体时，机械手需要应对新的场景，并进行一些微调，以更好地适应新的物体形状和大小等因素。由于 SAC 算法学习到的技能是通用的，这些微调所需的信息可能相对较小，因此模型可以很好地适应新的场景，当然抓取成功率的降低也是在所难免的。需要注意的是，这里所使用的新物体与原来的工件形状大小相差无几，如果两者形状差距过大，可能需要重新训练模型或重新设计抓取策略，以确保模型能够成功地抓取新的物体。

表 5.9　不同测试场景下性能对比

测试场景	任务完成率	抓取成功率	动作效率
四类工件	100.0%	89.3%	73.6%
八类物体	100.0%	81.5%	67.4%

参考文献

[1] Denavit J，Hartenberg R S. A kinematic notation for lower-pair mechanisms based on matrices [J]. Journal of Applied Mechanics，1955，22：215-221.

[2] Niku S B. 机器人学导论：分析、控制及应用 [M]. 孙富春，等译．北京：电子工业出版社，2013.

[3] 齐飞，平雪良，刘洁，等．工业机器人参数辨识及误差补偿方法研究 [J]. 机械传动，2015，39 (09)：32-36.

[4] Zhang H，Li D，Ji Y，et al. Toward new retail：A benchmark dataset for smart unmanned vending machines [J]. IEEE Transactions on Industrial Informatics，2019，16 (12)：7722-7731.

[5] 都强，杭柏林．最小二乘法在多传感器测量标定中的应用 [J]. 传感技术学报，2005 (02)：244-246.

[6] Fujimoto S，Hoof H，Meger D. Addressing function approximation error in actor-critic methods [C] //International Conference on Machine Learning. PMLR，2018：1587-1596.

[7] Lillicrap T P. Continuous control with deep reinforcement learning [J]. arXiv preprint arXiv，2015：1509.02971.

[8] Rohmer E，Singh S P N，Freese M. V-REP：A versatile and scalable robot simulation framework [C] //2013 IEEE/RSJ International Conference on Intelligent Robots and Systems. IEEE，2013：1321-1326.

[9] Vijayabhanu R，Radha V. Prediction Accuracy of BPN by Levenberg-Marquardt Algorithm for the Prediction of COD from an Anaerobic Reactor [C] //Proceedings of the Fourth International Conference on Signal and Image Processing 2012 (ICSIP 2012) Volume 2. Springer，2013：571-581.

[10] Sengupta A，Ye Y，Wang R，et al. Going deeper in spiking neural networks：VGG and residual architectures [J]. Frontiers in Neuroscience，2019，13：95.

[11] Iandola F N. SqueezeNet：AlexNet-level accuracy with 50x fewer parameters and＜0.5 MB model size [J]. arXiv preprint arXiv，2016：1602.07360.

[12] Wu Z，Shen C，Van Den Hengel A. Wider or deeper：Revisiting the resnet model for visual recognition [J]. Pattern Recognition，2019，90：119-133.

[13] Huang G，Liu S，Van Der Maaten L，et al. Condensenet：An efficient DenseNet using learned group convolutions [C] //Proceedings of the IEEE Conference on Computer Vision and Pattern Recognition，2018：2752-2761.

第6章

智能人机交互与协作

6.1 多 Kinect 传感器参数标定及误差分析

在人体行为动作数据采集的过程中，单一的 Kinect 传感器由于受到场景障碍物、人体肢体遮挡以及测量角度限制等因素的影响，常常无法捕捉到完整、准确的人体行为动作数据。这些问题使得依赖单一传感器进行人体行为分析的效果大打折扣，尤其在复杂场景下，传感器的视野和测量精度会大大降低，导致数据缺失或误差。因此，为了解决这一问题，采用多个 Kinect 传感器并将其安装在不同的位置，融合来自不同传感器的数据，能够大幅度提升数据的完整性和准确性。

6.1.1 Kinect 传感器系统

6.1.1.1 硬件系统

(1) Kinect 传感器产品介绍

如图 6.1(a) 所示，第一代 Kinect 传感器（Kinect 1.0）是由微软公司开发的，旨在为用户提供更加沉浸式和互动的游戏体验。该传感器的独特之处在于它能够通过内置的红外深度感知技术和 RGB 摄像头，实时捕捉人体的三维深度图像以及骨骼数据流，进而实现对人体动作的精确追踪。这项技术的推出，突破了传统游戏控制器的束缚，让用户可以通过身体的自然动作来与游戏进行互动。因此，Kinect 1.0 不仅成功吸引了广大游戏玩家的兴趣，也因其强大的功能和应用潜力，迅速获得了国内外学术界和研究人员的青睐。许多研究者利用 Kinect 传感器进行人体行为动作的捕捉和分析，从而推动了人体行为识别、计算机视觉、虚拟现实、智能交互等多个领域的技术进步。图 6.2 中展示的就是基于 Kinect

传感器采集到的典型彩色图和深度图，深度图能够准确反映人体的三维空间信息，而彩色图则为运动分析和场景理解提供了视觉信息的补充。

(a) Kinect 1.0

(b) Kinect 2.0

图 6.1　Kinect 传感器

(a) 彩色图

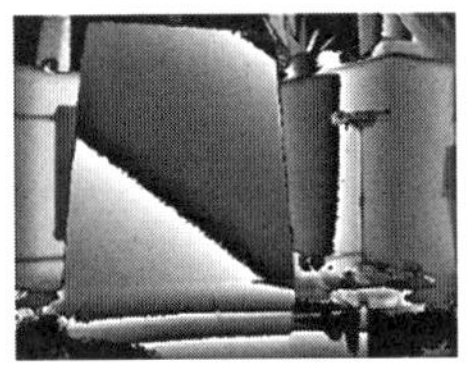

(b) 深度图

图 6.2　彩色图和深度图

Kinect 1.0 的出现，极大地推动了体感互动技术的发展，使得它在多个领域得到了广泛的应用。例如，Kinect 1.0 被应用于健康监测、运动训练、虚拟现实、机器人控制等领域，不仅满足了娱乐和游戏市场的需求，还在学术研究和实际应用中提供了丰富的数据支持。然而，Kinect 1.0 也存在一些局限性，如深度传感器分辨率较低、捕捉范围较小、运动精度和稳定性有待提高等问题。正是基于 Kinect 1.0 的这些经验和挑战，微软公司决定推出第二代 Kinect 传感器。

如图 6.1(b) 所示，第二代 Kinect 传感器（Kinect 2.0）相较于第一代产品有了显著的提升，采用了更加先进的技术，提升了性能和功能。Kinect 2.0 采用了更高分辨率的深度感知技术，不仅能够更准确地捕捉到物体的空间位置，还大大扩展了视场角和识别精度，使得其在人群密集、复杂场景中的应用表现得更加出色。此外，Kinect 2.0 的 RGB 摄像头分辨率也有所提升，能够提供更清晰、更细致的彩色图像。最重要的是，Kinect 2.0 支持更高精度的骨骼追踪，最多可以同时追踪 6 个人体的关节位置，相比 Kinect 1.0 的限制，Kinect 2.0 在多人交互和复杂环境下的表现更加优越。因此，Kinect 2.0 成为许多科研项目和商业应用中不可或缺的工具，在人体行为识别、姿态估计、智能家居控制等领域，发挥了更大的作用。

尽管 Kinect 1.0 和 Kinect 2.0 在硬件上有明显的进步，两代产品的基本工作原理却保持一致。如图 6.3 所示，Kinect 传感器的工作原理主要依靠深度感知技术、RGB 图像采集以及骨骼追踪算法的结合。深度感知技术通过发射红外光并接收反射回来的光信号，计算物体与传感器之间的距离，从而生成深度图像。RGB 摄像头则通过捕捉环境中的彩色图像来提供丰富的视觉信息，进而辅助识别和分析人体动作。而 Kinect 的骨骼追踪技术则通过结合深度图像与彩色图像，实时跟踪人体的关节位置，生成三维骨架模型。这一原理使得 Kinect 传感器能够高效、精确地识别人体的各类动作和姿势，广泛应用于各种交互系统和行为识别任务中。

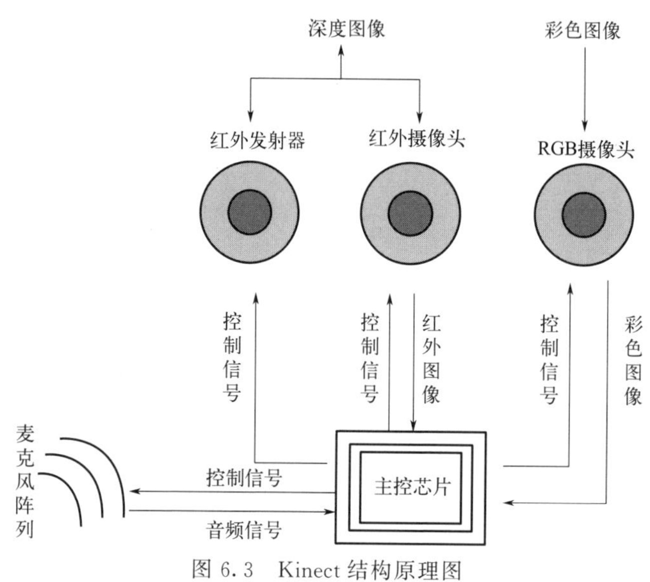

图 6.3　Kinect 结构原理图

Kinect 1.0 和 Kinect 2.0 在深度感知原理、应用场景以及人体关节点的捕捉能力上存在显著差异，这些差异直接影响了它们在实际应用中的效果。

首先，Kinect 1.0 使用结构光技术来获取深度图。结构光技术通过投射特定图案的红外光条纹，并根据这些光条纹的变形来计算物体的深度信息。然而，这种技术对环境光照条件较为敏感，强光或复杂光照会干扰深度感知，限制了其在不同环境中的应用。相比之下，Kinect 2.0 使用 ToF（time of flight，飞行时间）技术，通过测量红外光信号的飞行时间来计算物体距离。这种技术对环境光照的依赖较小，能够在不同光照条件下稳定工作，从而使 Kinect 2.0 在各种复杂环境下的应用场景更加广泛。

此外，Kinect 2.0 在人体关节点的捕捉能力上也有所提升。Kinect 1.0 最多能同时跟踪 20 个关节点，而 Kinect 2.0 则最多支持 25 个关节点，提升了对人体细微动作的捕捉精度。尤其在多人交互或复杂动作捕捉的场景中，Kinect 2.0 能够更灵敏地捕捉人体的细节变化，在动作识别和行为分析中的表现更加出色。两代 Kinect 的具体参数如表 6.1 所示。

表 6.1　Kinect 1.0 与 Kinect 2.0 技术参数对比

参数名称	Kinect 1.0	Kinect 2.0
视角	水平 57.5°,垂直 43.5°	水平 70°,垂直 60°
彩色相机分辨率	1280×960	1920×1080
深度相机分辨率	640×480	512×424
深度测距原理	光编码技术	ToF
接口	USB 2.0	USB 3.0
追踪关节点数	20	25
延迟	带处理 90ms	带处理 60ms
音频捕捉	4 阵列麦克风 48Hz	4 阵列麦克风 48kHz

(2) 基于 Kinect 传感器的深度信息获取

Kinect 传感器相较于传统摄像机等其他传感器的最大优势之一在于它能够同时获取彩色图像和深度图像，这使得它能够捕捉到包括空间信息在内的更丰富的视觉数据。与普通摄像机只能提供二维图像不同，Kinect 能够通过深度图获取每个像素点的距离信息，从而在三维空间中准确描绘出物体或人体的位置和形态。因此，Kinect 传感器不仅可以用于图像识别，还能进行更为复杂的三维空间分析，这对于人体行为识别、动作捕捉、环境建模等应用领域具有重要意义。

Kinect 2.0 相比于 Kinect 1.0 在硬件和技术上做出了显著的改进，其深度图获取技术采用了 ToF（time of flight，飞行时间）测距法，进一步提高了深度感知的精度和稳定性。图 6.4 展示了 Kinect 2.0 的硬件组成，其中包括彩色摄像头(RGB 摄像头)、红外发射器和深度摄像头（红外摄像头）。彩色摄像头负责捕捉高分辨率的彩色图像，而红外发射器和深度摄像头则共同工作，获取带有深度信息的深度图像。彩色图和深度图相结合，使得 Kinect 2.0 能够提供更加精确的三维人体建模和动作识别信息。

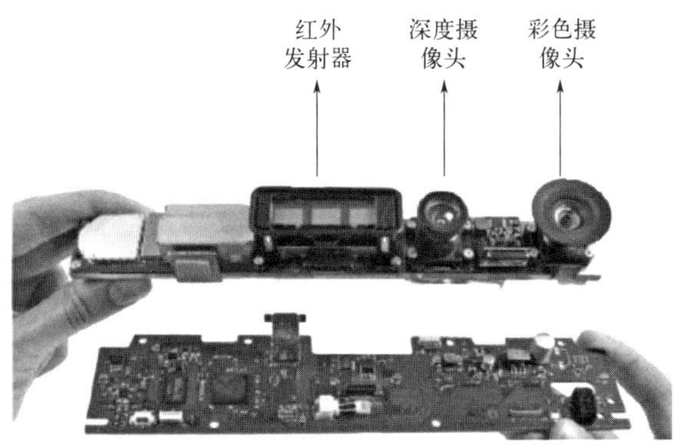

图 6.4　Kinect 2.0 拆解图

Kinect 2.0 的 ToF 测距方法通过发射红外光并测量其反射回传的时间来计

算物体与传感器之间的距离，如图 6.5 所示。具体来说，红外发射器向环境中发射红外光，当这些红外光遇到物体表面时，会被反射回来，深度摄像头接收到这些反射光后，通过检测红外光的相位偏移和衰减情况，计算出光从发射到反射回传感器所需的时间。通过这一过程，Kinect 2.0 可以精确测量出物体到传感器的距离，从而生成具有深度信息的三维空间图像。该距离的计算公式可以表示为：

$$d=\frac{c\Delta t}{2} \tag{6.1}$$

式中，d 为物体到传感器的距离；c 为光速；Δt 为红外光从发射到反射回传感器所需的时间。通过对每个像素点进行相同的计算，Kinect 2.0 能够生成详细的深度图像。深度图通常以不同的灰度值来表示物体与传感器之间的距离，通常来说，深度图中越黑的地方表示距离传感器越近，而深度图中越亮的地方则表示距离传感器越远。这种方式使得 Kinect 传感器能够直观地显示场景中的三维空间结构，进而帮助实现更加精确的空间定位和动作识别。

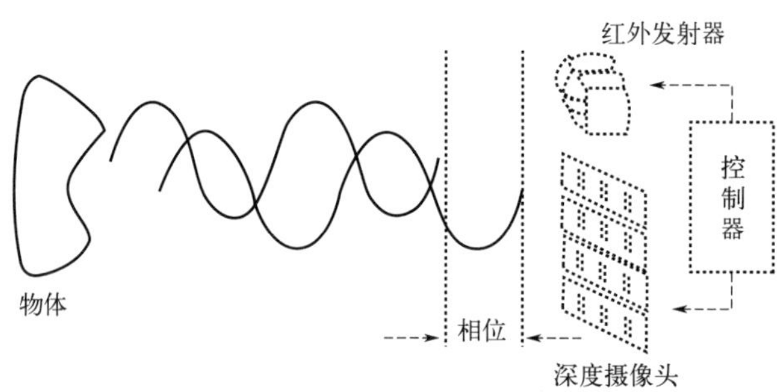

图 6.5　ToF 原理图

值得注意的是，Kinect 传感器的深度图不仅仅提供了二维图像的信息，还通过深度值为每个像素点提供了第三维空间的坐标。这种深度信息对于计算物体的位置、形状、尺寸等具有重要意义。通常，深度图像中的每个像素对应一个物体表面的深度值，这些深度值可以用来构建物体的三维模型，进而进行更为复杂的分析和识别。比如，基于 Kinect 传感器采集到的深度图，可以实现人体动作的实时追踪、手势识别以及三维环境建模等功能。

然而，Kinect 传感器的视场范围是有限的，图 6.6 显示了 Kinect 传感器的视场范围。随着物体距离传感器越来越远，视场的截面积会变得越来越大，这意味着物体的实际大小和在图像中的大小之间存在一定的差距。深度感知技术是基于距离计算的，物体离传感器越远，它在图像中占据的面积就越大，导致图像中物体的高度和宽度与实际的物理位置不完全对应。这种现象通常在较远距离的场景中更加明显，尤其是在较大视场范围的环境下，物体的尺度可能会失真。

然而，尽管物体的尺寸可能会有所偏差，每个像素点的深度值仍然准确地反映了物体与传感器之间的距离信息，这对于物体定位和空间分析依然具有重要价值。

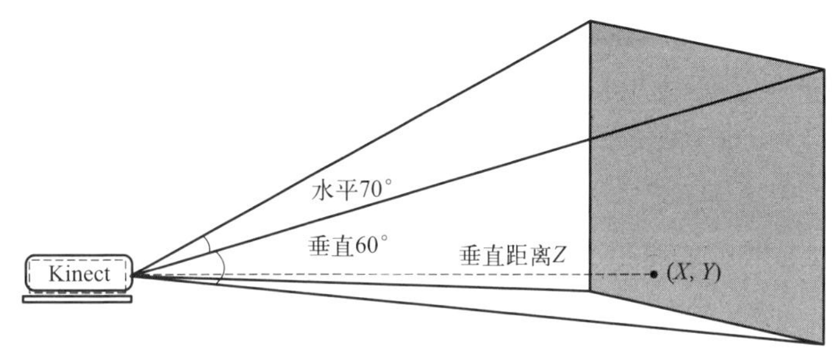

图 6.6　Kinect 空间视场图

Kinect 传感器的深度图由 16 位像素构成，其中高 13 位表示物体与传感器之间的距离信息，低 3 位则表示捕捉对象的引用编号。Kinect 的有效深度范围一般在 0.6～4.5m，这对于大部分应用已经足够。然而，在 0.6～1m 以及 4～4.5m 的距离范围内，深度图数据的精度可能出现问题。在过近的距离下，由于红外信号的位移和衰减较小，Kinect 无法准确计算物体与传感器的距离；而在较远的距离时，传感器的测量精度受到物理限制，导致深度数据的可靠性下降。为了确保深度信息的准确性，本实验将 Kinect 传感器安装在距离操作台 2～3m 的位置，高度设置为 1.5～2m。这个位置既能保证传感器工作在有效的深度范围内，又能避免因距离过近或过远而产生的深度误差。此外，这样的安装位置还可以确保从不同角度捕捉人体行为，既保证了彩色图的完整性，也提高了深度图的精确性，从而为后续的行为分析提供更可靠的数据支持。图 6.7[1] 介绍了基于 Kinect 传感器深度图进行人体关节点识别的关键步骤。

(a) 前景分割　(b) 身体部位识别　(c) 人体关节点识别

图 6.7　Kinect 人体关节点识别步骤

① 前景分割。Kinect 传感器通过深度图提供了物体与传感器之间的距离信息。在这一阶段，首先通过分析每个像素点的深度值，按照距离传感器的远近顺

序对场景进行分析，从而确定捕捉对象在环境中的大致区域。由于 Kinect 传感器能够区分物体与背景的距离，因此可以有效地将人体与其他物体分离。接下来，使用图像处理技术，如边缘检测、轮廓提取等方法，进一步处理深度图，从而识别出人体的边缘，确定人体的轮廓和形状。

② 身体部位识别。在获取到人体轮廓后，下一步是通过分类方法进一步识别人体的各个部位。常用的分类方法是随机森林模型，它可以根据图像中的特征（如形状、纹理、深度等）来对人体进行部位划分。随机森林模型通过训练数据集识别不同的身体部位，如头部、躯干、手臂、腿部等，并将这些部位进行标记，以便于后续的骨骼跟踪和动作分析。

③ 人体关节点识别。在得到身体各部位的识别结果后，最后一步是识别人体的关键关节点。Kinect 传感器会通过不同角度（如正面、侧面等）对深度图进行分析，识别出人体的主要关节点位置。每个关节点的坐标（如头部、肩膀、肘部、膝盖等）会被准确计算，并通过关节之间的连接关系形成完整的骨骼结构。这些关节点数据为人体的动态运动分析和行为识别提供了基础。

6.1.1.2 软件系统

微软公司为 Kinect 提供了一个免费的开源工具——Kinect SDK（软件开发工具包），极大地方便了国内外研究人员使用 Kinect 进行各种研究，特别是在人体行为识别和动作捕捉领域。通过 Kinect SDK，研究人员可以轻松获取人体的骨骼数据、深度图和彩色图像等信息，从而为后续的分析和识别提供数据支持。

如图 6.8 所示，Kinect SDK 提供了多种接口函数，这些接口函数可以帮助用户实现从数据采集到处理的各个环节。图中的白色方框内列出了 SDK 提供的 API（应用程序接口，即接口函数），而灰色部分则是 SDK 未提供的 API。在 Kinect SDK 的工具箱中，最常用的接口函数包括“全身/上半身骨骼追踪 API”，这个 API 是实现人体骨骼数据采集和追踪的核心功能。通过该 API，Kinect 可以实时获取人体的各个关节点坐标，捕捉并跟踪人体的骨骼姿势。这些关节点数据包括头部、肩膀、肘部、膝盖、脚踝等部位的三维空间坐标，能够为后续的行为识别、动作分析提供精准的数据。

基于 Kinect SDK 内置的接口函数，能够有效地追踪人体全身 25 个关节点的数据，图 6.9 展示了 Kinect 2.0 对应的 25 个关节点及其名称。图中通过“火柴人”式的示意图展示了各个关节点的位置和编号，当人体在 Kinect 传感器的视野范围内活动时，这些关节点会随人体姿势的变化而调整其位置。每个关节点代表人体不同部位的空间坐标，捕捉到的数据可以用于分析人体的动作和姿态。在 Kinect SDK 提供的骨骼追踪功能中，能够实时获取这些关节点的数据，进而为人体行为分析提供基础。

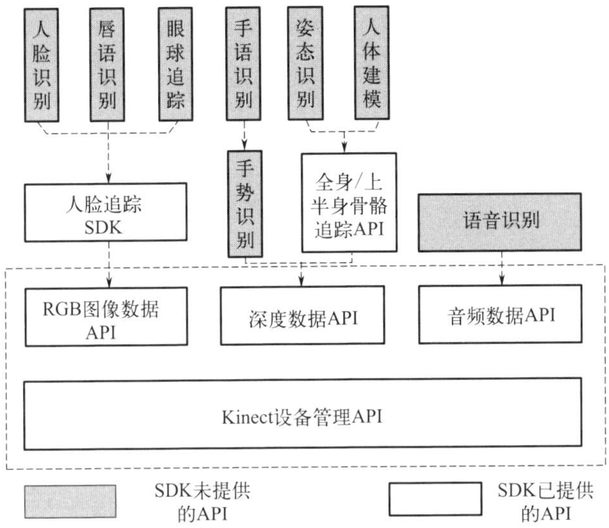

图 6.8　Kinect SDK API 工具箱

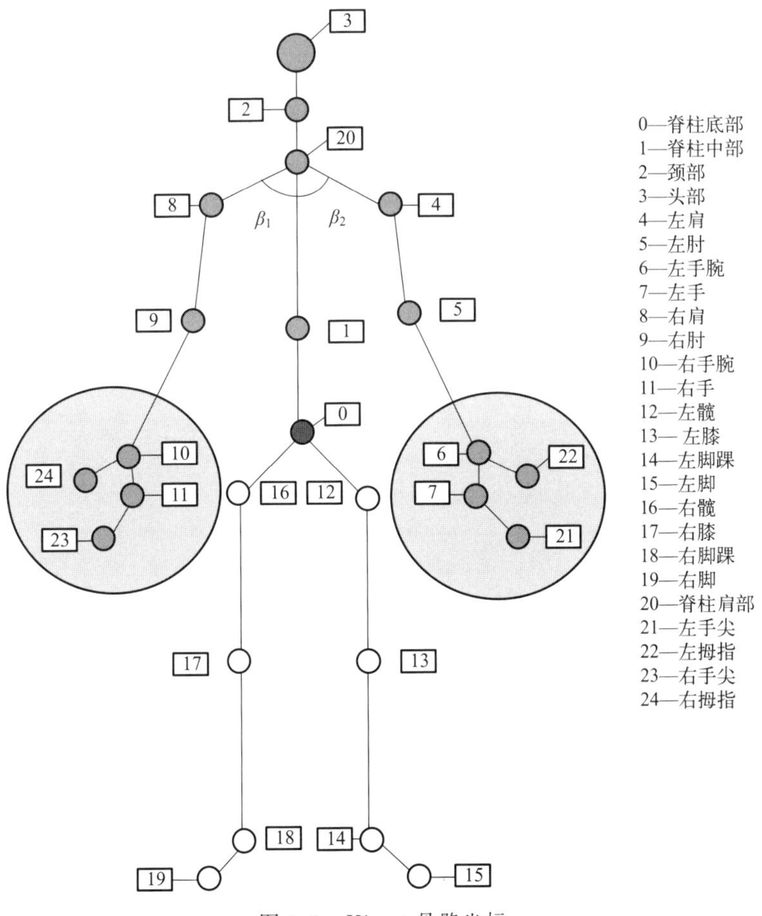

图 6.9　Kinect 骨骼坐标

在实际操作中，本节使用了 Visual Studio 2013（VS2013）作为开发平台，并将 Kinect SDK 工具包成功配置到该平台中，进而获取人体骨骼数据。具体的关节点数据采集流程如图 6.10 所示，首先 Kinect 传感器捕捉到人体的深度信息和关节点位置；接着通过 SDK 提供的 API 进行数据处理和提取；最后将捕捉到的骨骼数据保存在 TXT 文档中，便于后续的处理和分析。这一过程保证了数据采集的准确性和高效性。

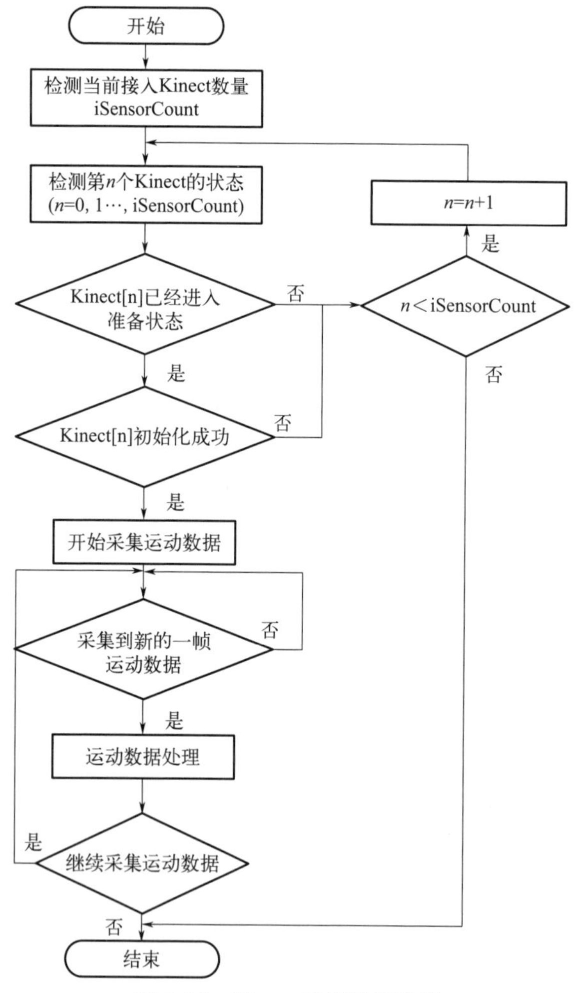

图 6.10　Kinect 数据采集流程

在人体行为识别过程中，本节采用 Python 编程[2] 语言进行机器学习算法的实现。Python 是一种广泛应用于科学计算和数据分析的编程语言，其优势在于拥有丰富的开源库和模块，这使得研究人员可以快速构建应用程序并减少重复性工作。例如，Python 提供了许多用于数据处理和分析的第三方库，包括

NumPy、Matplotlib 和 Pandas 等，这些工具可以大大提高开发效率。在人体行为识别中，NumPy 提供高效的数据函数，Matplotlib 用于数据可视化，Pandas 则用于数据的处理和管理。表 6.2 列出了常用的 Python 扩展库及其具体功能，这些库为本节的人体行为动作识别模型提供了重要支持。

表 6.2　Python 部分扩展库

扩展库	功能
NumPy	提供高效的数据函数
SciPy	提供高效的矩阵运算
Pandas	强大、灵活的数据分析和探索工具
Matplotlib	提供高效的绘图函数
Scikit Learn	内置多种机器学习算法

基于这些开源工具，本节能够更便捷地实现矩阵运算和构建行为识别模型。在后续的实验中，利用 Python 语言能够快速实现算法的开发和优化，从而加速研究进程，提高识别准确率。这使得研究人员能够将更多精力投入模型优化和创新的部分，推动人体行为识别技术的进步。

6.1.2　坐标系变换

6.1.2.1　三大坐标系

Kinect 传感器中有三大主要坐标系：彩色图像坐标系、深度图像坐标系和骨骼空间坐标系。这三种坐标系分别用于描述图像中的像素点位置、物体与传感器之间的距离，以及人体骨骼关节点在空间中的位置。每个坐标系有不同的属性和用途，它们之间的转换是 Kinect 数据处理中的关键部分。彩色图像坐标系是一个二维坐标系，用于表示彩色图像中每个像素的位置。在该坐标系中，(x,y) 表示图像中的像素点位置，通常是图像的水平和垂直坐标。彩色图像坐标系用于处理和显示图像内容，通过它可以获取每个像素对应的颜色信息。深度图像坐标系是一个三维坐标系，其中，x、y 表示像素点在图像中的位置，z 表示该像素对应的深度值，即物体与 Kinect 传感器之间的实际距离。深度图像坐标系通过深度信息来反映场景中各物体与传感器的相对位置，是 Kinect 传感器的一个关键功能，它为物体和人体的空间定位提供了基础数据。骨骼空间坐标系是另一个三维坐标系，用于表示人体骨骼关节点的空间位置。在该坐标系中，(x, y, z) 表示人体每个关节点在三维空间中的坐标。Kinect 通过深度图像数据和骨骼追踪算法，实时追踪人体的各个关节点，并提供它们在空间中的精确位置。

在 Kinect 系统中，深度图像坐标系和骨骼空间坐标系都属于三维坐标系，而彩色图像坐标系则是一个二维坐标系。由于这些坐标系具有不同的维度和用途，它们之间的转换是数据融合和分析的重要步骤。如图 6.11 所示，Kinect 中这三个坐标系之间的转换关系可以通过数学模型实现。

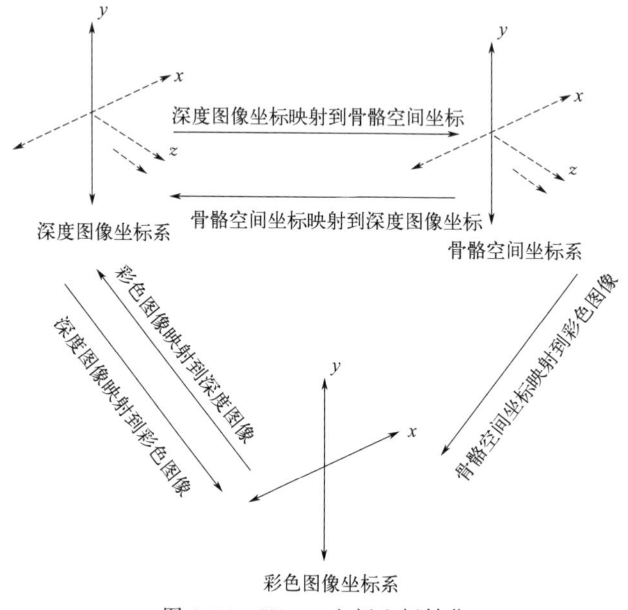

图 6.11　Kinect 空间坐标转化

6.1.2.2　全局坐标变换

在本节的研究中，假设使用了两台 Kinect 传感器，分别记为 K1 和 K2，它们各自的空间坐标系分别为 S_1 和 S_2。为了方便计算和描述，假设 K1 的空间坐标系 S_1 为全局坐标系，也就是作为参考坐标系进行数据处理和分析。

图 6.12 展示了任意目标人体在两台 Kinect 空间坐标系下的成像模型。在此模型中，人体的任意关节点的三维坐标 $\boldsymbol{P}$ 会根据不同 Kinect 传感器的空间坐标系进行表示。在 S_1 坐标系下，目标关节点的三维坐标可以表示为 $\boldsymbol{P}_1=(x_1,y_1,z_1)^{\mathrm{T}}$，而在 S_2 坐标系下，该点的三维坐标则表示为 $\boldsymbol{P}_2=(x_2,y_2,z_2)^{\mathrm{T}}$。由于两个坐标系的相对位置和朝向可能不同，因此目标关节点在两个坐标系下的表示会有所不同。

为了实现这两个坐标系之间的数据转换，必须求解从 S_2 坐标系到 S_1 坐标系的转换关系。根据式(6.2)，这种转换通常由旋转矩阵 $\boldsymbol{R}$ 和平移矩阵 $\boldsymbol{T}$ 来实现。旋转矩阵 $\boldsymbol{R}$ 用于表示两个坐标系之间的旋转关系，描述了 S_2 坐标系相对于 S_1 坐标系的空间旋转；而平移矩阵 $\boldsymbol{T}$ 用于表示两个坐标系之间的平移关系，即描述了 S_2 坐标系相对于 S_1 坐标系的平移向量。

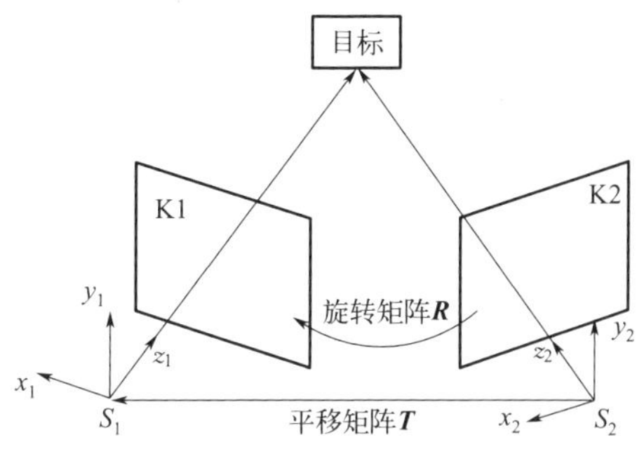

图 6.12　Kinect 成像模型

具体地，任意一个目标关节点 P 在坐标系 S_1 下的坐标与其在坐标系 S_2 下的坐标之间的关系可以表示为：

$$\boldsymbol{P}_1 = \boldsymbol{R}\boldsymbol{P}_2 + \boldsymbol{T} \tag{6.2}$$

式中，$\boldsymbol{R}$ 是旋转矩阵；$\boldsymbol{T}$ 是平移矩阵；$\boldsymbol{P}_1$ 和 $\boldsymbol{P}_2$ 分别是目标关节点在 S_1 和 S_2 坐标系中的表示。通过这个公式，可以将 S_2 坐标系下的关节点坐标转换到 S_1 坐标系中，或者反向转换。

6.1.2.3　基于向量空间的坐标转换

在进行两个 Kinect 传感器的外参标定时，本质上就是要求解两个坐标系之间的旋转矩阵 $\boldsymbol{R}$ 和平移矩阵 $\boldsymbol{T}$。标定过程的核心是将三维空间中的任意向量在两个不同坐标系下的表示关联起来，从而得到空间的旋转和位移关系。

设有向量 $\boldsymbol{L}$，它是三维空间中的一个任意向量，其在两个不同坐标系中的表达式分别为 $\boldsymbol{M}_1$ 和 $\boldsymbol{M}_2$。假设：

在坐标系 S_1 下，向量 $\boldsymbol{L}$ 表示为 $\boldsymbol{M}_1 = (x_1, y_1, z_1)^{\mathrm{T}}$；

在坐标系 S_2 下，向量 $\boldsymbol{L}$ 表示为 $\boldsymbol{M}_2 = (x_2, y_2, z_2)^{\mathrm{T}}$。

图 6.13 展示了三维空间中任意向量在两个不同坐标系下的表示。为了将两个坐标系中的向量进行比较和转换，我们需要将这些向量归一化，使得它们具有相同的方向，但不受单位长度的影响。这是因为向量的方向决定了两个坐标系之间的旋转关系，而长度则不影响旋转变换。因此，定义归一化后的同名向量 $\boldsymbol{L}_1$ 和 $\boldsymbol{L}_2$ 如下：

归一化的向量 $\boldsymbol{L}_1$ 在坐标系 S_1 下的表示为 $\boldsymbol{L}_1 = (x_1, y_1, z_1)/\|\boldsymbol{M}_1\|$；

归一化的向量 $\boldsymbol{L}_2$ 在坐标系 S_2 下的表示为 $\boldsymbol{L}_2 = (x_2, y_2, z_2)/\|\boldsymbol{M}_2\|$。

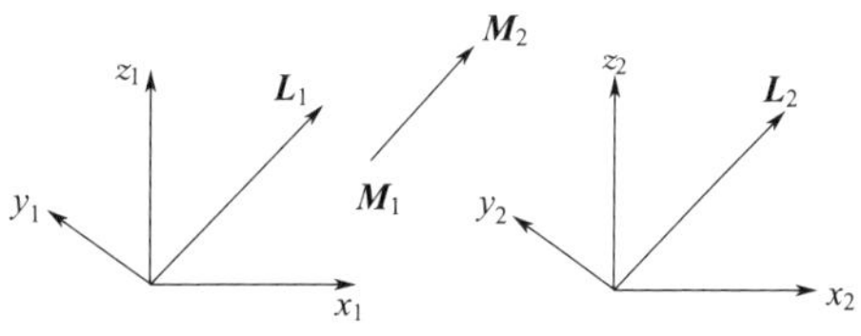

图 6.13　向量 $\boldsymbol{L}$ 在 S_1 和 S_2 下的表示

其中，$\|\boldsymbol{M}_1\|$ 和 $\|\boldsymbol{M}_2\|$ 分别是向量

$\boldsymbol{M}_1$ 和 $\boldsymbol{M}_2$ 的模长（即向量的欧几里得范数），通过对向量进行归一化处理，得到的是单位向量 $\boldsymbol{L}_1$ 和 $\boldsymbol{L}_2$，它们表示了同一个空间向量在两个坐标系下的方向。

由式(6.2) 可知，同名向量 $\boldsymbol{N}$ 和 $\boldsymbol{n}$ 之间存在如下所示的关系：

$$\boldsymbol{N}=\boldsymbol{R}\boldsymbol{n} \tag{6.3}$$

根据旋转理论，旋转变换关系可以通过旋转向量来表示，旋转向量 $\boldsymbol{u}=(u_x, u_y, u_z)$ 描述了旋转的轴和角度。通过旋转向量 $\boldsymbol{u}$，可以构造一个 3×3 的叉乘矩阵 $\boldsymbol{U}$，该矩阵用于描述旋转向量 $\boldsymbol{u}$ 对其他向量的旋转作用。旋转矩阵 $\boldsymbol{R}$ 和旋转向量之间的关系可以通过以下公式表示：

$$\boldsymbol{R}=\boldsymbol{I}+\boldsymbol{U}\sin\theta+(1-\cos\theta)\boldsymbol{U}^2 \tag{6.4}$$

式中，θ 是旋转角度；$\boldsymbol{I}$ 为单位矩阵；$\boldsymbol{U}$ 是由旋转向量 $\boldsymbol{u}$ 计算得出的叉乘矩阵。通过这个关系，旋转矩阵 $\boldsymbol{R}$ 可以用于将一个向量在一个坐标系中的表示，转化到另一个坐标系中。进一步地，矩阵 $\boldsymbol{U}$ 的具体形式是：

$$\boldsymbol{U}=\begin{bmatrix} 0 & -u_z & u_y \\ u_z & 0 & -u_x \\ -u_y & u_x & 0 \end{bmatrix} \tag{6.5}$$

利用旋转矩阵 $\boldsymbol{R}$，我们可以通过公式将一个空间向量在两个坐标系中的表示进行转换，即：

$$\boldsymbol{L}_2=\boldsymbol{R}\boldsymbol{L}_1 \tag{6.6}$$

式中，$\boldsymbol{L}_1$ 和 $\boldsymbol{L}_2$ 是同名向量在两个坐标系下的表示。旋转矩阵 $\boldsymbol{R}$ 将 $\boldsymbol{L}_1$ 转换为 $\boldsymbol{L}_2$，从而实现了坐标系之间的旋转变换。

根据式(6.5) 可知，矩阵 $\boldsymbol{U}$ 是反向斜对称矩阵，不能直接求出向量 $\boldsymbol{u}=(u_x, u_y, u_z)$，一种方法是通过增广矩阵解算向量 $\boldsymbol{u}$，进而计算出旋转矩阵 $\boldsymbol{R}$。

假设存在 i 组同名向量，其中 $i\geqslant 2$，为了描述多个坐标系之间的旋转关系，我们可以通过变换公式来计算各组同名向量的旋转变换。令 $\boldsymbol{E}$ 和 $\boldsymbol{D}$ 分别表示在不同坐标系下的同名向量的组合，$E_i=N_i+n_i, D_i=N_i-n_i$，则由式(6.6) 经过变换可以得出式(6.7)，$\boldsymbol{E}$ 和 $\boldsymbol{D}$ 的计算方式如下：

$$\boldsymbol{E}\boldsymbol{u}=\boldsymbol{D} \tag{6.7}$$

$$\boldsymbol{E}=\begin{bmatrix} 0 & E_{1z} & -E_{1y} \\ -E_{1z} & 0 & E_{1x} \\ E_{1y} & -E_{1x} & 0 \\ \vdots & \vdots & \vdots \\ 0 & E_{iz} & -E_{iy} \\ -E_{iz} & 0 & E_{ix} \\ E_{iy} & -E_{ix} & 0 \end{bmatrix} \tag{6.8}$$

$$D=[D_{1x},D_{1y},D_{1z},\cdots,D_{ix},D_{iy},D_{iz}]^{\mathrm{T}} \tag{6.9}$$

可以利用最小二乘法计算旋转向量 $\boldsymbol{u}$：

$$\boldsymbol{u}=(\boldsymbol{E}^{\mathrm{T}}\boldsymbol{E})^{-1}\boldsymbol{E}^{\mathrm{T}}\boldsymbol{D} \tag{6.10}$$

根据旋转矩阵 $\boldsymbol{R}$ 的计算过程，最后将矩阵 $\boldsymbol{U}$ 代入式(6.4) 中，便能够得到旋转矩阵 $\boldsymbol{R}$，这为多 Kinect 传感器之间的空间关系提供了旋转变换的基础。进一步地，平移矩阵 $\boldsymbol{T}$ 可以通过同名点对来求解。具体地，假设有任意一个点 $\boldsymbol{P}_k=(x_k,y_k,z_k)(k=1,2,3,\cdots)$，该点在两个坐标系中的坐标分别为$\boldsymbol{P}_{1k}$ 和$\boldsymbol{P}_{2k}$，即分别表示该点在坐标系 S_1 和 S_2 下的表示。

为了计算平移矩阵 $\boldsymbol{T}$，我们需要利用$\boldsymbol{P}_{1k}$ 和$\boldsymbol{P}_{2k}$ 的坐标，通过旋转矩阵 $\boldsymbol{R}$ 进行坐标变换，进而求解平移矩阵。平移矩阵 $\boldsymbol{T}$ 的计算公式如下：

$$\boldsymbol{T}=\frac{\sum_{i=1}^{k}(\boldsymbol{P}_{1k}-\boldsymbol{R}\boldsymbol{P}_{2k})}{k} \tag{6.11}$$

旋转矩阵 $\boldsymbol{R}$ 的计算过程是很简单的，只要通过三维空间中两组以上的同名向量便可确定，而平移矩阵 $\boldsymbol{T}$ 则是在计算得到旋转矩阵 $\boldsymbol{R}$ 的基础上，再用一组同名点便可计算得到。

6.1.2.4　面分割及提取

如图 6.14 所示，本小节采用三面标靶法来建立同名点及同名向量，从而实现 Kinect 传感器间的坐标系标定。具体方法是利用两个 Kinect 传感器分别提取三面标靶的点云数据，通过分析三面标靶的参数方程，计算其在 Kinect 传感器 K1 和 K2 坐标系下的法向量和平面方程。接着，通过联立这两个坐标系下的平面方程，能够求得三面标靶三个平面的交点 O。交点 O 就是同名点，而三个平面的法向量则构成了同名向量。通过这些同名点和同名向量，就可以进一步计算旋转矩阵 $\boldsymbol{R}$ 和平移矩阵 $\boldsymbol{T}$。

为了实现平面分割和法向量提取，本小节考虑采用 RANSAC（随机采样一致性算法）。RANSAC 是一种强大的随机参数估计方法，常用于从含有大量噪声的数据中提取有意义的模型。在本研究中，RANSAC 方法用于平面分割，其基本流程如图 6.15 所示。RANSAC 的核心思想是通过随机选取数据点，生成多个候选模型，并通过迭代优化选择最符合数据的模型。

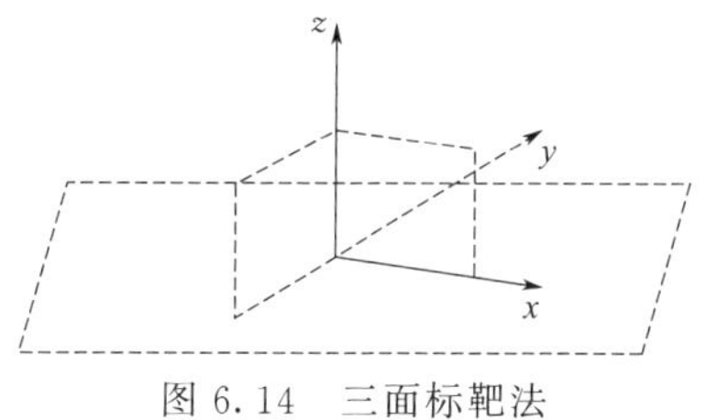

图 6.14　三面标靶法

在使用 RANSAC 进行面分割时，首先需要确定目标点云的分割模型。常见的分割模型包括直线模型、平面模型、圆周模型和圆柱模型等。在本小节的实验

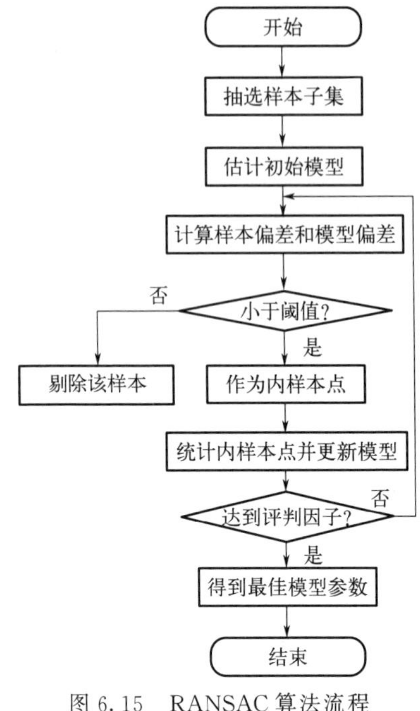

图 6.15　RANSAC 算法流程

中，由于目标是对三面标靶进行分割，因此选择平面模型。平面方程通常表示为 $Ax+By+Cz+D=0$，其中，A、B 和 C 是平面法向量的坐标，D 是平面方程的常数项。在 Kinect 传感器 K1 和 K2 的坐标系中，我们可以根据 RANSAC 提取出的平面模型，分别得到三面标靶在两个坐标系下的平面方程，具体表达式如式(6.12) 所示。

法向量（A_{11}，B_{11}，C_{11}）和（A_{21}，B_{21}，C_{21}）、（A_{12}，B_{12}，C_{12}）和（A_{22}，B_{22}，C_{22}）、（A_{13}，B_{13}，C_{13}）和（A_{23}，B_{23}，C_{23}）组成三组同名向量，三面标靶在 K1 和 K2 坐标系中的交点组成同名点，本小节得出的三面标靶平面法向量具体数值如表 6.3 所示。利用同名向量和同名点，求出 $\boldsymbol{R}$ 和 $\boldsymbol{T}$ 如式(6.13) 和式(6.14) 所示。

$$
\begin{aligned}
&\text{K1:}\begin{cases}A_{11}x+B_{11}y+C_{11}z+D_{11}=0\\A_{12}x+B_{12}y+C_{12}z+D_{12}=0\\A_{13}x+B_{13}y+C_{13}z+D_{13}=0\end{cases}\\
&\text{K2:}\begin{cases}A_{21}x+B_{21}y+C_{21}z+D_{21}=0\\A_{22}x+B_{22}y+C_{22}z+D_{22}=0\\A_{23}x+B_{23}y+C_{23}z+D_{23}=0\end{cases}
\end{aligned}
\tag{6.12}
$$

$$
\boldsymbol{R}=\begin{bmatrix}0.9410 & 0.0743 & 0.4013\\-0.0797 & 0.9897 & -0.0028\\-0.3685 & -0.0291 & 0.8467\end{bmatrix}
\tag{6.13}
$$

$$
\boldsymbol{T}=[-1.3725 \quad 0.0531 \quad 0.3728]^{\mathrm{T}}
\tag{6.14}
$$

表 6.3　K1 和 K2 采集的三面标靶平面法向量数值

Kinect	类型	数值	类型	数值	类型	数值
K1	A_{11}	−0.1146	B_{11}	0.0233	C_{11}	−0.8725
	A_{12}	0.9681	B_{12}	−0.0175	C_{12}	0.4521
	A_{13}	0.0154	B_{13}	0.8676	C_{13}	0.0271
K2	A_{21}	−0.8977	B_{21}	−0.0801	C_{21}	−0.1668
	A_{22}	0.3583	B_{22}	−0.0505	C_{22}	−0.9189
	A_{23}	−0.0052	B_{23}	0.9182	C_{23}	−0.0501

6.1.3 Kinect 传感器误差分析

Kinect 传感器标定的参数包括焦距（f_x,f_y）、投影中心位置（c_x,c_y），以及旋转矩阵 $\boldsymbol{R}$、平移矩阵 $\boldsymbol{T}$ 及畸变参数。其中，（f_x,f_y）、（c_x,c_y）等参数由传感器自身属性确定，又可以称为传感器内参。畸变参数包括三个径向畸变参数（k_1,k_2,k_3）和两个切向畸变参数（p_1,p_2），一般又将 $\boldsymbol{R}$ 和 $\boldsymbol{T}$ 以及畸变参数称为传感器外参，旋转矩阵和平移矩阵可根据三面标靶法进行计算，最常用的畸变参数的标定方法是棋盘格标定算法，该方法可以通过检测黑白相间的棋盘格点进行标定。Kinect 传感器在出厂之前会进行一次标定，并且 Kinect SDK 提供了内参。表 6.4 给出了 Kinect 参数标定结果。

表 6.4 Kinect 参数标定结果

内参	参数值	畸变参数	参数值
(f_x,f_y)	(366.281,366.281)	(k_1,k_2,k_3)	(−0.2720,−0.9109,0.09445)
(c_x,c_y)	(258.795,204.466)	(p_1,p_2)	(0.3105,0.5221)

Kinect 本身精度有限、标靶平面存在弯曲变形、PCL 提取点云有厚度等原因，会使得 $\boldsymbol{R}$ 和 $\boldsymbol{T}$ 有误差，这些误差可能致使同一个关节点 j 在 K1 和 K2 中三维坐标变换后不重合。本节中利用关节 0 来衡量 $\boldsymbol{R}$ 和 $\boldsymbol{T}$ 的误差。首先采集 K1 和 K2 坐标系三组不同位置及静止不同的目标对象关节 0 处的三维坐标，每组数据长度设为 300 帧，并将其平均值作为真实值，坐标变换后关节 0 处的三维点记为 p_{10} 和 p'_{20}，结果如表 6.5 所示。根据该表可知，最大误差为 0.047m，这是可以接受的。

表 6.5 坐标变换误差

项目	一组			二组			三组		
p_{10}	0.4234	0.0644	1.6238	0.0721	0.2980	1.8779	0.0469	0.1875	2.4881
p'_{20}	0.4295	0.0678	1.6811	0.0771	0.2510	1.8633	0.0499	0.1755	2.4854
误差/m	−0.0061	0.0034	0.0026	−0.005	0.047	0.0146	−0.003	0.0120	0.0027

6.2 人体行为动作数据特征处理

本节的研究主要集中在利用 Kinect 传感器采集人体行为动作数据，并在此基础上研究人体行为动作识别方法，旨在为机器人理解人类意图提供依据，从而在各种人机协作场景中有效地帮助机器人完成任务。在现代工业中，尤其是装配任务中，人机协作的应用越来越广泛，特别是机器人与人类共同执行任务的情境，要求机器人不仅要具备高度的自动化，还要能够理解和响应人类的行为，以提高工作效率和任务完成质量。为了赋予机器人识别人类意图的能力，本节研究了如何从 Kinect 传感器数据中提取和处理人体行为动作的特征，以为后续的人体行为识别提供数据支持。

在典型的人机协作装配环境中，人体行为具有动作数据丰富和动作特征复杂等特点。在这种环境下，机器人需要能够准确捕捉到人的动作，以便与人类进行协作。以人机协作装配一把椅子为例，其中人类是装配任务的主导者，而机器人作为协助者，负责递送椅子配件（如椅子腿）或工具（如内六角扳手）。整个装配任务仅需几个简单的步骤就可完成，但如果机器人能够准确识别人类的动作，就能够在适当的时机提供支持，从而显著提升工作效率。

为此，本节通过在实验室中搭建人机协作实验台，利用两个 Kinect 传感器同时跟踪人的骨骼数据。在采集到的人体骨骼数据基础上，对数据进行了特征处理，选择出有效的行为特征。这些特征将为后续的人体行为动作识别提供数据支持，使得机器人能够快速、准确地识别人体行为，进而理解人类的意图，并根据识别结果主动做出响应。例如，通过对关节角度、人体姿态变化等特征的提取，机器人能够判断人类是否需要帮助。

6.2.1 人机协同场景设计

6.2.1.1 任务场景描述

本小节研究的核心目的是帮助机器人识别人类意图，并在各种场景下协助人类完成装配任务。由于本研究不涉及机器人硬件的实际实现，实验通过人与人合作完成装配椅子的任务来进行。具体而言，操作工 A 模拟人类，而操作工 B 模拟机器人。在这一模拟任务中，操作工 A 与操作工 B 通过递送椅子组件或工具来完成装配任务。实验平台包括一个模拟的传送带，以及装配椅子所需的各类工具和组件（模块），如图 6.16 所示。

在实验中，操作工 A 向操作工 B 索要所需的组件或工具，并将已使用过的工具交还给操作工 B。而操作工 B 则在接收到指令后，提供所需组件或工具，并进行必要的操作。这种互动任务的核心在于隐性和显性的交流线索，而这些交流线索通过两台 Kinect 传感器进行收集。实验参与者通过不断重复装配任务，逐步熟悉操作流程，以提高任务的完成效率。

在任务中，操作工 A 的行为会通过 Kinect 传感器生成的数据被收集，而操作工 B 需要根据这些数据识别出操作工 A 的意图，并做出相应反应。值得注意

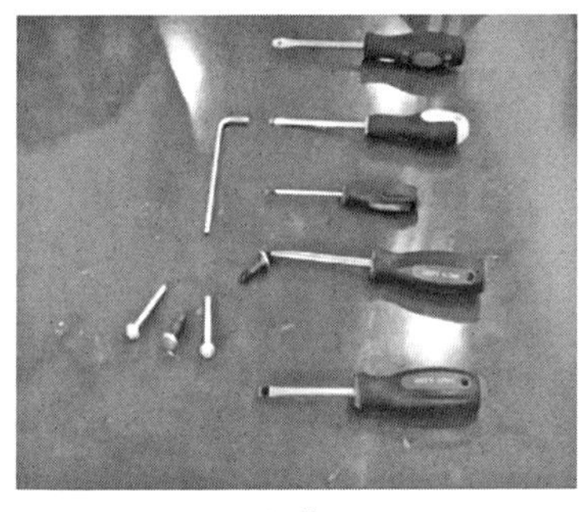

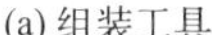

(a) 组装工具

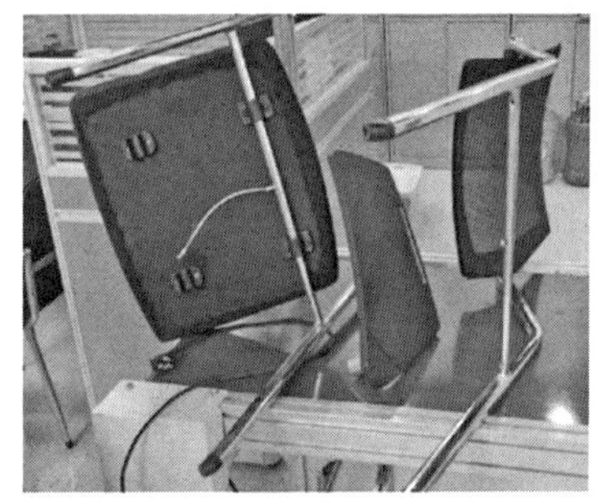

(b) 组装模块

图 6.16　组装器材

的是，操作工 B 不会明确知道操作工 A 的预期行为，而是通过隐性和显性的线索来解读操作工 A 的意图。因此，实验的研究重点是如何使操作工 B（模拟机器人）能够准确并快速地识别操作工 A（主导者）的行为，以提高人机协作效率。

在这一任务中，求取工具或组件是主要的预测任务，且每项实验任务需要 7～10 分钟来完成，操作工 A 需要按照以下 7 个步骤来完成椅子装配任务：

步骤 1：操作工 A 准备组装椅子靠背，操作工 B 向操作工 A 递送椅子靠背；

步骤 2：操作工 A 准备组装椅子主体，操作工 B 向操作工 A 递送椅子主体；

步骤 3：操作工 A 准备连接椅子靠背和椅子主体，操作工 B 向操作工 A 递送所需型号螺钉；

步骤 4：操作工 A 组装椅子靠背和椅子主体，操作工 B 向操作工 A 递送内六角扳手；

步骤 5：操作工 A 准备连接椅子书写板，操作工 B 向操作工 A 递送椅子书写板；

步骤 6：操作工 A 组装椅子和书写板，操作工 B 向操作工 A 递送十字螺丝刀；

步骤 7：操作工 A 加固椅子，操作工 B 向操作工 A 递送外六角扳手。

需要注意的是，步骤 1 和步骤 2 之间的顺序可以互换，步骤 3 和步骤 4 的顺序也可以互换。操作工 B 需要根据操作工 A 的动作变化，判断其意图并递送相应的组件或工具。为了简化实验中的任务复杂度，步骤 1～步骤 7 的顺序在实验中是固定的。

通过这种人与人合作的模拟任务，实验能够为后续的机器人行为识别研究提供数据支持，让机器人通过传感器识别并理解人类在任务中的行为，进而提升协作效率。

6.2.1.2 任务参与者

实验有自愿参与者共 14 人（12 名男性和 2 名女性），年龄在 22～26 岁之间，均属于具有正常行为能力的成人。他们的身高在 160～190cm，体重在 47～90kg 之间，参与者的具体信息统计见表 6.6。参与者两两一组，观看装配网络演示视频后，每组参与者重复装配任务多次，以增加对任务的熟悉程度。待所有参与者对装配工作达到一定的熟悉程度之后，即达到实验所需的装配水准，便可参与实际的装配实验，并收集操作工 A 的动作行为数据，为后续的动作行为识别提供数据支持。

表 6.6　参与者的信息统计细节

项目	女性	男性	平均年龄	平均身高	平均体重
数据	2	12	23	173cm	64kg

6.2.1.3 任务场景

为了更好地模拟人机协作装配工作场景，实验设计了一个模拟环境，旨在通过两台 Kinect 传感器来捕捉操作者的动作和行为。实验台的布置如图 6.17 所示，两台 Kinect 传感器分别位于操作者前方的左右两侧，形成双目摄像头系统，并与计算机进行连接，以实时采集操作者的骨骼数据。在实验过程中，操作者被要求站在模拟传送带前方，进行装配任务的模拟操作。

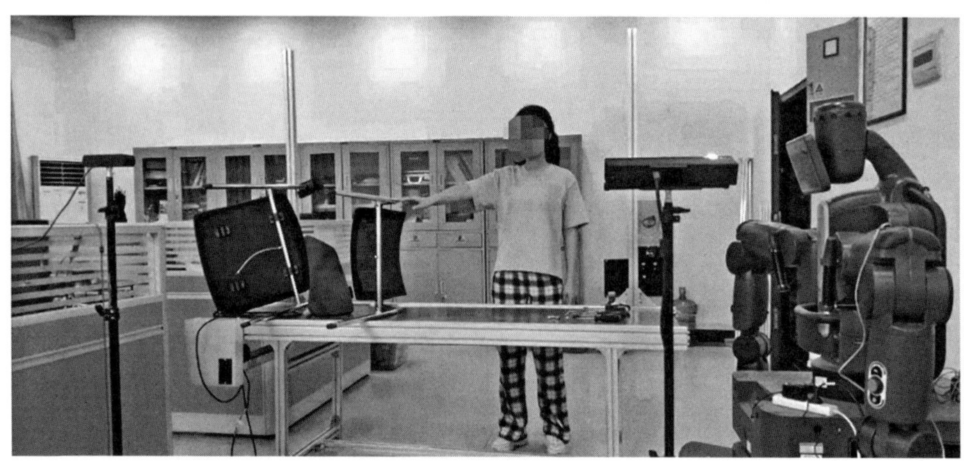

图 6.17　实验台布置

其中，两台固定的 Kinect 传感器放置在三脚架上，如图 6.18(a) 所示，三脚架的高度可以调整，范围在 1.5～1.9m 之间。为了确保能够准确捕捉到操作者的动作并对物体位置进行精确配准，Kinect传感器需要对物体的方位进行检测。然而，由于Kinect传感器无法进行旋转，因此必须通过合理设置操作者和传感器的相对位置来弥补这一限制。

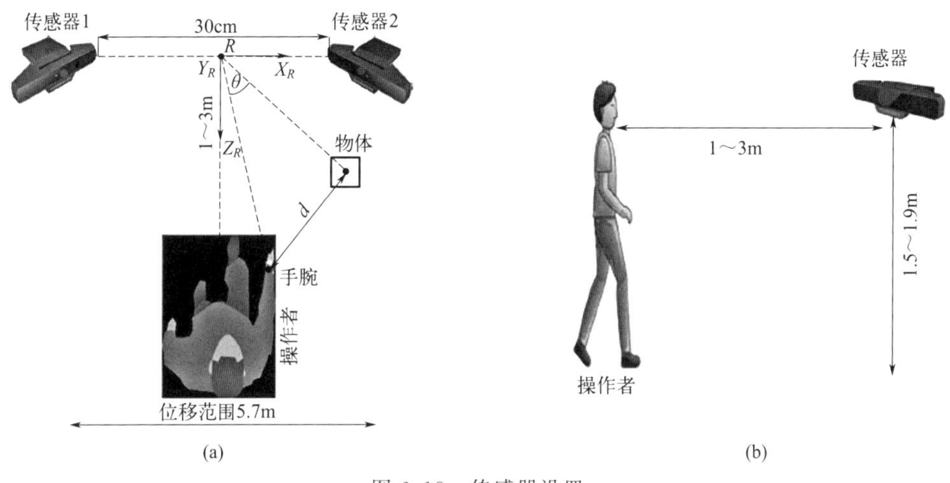

图6.18 传感器设置

在实际操作中，Kinect传感器的观察范围被限定在1～3m之间，如图6.18(b)所示。在这一范围内，传感器能够准确捕捉到操作者的骨骼数据以及环境中物体的位置信息，从而为后续的人体行为动作识别提供必要的数据支持。通过合理布置传感器与操作者的相对位置，确保了实验环境中各类人体动作和物体交互行为的有效监测与数据采集。

6.2.2 人体行为动作数据收集

6.2.2.1 重采样和角度变化

在Kinect传感器进行人体动作捕捉时，获取关节点的位置变化对于后续的动作识别非常关键。尤其是当人的动作较为复杂时，关节点的位置变化会直接影响到动作的识别准确性。为了提高处理效率，减少不必要的计算，本研究只考虑与手臂和上身躯干相关的关节数据。因此，关节总数从Kinect捕捉的25个减少到17个，便于专注于上肢和躯干的运动分析。

在实验过程中，操作者站在Kinect传感器前，两个传感器与水平方向之间的夹角设置为30°。这一设置影响着操作者在水平面上的x轴和z轴坐标，从而对捕捉到的运动轨迹产生影响。为了消除Kinect传感器角度偏斜对坐标数据的影响，需要进行坐标变换。通过这种坐标变换，可以将Kinect捕捉到的关节数据转换到一个标准的坐标系下，从而更准确地反映操作者的实际运动轨迹。在坐标变换后的数据中，第 f 帧第 i 个关节的坐标可表示为：

$$\overline{\boldsymbol{P}}_i^f = \begin{bmatrix} x_i^f \\ y_i^f \\ z_i^f \end{bmatrix}^{\mathrm{T}} \begin{bmatrix} 0 & 1 & 0 \\ \cos\theta & 0 & 0 \\ 0 & 0 & \sin\theta \end{bmatrix}, \quad f \in N \tag{6.15}$$

这里 θ 等于 30°，$i \in [1, 17]$，角度变化前后的结果如图 6.19 所示。

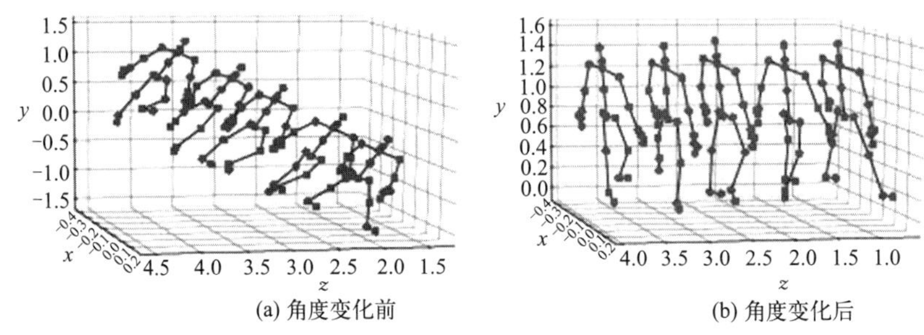

(a) 角度变化前　(b) 角度变化后

图 6.19　角度变化前后结果

6.2.2.2　行为动作设计及数据收集

在本节的实验设计中，为了模拟人机协作装配任务，特别是为机器人提供识别和预测人类行为的能力，设计了几个关键的动作序列，以便反映不同装配步骤中的行为变化。具体来说，这些动作对应着不同的装配步骤和任务状态，以供机器人预测并准备所需的部件或工具。

表 6.7 中列出了几组不同的动作，其中动作 1 是一个静态的动作——人类张开双臂并呈“大”字形，这是标志着装配任务开始的动作；动作 2～动作 6 则是从装配步骤 1～步骤 6 中提取的动态行为动作。机器人在识别到动作 1 后，可以推测装配任务即将开始，并提前准备好椅子靠背递送给操作工 A。操作工 A 在接收到椅子靠背后，将其放置到实验台上，这一动作被标定为动作 2。机器人识别到该动作后，会预测到下一步任务是组装椅子主体，因此会提前准备好椅子主体，并递送给操作工 A，继续提供协助。通过此方式，机器人能够根据识别到的人类动作提前准备好相关工具和部件，从而提高协作效率。

表 6.7　人机协作过程中的具体行为动作设计

动作编号	对应步骤	类型	动作描述
动作 1	—	静态	操作工 A 张开双臂，呈“大”字形
动作 2	步骤 1	动态	接过椅子靠背，并放到实验台
动作 3	步骤 2	动态	接过椅子主体，并放到实验台，向右侧身
动作 4	步骤 3	动态	操作工友手接过螺钉，并向前伸出

续表

动作编号	对应步骤	类型	动作描述
动作5	步骤4	动态	操作工右手接过内六角扳手，并向前伸出
动作6	步骤5	动态	操作工双手接过书写板，并向上伸出
动作7	步骤6	动态	操作工左手拿螺丝刀，并向上伸出

为了模拟这一过程，本节采用了两个操作工进行实验，操作工A作为主导者，模拟人类在装配中的行为；操作工B则模拟机器人，负责根据操作工A的动作预测其下一步的需求，并递送相应的工具和部件。本实验场景中没有实际的机器人，操作工B的行为则由人工完成。为了保证数据的标准化，要求实验室参与的人员在采集数据时刻意做出规定的行为动作，并确保动作的准确性和可重复性。

Kinect传感器通过USB（通用串行总线）接口连接到安装了Ubuntu 16.04系统的主机上，利用Kinect的SDK追踪人体的骨骼数据。如图6.20所示，在动作2的过程中，操作工A拿起椅子靠背并放到实验台上，Kinect传感器实时捕捉到操作工的动作并生成骨架（骨骼）数据。通过Kinect的嵌入式库与机器人操作系统（ROS），可以同时获取深度图像信息和人体骨骼数据流。Kinect系统的骨架关节频率为30Hz，因此可以实时捕捉到参与者的行为数据，这为后续的动作识别和分析提供了充分的数据支持。图6.21展示了操作工A在执行动作2时的骨架提取图，进一步展示了Kinect传感器如何通过追踪人体骨骼数据来捕捉复杂的动作信息。

图6.20　Kinect追踪人体骨架（见书后彩插）

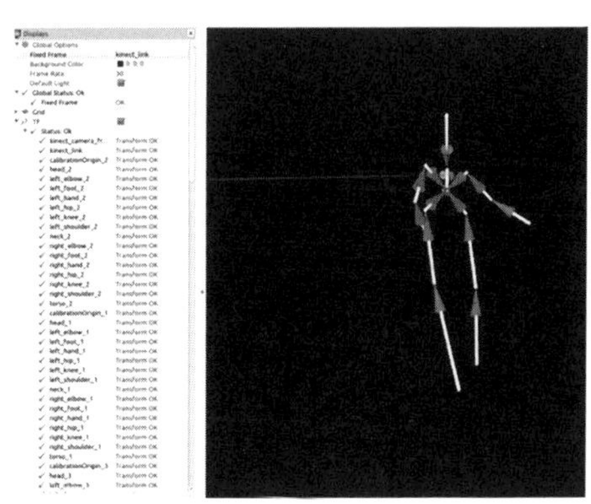

图6.21　人体骨架提取（见书后彩插）

在本节的实验中，为了确保动作识别的准确性和有效性，操作者被要求根据预定的动作主题执行一系列行为动作。每个行为动作需要执行100次以上，操作工A和操作工B在每次实验中交替执行这些动作。具体来说，实验包含7个主要行为动作，这些动作覆盖了整个装配任务的各个阶段。由于每个步骤中的动作数据需要重复执行，因此每次装配任务中，每个步骤对应的动作数据集总量达到了 1400 组以上，这为后续的行为识别提供了丰富的样本数据。

基于 Kinect 传感器收集到的骨架数据，包括了静态行为动作和动态行为动作两类数据。在图 6.22 中，展示了静态行为动作的骨架数据，这些数据通常代表了人机协作装配任务中的初始状态。例如，在任务开始时，操作者通过静态动作向机器人展现自己的行为意图，通常是通过手臂的伸展或其他姿势，明确表示需求或准备状态。机器人在识别到这些静态动作后，会推断出操作者的意图，并开始准备和递送装配所需的工具或部件。

Static_Action_01_eff_2020_10_31_19_23_39...	2020/11/16 19:25	Microsoft Access Ta...	11 KB
Static_Action_01_eff_2020_10_31_19_23_49...	2020/11/16 19:25	Microsoft Access Ta...	11 KB
Static_Action_01_eff_2020_10_31_19_23_58...	2020/11/16 19:25	Microsoft Access Ta...	10 KB
Static_Action_01_eff_2020_10_31_19_24_5_i...	2020/11/16 19:25	Microsoft Access Ta...	10 KB
Static_Action_01_eff_2020_10_31_19_24_15...	2020/11/16 19:25	Microsoft Access Ta...	11 KB
Static_Action_01_eff_2020_10_31_19_24_21...	2020/11/16 19:25	Microsoft Access Ta...	10 KB
Static_Action_01_eff_2020_10_31_19_24_28...	2020/11/16 19:25	Microsoft Access Ta...	11 KB
Static_Action_01_eff_2020_10_31_19_24_36...	2020/11/16 19:25	Microsoft Access Ta...	11 KB
Static_Action_01_eff_2020_10_31_19_24_43...	2020/11/16 19:25	Microsoft Access Ta...	9 KB
Static_Action_01_eff_2020_10_31_19_24_50...	2020/11/16 19:25	Microsoft Access Ta...	10 KB

图 6.22　Kinect 追踪人体静态骨架数据

而在图 6.23 中，展示的是动态行为动作的骨架数据，这些数据通常反映了任务中的实际装配过程。随着任务的进行，操作者会执行一系列动态动作，表现出对装配部件的操作、工具的使用等行为。机器人通过对这些动态动作的识别，可以预测操作者的下一步需求，并提前准备好所需工具和部件，以保持人机协作的高效性。

Dynamic_Action_01_eff_2020_11_1_16_37_...	2020/11/16 19:24	Microsoft Access Ta...	11 KB
Dynamic_Action_01_eff_2020_11_1_16_37_...	2020/11/16 19:24	Microsoft Access Ta...	11 KB
Dynamic_Action_01_eff_2020_11_1_16_38_...	2020/11/16 19:24	Microsoft Access Ta...	11 KB
Dynamic_Action_01_eff_2020_11_1_16_39_...	2020/11/16 19:24	Microsoft Access Ta...	11 KB
Dynamic_Action_01_eff_2020_11_1_16_39_...	2020/11/16 19:24	Microsoft Access Ta...	11 KB
Dynamic_Action_01_eff_2020_11_1_16_39_...	2020/11/16 19:24	Microsoft Access Ta...	10 KB
Dynamic_Action_01_eff_2020_11_1_16_39_...	2020/11/16 19:24	Microsoft Access Ta...	10 KB
Dynamic_Action_01_eff_2020_11_1_16_40_...	2020/11/16 19:24	Microsoft Access Ta...	11 KB
Dynamic_Action_01_eff_2020_11_1_16_40_...	2020/11/16 19:24	Microsoft Access Ta...	8 KB
Dynamic_Action_01_eff_2020_11_1_16_40_...	2020/11/16 19:24	Microsoft Access Ta...	11 KB
Dynamic_Action_01_eff_2020_11_1_16_40_...	2020/11/16 19:24	Microsoft Access Ta...	11 KB
Dynamic_Action_01_eff_2020_11_1_16_40_...	2020/11/16 19:24	Microsoft Access Ta...	11 KB
Dynamic_Action_01_eff_2020_11_1_16_40_...	2020/11/16 19:24	Microsoft Access Ta...	11 KB

图 6.23　Kinect 追踪人体动态骨架数据

6.2.3 动作行为数据预处理

6.2.3.1 异常数据处理

异常点是指那些显著偏离实际观测数据的点，这些点对应的数据通常被称为异常数据，如毛刺、噪声等。异常数据的出现通常是由硬件设备故障、环境干扰或其他意外因素导致的。这些异常点的存在可能会导致对人体行为动作的错误预测，使机器人错误理解人类的意图，从而在执行任务时递送不符合需求的部件或工具。因此，在获得骨骼数据后，必须对人体行为数据进行分析，检测数据中是否存在异常点，并将其从数据集中移除，以确保后续识别的准确性。

为了实现异常点的检测，本节采用了箱线图（boxplot）检测法，如图 6.24 所示。箱线图是一种有效的可视化工具，能够帮助我们识别数据中的异常值，具体通过计算数据的四分位数和四分位距（IQR）来确定异常值。箱线图的关键参数包括下四分位数 Q_1、上四分位数 Q_3、中位数 Q_2，以及由这些四分位数计算得出的上限值和下限值。具体来说：

下限值：Lower Bound $= Q_1 - 1.5 \times \mathrm{IQR}$。

上限值：Upper Bound $= Q_3 + 1.5 \times \mathrm{IQR}$。

其中，IQR（四分位距）是上四分位数 Q_3 与下四分位数 Q_1 之差，即 $\mathrm{IQR} = Q_3 - Q_1$。

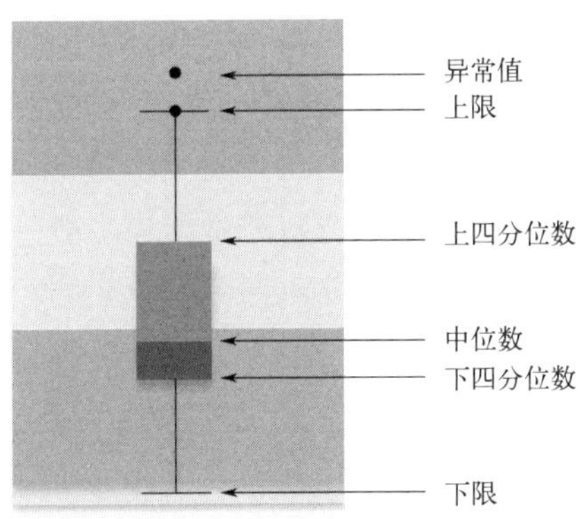

图 6.24　箱线图检测法

在箱线图的标准范围内，数据点位于下限值和上限值之间的都被认为是正常数据。如果数据点超出这个范围，则认为它是异常值（异常数据）。具体地，异常值可以通过以下公式进行检测：

$$\text{异常值} = \{x \mid x < Q_1 - 1.5 \times \mathrm{IQR} \text{ 或 } x > Q_3 + 1.5 \times \mathrm{IQR}\} \tag{6.16}$$

根据上式可知，n（异常值检测的灵敏度参数）取值为 1.5 和 3，若 $n = 1.5$，则在 $Q_1 - 1.5\mathrm{IQR}$ 和 $Q_3 + 1.5\mathrm{IQR}$ 之间的数据点表示在可接受范围，如果超出这个范围，则表示为温和异常值。同理，若 $n = 3$，则在 $Q_1 - 3\mathrm{IQR}$ 和 $Q_3 + 3\mathrm{IQR}$ 之间的数据点表示在可接受范围，如果超出这个范围，则表示为极端异常值。

以某组动态行为动作的头部节点数据为例，基于箱线图检测结果如图 6.25（a）所示，该组数据中出现了三个异常点数据。本节中消除异常点数据的方法是取该点左右各 n 个数据，并求其平均值，用该平均值替代异常点处的数据。异常点消除过后的效果如图 6.25(b) 所示。

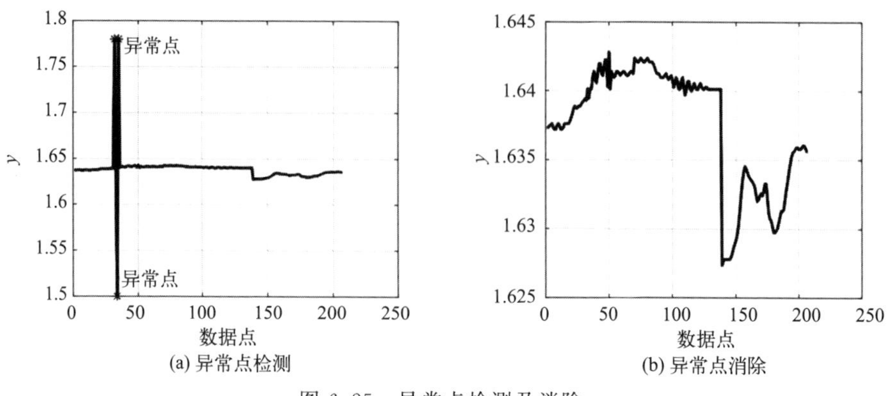

图 6.25 异常点检测及消除

6.2.3.2 数据平滑处理

由于 Kinect 传感器自身性能影响，采集的数据伴有一定的噪声，此外，操作工在进行行为动作时，身体的颤抖等原因也可能导致数据伴有噪声。为了消除人体行为动作数据中含有的这些噪声，考虑对数据进行平滑处理，即滤波处理。本节采用的滤波方法是移动平均值滤波和高斯滤波，移动平均值滤波方法通过取固定长度信号的平均值来实现噪声消除，如图 6.26 所示。

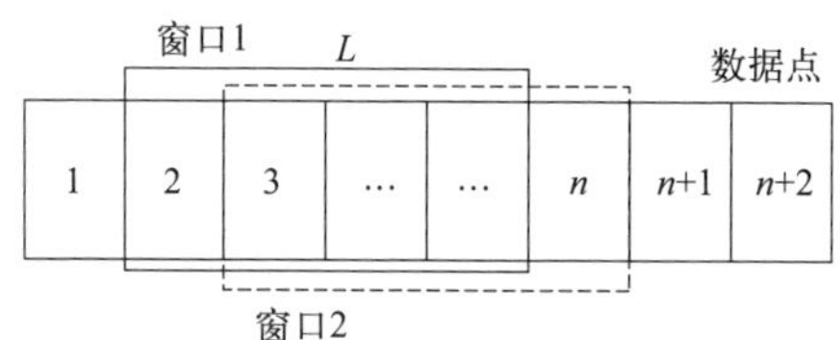

图 6.26 移动平均值滤波方法示意图

基本实现过程如下，取定长度 L 的数据段 X_1，…，X_L，则计算公式为：

$$\overline{X}=\frac{1}{L}\sum_{i=0}^{L}X_{L-i} \tag{6.17}$$

式中，$\overline{X}$ 为 L 个数据点的平均值。本节中将 X_1 所在位置处的数据点用该平均值代替，然后从 X_2 开始再取 L 个数据点，计算平均值并代替 X_2。上述过程迭代 n 次以后得到 n 次滤波平滑结果。显然，移动平均值滤波方法的窗口长度 L 会影响滤波效果，若 L 值较大，则滤波后的平滑度较高；若 L 值较小，则滤波后的平滑度较低。

另一种平滑方法是基于高斯核函数，称为高斯滤波，其基本原理是：样本数据中的每个数据点是根据该点及邻域内的若干个其他数据点经过高斯核函数映射得到的。其优点在于能够有效地保留数据的原有特征。一维高斯核函数如下式：

$$G(x)=\frac{1}{\sqrt{2\pi\sigma^2}}e^{-\frac{x^2}{2\sigma^2}} \tag{6.18}$$

式中，σ^2 表示方差。

图 6.27(a) 给出了基于移动平均值滤波方法的数据平滑效果，图 6.27(b) 给出了基于高斯滤波的数据平滑效果，由该图可知，基于高斯滤波方法对数据进行平滑处理得到的数据能够保留更多的原有特征。

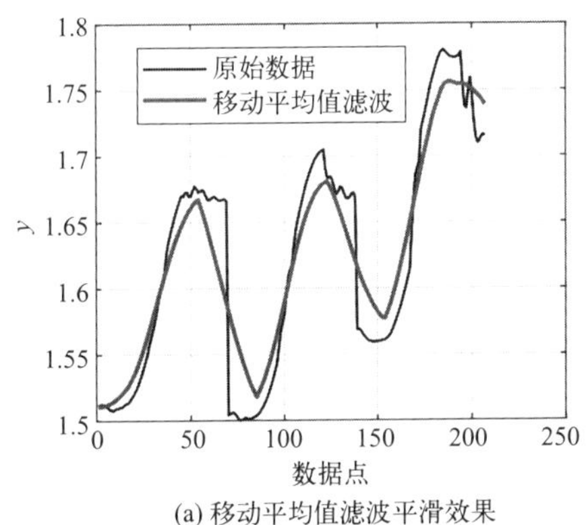

(a) 移动平均值滤波平滑效果

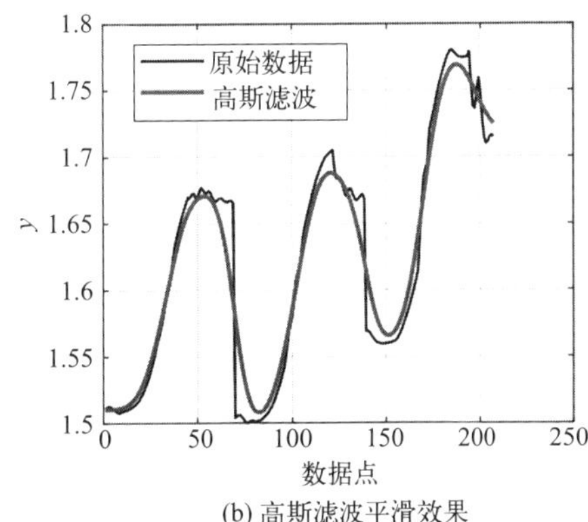

(b) 高斯滤波平滑效果

图 6.27 数据平滑处理

6.2.3.3 数据对齐处理

由于 Kinect 传感器在捕捉人体骨骼数据时是实时进行的，因此每个行为动作的时长可能不同，即使在相同的采样频率下，每组数据的长度也会存在差异。这是因为每个操作工的熟练程度和操作习惯有所不同，这些因素都会导致同一行为动作的完成时间不一致，从而使得采集到的骨骼数据的时间长度不相同。为了能够有效地对不同时间长度的数据进行比较和处理，尤其是在进行人体行为动作识别和预测时，需要将不同长度的骨骼数据进行对齐处理，采用两种常用的方法——插值法和离散傅里叶变换。

插值法，亦称为内插法，是根据已有的离散数据点，推算出函数在其他点的近似值。通过插值，我们可以将不同长度的数据对齐为统一的时间长度，以便进行后续的分析。常见的插值法有线性插值、三次样条插值和立方插值等，其中线性插值是一种最简单且常用的插值法。在这种方法中，假设已知两个数据点 (x_0, y_0) 和 (x_1, y_1)，线性插值通过连接这两个点的直线来估算它们之间的值。线性插值的公式如下：

$$\varphi(x)=\frac{x-x_1}{x_0-x_1}y_0+\frac{x-x_0}{x_1-x_0}y_1 \tag{6.19}$$

离散傅里叶变换是将原来时域上的 n 个信号变换到频域上，得到相同个数的频域信号，将得到的第 k 个复数的幅值作为三角函数的系数，将第 k 个复数的幅角作为三角函数的相位，k 作为三角函数的频率，并将所有频率的三角函数相加得到多项式，用来拟合这 n 个信号的函数。假设非周期连续时间信号为 $x(t)$，则该信号的傅里叶变换为：

$$X(\omega)=\int_{-\infty}^{+\infty}x(t)\mathrm{e}^{-\mathrm{j}\omega t}\,\mathrm{d}t \tag{6.20}$$

根据上式计算得到的是连续谱，进一步将其离散化可得：

$$X(k)=\sum_{0}^{n-1}x(n)\omega_n^{-k},\quad n=0,1,\cdots,n-1 \tag{6.21}$$

其中，$\omega_n^{-k}=\mathrm{e}^{2k\pi\mathrm{j}/n}$。

本节中采用基于傅里叶变换的数据对齐方法，基于傅里叶变换对齐效果如图 6.28 所示。骨骼动作数据信号长度为 414，目标长度为 450，经过对齐后能得到一样长度的人体行为动作数据。

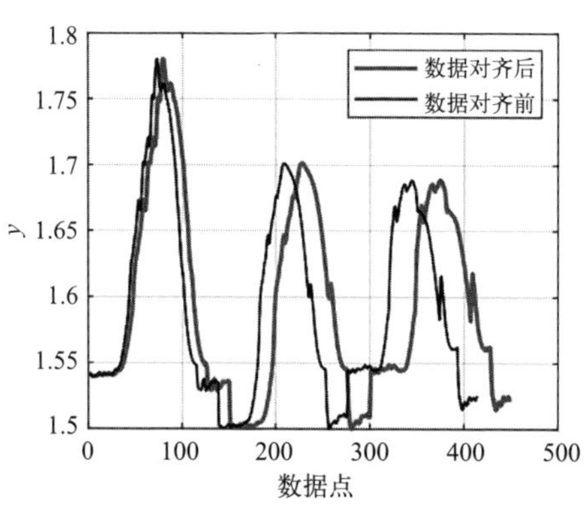

图 6.28 数据对齐处理

6.2.3.4 数据归一化处理

不同的操作工的身高、体型以及操作时的行为习惯不同，以及操作工相对于 Kinect 的位置不同，使得得到的人体行为动作数据之间存在一些个体差异。为了避免个体差异造成人体行为动作预测的误差，需要对骨骼数据进行归一化处理。Kinect 使用 spinebase（关节 0）作为局部坐标的原点，从中减去 spinebase 的坐标，得到每帧的每个关节坐标如下：

$$\widetilde{\boldsymbol{P}}_i^f=\begin{bmatrix}x_i^f-x_{\text{spinebase}}^f\\ y_i^f-y_{\text{spinebase}}^f\\ z_i^f-z_{\text{spinebase}}^f\end{bmatrix},\quad f\in N \tag{6.22}$$

式中，$\widetilde{\boldsymbol{P}}_i^f$ 是归一化之后在第 f 帧的第 i 关节的位置，这里 $i \in [1,17]$；$x_{\text{spinebase}}^f$，$y_{\text{spinebase}}^f$，$z_{\text{spinebase}}^f$ 是第 f 帧中 spinebase 的三维坐标。归一化后，spinebase 的三维坐标全部变为 0，因此可以在计算时删除此关节，关节点总数为 16。

6.3 行为意图识别

受到文献［3］的启发，本节拟采用双流卷积神经网络（two-stream convolutional neural network，TSCNN，简称双流网络）学习 Kinect 传感器捕捉到的人体骨骼数据，旨在实现人机协作装配过程中的机器人识别人类的行为意图。该方法的核心思想是通过双流网络的结构，分别处理和融合不同类型的输入数据，以提高识别的准确性和鲁棒性。为了验证本节提出方法的有效性，我们还进行了与传统的基于卷积神经网络（CNN）和长短期记忆（LSTM）网络的人体行为识别方法的对比实验。

6.3.1 双流卷积神经网络及注意力机制

6.3.1.1 双流卷积神经网络

双流卷积神经网络[4] 是一种由两个卷积神经网络构成的模型，分别为空间流卷积神经网络（简称空间流网络）和时间流卷积神经网络（简称时间流网络），如图 6.29 所示。空间流卷积神经网络专注于从视频中的每一帧提取静态空间特征，类似于传统卷积神经网络对静态图像的处理。它主要捕捉人体的静态姿势、物体的形态、背景信息等，能够有效地从每一帧图像中识别出人体的姿势和动作。与此不同，时间流卷积神经网络则专注于从视频流的多帧图像中提取动态时间信息，它通过将多个连续的帧图像合成一个时序图像，学习视频中随时间变化的动作轨迹和动态模式。这种方法能够帮助识别视频中的运动趋势，从而捕捉到动作的时间特征，进一步补充空间流卷积神经网络无法捕捉的动态信息。

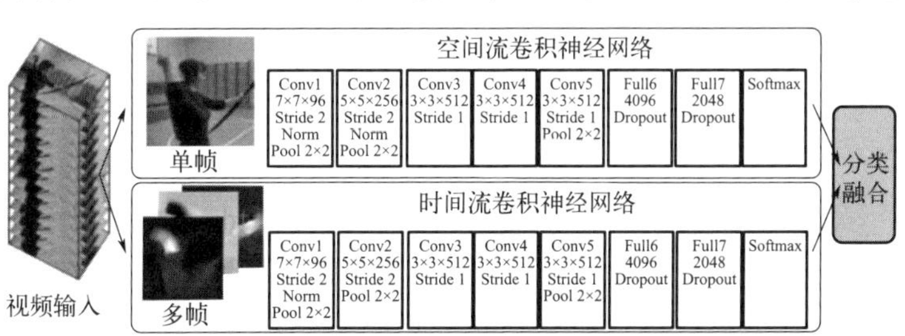

图 6.29　双流卷积神经网络结构

双流卷积神经网络的两个子网络各自处理空间和时间维度的特征，具有相同的结构，通过分别学习空间信息和时间信息，能够更全面地理解视频中的动作。在行为识别任务中，人体动作的静态姿势和动态变化是两个重要的识别因素。单独依赖空间流卷积神经网络只能处理静态信息，可能在动态行为识别中失效，而仅使用时间流卷积神经网络又容易忽略动作的具体姿势。双流网络通过将这两种信息结合，能够在识别过程中同时考虑空间的静态信息和时间的动态变化，从而大幅提升了识别的准确性和鲁棒性。最终，两个网络的输出会在后端进行融合，通常采用加权平均或拼接的方式，生成最终的动作分类结果。

这种双流网络结构在许多视频行为识别和人体姿态估计的任务中都表现出了显著的优势。在人机协作装配任务中，双流网络能够帮助机器人精准理解人类操作员的行为意图。例如，机器人可以根据操作员的动作预测其下一步的需求，并提前准备好相应的工具或配件，从而实现更加高效的协作。通过分离和融合空间与时间的信息，双流网络不仅提高了动作识别的准确性，也为机器人提供了一个强大的工具，以应对更加复杂的行为理解任务。

视频中连续两帧之间的光流可以视为第 k 帧和第 $k+1$ 帧之间的位移矢量 $\boldsymbol{\tau}_k$，记 $\boldsymbol{\tau}_k(i,j)$ 为第 k 帧图像中特征点 (i,j) 移动到第 $k+1$ 帧图像中的相对位置，位移场中 $\boldsymbol{\tau}_k$ 的垂直和水平分量记为 τ_k^y 和 τ_k^x。若将 m 帧图像进行堆叠，形成维度为 $2m$ 的输入通道，则卷积输入的维度可用视频块 $I_i(u,v,2k-1)$ 表示。

$$I_i(u,v,2k-1)=d_{\tau+k-1}^x(u,v) \tag{6.23}$$

式中，$d_{\tau+k-1}^x(u,v)$ 表示在时间点 $\tau+k-1$ 处，像素点 (u,v) 在连续两帧之间的水平方向的光流位移值；$u\in[1,w]$；$v\in[1,h]$；$k\in[1,m]$；w 表示图像帧的宽度；h 表示图像帧的高度。对于任意的像素点 (u,v)，可以通过特征通道 $I_i(u,v,j)(j\in[1,2m])$ 将 m 帧中该点的水平和垂直分量叠加编码。

6.3.1.2 注意力机制

双流卷积神经网络最初是为了解决视频分类和行为识别问题而提出的。为了进一步提高双流卷积神经网络的识别效果，一些研究者开始探讨如何优化空间流网络和时间流网络在特征提取过程中的细节。为了使得模型能够从大量的特征信息中捕捉到最具价值的关键信息，注意力机制应运而生。近年来，注意力机制被广泛应用于图像识别、自然语言处理以及其他人工智能领域，并取得了显著的效果。

注意力机制可以大致分为硬注意力（hard attention）机制和软注意力（soft attention）机制两种类型。硬注意力机制的基本思路是选择输入数据中某一局部区域的信息进行处理，而忽略其他区域的内容。这种方法的优点在于可以集中处理关键信息，但也存在着缺乏灵活性和可微性的问题。与此不同，软注意力机制计算输入数据各个区域的“关注度”，即给每个区域分配一个权重值，权重范围通常是 0 到 1。由于软注意力机制具有可微性，因此能够在训练过程中通过反向传播进行优化，广泛应用于深度学习中。

在软注意力机制的基础上，进一步发展出了自注意力（self-attention）机制。自注意力机制的核心思想是，卷积层之间的注意力权重分配通过自主学习来完成，而不依赖于外部人为的设计或假设。与传统的注意力机制相比，自注意力机制不局限于某一特定区域，而是能够在整个输入数据中自适应地学习出每个区域的重要性，从而更好地捕捉数据的全局信息和内部结构。自注意力机制的引入，使得模型可以更加灵活地调整对输入数据不同区域的关注程度，进一步提升了特征提取的能力和效果。

在双流卷积神经网络中，结合自注意力机制可以进一步优化空间流和时间流网络的特征学习过程，使模型能够更加精确地关注视频中的关键帧和关键区域，从而提升动作识别的准确性。尤其是在复杂的人机协作装配任务中，机器人需要根据人类的行为预测其下一步动作，通过引入注意力机制，模型能够更加精准地理解和预测人类的意图，为机器人提供更准确的决策支持。

6.3.2　基于注意力机制的行为识别网络设计

6.3.2.1　数据转换设计

图 6.30 给出了传统双流网络输入和本节中双流网络输入的示意图。在传统的双流网络中，时间流网络的输入是多个视频帧图像的叠加特征图，而空间流网络的输入则是某一个视频帧图像。不同于传统方法，本节中的双流网络采用人体骨骼数据作为输入，其中时间流网络的输入是人体行为动作数据的叠加，而空间流网络的输入是某个具体的行为动作数据。

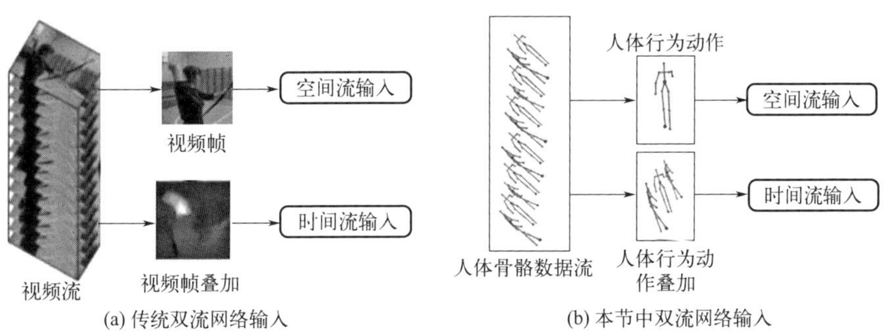

图 6.30　双流网络输入

具体而言，本节基于 Kinect 传感器捕获的人体骨骼数据进行人体行为动作的预测和分类识别。Kinect 传感器提供的数据包括人体各个关节节点的三维坐标信息。在本节中，骨骼数据包含 16 个关节节点，共 48 维数据，每个节点有 x、y、z 三个坐标轴的数值。图 6.31 展示了这些数据的结构。在实验中，当操作工完成一个行为动作后，系统会获取相应的骨骼数据流，并将这些数据按照图 6.32 所示的方式进行存储。每组数据的维度为 $48\times L$，其中 L 代表数据对齐处理后所得到的长度。由于每种行为动作的复杂程度和操作工的习惯不同，因此每组收集到的人体骨骼数据流的长度可能不一致。因此，本节对骨骼数据进行对齐处理，使得每个数据集的大小一致，以便于后续的学习和预测。

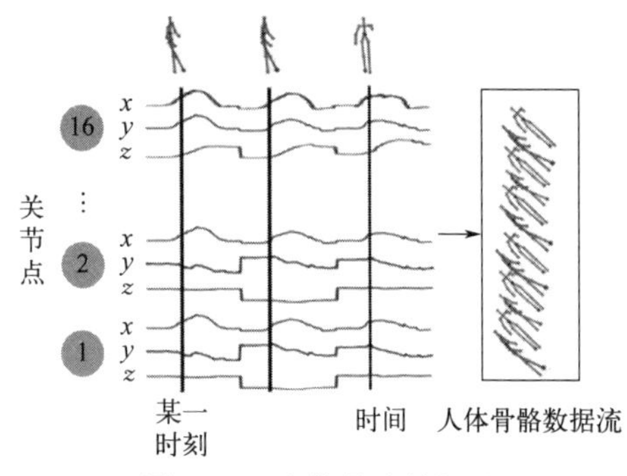

图 6.31 人体骨骼数据流

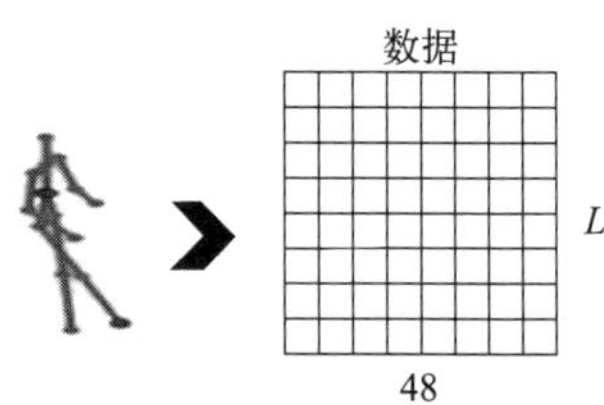

图 6.32 人体骨骼数据存储

在数据处理过程中，图 6.32 中的方形数据块类似于将 RGB 图像转化为灰度图像的过程，本节中则是用人体骨骼数据代替了图像数据，从而实现人体行为动作的识别。通过这种方式，双流卷积神经网络能够学习到人体骨骼数据中的空间特征和时间特征，进而进行有效的行为动作识别，帮助机器人理解人类行为并进行人机协作。

6.3.2.2 引入注意力机制

在引入注意力机制时，本节关注到卷积层 1 提取的行为动作特征往往较为冗杂，其中包含了很多无关或噪声信息，导致有效特征比例较小，且时间流网络和空间流网络之间的关联性较弱。为了提升识别准确度和特征提取的有效性，本节在卷积层 2 和卷积层 3 之间引入了注意力机制，如图 6.33 所示。

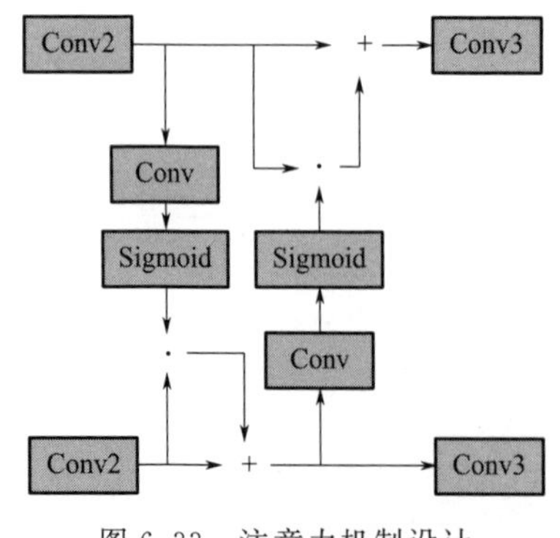

图 6.33 注意力机制设计

在空间流网络中，卷积层 2 输出的人体行为动作特征图首先通过 1×1 卷积得到一个二维的空间注意力图。接着，这个空间注意力图通过 Sigmoid 函数进行归一化处理，得到一个范围在 0 到 1 之间的注意力图。该注意力图的数值越小，表示行为特征的重要程度越低；反之，数值较大的区域则表示对识别结果贡献较大的特征。通过这种方式，模型可以更好地关注到那些对行为识别有显著影响的特征，而忽略掉不重要的噪声或无关特征。接下来，时间流网络中卷积层 2 池化后的行为特征与空间注意力图在对应位置进行点乘操作，从而得到一个带有空间注意力的时间行为特征图。这一特征图充分结合了时间流和空间流网络的信息，从而使得时间流网络能更好地获取空间流网络中的人体行为动作特征。

在时间流网络中，卷积层 3 的输入通过 1×1 卷积操作处理，得到一个时间注意力图。然后，同样使用 Sigmoid 函数对其进行归一化。接下来，将空间流网络中卷积层 2 输出的行为特征图与这个时间注意力图进行点积操作，得到带有时间注意力的空间行为特征图。最终，带有时间注意力的空间行为特征图与时间流网络卷积层 2 池化后的输出特征图相加，作为卷积层 3 的输入。

通过上述操作，空间流网络和时间流网络中的卷积层 2 及卷积层 3 之间实现了信息的交互。引入注意力机制的关键优势在于，模型能够根据行为特征对分类识别的重要程度赋予不同的权重。特别是对于那些对行为动作识别至关重要的特征，能够给予更高的权重，从而提高整体的识别准确率。同时，注意力机制使得时间流信息和空间流信息能够得到充分的利用，尤其是增强了两种数据之间的相关性，进一步提升了模型的识别性能。

6.3.2.3　融合方式设计

在双流网络中，卷积层输出的特征融合是一个至关重要的步骤，它决定了模型最终的行为识别效果。为了有效地融合空间流网络和时间流网络的输出特征，本节提出了对比选择方案，具体对比了以下几种常用的融合方式：求和融合、最大值融合、堆叠融合和卷积融合。这些方式各有特点，适用于不同的任务需求和数据特征，下面具体介绍这些融合方式。

① 求和融合方式是计算通道数相同的两张特征图对应的相同空间点 (i,j) 像素值之和，以此作为融合结果，计算公式为：

$$y_{i,j,d}^{\text{sum}}=\alpha x_{i,j,d}^{\text{a}}+\beta x_{i,j,d}^{\text{b}} \tag{6.24}$$

式中，$y_{i,j,d}^{\text{sum}}$ 表示通道数均为 d 的两个特征图在空间点 (i,j) 的融合结果；$x_{i,j,d}^{\text{a}}$ 表示拥有 d 通道的第一张特征图在空间点 (i,j) 的像素值；$x_{i,j,d}^{\text{b}}$ 表示拥有 d 通道的第二张特征图在空间点 (i,j) 的像素值；α、β 为权重值且满足 $\alpha+\beta=1,\alpha,\beta\in[0,1]$。

② 最大值融合方式是取通道数相同的两张特征图对应的相同空间点 (i,j) 像素值的最大值作为融合结果，计算公式为：

$$y_{i,j,d}^{\max}=\max\{x_{i,j,d}^{\mathrm{a}},x_{i,j,d}^{\mathrm{b}}\} \tag{6.25}$$

式中，$y_{i,j,d}^{\max}$ 表示通道数均为 d 的两个特征图在空间点（i,j）处基于最大值融合方式的融合结果。

③ 堆叠融合方式是将两张具有相同通道数 d 的特征图在相同的空间位置（i,j）进行堆叠，堆叠结果为：

$$\begin{cases} y_{i,j,2d}^{\mathrm{cat}}=x_{i,j,d}^{\mathrm{a}} \\ y_{i,j,2d-1}^{\mathrm{cat}}=x_{i,j,d}^{\mathrm{b}} \end{cases} \tag{6.26}$$

式中，$y_{i,j,2d}^{\mathrm{cat}}$ 和 $y_{i,j,2d-1}^{\mathrm{cat}}$ 表示堆叠融合结果。经过堆叠融合之后，输出特征图的通道数为 $2d$。

④ 卷积融合方式是将两张具有相同通道数的特征图在相同的空间位置（i，j）进行堆叠，然后使用 D 个维度为 $2D\times1\times1$ 的卷积核 f 进行卷积操作，再加上维度为 D 的偏置 b，计算公式为：

$$y_{i,j,d}^{\mathrm{conv}}=y^{\mathrm{cat}}\times f+b \tag{6.27}$$

式中，y^{cat} 表示堆叠结果。

经过卷积融合方式之后输出的特征图维度是 D，这里的卷积核的作用主要是降维，将原堆叠的维度为 $2D$ 的图像降低到维度 D。同时也可以使得特征图 x^{a} 和 x^{b} 在同一空间位置进行加权求和。

由于堆叠融合方式和最大值融合方式最后获得的只有空间流或时间流网络的输出特征，特征信息可能不够全面而无法正确地识别人体行为动作。而卷积融合方式属于非线性融合，虽然可以降低特征数据维度，但双流网络的输出数据已经是通过多层卷积学习后的特征，进一步卷积同样可能导致数据不可识别等问题，因此本节中选择求和融合方式，该方式兼顾了时间流网络和空间流网络的输出特征数据，同时可以通过调整参数权重参数 α、β 以表达对时间流网络和空间流网络的侧重。

6.3.2.4 网络模型设计

本节中基于注意力机制的行为识别网络模型基本结构设计如图 6.34 所示，该网络结构中的改进策略包括以下几点。

首先，传统的双流卷积神经网络中，空间流网络的输入通常为视频帧或图像，时间流网络的输入为视频帧的叠加（即连续图像帧的特征图）。然而，本小节将空间流网络的输入改为人体骨骼数据，时间流网络的输入则为人体骨骼数据的叠加。人体骨骼数据是通过 Kinect 传感器获取的，每帧数据包含多个关节节点的三维坐标信息。通过这种方式，网络能够直接从骨骼数据中提取与人体行为相关的空间信息和时间信息，更符合人机协作装配任务的需求。

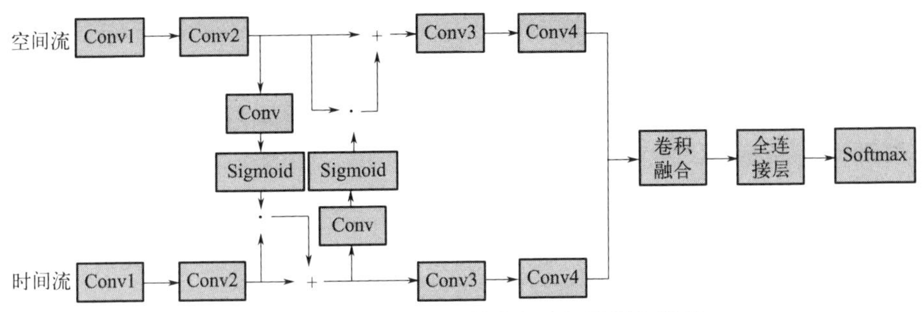

图 6.34　基于注意力机制的行为识别网络模型

其次，本小节对双流卷积神经网络中的卷积层输出特征的融合策略进行了重新设计。具体而言，传统的双流卷积神经网络通常采用简单的求和或最大值融合等方式将空间流和时间流的特征进行结合。本节通过对比分析了几种常见的融合策略，如求和融合、最大值融合、堆叠融合和卷积融合，通过实验验证确定了最适合人机协作装配任务的特征融合方式，以最大限度地提升识别精度和网络的表现。

最后，本节在双流卷积神经网络的卷积层 2（Conv2）和卷积层 3（Conv3）之间引入了注意力机制。引入注意力机制的目的是增强时间流网络和空间流网络之间的关联性，提升网络对时空信息的捕捉能力。具体而言，通过在卷积层输出特征图中引入空间注意力和时间注意力，模型能够更精确地关注那些对于行为识别更为关键的特征，同时抑制冗余或不重要的特征，从而提高了识别准确率。

6.3.3　行为识别实验及结果分析

6.3.3.1　实验参数设置

卷积神经网络（CNN）最早应用于图像识别领域，凭借其强大的卷积操作能力，能够有效提取图像中的深层特征，从而实现图像的分类和识别，如手写数字识别、花卉识别和动物识别等。在本节中，设计的改进双流卷积神经网络同样采用了卷积神经网络结构，并使用正方形卷积核来提取人体骨骼数据中的特征。因此，为了适应这一结构，需要对采集到的骨骼数据进行特定的转换设计。

卷积核的运算过程是通过滑动窗口方式，在输入数据上进行逐步卷积操作。卷积核每完成一次运算后，会沿着输入数据推进一个固定的步长，直到遍历整个数据空间，如图 6.35 所示。值得注意的是，卷积核的大小和形状会直接影响特征的提取效果，不同的卷积核会提取出不同层次的数据特征。在本节的双流卷积神经网络设计中，卷积核的超参数必须事先确定，这些超参数包括卷积核的尺寸、步长以及深度等。通过不断调节这些超参数，可以提高网络从骨骼数据中提取的特征的深度和有效性，从而增强模型的识别能力。

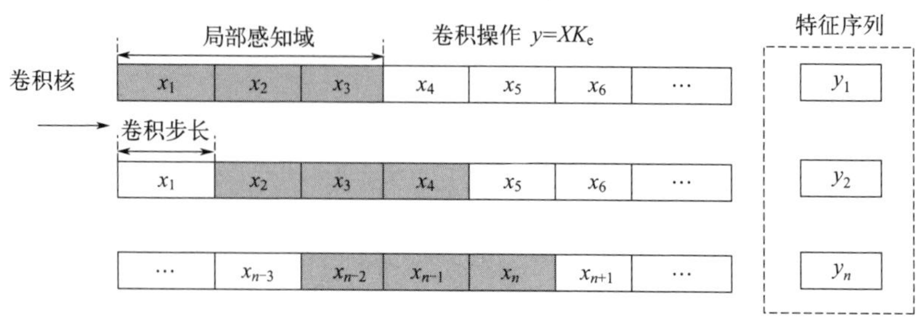

图 6.35　卷积核操作示意图

在进行人体行为动作识别时，优化超参数是提高模型准确率的关键步骤。合适的卷积核参数能够更有效地从输入的骨骼数据中提取到重要的动态特征，从而提升分类识别的效果。因此，在本节的实验中，首先会对网络的超参数进行调试，以确定最优的卷积核参数和其他训练设置。通过经验设置一些基础的训练参数（如学习率、批大小和优化算法等），再结合调参实验，进一步优化网络性能。表 6.8 列出了这些基本的训练参数设置。

本节在训练模型时将 70％的数据集作为训练集用于训练网络模型，然后利用 30％的数据集作为测试集用于测试模型。

表 6.8　改进双流卷积神经网络训练参数列表

网格参数	优选取值
批训练规模	64
激活函数	ReLU
池化操作	Max-Pooling
全连接层节点数	200
卷积核数目	32
优化算法	Adam
目标函数	交叉熵

6.3.3.2　超参数调试

（1）网络层数调试

网络层数是指卷积神经网络中卷积层、激活函数层和池化层的堆叠深度。对于卷积神经网络来说，网络层数并不是越多越好，而是需要根据具体的数据集和任务需求来进行调整。在本节中，网络层数的定义是指卷积层、激活函数层以及池化层组成的一个网络单元。为了找到适合人体行为动作识别任务的最优网络层数，本节将网络层数设置为 2 层、3 层和 4 层，进行不同层数的网络训练。

通过训练结果分析（如图 6.36 所示）发现，4 层网络在训练过程中表现出最高的准确率和最低的损失函数值。然而，训练结果的优化并不意味着 4 层网络一定是最优的，因为网络性能的最终评估还需通过测试集来进行检验。表 6.9 展示了不同网络层数训练过程中的时间消耗（耗时）以及在测试集上的识别准确率。从表中可以看出，随着网络层数的增加，训练所需的时间逐渐增加，且识别准确率有所提高。然而，增加网络层数并非无限制的，在达到一定的卷积层深度后，过多的卷积层会导致模型过拟合，即在训练集上表现良好，但在测试集上表现较差，准确率下降。

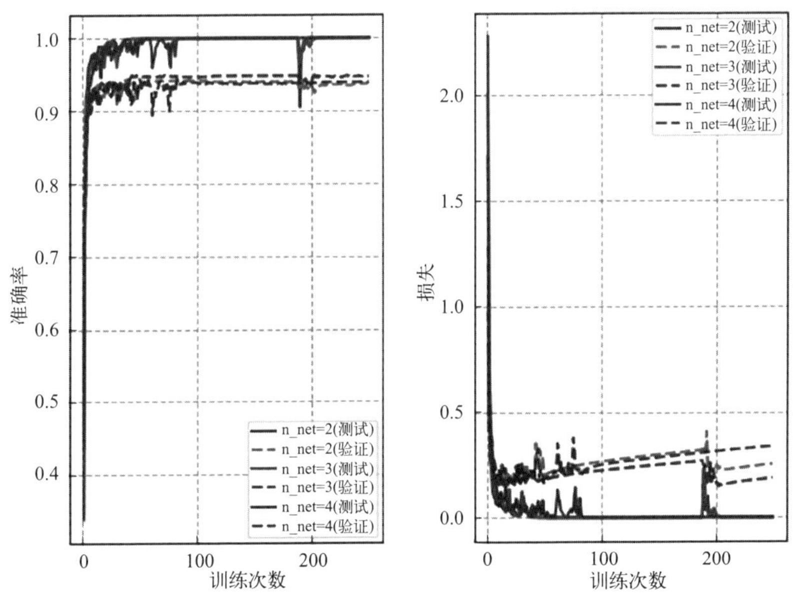

图 6.36　不同网络层数训练结果（见书后彩插）

表 6.9　不同网络层数识别结果及训练耗时

网络层数目	识别准确率/%	训练耗时/min
2	95.61	6.71
3	95.83	10.53
4	96.71	16.72

通过对不同网络层数的训练结果和测试结果进行综合分析，得出结论：4 层网络的规模最适合人机协作场景。这个层数既能保证较好的识别准确率，又避免了过度增加层数带来的训练时间延长和可能的过拟合问题。

（2）卷积核尺寸调试

在确定了 4 层网络结构后，此处进一步对卷积核尺寸进行了调节，分别选择了 7、9、11 和 13 的尺寸进行模型训练。训练结果如图 6.37 所示。通过训练后对模型在测试集上的表现进行评估（见表 6.10），我们可以观察到卷积核尺寸的选择对训练耗时和识别准确率有显著影响。从结果来看，卷积核尺寸越小，训练过程中所需的时间越短，但相应的识别准确率较低。相反，卷积核尺寸增大，训练时间显著增加，但识别准确率也有所提高。这表明，卷积核尺寸的选择需要在训练时间和识别准确率之间找到平衡。

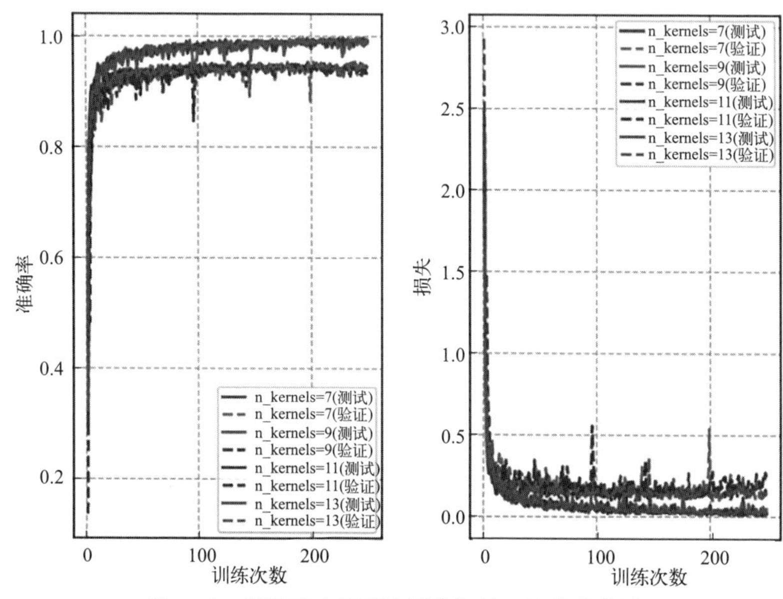

图 6.37　不同尺寸卷积核训练结果（见书后彩插）

表 6.10　不同卷积核尺寸识别结果及训练耗时

卷积核尺寸	识别准确率/%	训练耗时/min
7	96.28	7.71
9	97.83	11.53
11	97.61	18.32
13	98.21	17.72

因此，在卷积核尺寸的选择上，不能单纯追求较大的卷积核尺寸，而应考虑任务的实时性以及识别的精度要求，从而决定最适合的尺寸。

(3) 随机失活调试

随机失活（dropout）是一种常用的正则化技术，旨在避免神经网络过拟合。在训练过程中，随机失活会将网络中的一部分神经元的权重参数随机置为零，意味着这些神经元在当前训练迭代中不参与输入数据的拟合，而在测试过程中这些神经元也不会被使用。通过这种方式，网络可以强制自己依赖更多的特征，而不是过度依赖某些特定的神经元，从而有效防止了模型过于复杂的问题。在本节中，我们对卷积层 2 中的 15%神经元应用了随机失活操作。训练结果如图 6.38 所示。从图中可以看到，随机失活确实在一定程度上有效地降低了过拟合的风险，帮助模型避免了在训练数据上过度拟合，提升了模型的泛化能力。然而，虽然随机失活有助于防止过拟合，但它也可能导致网络的收敛过程变得更加困难，因为每次训练时部分神经元都被随机失活，这会影响网络的稳定性和收敛速度。

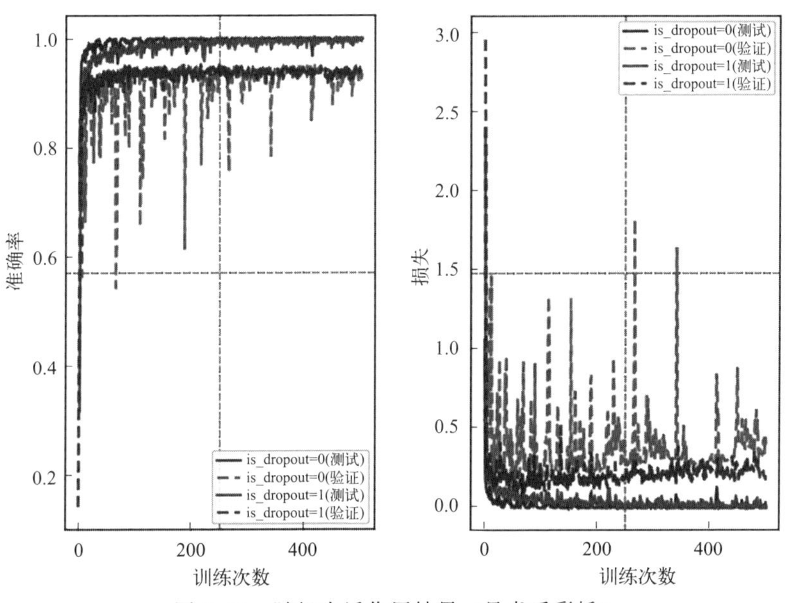

图 6.38　随机失活作用结果（见书后彩插）

6.3.3.3　实验结果分析

在经过上述网络参数调试后，本节进行与 CNN 和 LSTM 算法的对比实验，以验证所提改进算法的有效性。主要以数据对齐长度和方差百分比作为可变参数，进行了两组仿真实验。数据对齐长度是数据预处理过程中对齐数据时的基本参数，表示数据量的大小。较大的数据对齐长度意味着更多的数据量，从而能够提供更丰富的特征信息。在数据对齐长度实验中，本节分别取了 300、400、600 和 800 的数据长度进行实验，如表 6.11 所示，实验结果表明，本节所提的改进算法在识别准确率上优于传统的 CNN 和 LSTM 算法，这证明了所提方法在人体行为动作识别任务中能够有效提高准确率。然而，实验还表明，数据量的增加并不总是直接带来识别准确率的提升。实验结果显示，数据对齐长度为 400 时，识别准确率达到了 98.71%，而超过此数据长度后，准确率降低。因此，数据对齐长度的选取需要权衡计算开销和识别准确率，本节最终确定数据对齐长度为 400，以保证识别的高准确性，同时避免过多数据带来的计算负担。

表 6.11　算法比较实验

数据对齐长度	算法	识别准确率/%	训练耗时/min
300	改进算法	97.82	17.72
	CNN	91.52	8.12
	LSTM	90.61	12.71
400	改进算法	98.71	36.11
	CNN	93.39	22.16
	LSTM	91.80	28.54
600	改进算法	97.91	78.41
	CNN	90.85	52.01
	LSTM	90.21	63.54
800	改进算法	96.11	168.62
	CNN	89.75	107.08
	LSTM	86.17	128.51

本节所提的改进算法训练时间较长，主要是因为引入了双流卷积神经网络和注意力机制，这些复杂结构使得训练过程的计算量增加。然而，在人机协作装配任务中，识别准确率的提升远比训练时间的增加更为重要，因此这种额外的计算开销是可以接受的。实验表明，本节方法在人机协作装配场景中具有较强的实用价值，特别是在对准确率要求较高的任务中，能够提供更好的识别性能。

在进一步的实验中，表 6.12 展示了 7 种行为动作在不同算法下的识别准确率。结果表明，对于动作 1，由于其是一个静态动作，具有明显且易于识别的骨骼数据特征，所有算法的识别准确率都较高。而对于动作 3 到动作 7，这些动作经过设计后，骨骼数据特征更加规范，识别准确率也相对较高。然而，动作 2 的识别准确率相对较低，这主要是因为该动作没有经过精确的动作设计，且不同操作员在执行该动作时的习惯差异导致其骨骼数据特征较为分散，从而增加了识别的难度。尽管如此，本节提出的改进算法仍能够在这种复杂动作的识别上表现出较好的效果，表明该方法具有较强的鲁棒性。

表 6.12　7 种行为动作识别准确率

算法	行为动作编号	识别准确率/%	行为动作编号	识别准确率/%
改进算法	动作 1	99.97	动作 5	98.72
	动作 2	96.95	动作 6	99.14
	动作 3	98.97	动作 7	99.23
	动作 4	99.01		

续表

算法	行为动作编号	识别准确率/%	行为动作编号	识别准确率/%
CNN	动作 1	99.32	动作 5	93.21
	动作 2	88.51	动作 6	94.13
	动作 3	92.77	动作 7	94.54
	动作 4	91.28		
LSTM	动作 1	98.24	动作 5	90.11
	动作 2	89.78	动作 6	91.87
	动作 3	90.12	动作 7	91.68
	动作 4	90.81		

综上所述，通过对比实验可以得出，本节所提出的改进算法在人体行为动作识别任务中表现优于传统的 CNN 和 LSTM 算法，尤其是在数据对齐长度为 400 时，取得了 98.71%的最高识别准确率。尽管训练时间略长，但其显著提高了识别准确率，因此在实际的人机协作装配场景中具有较大的应用潜力。此外，实验还表明不同动作的识别准确率差异较大，这为后续更精确的动作设计和优化提供了依据，也为提高复杂动作的识别性能提供了方向。

6.4 行为意图预测

6.4.1 人体几何特征简化

人体动作预测任务中的关键技术之一是将人体结构转换为关节之间的相对位置关系。这种方法通过简化人体几何特征，生成骨架姿态，从而有效地降低了对复杂几何形状的依赖。骨架姿态模型通过捕捉人体的关键点及其相对位置，能够提供对动作识别和预测的有效支持。这一方法在人体动作识别任务中具有很好的分类效果，能够准确地判断人体的状态和行为。尤其是在复杂环境中，利用关节信息对动作进行建模，可以显著减少传统数据建模方法带来的挑战，同时降低获取动作序列数据的难度。

通过对人体的骨架姿态建模，系统可以识别并分析不同关节在时间序列中的变化，从而判断人体的动作或姿态。由于人体的骨架结构相对稳定，骨架数据可以较为简单地表示出人体的动态变化，避免了直接使用原始视频或图像数据可能遇到的高维度和计算复杂度问题。此外，这种基于关节位置的建模方法能更好地忽略环境噪声和背景变化，专注于人体本身的动作特征，因此在动作预测和识别任务中具有更高的鲁棒性和精确度。

关节间相对位置的建模不仅使得人体动作的捕捉和分析变得更加简化，还能通过提取骨架数据中的时空特征，增强模型对动作的理解和预测能力。这种方法能够有效处理姿态变化较大或者动作复杂的场景，尤其是在多模态数据的融合和复杂交互场景中，关节信息的使用为动作识别任务提供了有力的支持。

6.4.1.1 人体简化几何特征建立

预测人体关节运动状态的传统方法通常通过结合身体各部位的局部观察以及它们之间的空间依赖性来进行建模。这些关节位置的模型大多基于树形结构的图模型，通过向树形结构中添加额外的边，以捕捉不同部位之间的遮挡、对称性以及长距离关系。这些模型通常会按照运动链对相邻组件之间的位置关系进行编码，或者采用非树形模型对关节之间的依赖关系进行参数化。这种基于树形结构或运动链的模型能够有效描述关节之间的空间关系，然而，它们在处理复杂的动态场景时可能存在局限，特别是在多人物互动或人体姿态变化较大的情况下。

OpenPose[5] 则是一种创新的开源方法，能够高效地检测人体关键点的位置，并将其连接成简化的几何图。这一方法采用了部分亲和度向量场（PAFs，part affinity fields，或称部分亲和场），这一技术通过在图像域中生成一组二维向量场，来表示肢体各部分的空间位置和方向，从而大大提高了人体关键点的检测精度。OpenPose 采用的是自下而上的关键点提取策略，不像传统的自上而下策略，它不依赖于全局上下文线索来判断人体的位置，而是首先在图像中直接检测出各个人体的关键点，然后将这些关键点连接起来形成完整的人体姿势。

与自上而下的关键点提取方法相比，自下而上的方法具有更高的精度和鲁棒性。在自上而下方法中，首先需要进行人体位置的分割，之后从中提取和连接关键点。这种方法虽然对单个人体的检测适用，但在多人交互、接触或遮挡的情境下，可能会受到初始检测位置的影响，且难以捕捉到不同人体之间的空间依赖性。相反，自下而上的方法能更有效地应对这些复杂情况，尤其是多人或复杂场景。

OpenPose 首先通过热图来预测人体关键点的位置。在热图中，每个关键点的位置由高斯峰值表示，这些峰值表明神经网络在图像中的某个位置识别到了关键点的存在。例如，检测人体右肩部位置时，图 6.39(a) 所示的图像将作为输入送入卷积神经网络（CNN），网络随后会输出两个结果：一个是身体部位的置信图，如图 6.39(b) 所示；另一个是用于连接部位的部分亲和度向量场（PAFs)，如图 6.39(c) 所示。接下来，通过二部图匹配的方式，OpenPose 会根据这些检测出的候选部位来建立人体各部位的连接，如图 6.39(d) 所示。最终，这些信息被结合形成完整的姿势估计，如图 6.39(e) 所示，用于准确地描述图像中所有人的身体姿态。

(a) 图像输入　(b) 部位置信图　(c) 部分亲和度向量场　(d) 双方匹配　(e) 解析结果

图 6.39　OpenPose 流程图

如图 6.40 所示，OpenPose 能够提取人体中的 25 个关键肢体部位，并通过连接线条形成完整的人体姿势图。每个关键点的定位由热图表示，而这些关键点之间的连接通过部分亲和度向量场（PAFs）来实现，以便精确地捕捉到各个部位之间的空间关系，并作为人体的置信图来进行进一步的行为识别与分析。

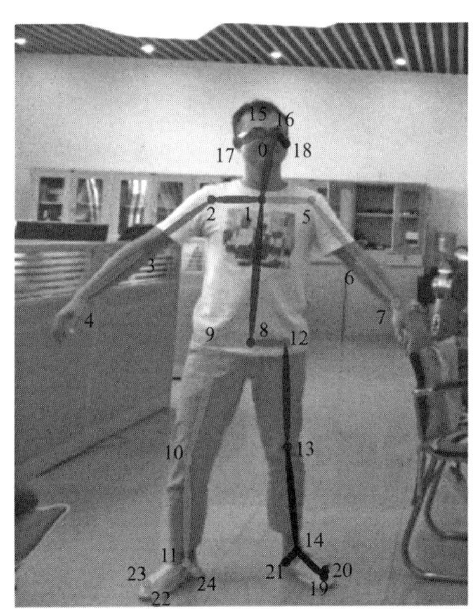

图 6.40　OpenPose 提取人体关键点图

相比于穿戴式传感器，使用 OpenPose 提取人体关键点具有显著的优势。首先，OpenPose 无须佩戴任何设备，因此其成本低廉，且操作简便，不依赖于额外的硬件设备。用户只需提供视频或图像输入，OpenPose 即可自动检测和提取人体的关键点信息，这使得它在很多应用场景中比穿戴式传感器更加灵活和方便。其次，由于不需要物理设备的附加操作，OpenPose 能够在多个环境中广泛应用，尤其是在无须人工干预的公共场所或动态场景中。

OpenPose 输出的 25 个关键点坐标为二维像素点坐标。二维像素点坐标仅能表示平面上的位置状态，无法提供研究对象在空间中的距离依赖关系，在此情况下获取的动作序列信息量有限。如果人体出现遮挡、远离等情况，在缺乏对空间依赖关系有关的数据信息下，会影响到与操作员一起共事的机器人对动作轨迹预测的准确度。三维姿态的形状恢复可以更好地避免误差积累或漂移，提供更多关于人体行为和人与周围环境之间的相互作用的信息，利用双目视觉三维空间重建，可以将关键点二维像素点坐标转换为三维空间坐标，通过三维骨骼构型序列数字表示人类的动作。

6.4.1.2 双目视觉三维空间重建

在三维姿态形状恢复中，通过刚体转换将世界坐标系转为相机坐标系，然后通过透视投影将相机坐标系转换为图像坐标系，将点云数据投影到二维坐标系。

双目视觉三维空间重建方法如图 6.41 所示，对于空间物体表面一点 P，当使用 C_1 摄像头观察，仅能得到它在 C_1 相机的像素点 P_1，在二维平面内无真正意义上的测距，无法仅通过点 P_1 得知点 P 的三维坐标。同理使用摄像头 C_2 获得像素点 P_2，此时连接 O_1P_1 与 O_2P_2 两条直线得到交点，通过视差计算可定位得出点 P 的三维空间位置，从而获得点 P 的三维空间坐标。

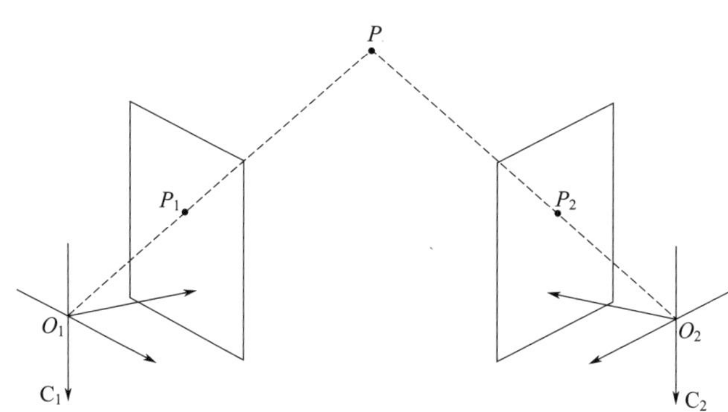

图 6.41 双目视觉三维空间重建

相机标定是图形测量的基本步骤之一，用于确定空间某点的三维位置与相应图像点之间的相互关系，并创建相机成像的几何模型，该几何模型为相机参数。

将摄像头 C_1、C_2 标定，投影矩阵分别为$\boldsymbol{M}_1$、$\boldsymbol{M}_2$，采用最小二乘法：

$$Z_{C1}\begin{bmatrix}u_1\\v_1\\1\end{bmatrix}=\begin{bmatrix}m_{11}^1 & m_{12}^1 & m_{13}^1 & m_{14}^1\\m_{21}^1 & m_{22}^1 & m_{23}^1 & m_{24}^1\\m_{31}^1 & m_{32}^1 & m_{33}^1 & m_{34}^1\end{bmatrix}\begin{bmatrix}X\\Y\\Z\\1\end{bmatrix} \tag{6.28}$$

$$Z_{C2}\begin{bmatrix} u_2 \\ v_2 \\ 1 \end{bmatrix}=\begin{bmatrix} m_{11}^2 & m_{12}^2 & m_{13}^2 & m_{14}^2 \\ m_{21}^2 & m_{22}^2 & m_{23}^2 & m_{24}^2 \\ m_{31}^2 & m_{32}^2 & m_{33}^2 & m_{34}^2 \end{bmatrix}\begin{bmatrix} X \\ Y \\ Z \\ 1 \end{bmatrix} \tag{6.29}$$

式中，$(u_1,v_1,1)$ 与 $(u_2,v_2,1)$ 分别为点 P_1 与点 P_2 在各自图像中的图像齐次坐标；$(X,Y,Z,1)$ 为点 P 在世界坐标系下的齐次坐标；m 的上标表示对应的相机编号，m 的下标表示定位投影矩阵中的具体元素（行列位置）。将式(6.28)、式(6.29) 中 Z_{C1} 与 Z_{C2} 消去得到关于 X、Y、Z 的线性方程：

$$\begin{cases} (u_1 m_{31}^1 - m_{11}^1)X + (u_1 m_{32}^1 - m_{12}^1)Y + (u_1 m_{33}^1 - m_{13}^1)Z = m_{14}^1 - u_1 m \\ (v_1 m_{31}^1 - m_{21}^1)X + (v_1 m_{32}^1 - m_{22}^1)Y + (v_1 m_{33}^1 - m_{23}^1)Z = m_{24}^1 - v_1 m_{34}^1 \\ (u_2 m_{31}^2 - m_{11}^2)X + (u_2 m_{32}^2 - m_{12}^2)Y + (u_2 m_{33}^2 - m_{13}^2)Z = m_{14}^2 - u_2 m_{34}^2 \\ (v_2 m_{31}^2 - m_{21}^2)X + (v_2 m_{32}^2 - m_{22}^2)Y + (v_2 m_{33}^2 - m_{23}^2)Z = m_{24}^2 - v_2 m_{34}^2 \end{cases} \tag{6.30}$$

虽然式(6.30) 是由四个方程构成，但需要求解的未知数只有三个，因为在实际中两条直线 O_1P_1 与 O_2P_2 一定相交，交点是空间中的唯一点 P，故该式一定有解且唯一。

三维人体姿势恢复方法首先通过 OpenPose 得到二维关键点；再通过多视点（双目）视觉三维空间重建将二维像素点恢复成三维姿态种子；最后基于灰度直方图预组装每个关节和删除所有误识别及未识别［像素点坐标为 (0,0)］的点，装配优化正确识别到的点，减少错误三维姿态种子的数量，最终回归得到三维姿态[6]。通过双目视觉三维空间重建将二维像素点坐标转换为三维空间坐标的三维人体骨架姿态图如图 6.42 所示。

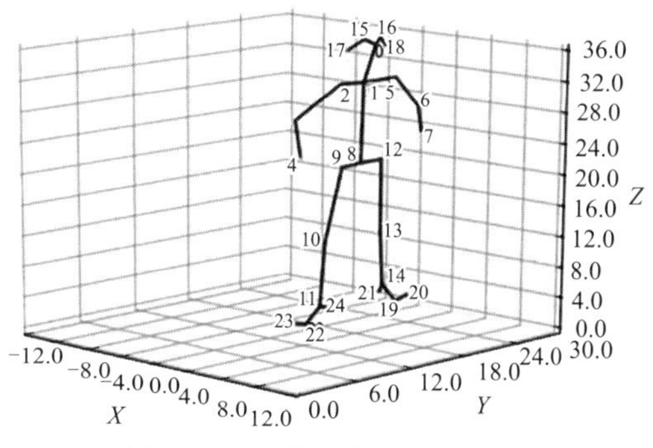

图 6.42　三维人体骨架姿态图

通过双目视觉重建空间三维图，可以更加强调突出人体动作与空间的依赖关系，可以在不需要跟踪过程的情况下有效地减少误差积累，也能减少在单目视觉下可能出现的遮挡造成关键点提取失效的情况，在人机协作中为机器人提供的动作序列中语义信息更加完整，对提升动作预测准确度有更大帮助。

6.4.1.3 人体动作序列提取

恢复三维人体骨架姿势能够有效地将人体动作转化为一系列动作序列，从而增强人体在时空中交互关系的表现形式，简化了动作建模的复杂性。在实际的装配工作中，人体的双臂是最为关键的活动部位。因此，本节关注的主要研究对象是人体双臂的运动情况，特别是双臂在不同时间段内的关节坐标变化。具体而言，图 6.42 所示的关键点 1～7 的连线（4-3-2-1-5-6-7）对应的是人体双臂的主要活动关节点，这些关键点的坐标变化能够反映出双臂的运动轨迹和动态。

我们将人体双臂 7 个关键点的空间坐标及其变化视为主要的动作特征。在数学建模中，$\boldsymbol{j}_u^i=[x_u^i,y_u^i,z_u^i]^{\mathrm{T}}\in\mathbb{R}^3$ 表示关键点（$u=1,2,3,4,5,6,7$）在第 i 帧中的三维坐标，即关键点 u 在第 i 帧中的位置。进一步地，$\boldsymbol{J}_i=[\boldsymbol{j}_1^i,\boldsymbol{j}_2^i,\boldsymbol{j}_3^i,\boldsymbol{j}_4^i,\boldsymbol{j}_5^i,\boldsymbol{j}_6^i,\boldsymbol{j}_7^i]^{\mathrm{T}}\in\mathbb{R}^{3d}$ 表示双臂在第 i 帧中的动作特征，其中 d 表示关键点的数量，在此为 7。也就是说，$\boldsymbol{J}_i$ 是一个 7×3 维矩阵，包含了 7 个关键点在三维空间中的坐标。

6.4.2 骨骼耦合基本判定

在对人体动作的理解及其预测过程中，图形结构框架是一种重要的建模方法，该框架能够对人体动作进行有效的约束和描述。由于人体动作涉及的自由度较多，尤其是在全身姿态估计时，传统的估计方法往往面临较大的困难。因此，引入骨骼耦合性质成为了一种有效的手段，它能够辅助系统更好地理解和预测人体动作。人体骨骼的耦合性质是指人体各个关节之间的相互作用和约束关系，这种关系可以帮助系统更准确地推测和模拟人体的动作。

如图 6.43 所示，人体的骨骼具有明显的耦合性质，这种耦合程度可通过铰接关系的强弱来判断。例如，在人体肘部，存在强铰接关系，因为肘关节是一个重要的运动枢纽，具有较强的运动约束性，这就意味着肘部的动作往往对整个上肢的运动有较大的影响，因此肘部关节之间的耦合程度较强［图 6.43(a)］。相比之下，在左手和右手之间的铰接关系较为松散，属于弱铰接关系［图 6.43(b)］。由于左右手之间的运动不受强烈的约束，因此它们之间的耦合程度较弱。这种强弱耦合关系为动作预测和理解提供了宝贵的信息，可以通过这种骨骼耦合约束条件来提高动作识别的精度和预测的准确性。

铰接强度与骨骼耦合之间有密切相关，可将骨骼耦合约束模型与可指导的图像描述符整合在一起，以实现高效的动作预测。

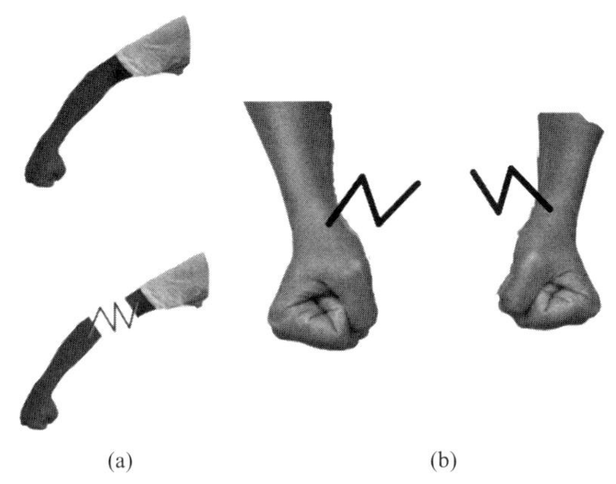

图 6.43　骨骼耦合铰接图

6.4.3　特征选择与归类

在特定的机器学习和深度学习任务中，特征的有效性往往并不显而易见，因此有必要从所有特征中选择那些对学习算法最有用的特征。这一过程对于模型训练至关重要，因为它可以帮助提高学习算法的效果，减轻模型的复杂度，并且在某些情况下还可以显著提高预测性能。本小节通过分析关键点之间的动作特征，探讨从动作序列变化中寻找关键点之间的耦合关系，进而评估骨骼的耦合程度。这一方法有助于提高动作预测模型的准确性，因为它能够从多个角度提取最具代表性的特征信息。

特征选择是一种从整个数据集中选取最重要特征子集的方法，它能够通过降维技术去除不必要和冗余的信息，同时保持数据的质量。特征选择不仅能提高模型训练的效率，减少计算资源的消耗，还能降低维度，避免数据过拟合，进而提升模型的泛化能力。特征的重要性通常通过其对数据局部结构的保持能力来评估。常用的特征选择方法包括“包装”方法和“过滤”方法。包装方法围绕特定学习算法的性能来评估特征的重要性；而过滤方法则通常在学习任务之前，检查数据的内在属性，评估特征与目标标签之间的关系。

在过滤方法中，典型的特征评估技术包括数据方差、Pearson 相关系数、Fisher 评分、Kolmogorov-Smirnov 检验等。这些方法中，大多数依赖于类标签信息，因此可以归类为监督式特征选择。数据方差作为一种最简单的无监督评估方法，可以揭示那些对数据表示有意义的特征，但它并不能保证这些特征对区分不同类别的数据有帮助。相较之下，拉普拉斯评分（Laplacian scoring，LS）算法能够以监督或无监督的方式执行，它特别适合用于处理无标签数据，即使在没有类标签的情况下，LS 算法也能在一定程度上挖掘出数据中最有区分度的特征，具有较好的鲁棒性和广泛的适用性。

6.4.4 拉普拉斯评分算法

拉普拉斯评分（LS）算法是一种无监督的特征选择算法，该算法基于拉普拉斯特征映射和局部保持投影（Laplacian eigenmaps and locality preserving projections）[7]，主要应用于分类等多种学习任务中。在许多学习问题中，数据空间的局部结构比全局结构更具判别力，因此该算法通过评估特征的局部保持能力来选择最能保留数据流形（manifold）结构的特征[8]。LS算法能够从位姿数据空间中降维并过滤出鉴别性特征向量，从而在高维数据处理和特征选择中，避免冗余数据对模型性能的负面影响。

LS算法的核心优势在于其对局部几何结构的良好保持能力，这使得它能够有效降低运动特征中的不确定性，提高运动识别性能。无论是监督学习还是无监督学习，LS算法均能适用，它通过评估每个特征的局部几何结构保留性，选择那些具有较大方差和较强局部保持性的特征，从而提升特征选择的效果。在LS算法中，两个特征之间的距离越近，它们被归为同一类别的可能性就越大，这样的设计可以有效解决高维数据处理中的计算开销问题，减少冗余数据对模型性能的影响。

例如，Kavitha等人[9] 针对基因数据的分析，使用LS算法进行特征选择，并通过分析基因与疾病症状之间的关系，实现了疾病的预测。在对白血病数据集（leukemia dataset）进行测试时，LS算法的预测准确度高达93.23%。这一成果表明，LS算法在生物医学领域中的应用前景广泛，特别是在具有高维特征的复杂数据集上，LS算法能够提供有效的特征选择并显著提高预测精度。

在LS算法中，对于每个特征，都会计算一个拉普拉斯分值，以反映该特征的局部保持能力。拉普拉斯分值 S_{ij} 是基于数据点之间的相似性来评估的。如果两个数据点在特征空间中彼此接近，那么它们可能与同一类别相关[10]。为了构建局部几何结构，LS算法利用运动向量集构造了一个K近邻无向加权图。在该图中，节点代表数据点，边的权重则表示数据点之间的相似性。通过评估图中第 i 个节点 $\boldsymbol{x}_i$ 和第 j 个节点 $\boldsymbol{x}_j$ 之间的相似度 S_{ij}，LS算法计算出每个运动矢量的评分，在K近邻无向加权图的定义中，有：

$$S_{ij}=\begin{cases}e^{-\frac{\|\boldsymbol{x}_i-\boldsymbol{x}_j\|^2}{t}}, & \boldsymbol{x}_i、\boldsymbol{x}_j\ 近邻\\ 0, & \boldsymbol{x}_i、\boldsymbol{x}_j\ 非近邻\end{cases} \tag{6.31}$$

式中，t 为一个常量，一般取值为1。S_{ij} 体现了人体各关键点的局部动作拓扑结构特征，评估节点之间的相似性，对数据空间的局部结构建模。人体姿态估计的关键点检测主要依赖于关键点邻近局部区域的特征信息，LS 算法目的在于寻求那些符合这个图结构的特性。

以 f_{ri} 表示节点 i 的第 r 个动作特征，f_{rj} 表示节点 j 的第 r 个动作特征，$\boldsymbol{f}_r=[\boldsymbol{J}_{r1},\boldsymbol{J}_{r2},\cdots,\boldsymbol{J}_{rm}]^{\mathrm{T}}$ 表示第 r 个特征在所有样本中的值所组成的向量，定义 LS 目标函数：

$$L_r=\frac{\sum_{ij}(f_{ri}-f_{rj})^2 S_{ij}}{\mathrm{Var}\boldsymbol{f}_r} \tag{6.32}$$

式中，$\mathrm{Var}\,\boldsymbol{f}_r$ 为第 r 个动作特征中节点 i 和节点 j 之间的估计方差，方差越大，说明这个特征在不同类别上变化越明显。在特征数量特别多的时候，会直接用方差筛选掉一部分方差过小的特征。随机变量 a 的估计方差定义：

$$\begin{cases}\mathrm{Var}\,a=\int_M (a-\mu)^2\mathrm{d}P(a)\\ \mu=\int_M a\,\mathrm{d}P(a)\end{cases} \tag{6.33}$$

式中，M 为数据流形；a 是随机变量；μ 为 a 的期望值；$P(a)$ 是 a 的概率分布函数。一个维度上的方差反映了它的代表性，数据方差可以作为特征选择和提取的标准。

LS 算法通过衡量各个特征的局部保持性来评估特征的重要性，从而选择那些能够保持数据局部结构的特征。具体来说，LS 算法优先选择那些具有较小拉普拉斯评分 L_r 的特征。拉普拉斯评分 L_r 可以通过以下标准进行衡量：对于一个好的特征，两个数据点之间的距离越小（即 S_{ij} 越大），则这两个点之间的特征变化越小（即 $|f_{ri}-f_{rj}|$ 越小），从而特征的方差 $\mathrm{Var}\,\boldsymbol{f}_r$ 越大，最终导致 L_r 值越小。一个好的特征通常表现为在同一类样本中变化较小，而在不同类别的样本之间变化较大，这种特征能够在同类样本中保持较高的稳定性，而在不同类样本中具有较好的区分能力。因此，特征的拉普拉斯评分越小，意味着该特征的耦合性越强，表现出较好的区分能力。

在监督学习中，对于连续性特征，LS 算法认为在同类样本中，特征数值变化较小，而在不同类别的样本间，特征的数值变化程度较大。因此，若特征的数值变化在同类样本中较小而在不同类样本间变化较大，则对应的 L_r 值较小，表明该特征更为有效。相反，如果同类样本之间的特征变化较大，且不同类样本间的特征波动较小，则 L_r 值较高，说明这个特征的判别能力较差，应该被排除。

在无监督学习中，LS 算法的特征评估更侧重于数据点之间的相似性和局部结构。具体而言，若特征在欧氏距离较近的样本间变化较小，而在距离较远的样本间变化较大，那么该特征的 L_r 值较小，表示该特征能够很好地保留局部几何结构，具有较好的区分能力。相反，如果欧氏距离较近的样本之间特征数值变化较大，而远距离样本之间的特征变化较小，则该特征的 L_r 值较高，表明其局部结构的保持性较差，不适合用作有效特征。

通过时间信息和身体各部位之间的相对位置指定人体的运动特征，首先配置每一帧中人体的部位$\boldsymbol{j}_u^i=[x_u^i, y_u^i, z_u^i]^{\mathrm{T}}$，配置单帧动作特征向量$\boldsymbol{J}_i=[\boldsymbol{j}_1^i, \boldsymbol{j}_2^i, \boldsymbol{j}_3^i, \boldsymbol{j}_4^i, \boldsymbol{j}_5^i, \boldsymbol{j}_6^i, \boldsymbol{j}_7^i]^{\mathrm{T}}$，当前 30 帧动作序列$\boldsymbol{f}_{r,r+29}=[\boldsymbol{J}_r, \boldsymbol{J}_{r+1}, \cdots, \boldsymbol{J}_{r+29}]^{\mathrm{T}}$ 通过 LSTM 后从原始输出层得到运动向量：

$$\boldsymbol{f}'_{r,r+29}=[\boldsymbol{J}'_r, \boldsymbol{J}'_{r+1}, \cdots, \boldsymbol{J}'_{r+29}]^{\mathrm{T}} \tag{6.34}$$

然后采用 LS 算法，获取各个运动向量的 L_r 值，从评分均分低的运动向量中按时间序列递增顺序获取 15 帧具有判别性的运动特征向量$\boldsymbol{f}_{\mathrm{sub}}$。

$$\boldsymbol{f}_{\mathrm{sub}}=[\boldsymbol{J}_r^{\mathrm{sub}}, \boldsymbol{J}_{r+1}^{\mathrm{sub}}, \cdots, \boldsymbol{J}_{r+14}^{\mathrm{sub}}]^{\mathrm{T}} \tag{6.35}$$

在 LS 算法中，根据最小二乘法的定义，$\boldsymbol{f}_{\mathrm{sub}}$ 可以准确地表征每一帧中位姿的局部运动特征，形成关键帧$\boldsymbol{f}_{\mathrm{sub}}$ 的初始集合。

为检测拉普拉斯评分算法的有效性，将一帧图像作为输入进行拉普拉斯评分计算，此时用于评分计算的是各个关键点之间的三维空间坐标值，单帧图像中关键点之间的 L_r 值如表 6.13 所示。

表 6.13　单帧图像中关键点之间L_r 值

关键点	1	2	3	4	5	6	7
1	0	0.12	0.33	0.56	0.14	0.32	0.58
2	0.12	0	0.16	0.44	0.29	0.66	0.61
3	0.33	0.16	0	0.17	0.62	0.72	0.74
4	0.56	0.44	0.17	0	0.63	0.71	0.82
5	0.14	0.29	0.62	0.63	0	0.15	0.45
6	0.32	0.66	0.72	0.71	0.15	0	0.17
7	0.58	0.61	0.74	0.82	0.45	0.17	0

通过对单帧图像做关键点之间的拉普拉斯评分检测，同一关键点因为其坐标差值为 0，故其 L_r 值也为 0；在不同的关键点之间，当两个关键点之间有强铰接时，其耦合程度强，L_r 值低；当两关键点之间为弱铰接关系时，其耦合程度弱，L_r 值高。首先可以确定拉普拉斯评分算法对骨骼耦合判定具有可行性。对视频的帧与帧之间做拉普拉斯评分计算，做进一步的骨骼耦合判定，表 6.14 所示为在一段视频中的第一帧与第二帧之间做拉普拉斯评分检测时的关键点之间的 L_r 值。

表 6.14　视频中第一帧与第二帧关键点之间L_r值

关键点		第二帧						
		1	2	3	4	5	6	7
第一帧	1	0.11	0.15	0.38	0.67	0.18	0.36	0.67
	2	0.15	0.13	0.21	0.51	0.32	0.71	0.69
	3	0.37	0.21	0.16	0.22	0.71	0.79	0.80
	4	0.67	0.51	0.22	0.78	0.71	0.76	0.89
	5	0.18	0.32	0.71	0.71	0.14	0.19	0.52
	6	0.36	0.71	0.79	0.76	0.19	0.18	0.24
	7	0.67	0.69	0.80	0.89	0.52	0.24	0.81

对视频流的检测，相比仅检测单帧视频中的关键点之间的 L_r 值，最显然的不同是相同关键点之间的 L_r 值不再是 0。因为在视频的图像流中，动作的发生意味着帧与帧之间的关键点坐标不一定是完全相同的。当坐标发生变化，那么此时的 L_r 值就会发生变化。关键点 4 和关键点 7 分别对应的是人体左手和右手，是在装配工作中有较大动作幅度的部位，因此这两个关键点在两帧间不论是自身与自身的 L_r 值还是两关键点之间的 L_r 值，都相对较高。通过对单帧图片的关键点之间进行拉普拉斯评分检测以及对视频流中相邻两帧关键点之间进行拉普拉斯评分检测，可以形成骨骼耦合约束条件。

6.4.5　ISODATA

在拉普拉斯评分（LS）算法应用中，存在两个问题需要注意：首先，LS 算法没有衡量各特征之间的相关性，因此在输出层中，可能会有一些帧之间因为时间或位姿配置上的微小差异而导致数据冗余，这会影响特征选择的效果；其次，某些候选帧与帧之间的距离可能过大，导致它们失去了准确概括原始运动序列的能力，从而影响运动数据的准确性和模型的性能。此外，在实际应用中，例如在装配工作中，左右手（关键点 4 和关键点 7）之间的距离有时会在短时间内变得非常接近，这种短时间内的距离变化可能会误导 LS 算法，认为这两个关键点之间有较强的耦合性，进而影响最终的特征选择结果。

为了解决这些问题，本节引入了 ISODATA（iterative self organizing data analysis techniques algorithm，迭代自组织数据分析算法）。ISODATA 相较于传统的 K 均值算法具有优势，特别是在处理聚类数量自动调整和合理分配的问题上。其基本思想是：当某个类别中的样本数过少时，该类别会被删除；而当某个类别中的样本数过多且分散度高时，该类别会被划分为两个子类别。ISODATA 与 K 均值算法的不同之处在于，ISODATA 在每次调整样本类别时，不会立即重新计算每个样本的平均值，而是等所有样本的类别调整完毕后再统一计算。此外，ISODATA 还支持自动“合并”和“分裂”聚类。具体来说，当聚类结果中的某个类别样本数太小或类别间的距离小于设定的阈值时，ISODATA 会合并两个类别；当某个类别内的样本方差大于设定阈值时，该类别会被分裂成两个类别。通过多次迭代和评估聚类结果，最终得到合理数量的聚类，形成经过聚类变换的关键帧$\boldsymbol{f}^*$集合。

当 15 帧经过 LS 算法处理后的动作序列$\boldsymbol{f}_{\text{sub}}$进入 ISODATA 处理时，有初始化参数模式样本 $N=15$，维度 $n=3$。

设置控制参数：预期聚类数目 $K=3$；每一聚类域中最小样本数 $\theta_{\text{N}}=3$；一个聚类域中样本距离分布的标准差 $\theta_{\text{S}}=1$；两个聚类中心间最小距离 $\theta_{\text{C}}=4$；迭代运算次数 $I=4$；在一次迭代运算中可以合并的聚类中心的最多对数 $L=4$。初始时聚类中心只有 1 个，修改聚类中心：

$$\boldsymbol{z}_1=\frac{1}{15}\sum\boldsymbol{f}_{\text{sub}}=\frac{1}{15}\begin{bmatrix}\sum x_{\text{sub}}\\\sum y_{\text{sub}}\\\sum z_{\text{sub}}\end{bmatrix}=\begin{bmatrix}\sum\overline{x_{\text{sub}}}\\\sum\overline{y_{\text{sub}}}\\\sum\overline{z_{\text{sub}}}\end{bmatrix}\tag{6.36}$$

模式样本与聚类中心间的平均距离：

$$\overline{D}_1=\frac{1}{15}\sum_{\boldsymbol{x}\in\boldsymbol{f}_{\text{sub}}}\|\boldsymbol{x}-\boldsymbol{z}_1\|\tag{6.37}$$

全部模式样本和其对应聚类中心的总平均距离：

$$D=\overline{D}_1\tag{6.38}$$

标准差向量：

$$\boldsymbol{\sigma}_1=\begin{bmatrix}\sigma_{1x}\\\sigma_{1y}\\\sigma_{1z}\end{bmatrix}\tag{6.39}$$

判定比较聚类中心数 N_{C} 与$\dfrac{K}{2}$以及 $\sigma_{1\max}$ 与 θ_{S} 的大小关系，通过该大小关系决定对数据进行“分裂”或“合并”操作。

分裂：设 $r_j=0.5\sigma_{1\max}$；

$$\boldsymbol{z}_1^+=\begin{bmatrix}a_1^+\\b_1^+\\c_1^+\end{bmatrix}\quad\boldsymbol{z}_1^-=\begin{bmatrix}a_1^-\\b_1^-\\c_1^-\end{bmatrix}$$

$$a_1^+=a_1^-=\max\{\overline{x_{\text{sub}}}\quad\overline{y_{\text{sub}}}\quad\overline{z_{\text{sub}}}\}$$

$$b_1^+=b_1^-=t,\quad\min\{\overline{x_{\text{sub}}}\quad\overline{y_{\text{sub}}}\quad\overline{z_{\text{sub}}}\}\leqslant t\leqslant\max\{\overline{x_{\text{sub}}}\quad\overline{y_{\text{sub}}}\quad\overline{z_{\text{sub}}}\}$$

$$c_1^+=\max\{\sigma_{1x} \quad \sigma_{1y} \quad \sigma_{1z}\}+r_j \quad c_1^-=\max\{\sigma_{1x} \quad \sigma_{1y} \quad \sigma_{1z}\}-r_j \tag{6.40}$$

式中，z_1^+ 和 z_1^- 为原聚类中心 z_1 在方差最大的维度上分裂的两个新中心；t 表示第二维度的新聚类中心分量值。

合并：全部聚类中心距离为

$$D_{ij}=\|z_i-z_j\|, \quad i=1,2,\cdots,14; \quad j=i+1,\cdots,15 \tag{6.41}$$

将 $D_{ij}<\theta_C$ 的值递增排列：

$$\{D_{i1j1} \quad D_{i2j2} \quad \cdots \quad D_{ikjk}\} \tag{6.42}$$

合并距离为 D_{iLjL} 的两个聚类中心 z_{iL}、z_{jL}：

$$z_L^*=\frac{1}{N_{iL}+N_{jL}}(N_{iL}z_{iL}+N_{jL}z_{jL}) \quad L=1,2,\cdots,k \tag{6.43}$$

式中，N_{iL} 和 N_{jL} 分别表示被合并的两个聚类中心 z_{iL} 和 z_{jL} 所包含的样本数量。

第1次迭代计算完毕，将通过该方式进行4次迭代后得到最终动作序列关键帧。

综上所述，将通过LS算法运算后获取的15帧关键帧 f_{sub} 继续经过ISODATA处理，经相应的“合并”及“分裂”变换后得到15帧关键帧 f^*：

$$f^*=[J_r^*, J_{r+1}^*, \cdots, J_{r+14}^*] \tag{6.44}$$

6.4.6 融合骨骼耦合的LSTM网络人体动作预测模型

预测模型的建立是保证人机协作在安全、高效的状态下执行的重要环节和前提，预测人体动作在未来发展趋势的准确性直接影响机器人在工作中的决策决定，故将LSTM与骨骼耦合性质的约束条件相结合建立动作预测模型。

设输入的视频有 R 帧，整个网络通过融合LS算法及ISODATA，从当前30帧动作序列 $f_{r,r+29}$ 中，通过最大后验概率后得到最终预测结果 $f_{r+30,r+44}^D$，$f_{r+30,r+44}^D$ 为预测到的后续15帧动作序列：

$$f_{r+30,r+44}^D=[J_{r+30}^D, J_{r+31}^D, \cdots, J_{r+44}^D] \quad 1\leqslant r\leqslant R-44 \tag{6.45}$$

式中，D表示模型输出中融合了骨骼关节耦合约束条件。

标准的LSTM网络仅能对每个研究对象时序建模进行预测，并没有考虑在实际复杂环境下其余因素对于轨迹预测的影响，融合骨骼耦合约束条件，将单一的研究对象的其他因素也列入研究范围，可以促进对当前人体动作的更精确预测。

融合骨骼耦合的LSTM网络结构示意图如图6.44所示，本节对传统的原始LSTM网络进行了改进——在原始输出层后增加了一个原始输出处理层。原始输出处理层的核心作用是融合人体骨骼耦合性质，以此作为约束条件应用在模型训练中，将原始输出层数据通过 LS 算法过滤后得到$\boldsymbol{f}_{\text{sub}}$，再将$\boldsymbol{f}_{\text{sub}}$经过 ISODATA 做相应的“分裂”与“合并”处理后得到$\boldsymbol{f}^*$，LSTM 预测准确性通过原始输出处理层变换后可以得到增强。

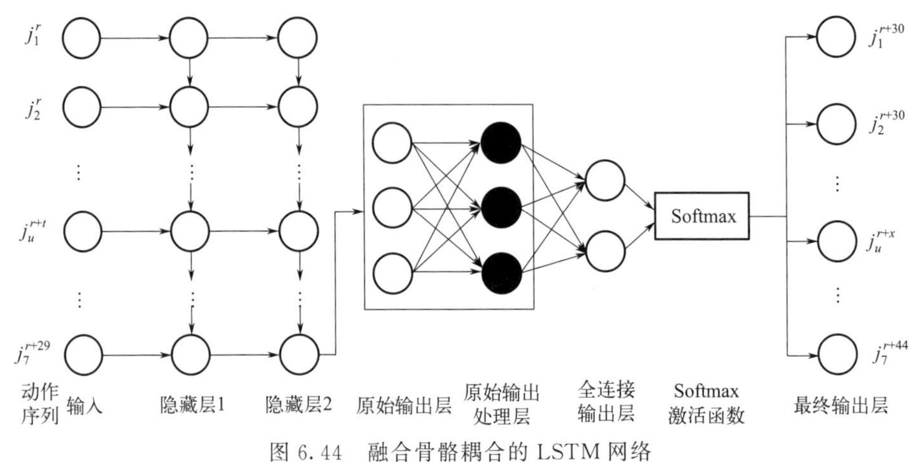

图 6.44　融合骨骼耦合的 LSTM 网络

网络输入层的神经元个数等于前 30 帧动作序列的长度（$N_1 \times 7$，取 $N_1 = 30$，长度为 210），该动作序列为关键点 1～7 在前 30 帧中的坐标值。网络经原始输出层获取 30 帧动作序列，此 30 帧动作序列经 LS 算法及 ISODATA 后得到，通过全连接输出层及 Softmax 激活函数后得到最终输出层，该层神经元个数等于 7 个关键点在未来 15 帧动作序列的长度（$N_2 \times 7$，取 $N_2 = 15$，长度为 105），为 15 个 7×3 的数组。按照时间序列的分布分配相应的动作序列，将节点 u 在第 $r+t$ 帧的数据作为网络输入层第 $u \times (r+t)$ 个神经元的输入。隐藏层 1 和隐藏层 2 对来自输入层的输出实行非线性变换。隐藏层 2 最后一个单元得到所有输入的动作序列集合，然后将该集合作为输入送入原始输出层。原始输出处理层为融合骨骼耦合性质的神经网络层，在该神经网络层中，对来自原始输出层的输出执行 LS 评估及关键帧集合排列，然后使用 ISODATA 聚类变换处理，得到过滤后的关键帧集合。全连接层是对来自原始输出处理层的数据执行线性变换，使其输出与网络的最终输出维度相等；通过一个 Softmax 层，将得到的动作序列中的数据转换为概率。在最终输出层中选择具有最大后验概率的关键点坐标作为预测结果。每个网络的输入分别是通过 OpenPose 提取到的 7 个人体上半身部位在前 30 帧内的空间坐标，最终输出为预测的 7 个部位在未来 15 帧内概率最大的动作序列，由此表示为对人体可能的运动轨迹的预测。

6.4.7　优化器

梯度下降（gradient descent）是一种常用的优化算法，旨在通过迭代更新模型参数，以最小化损失函数，从而得到最优模型。其基本原理是通过计算损失函数的梯度（即偏导数），找到损失函数的最陡下降方向，并沿着该方向更新模型参数，逐步逼近损失函数的最小值。即对可微分的函数寻找特定点的梯度，然后朝着梯度向量相反的方向，使函数值下降得最快，基本数学公式如下：

$$\begin{cases}\Theta^1=\Theta^0-\alpha\,\nabla L(\Theta^1)\rightarrow \text{在}\Theta^0\text{ 处计算}\\ \nabla L(\Theta)=\dfrac{\partial L(\Theta)}{\partial\Theta}\end{cases} \tag{6.46}$$

式中，L 是关于 Θ 的一个函数；Θ^0 为当前所处的位置，从这个点出发到 L 的最小值点；Θ^1 表示一次参数更新后的新参数值；α 为学习率，可以改变参数更新的幅度，决定着损失函数能否收敛到局部最小值以及何时收敛到最小值。

常见的梯度下降法有随机梯度下降法（stochastic gradient descent，SGD）[11]、AdaGrad[12]、RMSProp、Adam[13] 等。在对这4种优化算法对比测试中，使用Python3.6，将PyTorch库作为深度学习框架，设置目标函数，自变量 x 设置在定义域为（－1,1）的1000个点，目标函数 y 为类似于二次函数的振荡函数，使用Python编程语言设置目标函数：

```
x=torch.unsqueeze(torch.linspace(-1,1,1000),dim=1)
y=x.pow(2)+0.1*torch.normal(torch.zeros(x.size()[0],1),
        torch.ones(x.size()[0],1))                          (6.47)
```

目标函数图如图6.45所示。

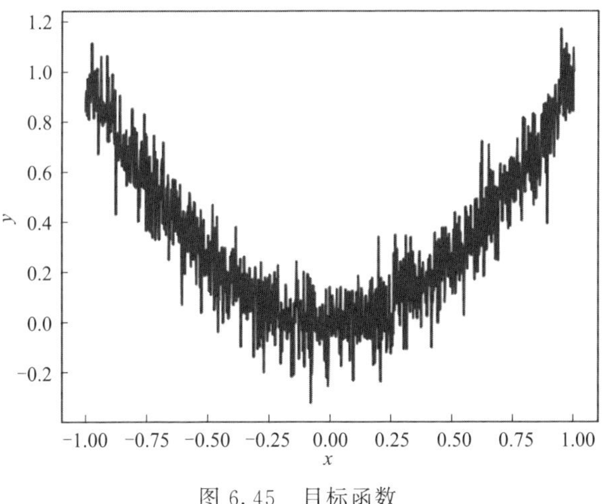

图6.45　目标函数

设置初始学习率为0.001，迭代次数500次，分别使用4种梯度下降法对目标函数做逼近拟合测试，4种梯度下降法的损失值随迭代次数（步长）的优化效果如图6.46所示。

从图6.46中可以直观发现SGD算法振荡幅度较大，且优化效果比其他3种

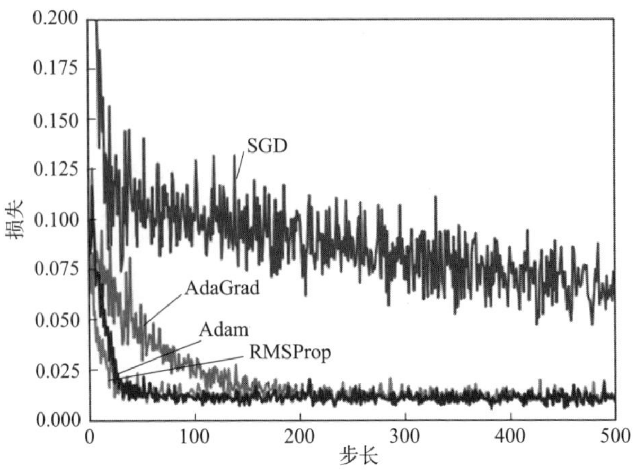

图 6.46　4 种梯度下降法优化效果比较

算法要差一些。随着迭代次数的增加，Adam 优化性能的优势逐渐显现出来，为了清晰观察到优化效果，将迭代接近末尾时的局部优化效果放大，如图 6.47 所示。可以发现，当达到一定的迭代次数后，使用 Adam 算法可以使损失值更低，优越性更加明显。

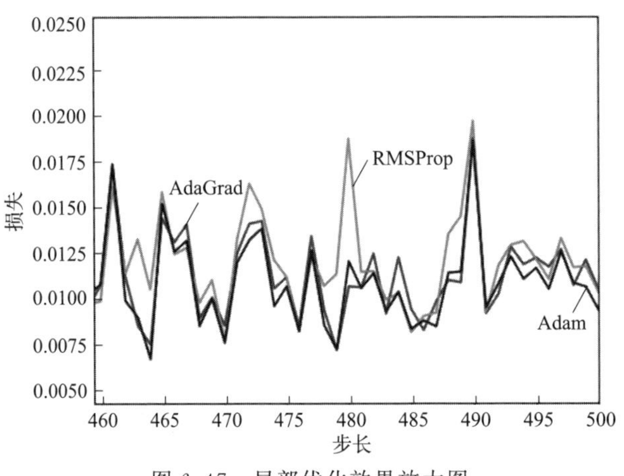

图 6.47　局部优化效果放大图

6.5 面向人机协作的动作轨迹预测实验

6.5.1 实验准备

参照装配工作场景，用实验模拟还原环境。实验台布置如图 6.48 所示，将 Baxter 机器人作为执行机器人，模拟协作机器人工作，操作台置于机器人前，两个高清摄像头置于机器人后方，形成双目摄像头并与计算机连接，执行机器人与计算机控制系统通过局域网互联。

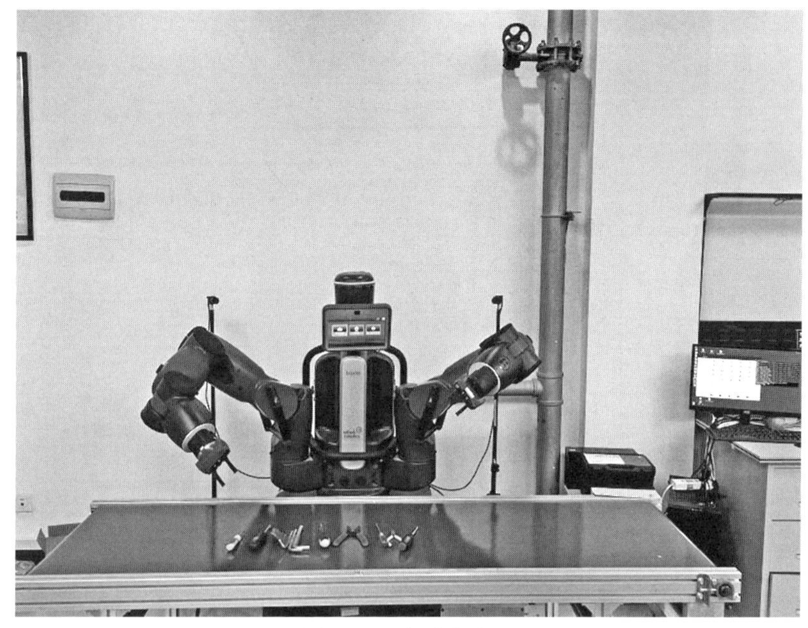

图 6.48　实验台布置

机器人前操作台上摆放有工具，实验人员将要对这些工具做出抓取、传递或接收等动作，为系统提供动作数据；机器人后方的双目摄像头对着实验人员并标定，使用 OpenPose 简化人体几何特征，作为采集动作序列数据的工具；计算机控制系统并行处理各个任务，如将双目摄像头中采集到的肢体二维像素数据转换为三维动作序列、训练阶段处理训练集、测试阶段处理测试集、传输控制信息给机器人、接收来自机器人传递过来的信息，计算机与机器人通过局域网互联互通。

6.5.2　实验操作

本节动作预测工作流程如图 6.49 所示，操作系统为 64 位 Ubuntu16.04，GPU 为 GTX TITAN XP 的台式机，将 Python3.6 作为编程语言，PyTorch 作为深度学习框架，建立动作预测模型。

6.5.2.1　数据采集

基于该装配实验场景，人体的双臂是主要的运动部位，因此此处将人体双臂的 7 个关键点作为主要研究对象，通过这些关键点的坐标变化来表示双臂动作的

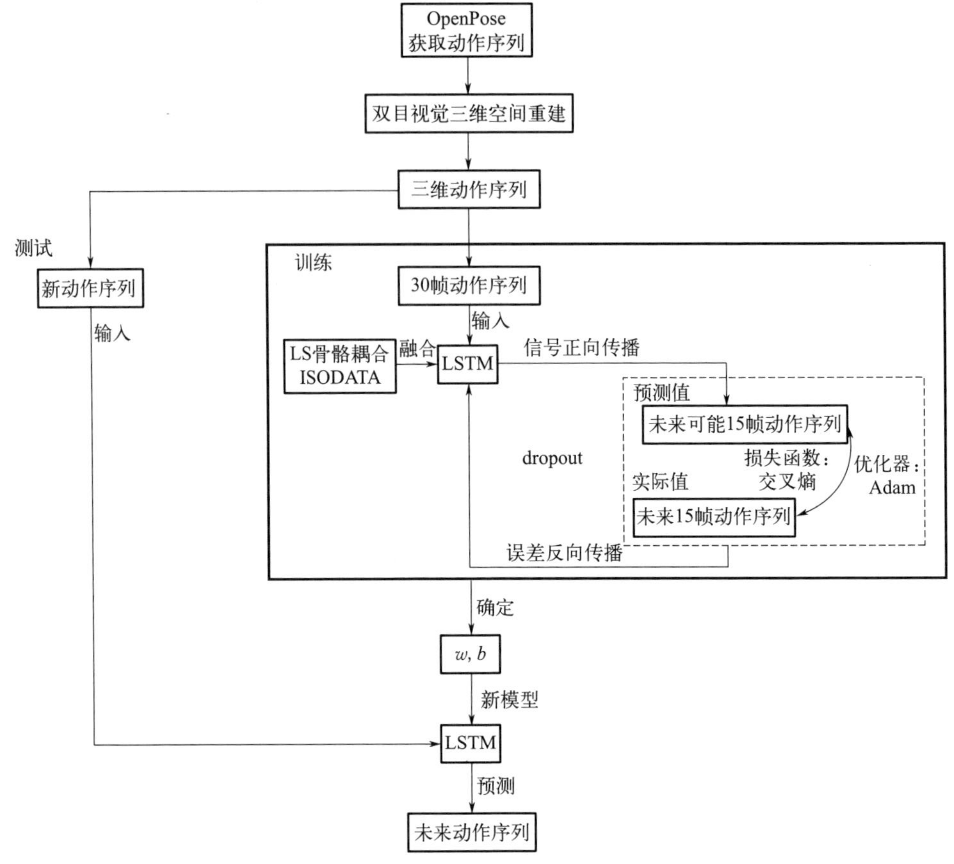

图 6.49　本节动作预测工作流程

执行情况。实验中，机器人通过安装在其后方的双目摄像头获取人体动作数据，如图 6.50 所示。在训练实验中，实验操作者对着双目摄像头做出一系列动作，如抓取、传递、接收等，生成动作序列。计算机控制系统对上半身 7 个关键点（1,2,3,4,5,6,7）通过双目视觉三维空间重建，将动作序列中的二维像素点坐标转换为三维空间点坐标（动作序列）。再将三维空间点坐标前 30 帧动作序列作为训练集，后续 15 帧动作序列作为验证集分类组合保存，组合形式为 $[(f_{1,30},f_{31,45}),(f_{2,31},f_{32,46}),(f_{3,32},f_{33,47}),\cdots]$，送入本节搭建的 LSTM 网络模型中训练。在执行动作时，多次重复这些动作，因为人的动作具有随机性，多次执行同一种动作（抓取、传递、接收等）的动作轨迹不会完全相同，送入模型的训练集更具代表性，模型的泛化能力可以随之增强。

6.5.2.2　数据增强

在深度学习中，图形模型是处理交互行为分类的有力工具，但这些模型的训

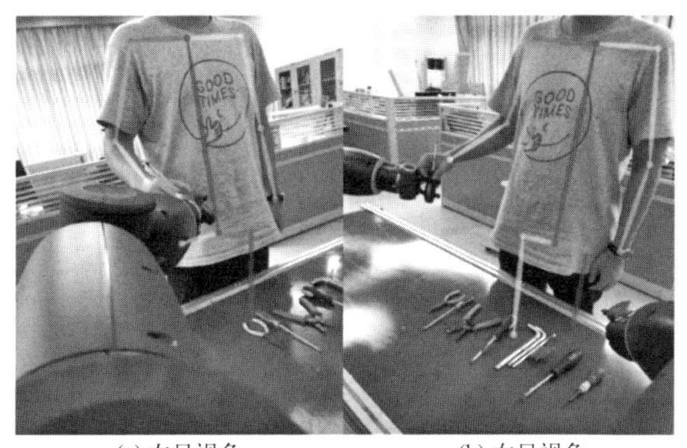

(a) 左目视角　　(b) 右目视角

图 6.50　实验场景中机器人视角

练通常需要大量的数据，尤其是在复杂的多自由度人机协作场景中。由于获取足够大且通用的数据集困难，因此通过有效的数据增强来提供更高质量的训练数据成为提升预测精度的关键。数据增强技术通过设计合适的数据转换方法，在不显著增加数据量的情况下，能够生成比原始数据有更多信息的样本。它的基本假设是，邻近的样本属于同一类别，而不同类别之间的近邻关系不做跨越式建模。对于深度学习而言，数量庞大且有效的训练数据至关重要，而数据增强能够通过多种方式补充数据集，提升模型的泛化性能。

在深度学习中，常见的数据增强方法包括向原始图像添加噪声、旋转变换以及利用生成式对抗网络（GAN）生成新的训练样本等。例如，在语音识别中，常通过将其他来源的噪声加入话语训练集，从而增强训练数据，提高模型的鲁棒性和准确性[14]。然而，在动作轨迹预测中，由于动作的连续性和时序特性，简单的噪声添加和旋转变换不适用，因为这类变换会破坏动作轨迹的时空连续性。因此，针对动作轨迹的特性，可以通过对原始轨迹重新采样来创建新的样本，从而进行有效的数据增强。

为了在动作轨迹预测中实现数据增强，本实验引入了 mixup 方法[15]，这一方法是由 Facebook 人工智能研究院与 MIT 联合提出的。mixup 通过线性插值生成新样本，它将两个样本及其标签按一定比例线性组合，得到一个新的样本。这种方法能够有效扩展训练集，同时减少模型训练中的异常振荡现象，特别是在深度神经网络训练时对抗不稳定性方面具有优势。mixup 的核心理念是鼓励模型在训练示例之间进行线性处理，从而使模型能够在更广泛的训练数据范围内进行优化，进一步提升模型的泛化能力和准确性。这种数据增强方法，能够为 LSTM 模型提供更多有效的训练数据，帮助其更好地捕捉动作轨迹的时序关系，从而提高人机协作系统中的动作预测性能。

设（x_n,y_n,z_n）是通过插值生成的新数据，（x_i,y_i,z_i）和（x_j,y_j,z_j）

为训练集随机选取的两个数据，数据生成方式如下：

$$(x_n, y_n, z_n) = \lambda(x_i, y_i, z_i) + (1-\lambda)(x_j, y_j, z_j) \tag{6.48}$$

式中，$\lambda \in [0,1]$。

mixup 通过结合先验知识，使用特征向量的线性插值引导相关目标的线性插值，达到扩展训练分布的目标，该方法可以改进并提高深度学习模型结构的泛化性能，减少模型对损坏样本的记忆，增强神经网络的稳定性。尽管 mixup 形式很简单，但它在实验中提供了最先进的性能，例如 CIFAR-10、CIFAR-100、ImageNet-2012 等大型图像分类数据集；当处理损坏的标签或面对对抗实例时，mixup 可提高语音和电子表格数据的普及率，并可用于稳定 GAN 的训练。在实验中，依次取 $\lambda=0.1,0.2,0.3,\cdots,0.9$，对同一类型的两次动作序列做组合，如两次传递动作，将这两组动作序列数据集合做变换：

$$\begin{gathered}
(f^{\lambda}_{1,30}, f^{\lambda}_{31,45}) = \lambda(f^{1}_{1,30}, f^{1}_{31,45}) + (1-\lambda)(f^{2}_{1,30}, f^{2}_{31,45}) \\
(f^{\lambda}_{2,31}, f^{\lambda}_{32,46}) = \lambda(f^{1}_{2,31}, f^{1}_{32,46}) + (1-\lambda)(f^{2}_{2,31}, f^{2}_{32,46}) \\
(f^{\lambda}_{3,32}, f^{\lambda}_{33,47}) = \lambda(f^{1}_{3,32}, f^{1}_{33,47}) + (1-\lambda)(f^{2}_{3,32}, f^{2}_{33,47}) \\
(f^{\lambda}_{r,r+29}, f^{\lambda}_{r+30,r+44}) = \lambda(f^{1}_{r,r+29}, f^{1}_{r+30,r+44}) + (1-\lambda)(f^{2}_{r,r+29}, f^{2}_{r,r+44}) \\
1 \leqslant r \leqslant [\min(f^{1}\text{ 帧数}, f^{2}\text{ 帧数}) - 44]
\end{gathered} \tag{6.49}$$

式中，$(f^{\lambda}_{r,r+29}, f^{\lambda}_{r+30,r+44})$ 是通过数据增强后合成的新动作序列。两组原始动作序列 f^1、f^2 的帧数不一定相同，在数据增强运算中取较小的动作轨迹序列帧数作为合成的新动作序列拥有的帧数，将帧数多的动作序列多余部分丢弃。在 Python 中，通过 for 循环语句，可以快速计算并获取新的数据集。

采用 mixup 数据增强之后，数据集的动作序列数据量得到了扩充。数据集混合组合可以使决策边界在类与类之间线性转换，提供了更平滑的不确定性估计，引入 mixup 得到的训练模型在模型预测和训练样本之间的梯度规范方面更稳定。

6.5.2.3 模型训练

训练样本是前 30 帧初始动作轨迹序列与后续 15 帧动作轨迹的组合。设置学习率、训练样本批次、训练时期数等网络参数，将网络的初始参数正交初始化，将一组数据输入经网络权值矩阵 $\boldsymbol{W}$ 计算得到的网络输出 J^D 与本组数据标签 J 做计算，交叉熵作为损失函数，损失函数表达式如下：

$$\text{Loss} = -\frac{1}{n}\sum_{i=1}^{n}\left[J^{D(i)}\ln J^{(i)} + (1-J^{D(i)})\ln(1-J^{(i)})\right] \tag{6.50}$$

使用 Adam 算法作为梯度下降的优化算法，优化损失函数对权值矩阵 $\boldsymbol{W}$ 的梯度，更新网络权重直至网络收敛。实验相关参数设置如表 6.15 所示。

表 6.15　LSTM 预测模型网络相关参数

参数	数值
输入层节点数	210
输出层节点数	105
隐藏层数	2
隐藏层特征数	32
初始学习率	0.0001
L_2 正则化系数	0.0015
训练数据量	10000
测试数据量	2000
训练样本批次(batch)	3522
每批样本大小(batch size)	100
训练时期数(epoch)	100

在训练深度神经网络中，为了降低复杂的训练程度，缓解对计算内存的大量占用，引入 dropout[16]。每一次对参数更新之前，对每一个神经元（包括输入）做简化，每一个神经元都有 $p\%$的概率会被暂时丢弃处理。当一个神经元被暂时丢弃后，与其相邻的权重及偏置都会相应地被暂时丢弃，此时的神经网络结构变简单。然后用此神经网络进行训练，每次更新参数前都要对最初始的神经网络重新做 dropout，简化训练网络的复杂程度。在测试阶段，不再使用 dropout，此时所有的权重都要成为原来权重的 $1-p\%$。

网络训练方式如图 6.51 所示，在一次神经网络运行中，当前 30 帧动作序列为输入，在每一个完整的训练时期，需要 100 次权重与偏置更新，每次学习 100 个数据，完成 1 个时期（epoch）训练学习数据 3522 个。在进入下一个时期训练时，恢复深度神经网络结构，重新随机选取 $p\%$的神经元及其相邻的权重与偏置，对其暂时丢弃。当完成 100 个时期训练，得到最终的权重 w 与偏置 b。

在神经网络中仅传递一次完整的数据集难以获得满足精度要求，完整的数据集在同一个神经网络中需要迭代传递多次，即 epoch>1。当 epoch 取值过小会使模型出现欠拟合，而当 epoch 取值过大会使模型出现过拟合，选择合适的 epoch 值对模型的准确度有重大影响，在本实验中设置 epoch$=100$。

在时域上，模型学习动作在时间上的依赖性；在空间域上，模型关注关键点之间的空间关系；网络模型结合拓扑中的身体关节的似然图，在所有尺度上处理特征，并捕获各种与身体相关的空间关系；通过自下而上和自上而下的方式交替处理每个训练网格，并且实行中间监督。当 LSTM 经过 100 个 epoch 迭代训练后，误差函数到达局部极小值附近，模型收敛，将此时的模型保存用于预测测试。

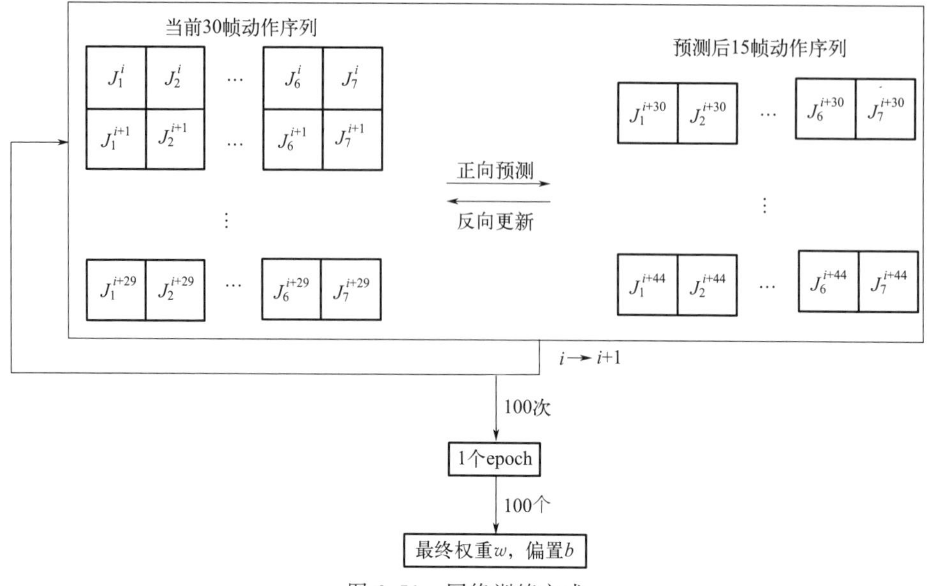

图 6.51　网络训练方式

6.5.3　实验结果分析

在测试阶段，实验人员在实验台前执行抓取、传递等动作，生成新的动作序列。系统将这些采集到的动作序列作为测试数据输入 LSTM 网络，基于当前的动作轨迹预测后续的动作轨迹。通过这种方式，LSTM 模型能够根据历史数据学习并预测未来的动作模式，从而为人机协作提供实时的动作预测支持。

在一次抓取实验测试中，实验采用了 7 个关键点的动作序列作为 LSTM 网络的输入，并进行实际轨迹与预测轨迹的可视化对比。图 6.52 展示了预测结果的可视化效果，其中浅色轨迹代表实际的动作轨迹，而深色轨迹则是通过 LSTM 网络预测的动作轨迹。通过将实际轨迹与预测轨迹进行对比，可以直观地观察到模型在动作预测中的表现。浅色轨迹与深色轨迹之间的重合程度反映了模型在该时刻的预测准确度，若浅色轨迹与深色轨迹接近或重合，则表示模型的预测较为准确；而若两者有较大偏差，则可能是模型未能准确捕捉到动作轨迹的变化规律，需要进一步优化模型或训练数据。

基于测试实验中采集到的数据，分别对未作改进的 LSTM 模型和 RNN 模型进行了训练，目的是对比分析不同模型在预测人体动作轨迹中的表现。由于 CNN 在处理时序数据，尤其是时域变化存在依赖的动作序列样本时存在局限性，因此未将 CNN 列入此次对比实验。在对比中，LSTM-1 代表本节中改进后的 LSTM 模型，而 LSTM-2 则是未进行骨骼耦合约束和原始输出处理层改进的 LSTM 模型，RNN 模型则为传统的循环神经网络模型。

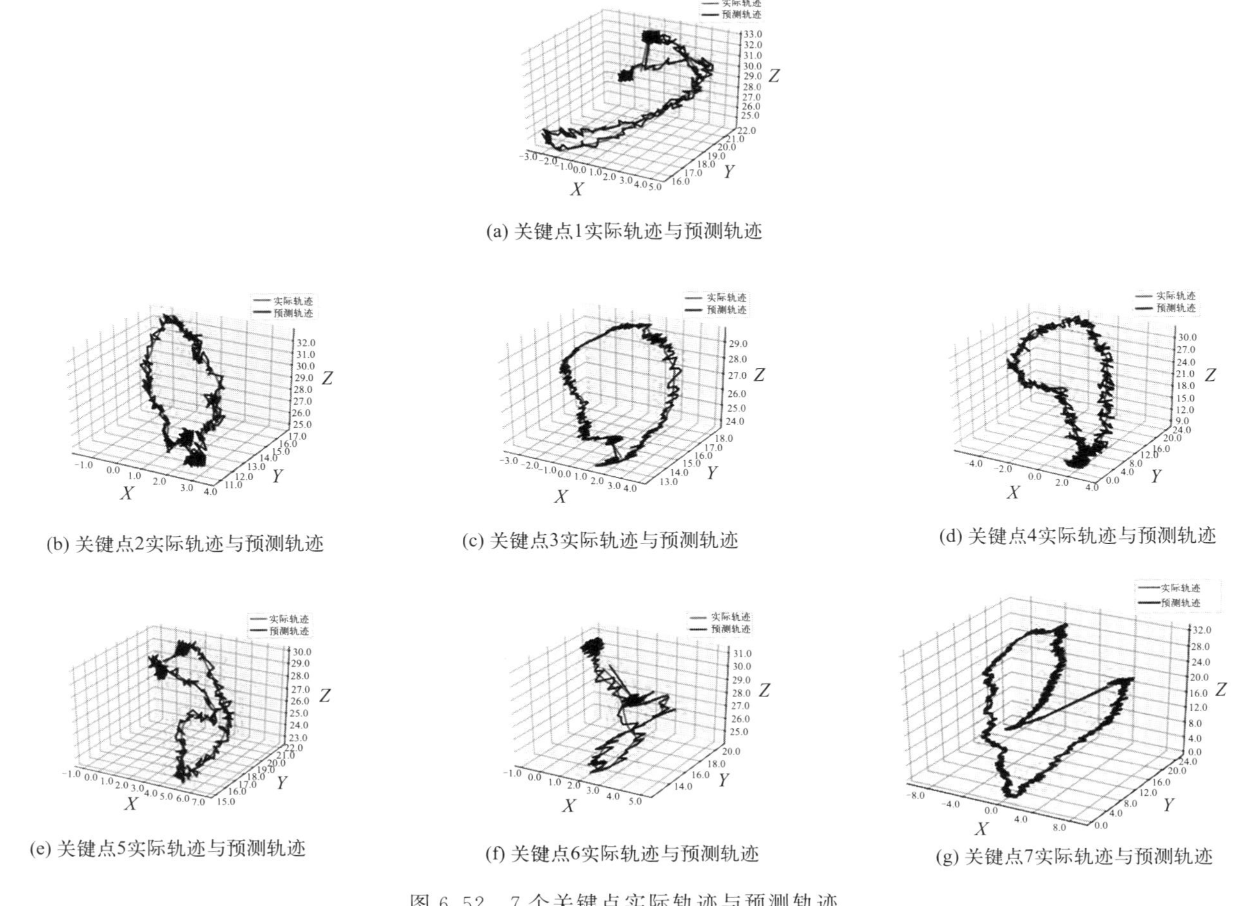

(a) 关键点1实际轨迹与预测轨迹

(b) 关键点2实际轨迹与预测轨迹

(c) 关键点3实际轨迹与预测轨迹

(d) 关键点4实际轨迹与预测轨迹

(e) 关键点5实际轨迹与预测轨迹

(f) 关键点6实际轨迹与预测轨迹

(g) 关键点7实际轨迹与预测轨迹

图 6.52　7 个关键点实际轨迹与预测轨迹

在抓取动作实验中，右手（即关键点 7）产生的动作序列较长，因此选择关键点 7 的动作状态进行对比分析，以便观察各模型在处理较长动作序列时的效果差异。图 6.53 和图 6.54 展示了关键点 7 在 LSTM-2 和 RNN 模型中的实际轨迹与预测轨迹效果图。在这两张图中，红色轨迹表示实际的动作轨迹，蓝色轨迹表示模型预测的动作轨迹。

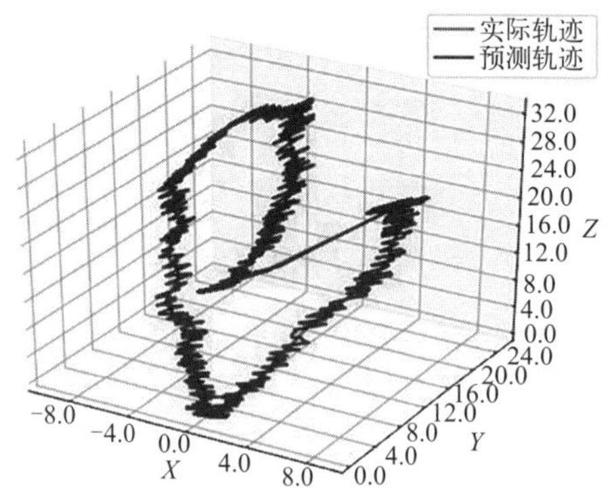

图 6.53 LSTM-2 中关键点 7 实际轨迹与预测轨迹（见书后彩插）

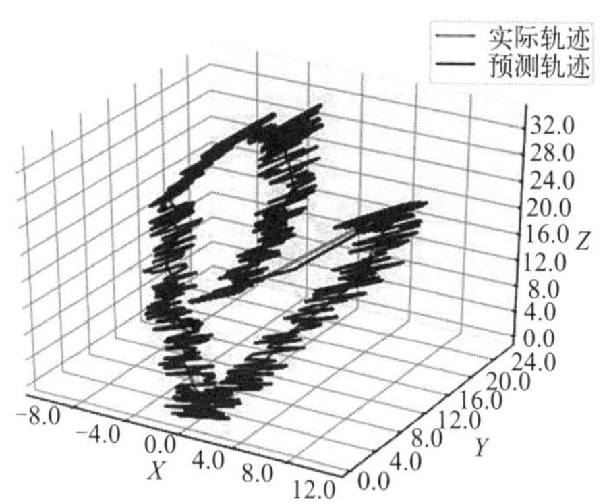

图 6.54 RNN 中关键点 7 实际轨迹与预测轨迹（见书后彩插）

从图中可以看到，LSTM-2 和 RNN 模型在预测过程中存在一定的偏差，尤其是在轨迹的长时间延续中，预测轨迹与实际轨迹之间的差距较大，表现出一定的预测不准确性。这种情况主要是由于 LSTM-2 未引入骨骼耦合性质作为约束，导致其在长时间序列的预测中容易产生误差。而在 RNN 模型中，传统 RNN 在处理长序列时容易遭遇梯度消失或爆炸问题，导致其对长序列的依赖性捕捉较差，预测效果更为不稳定。

与此相比，LSTM-1（改进后的 LSTM 模型）在同一测试中展现出了较为准确的预测效果，尤其在长时间序列的处理上，LSTM-1 能够较好地捕捉到人体双臂动作的变化趋势，预测轨迹与实际轨迹的重合度明显提高。通过引入骨骼耦合性质作为约束，LSTM-1 能够更有效地处理人体动作中的时空依赖性，特别是在长序列的动作预测中，相较于传统 LSTM 和 RNN 模型，其预测精度更高，能够在抓取等复杂动作中提供更加精准的轨迹预测。

通过对比这些模型的实验结果可知，改进的 LSTM 模型在动作预测任务中表现出较为优越的性能，能够更好地适应人机协作系统中复杂的动作预测需求。

实际动作轨迹与预测动作轨迹的拟合程度体现了该网络的预测效果与泛化能力。融合了骨骼耦合性质的 LSTM 网络其预测轨迹与实际轨迹之间的拟合程度更强，偏差更小。通过实际值与预测值的比较，定义准确率，在一段由 n 帧组成的视频中，将每一帧中的每一个关键点的实际值$\boldsymbol{j}_u^i=[x_u^i,y_u^i,z_u^i]^{\mathrm{T}}$ 与预测值

$\boldsymbol{j}'^{i}_{u}=[x'^{i}_{u},y'^{i}_{u},z'^{i}_{u}]^{\mathrm{T}}(i\in[1,n])$ 作下式计算，作为该段视频中该关键点的准确率：

$$\text{准确率}=\frac{\sum_{i=1}^{n}\left[\left(1-\frac{|x^{i}_{u}-x'^{i}_{u}|}{x^{i}_{u}}\right)+\left(1-\frac{|y^{i}_{u}-y'^{i}_{u}|}{y^{i}_{u}}\right)+\left(1-\frac{|z^{i}_{u}-z'^{i}_{u}|}{z^{i}_{u}}\right)\right]}{3n}\times 100\%$$

在对关键点7的轨迹预测研究实验中，融合了骨骼耦合性质的LSTM神经网络对其轨迹预测的准确率达到了83.79%，比未融合骨骼耦合性质的LSTM神经网络（72.19%）与RNN（44.85%）要高，因此该预测模型效果更好。各网络预测模型对7个关键点轨迹预测的准确率对比如图6.55所示，融合了骨骼耦合性质的LSTM神经网络（LSTM-1）预测模型对7个关键点轨迹预测的准确率均达到了80%以上，优于未融合骨骼耦合性质的LSTM神经网络（LSTM-2），远超过RNN。

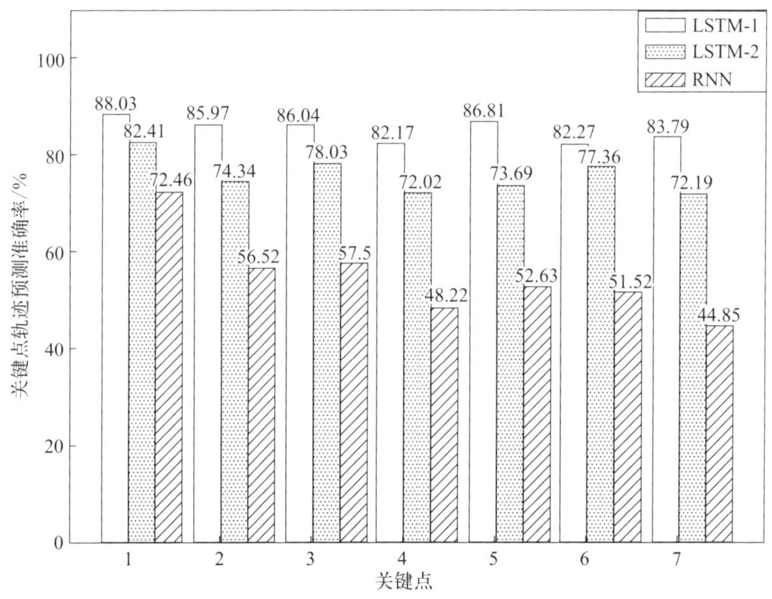

图6.55　不同网络预测模型对比结果图

通过观察对比实验结果可知，LSTM因为其特殊的门结构，预测效果优于RNN，尤其当时间序列较长时，LSTM优势更加明显。当融合了骨骼耦合性质并将其作为约束条件时，LSTM预测效果得到了进一步提升。

参考文献

［1］　常玉青．人机协作中基于多Kinect的人体行为识别研究［D］．长春：吉林大学，2018.

［2］　Belkin M，Niyogi P. Laplacian eigenmaps and spectral techniques for embedding and clustering［J］.

Advances in Neural Information Processing Systems, 2001, 14: 585 - 591.

[3] Simonyan K, Zisserman A. Two-stream convolutional networks for action recognition in videos [J]. Advances in Neural Information Processing Systems, 2014, 27.

[4] Zhang D, Chen S, Zhou Z H. Constraint score: A new filter method for feature selection with pairwise constraints [J]. Pattern Recognition, 2008, 41 (5): 1440-1451.

[5] Cao Z, Simon T, Wei S E, et al. Realtime multi-person 2D pose estimation using part affinity fields [C] //Proceedings of the IEEE Conference on Computer Vision and Pattern Recognition, 2017: 7291-7299.

[6] Li X, Fan Z, Liu Y, et al. 3D pose detection of closely interactive humans using multi-view cameras [J]. Sensors, 2019, 19 (12): 2831.

[7] Zhang Z. Flexible camera calibration by viewing a plane from unknown orientations [C] //Proceedings of the Seventh IEEE International Conference on Computer Vision. IEEE, 1999, 1: 666-673.

[8] Feichtenhofer C, Pinz A, Zisserman A. Convolutional two-stream network fusion for video action recognition [C] //Proceedings of the IEEE Conference on Computer Vision and Pattern Recognition, 2016: 1933-1941.

[9] Kavitha K R, Neeradha K, Vyshna K, et al. Laplacian score and top scoring pair feature selection algorithms [C] //2020 Fourth International Conference on Computing Methodologies and Communication (ICCMC) . IEEE, 2020: 214-219.

[10] He X, Cai D, Niyogi P. Laplacian score for feature selection [J]. Advances in Neural Information Processing Systems, 2005, 18.

[11] Amari S. Backpropagation and stochastic gradient descent method [J]. Neurocomputing, 1993, 5 (4/5): 185-196.

[12] Duchi J, Hazan E, Singer Y. Adaptive subgradient methods for online learning and stochastic optimization [J]. Journal of Machine Learning Research, 2011, 12 (7): 2121-2159.

[13] Yeung S, Russakovsky O, Jin N, et al. Every moment counts: Dense detailed labeling of actions in complex videos [J]. International Journal of Computer Vision, 2018, 126: 375-389.

[14] Amodei D, Ananthanarayanan S, Anubhai R, et al. Deep speech 2: End-to-end speech recognition in English and Mandarin [C] //International Conference on Machine Learning. PMLR, 2016: 173-182.

[15] Zhang H. Mixup: Beyond empirical risk minimization [J]. arXiv preprint arXiv, 2017: 1710.09412.

[16] Srivastava N, Hinton G, Krizhevsky A, et al. Dropout: A simple way to prevent neural networks from overfitting [J]. The Journal of Machine Learning Research, 2014, 15 (1): 1929-1958.

第7章

自主机器人技术的系统应用与发展展望

7.1 机械臂自主抓取系统的应用与发展

7.1.1 感知与环境理解在抓取中的集成应用

智能机器人的环境感知能力是实现自主抓取的基础。传统的机械臂抓取系统主要依赖结构化的工业视觉方案，如二维码识别、模板匹配等，仅适用于高度约束的结构化环境。而随着3D视觉、深度学习等技术的引入，机械臂的感知能力得到极大提升。深度相机可以获取目标物体的三维信息，并构建场景的点云模型。基于卷积神经网络的目标检测和分割算法，能够准确定位抓取目标，并将其从背景环境中分割出来。多视角信息融合、稀疏特征表示等方法进一步提高了感知的鲁棒性。力触觉反馈与视觉信息的结合，可获得物体的重量等属性信息，并指导机械臂精细调整抓取姿态和力度。此外，将抓取目标嵌入语义地图中，并进行实例分割、关系推理，可以赋予机器人更好的环境理解能力。在开放环境下识别抓取目标的功能、属性与相互关系，并推理隐含的环境约束，将使机器人的抓取能力更接近于人。

未来，多模态感知融合、迁移学习、小样本学习等技术将进一步提升机械臂的感知理解水平和环境适应能力。人机协同感知范式、可解释的感知决策机制，将使机器人的抓取行为更加透明和可控。感知、认知、交互的有机整合，将引领机械臂在非结构化、动态环境下的智能抓取。

7.1.2 深度强化学习驱动的抓取策略优化

传统的机械臂抓取系统大多采用基于规则或采样的抓取规划算法，需要对物体的三维模型、环境约束、物理属性等进行精确建模，难以适应动态、开放的环境。近年来，深度强化学习为抓取策略优化提供了新思路。通过端到端的学习，机器人可以直接将RGB图像、点云等高维观测映射到抓取姿态、力度等连续动作空间。无须人工调参与算法设计，通过不断试错，机械臂可以自主学习最优的抓取策略。

基于值函数近似的DQN、DDPG等算法已成功应用于简单几何体的抓取。很多研究进一步将GNN（图神经网络）、Transformer等强大的特征提取器引入强化学习中，以增强对复杂不规则物体的处理能力。此外，针对强化学习的样本效率低、探索困难等问题，各种改进方法不断涌现。如分层强化学习将抓取过程解耦分层，先学习低层运动控制，再学习高层抓取策略；逆强化学习通过示教数据学习隐含奖励，从而降低对奖励函数设计的要求；引导探索、好奇心驱动的探索机制则可加速策略学习的收敛。值得一提的是，模仿学习也是引导抓取策略优化的重要手段。通过学习人类专家的抓取样本，可以显著提升机器人的学习效率。

尽管强化学习在抓取领域已取得诸多进展，但面向实际应用还有不少难题亟待攻克。如何提升强化学习的稳定性与可解释性，特别是在误差累积、状态频繁变化的长期控制任务中的可靠性，仍然是个问题。如何设计更通用的状态表示、更高效的探索机制，以实现跨场景、跨对象的策略泛化与迁移，也是一项挑战。基于仿真环境的策略训练与真实场景的差异，导致仿真到现实的策略迁移性差，是另一重要瓶颈。未来，更多智能算法与机器人技术的融合创新，必将推动机械臂的自主抓取能力不断提升。

7.1.3 机械臂自主抓取技术的挑战与趋势

自主抓取是智能机器人研究的前沿课题，目前还主要局限在实验室环境。真实世界的复杂性与多变性，对机械臂的自主抓取系统提出了诸多挑战。随着机器人不断走向开放环境，未来自主抓取系统将呈现以下发展趋势：

首先是感知理解与任务规划的深度融合。以往的抓取系统大多采用感知-规划-执行的流水线式处理，导致系统模块割裂、适应性差。端到端学习为打通感知-规划-执行通路提供了思路。未来，更多的语义、知识、推理等高层信息将反哺感知与规划，使自主抓取系统具备更强的环境理解与任务规划能力。

其次，自主学习、在线适应将成为抓取系统的核心能力。目前的抓取算法大多依赖于大规模标注数据的离线训练，泛化能力不足。让机器人像人一样，通过少量的示教、对比等方式快速掌握新的抓取技能，并根据环境反馈持续优化已有策略，是十分必要和迫切的。小样本学习、增量学习等技术有望在抓取领域得到广泛应用。

此外，灵巧性与通用性也是未来抓取技术的重点。仿生灵巧手、柔顺机构等新型机械臂将大幅拓展抓取对象和任务类型。人的手不仅能抓取刚性物体，对于布料、软体等柔性物体也能轻松操作，这依赖于精细的力触觉反馈与灵活的手指控制。相比刚性抓持器，柔性抓手具有更高的环境适应性。通用抓取系统应能像人一样，无须替换末端执行器，就能适应不同类型、不同尺度的目标。

可以预见，未来机械臂抓取系统将在环境感知、任务规划、执行控制、自主学习等方面加速融合，力求在鲁棒性、灵活性、通用性上取得突破。人机协同、人机共融的新型抓取范式也将得到深入研究。不久的将来，即使部署在完全陌生的环境中，机械臂也能像人一样，通过观察、交互、实践，自主地理解与学习抓取策略，这无疑将大大拓展自主机器人的应用领域。

7.2　人机协作系统的智能化应用

7.2.1　大语言模型驱动的人机自然交互

传统的人机交互主要基于命令式或图形化界面，涉及专业术语、复杂流程，易用性不高。自然语言作为人类最习惯、最自然的沟通方式，其在人机协作系统中的引入大大降低了人机交互门槛。近年来，以 ChatGPT、BERT 等为代表的大语言模型取得了长足的进步。基于海量语料数据与自监督学习，大语言模型能够理解复杂的语义信息，具备接近人类水平的语言理解和生成能力。将大语言模型应用到人机协作系统中，可以使机器人像人一样，用自然流畅的语言与人进行对话交流，极大提升人机交互体验。

大语言模型为人机协作带来了多方面的变革。首先是语音识别与语言理解能力的大幅提升，即使在嘈杂环境、口语表达等情况下，机器人也能准确理解人的指令意图。并且机器人还能通过对话历史进行上下文推理，处理指代消解，真正做到像人一样对话。其次，大语言模型可以将人类指令转化为机器可执行的任务规划。即使是一些模糊、不完整的描述，机器人也能结合语境、常识等对指令进行补全与细化。再者，大语言模型还能根据视觉、触觉等感知信息，以自然语言的形式对环境物体、执行状态等进行描述，便于人类实时监控。情感计算、语音合成等技术的融合，更是赋予了机器人个性化的语言交互风格。

大语言模型的另一优势在于强大的知识表示与推理能力。知识增强的语言模型可将海量结构化、非结构化知识编码存储，使机器人具备百科全书式的知识储备。因此在人机协作中，机器人不仅是人类意图的执行者，更是智能决策的辅助者。当人类遇到疑惑，机器人可从知识库中检索相关知识，给出专业的解释说明。机器人还能基于工作环境、对象等知识，主动向人类提供优化建议。可以预见，知识驱动的人机协作模式将大大提升任务的专业性与效率。

7.2.2 多模态感知下的人机意图理解

在人机协作中，仅依靠语音指令难以全面准确地描述人的意图。事实上，在人与人的协作中，超过80%的信息是通过表情、肢体动作等非语言形式传递的。随着多模态感知技术的发展，机器人可以像人一样，从视觉、语音、触觉等多个信息通道来理解人的行为意图。视觉感知是人机意图理解的重要途径。传统的人体骨架检测、手势识别等视觉感知算法关注孤立的人体部位，对上下文关系考虑不足。图卷积网络、Transformer 等新型视觉模型可以对人体关节之间的结构约束建模，从整体上分析人体姿态。视觉常识推理、视觉定位（visual grounding）等方法则可以从环境线索、物体属性出发，对人的视觉注意力、操作意图做出合理推断。除视觉外，力触觉信息、脑机接口等也是感知人意图的重要途径。力触觉信息可以反映人的操作力度、接触面积等，对理解人的操控意图具有重要意义。佩戴在人手上的触觉传感手套，可以实时获取人手的精细操作信号，为机器人提供更丰富的意图理解维度。脑机接口技术的引入，更是让机器人有望直接从脑电信号中解码人的意图。当然，这些新兴的意图感知技术目前还处于实验室阶段，技术成熟度、可靠性、舒适性等有待进一步提升。

多模态感知为人机意图理解提供了更全面的信息源，但不同模态信息的时空分辨率、数据格式差异很大，给多模态信息的融合与协同理解带来了挑战。Transformer 等注意力机制为处理不同模态信息的长程依赖提供了新思路。依托于注意力机制，低维度的力触觉信号可以与高维视觉特征无缝融合。知识图谱、因果推理等也是实现跨模态信息理解的有力工具。通过构建行为-意图的语义关联图谱，机器人可从底层多模态线索出发，逐层向上对人的意图做出联想与推理。

在实际人机协作场景下，意图理解往往与任务背景紧密相关。面向任务的意图理解需要将人的多模态行为与环境、对象等任务要素高度融合。近年来，将意图理解问题建模为视觉问答（visual question answering）、视觉对话（visual dialog）等任务，将多模态意图理解与任务导向对话相结合，是很有前景的研究方向。机器人可以通过提问、澄清等方式，与人进行多轮对话交互，以消除意图理解的歧义。任务驱动的主动视觉感知，如根据意图主动搜寻环境线索，将进一步提升人机意图理解的效率。脑机接口、生理信号感知等也将为意图理解提供更多非显性线索。未来，多模态的意图理解将从“被动观察”走向“主动询问”，从“浅层理解”走向“深层推理”，使机器人在协作过程中表现出更高的智能。

7.2.3 自适应人机协作决策与控制

在动态开放的人机协作环境中，机器人不仅要准确理解人的意图，更要能根据意图实时调整自身行为，做出自适应的协作决策与控制。传统的预定义编程难以应对复杂人机协作过程中的不确定性。近年来，多智能体强化学习、逆强化学习等数据驱动的智能算法为人机协作决策优化提供了新思路。将人机协作建模为非合作博弈，并应用多智能体强化学习，可以实现人机双方策略的动态优化。由于人的行为往往带有隐含目标和未知约束，因此将人视为“黑盒”智能体，通过逆强化学习估计人的奖励函数，可使机器人对人的意图有更准确的把握。值得一提的是，以往的人机协作决策大多基于随机策略假设，即假设人的行为是某种概率分布。事实上，人的决策往往是确定性的，具有一定的规律性。将因果推理、逻辑规则等先验知识引入人机协作决策中，可以大大提升决策的鲁棒性和可解释性。

人机协作控制的核心在于实现人机物理接触过程中的柔性与安全。传统的基于位置、速度等运动学约束的控制，难以应对人体运动的不确定性，容易导致刚性碰撞。阻抗控制通过调节机器人关节的刚度、阻尼，使其在与人接触时表现出柔顺性。但阻抗控制参数的调节往往依赖人工经验，鲁棒性不足。将阻抗参数作为强化学习的动作变量，通过策略梯度等算法进行端到端优化，可以大幅提升机器人对人体意图变化的适应能力。模型预测控制（MPC）通过实时预测人体运动轨迹，并结合硬约束优化，可更好地权衡人机协调性与任务完成性。此外，可变阻抗控制、柔性控制等新型控制框架也为提升人机物理交互的安全性提供了思路。

未来，人机协作决策与控制将更加强调从数据中学习。通过对人机协作过程进行大规模采集、标注、分析，并应用迁移学习、元学习等技术，机器人将能根据有限的示教快速适应新的协作对象和任务。主动学习，尤其是安全可靠的主动探索机制，将使机器人在确保人身安全的前提下不断积累协作经验。将决策、规划与控制集成为统一框架，并引入运动基元、镜像神经元等神经科学启发的机制，有望实现更自然、更高效的人机协同。未来，人机协作系统将从“被动适应”走向“主动理解”，从“参数调节”走向“策略学习”，使机器人成为名副其实的智能协作伙伴。

7.3 智能物流与制造中的机器人应用

7.3.1 多机器人协同的环境感知与导航

智能物流、智能制造是机器人技术的重要应用领域。在智能工厂、智慧仓储中，往往部署着大量机器人，其通力协作以完成生产、搬运等任务。实现多机器人的高效协同，首先需要解决环境感知与导航问题。传统的多机器人系统大多采用集中式感知架构，由中心节点汇总各机器人采集的传感信息，进而集中规划路径。这种模式存在通信负荷重、鲁棒性差等问题。近年来，分布式协同感知、群智涌现导航等新兴技术为多机器人系统带来新的发展机遇。区别于单个机器人感知，多机器人协同感知需要考虑感知信息的一致性、异构性、冗余性等。视觉、激光等异构传感器的标定、同步与融合是构建统一坐标系的基础。基于集中式框架的多机器人 SLAM 虽然可以实现全局一致的建图与定位，但存在单点故障、扩展性差等问题。基于区块链的分布式 SLAM 可实现地图数据的安全共享，并通过智能合约机制实现地图拼接、回环检测的自动化。群体智能（群智）涌现机制揭示了“群体行为优于个体行为”的基本规律，这为多机器人协同感知提供了全新思路。通过设计局部感知、局部通信的简单规则，并嵌入机器人个体中，可实现全局涌现的协同感知行为。比如，通过测距传感器维持“安全距离”，并根据邻域个体的移动趋势调整自身方向，即可实现群体同步运动。群智感知不依赖中心节点，具有更高的鲁棒性与自组织能力。

传统的多机器人路径规划大多采用集中式模型预测控制，由中心节点集中优化各机器人的运动轨迹，易受环境动态变化、成员进出等因素的干扰。分布式模型预测控制通过个体间的信息交互，使每个机器人根据自身与邻域机器人的状态实时更新运动策略，可有效提升路径规划的实时性。值得一提的是，多机器人路径规划问题也可形式化为多智能体强化学习任务。每个机器人作为独立智能体，通过“探索-利用”不断优化自身策略，通过设计考虑任务完成率、能耗、碰撞率等因素的奖励函数，可学习到兼顾局部收益与全局目标的导航策略。然而，多机器人强化学习也面临状态空间维数灾难、信用分配等问题，如何设计更高效的多智能体学习算法，是当前研究的重点。

7.3.2 基于语义理解的任务规划与执行

在智能制造与物流领域，机器人经常需要执行装配、搬运等复杂任务。传统的任务规划大多采用启发式搜索，或将复杂任务分解为一系列原子动作。这类方法难以应对动态多变的制造物流环境。借助于语义理解与知识推理，可以使机器人像人一样理解任务环境，进而做出更加智能的任务规划决策。语义地图是机器人进行语义理解的重要工具，传统的占据栅格地图难以表征环境的语义属性，近年来，将卷积神经网络应用于栅格地图，可以对地图的每个栅格进行场景分类，赋予道路、车间、货架等语义标签。图卷积神经网络、关系推理网络等方法可以进一步提取地图元素的拓扑关系。在语义地图的基础上，机器人可以对环境有更深入的理解。例如，对于搬运指令“将 A 区货物运至 B 区”，机器人可以通过分析地图拓扑，自主规划出“提取 A 货架—行驶过道—卸载 B 货架”的粗略路径。结合物体检测、动作识别等技术，机器人还能从视觉场景中提取关键物体、关键动作，将高层指令与具体环境相关联。例如，机器人可以将指令“装配发动机”细化为“定位化油器—拧紧螺栓”等原子步骤。

语义理解使机器人能更好地应对任务的模糊性、关联性。但在实际任务规划中，还需考虑动作的时序约束、资源竞争等因素。近年来，将任务规划表示为 and-or（与或）图，并利用图神经网络进行端到端求解，是一个富有前景的研究方向。图规划网络可以根据环境输入动态生成任务流程图，其中节点表示子任务，边表示时序依赖。通过前向传播与反向更新，可同时优化各子任务的参数与执行顺序。这种可微的规划表示方法可以与深度学习无缝集成，支持从数据中学习复杂的调度策略。当然，可微规划的研究尚处于起步阶段，如何平衡可微性与规划的可解释性，是亟待突破的难题。

任务规划的另一个考量是对环境变化的适应性。传统的规划大多假设环境是静态已知的，难以应对目标临时改变、资源意外短缺等情况。为此，需要研究一种持续规划范式，使机器人能够根据实时反馈，持续优化任务方案。一种思路是将任务规划视作部分可观测马尔可夫决策过程（POMDP），并应用在线学习算法进行策略迭代。信念空间规划可以显式建模环境不确定性，并选择信息增益最大的决策。主动感知则可引导机器人主动搜集对规划至关重要的信息。情景学习可使机器人根据以往经验对新情景下的最优决策进行预判。这些探索性研究有望提升机器人任务规划的鲁棒性。此外，面向任务的 few-shot（少样本）学习、迁移学习也是智能制造的研究热点。传统的规划模型大多专用于特定任务与场景，泛化能力不足，而工业现场往往存在小批量、多品种的生产需求。理想的规划系统应当能快速适应新的任务要求，并将已有经验迁移到新场景中。基于度量的 few-shot 学习、基于对抗网络的域适应等新兴方法，有望突破少样本条件下规划策略学习的瓶颈。预训练模型和微调的迁移学习范式也开始在任务规划领域崭露头角。这些研究进展昭示未来工业机器人将更加灵活多能，可根据环境变化和任务需求快速调整自身能力。可以期待，语义理解、持续规划、迁移学习等新兴技术的融合发展，将为智能物流与制造注入新的创新活力。

7.3.3　智能物流与制造的技术创新方向

制造业和物流业是机器人商业化落地的主战场，其应用需求也在倒逼机器人技术的升级迭代。纵观当前，5G、AI（人工智能）、大数据等新一代信息技术与先进制造技术的交叉融合，正在重塑生产制造和物流配送的技术图景，催生诸多创新方向：

数字孪生、虚拟现实等正加速机器人系统的虚实融合。通过对物理世界进行数字化映射，可在虚拟空间构建生产线的数字镜像。机器人可以在数字孪生系统中对工艺参数、设备布局等进行仿真优化，结果可实时映射回物理系统指导生产。人机混合现实系统可为远程操控、虚拟装配等应用赋能。这些虚实融合技术将机器人的感知、决策、执行前移，大幅提升生产效率。群智协同、自主进化的机器人集群初露端倪，一个智能工厂通常部署着异构机器人、移动机器人（即自动导引车，AGV）、机械臂等不同类型的智能设备，它们分工协作以完成生产任务。受群体智能理论启发，研究者开始探索群体机器人的协同与进化机制。通过设计模块化的机器人单元，并内嵌自组织协同算法，有望实现机器人集群的自主重构与功能进化。区块链、多智能体强化学习等新兴技术将用于实现群体机器人的安全可信协同。群体机器人技术的发展，将引领制造模式从“刚性生产线”走向“柔性协同网络”。

软体机器人、仿生机器人等新型机器人也将重塑物流制造领域。传统的刚性机器人虽然精度高，但灵活性不足。软体机器人利用柔性材料仿造软体生物，具有更高的环境适应性。它们能轻松穿越狭小空间，灵活抓取不规则物体，特别适用于生鲜物流、家电装配等应用场景。受章鱼、象鼻等启发的仿生机器人，可实现更加灵巧的操控。它们有望替代人工执行手工装配、质检等任务，提升生产效率。当然，软体机器人、仿生机器人在成本、标准化等方面还有待完善，其大规模应用仍需时日。模块化组装、即插即用将成为机器人部署的新趋势。传统的机器人系统专用性强，定制化程度高，难以灵活适应多变的生产需求。模块化设计强调将机器人硬件拆分为通用单元，可根据任务需求灵活拼装。即插即用则着眼于机器人的快速部署与迁移。通过对机器人硬件、软件进行标准化封装，并匹配以语义描述为核心的即插即用协议，可实现控制器、执行器等不同厂商设备的快速组网，大幅缩短部署周期。这需要工业互联、信息物理系统（CPS）等技术的支撑。可以预见，未来的机器人将从“定制品”走向“组合件”，其部署也将实现“随选随用、即插即用”。数据驱动、持续学习也是机器人系统的发展方向。随着制造物流系统智能化水平的提升，机器人每天都在生成海量工业数据。对数据价值的深度挖掘将成为机器人升级迭代的新动能。通过对机器人执行数据、物流生产数据等进行采集、标注、分析，并应用迁移学习、终身学习等技术，机器人系统可不断从经验中学习和进化。数据驱动的故障预测、寿命预估等将有效提升设备运维水平。数据驱动的需求感知、智能调度等将使生产物流更加精准高效。行业知识图谱、预训练大模型等也将赋予机器人更强大的领域智能。可以期待，随着机器人与大数据、人工智能的加速融合，未来的制造物流系统将越来越智能化。

综上所述，环境感知、任务规划、多机协同、人机交互等方面的理论创新，软硬件一体化、数据驱动优化等系统集成创新，将共同推动智能物流和智能制造走向新的发展阶段。未来机器人设备将更加智能、更加网联化、更加灵活、更加普及，并最终走向无人化。机器人网络协同制造、机器人群智物流配送等新模式、新业态将不断涌现。当然，要真正实现“机器换人”，尚需攻克感知、决策、执行等诸多环节的瓶颈。未来，机器视觉、语音识别、强化学习、仿生机理等前沿理论的持续突破，芯片、传感器、执行器等关键器件的创新迭代，将为机器人产业发展注入新的澎湃动力。

7.4 机器人技术的跨域融合与创新

7.4.1 感知-决策-控制的一体化架构

传统的机器人系统大多采用分层式设计范式，即将系统划分为感知、规划（决策）、控制（执行）等相对独立的功能模块，通过接口实现模块间的顺序调用。这种解耦式的架构具有模块化、可重用等优点，但在实时性、鲁棒性等方面也存在先天不足。信息流在模块间传递时不可避免地出现时延与损耗，系统对外界变化的响应速度难以保证。此外，各模块内部算法升级时往往需要重新适配接口，系统集成与优化的难度较大。近年来，学界开始关注感知-决策-控制一体化的端到端机器人系统设计范式。该范式强调打通感知-决策-控制链路，实现信息流的端到端高效传递。一体化范式的核心是端到端学习，有别于将感知、规划、控制视为独立的优化目标，端到端学习希望构建一个统一的策略函数，可将原始观测直接映射到执行动作，简化模块间的接口设计。无论是深度强化学习，还是模仿学习、演化学习，都可用于端到端策略的训练优化。如 UC Berkeley 提出的 CAD2RL 框架，可实现机器人从 CAD 模型到装配动作的端到端映射，大幅简化装配规划流程。麻省理工学院的模仿学习算法可通过编码解码的方式，端到端克隆专家的操控策略。这些探索性工作为感知-决策-控制一体化实现提供了新思路。传统的机器人研发大多采用“软件适配硬件”的思路，即根据已有的机械结构、传感器配置来搭建控制系统。软硬件适配的难度较大，且性能难以保证。一体化架构倡导“硬件定制软件”的设计理念，通过可编程逻辑器件实现感知算法电路化，通过机器人专用芯片实现运动规划芯片化，软件与硬件可在更细粒度上实现特定应用的专用化定制和加速。软硬件的协同设计、协同优化，可有效提升系统响应的实时性。需要指出的是，软硬协同设计在灵活性、通用性等方面还有不足，如何平衡专用化与灵活性，是值得深入探讨的问题。

未来，感知-决策-控制一体化、软硬协同优化，将成为智能机器人的主流架构。一方面，端到端学习、多任务学习、迁移学习等 AI 技术将持续突破，系统集成与全局优化的理论基础将更加成熟。另一方面，新一代机器人操作系统、可重构硬件等“软件定义机器人”的支撑平台将不断完善，为一体化机器人研发提供坚实支撑。ARM机器人操作系统、ROS通用组件、Gazebo通用仿真环境等开源生态将进一步繁荣，极大降低机器人硬件、软件的研制门槛。可以预见，未来的机器人系统将告别割裂的模块化设计，朝着一体化、集成化、软硬协同的方向加速演进。当然，机器人的通用标准、接口规范仍是必要的，这对于机器人部件的即插即用、机器人的互联互通至关重要。随着信息物理系统（CPS）、工业互联网等新型基础设施的发展，具备即插即用、互联互通特性的开放式机器人操作系统将是大势所趋。

7.4.2 自主学习与在线适应技术

目前，大多数机器人还是按照预先设定的程序和规则运行，缺乏从经验中学习和适应环境的能力。在开放、非结构化环境中，机器人往往会遇到较多意外情况。传统的机器人难以感知和处理不确定、任务多变等复杂场景。为了提升机器人的环境适应能力，亟须探索自主学习与在线适应技术。

自主学习是指机器人像人一样，在没有外界监督的情况下，通过对环境的主动探索来习得新技能。自主学习分为直接经验学习和间接经验学习。直接经验学习通过试错来探索最优动作，代表算法如自主探索强化学习、进化策略搜索等。间接经验学习则通过模仿他人来习得策略，代表方法如逆强化学习、第三人称模仿学习等。自主学习使机器人的技能获取更加自动化，有望显著提升机器人开发的效率。

在线适应则是指机器人能够根据实时观测对自身行为策略进行持续调整，以适应环境变化。传统的学习大多发生在离线阶段，即先采集数据训练模型，再将训练好的模型部署到机器人系统。这类离线学习范式难以处理环境的动态演变。为此，需探索一种持续学习范式，使机器人在执行任务的同时持续优化内部模型。终身学习、增量学习是实现在线适应的重要手段。前者通过知识蒸馏、梯度隔离等方法，在网络不断扩展的同时保证模型的可塑性。后者则利用记忆机制，在接受新知识的同时尽量避免灾难性遗忘。主动学习也是在线适应的关键技术，它可引导机器人在有限预算内搜集信息量最大的样本。主动学习通过减少冗余探索，可大幅提升机器人适应环境的效率。

自主学习与在线适应技术的创新，将赋予机器人更强的开放域智能。少样本学习、零样本学习等将使机器人能够通过极少的示范快速掌握新技能。元学习将提升机器人的学习转移能力，使其可从过往学习经验中提炼元知识，指导后续任务的训练。基于好奇心的自主探索机制，将激励机器人挖掘环境的新奇特征。目标导向的主动学习策略，可引导机器人采集与任务高度相关的数据。这些创新性工作有望突破经验学习的瓶颈，为打造终身学习型机器人奠定基础。

7.4.3　新型人工智能算法的应用探索

深度学习、强化学习、迁移学习等智能算法已在机器人领域得到广泛应用，极大提升了机器人的感知、决策、控制和学习能力。展望未来，一系列新型人工智能算法的探索，将为机器人技术注入新的创新活力。

图神经网络（GNN）是一个富有前景的研究方向。传统的卷积神经网络善于处理图像、视频等规则网格数据，但难以对机器人任务中的拓扑关系建模。图神经网络通过消息传递等机制，可学习不规则图结构数据中的隐含特征。在机器人领域，图神经网络可用于对关节运动的拓扑约束、多机器人系统的交互关系等进行建模。图神经网络驱动的运动规划、群体决策等方面已取得诸多进展。可以预见，随着 5G、IoT（物联网）等新型基础设施的发展，图神经网络必将在机器人集群协同、任务规划中扮演越来越重要的角色。

生成式对抗网络（GAN）是另一大前沿方向。传统的机器学习大多是判别式的，即学习给定输入与输出标签间的映射关系。生成式学习则希望学习数据的内在分布，从而实现样本的自动生成。生成式对抗网络通过生成器和判别器的博弈学习，可隐式地捕获数据的真实分布。在机器人感知方面，GAN 可用于生成逼真的深度图、激光图等传感器数据，扩充小样本条件下的训练集。在机器人控制方面，GAN 可用于生成平滑、自然的运动轨迹，改善机器人的运动质量。GAN 在域适应、数据增强等方面的应用，有望全面提升机器人系统的泛化和鲁棒性能。

基于模型的强化学习也是一个值得关注的新方向。与无模型强化学习直接学习策略不同，基于模型的方法通过对环境进行显式建模，可显著提升策略搜索效率。高斯过程、贝叶斯优化等方法可用于学习环境的不确定性，引导机器人自主探索。深度迁移学习可建立虚实环境间的映射，加速策略在实际环境中的部署。将规划、学习、控制集成为一体的端到端范式，正成为模型驱动强化学习的新趋势。这些进展将为构建高效、鲁棒的机器人自主学习系统开辟新的道路。

知识图谱、因果推理等符号化人工智能，以及神经辐射场（NeRF）、扩散模型等新型表示学习范式，也开始在机器人领域崭露头角。前者善于对先验知识、经验规则进行符号化抽象，而后者擅长从数据中自动提炼特征表示。二者的互补融合，将为机器人三维重建、环境理解、任务规划等方面带来新的突破。当然，现有的新型人工智能算法还大多停留在概念验证阶段，距离真正应用还有不小差距。算法的可解释性、安全性、硬实时性等，都是急需攻克的难题。未来，底层数学理论、芯片硬件架构、评估基准数据集等支撑条件的日益完善，必将推动新型人工智能算法在机器人领域得到更加广泛和深入的应用。

7.5 机器人技术的发展趋势与展望

7.5.1 关键技术的突破方向

新一轮科技革命和产业变革正在重构世界竞争格局，机器人正处于从自动化、信息化向智能化加速跃升的关键阶段。当前，以人工智能、大数据、5G、IoT 等为代表的新一代信息技术与机器人加速融合，将引领机器人从“运动型”向“智能型”全面升级。展望未来，环境感知与理解、自主学习与规划决策、人机协同与群体协同等领域有望实现关键技术突破。

在环境感知与理解方面，多模态感知融合、三维环境重建、场景理解与交互将是未来的重点。视觉、触觉、语音等多源异构传感器的标定、同步与优化融合，将使机器人获得对环境更全面、更精准的认知。稠密语义三维重建、神经辐射场等新型场景表示学习范式，有望在机器人三维建模、虚实融合等方面取得新的突破。基于 Transformer 等注意力机制的跨模态场景理解，有助于机器人深入理解环境语义，支撑更自然的人机交互。知识驱动的目标感知、基于意图的主动感知等，将是环境感知的前沿方向。

在自主学习与规划决策方面，端到端规划学习一体化、可解释强化学习是未来的重要方向。传统的规划与学习往往是割裂的，如何通过可微分规划、可微分逻辑等数学工具实现规划、推理、学习的无缝融合，是目前的研究重点。深度强化学习虽已在机器人领域崭露头角，但其可解释性仍是关键短板。因果推理、符号规则引导的强化学习，将是提升决策可解释性的重要突破口。面向任务的小（少）样本学习、迁移学习，以及鼓励探索的好奇心驱动学习，也是实现灵活自主决策的关键支撑。

在人机协同与群体协同方面，自然交互、群智涌现将成为未来的发展主流。随着脑机接口、意图理解、情感计算等技术的进步，人机交互将从“被动服从”走向“主动理解”，机器人将通过解读人的情感与意图，提供更个性化的服务。群体智能理论与机器人技术的交叉融合，必将催生自组织、自进化的新型机器人系统。当然，要让机器人真正成为人类的亲密伙伴，在伦理、法规、标准等方面还有诸多问题亟待厘清。

7.5.2 典型应用场景分析

随着人口老龄化加剧、劳动力成本上升，服务机器人、工业机器人等迎来广阔的应用前景。在此，本节选取了医疗康复、智能养老、智能物流三大典型应用场景，分析了机器人技术的应用现状、发展趋势与未来展望。

在医疗康复领域，手术机器人正成为手术室里的“第三只手”。达芬奇等微创手术机器人凭借精准的操控和灵活的末端，可协助医生开展微创手术、精准介入等复杂手术。同时，康复机器人、康复辅具等新兴产品不断涌现。外骨骼康复机器人通过穿戴在患者身上，可模拟人体关节和肌肉，辅助患者进行康复训练。柔性可穿戴康复器件则能贴合人体曲面，更好地适配患者的个性化康复需求。未来，手术机器人将从辅助手术工具向高智能手术平台升级，实现智能诊断、术中导航、远程手术等全流程服务。康复机器人也将进一步小型化、家用化，为失能老人、慢性病患者等提供随访式的康复服务。当然，医疗机器人的临床应用尚面临安全性、伦理等诸多挑战，亟须构建相关法律法规和伦理审查制度。

在智能养老方面，服务机器人、可穿戴设备等正在改善老年人的生活品质。家用服务机器人可为老人提供送餐、健康监测、陪伴娱乐等多样化服务。智能可穿戴设备可实时采集老人的生命体征，一旦发现异常可第一时间预警。外骨骼、智能轮椅等辅助器具，可为老人出行提供有力支撑。未来，面向老人的服务机器人将进一步增强情感交互能力，通过分析老人的情绪，提供个性化关怀。同时，服务机器人、智能家居、远程医疗等设备的互联互通，将织就一张智能养老的物联网，让老有所依不再是梦。机器人要真正进入寻常百姓家，成本、安全、舒适等仍是最大限制。标准化、模块化的机器人部件，以及隐私保护、伦理约束的法律法规，是智能养老走向纵深的重要保障。

智能物流是机器人规模化应用的“主战场”。当前，AGV、智能分拣机器人等已在智能仓储领域崭露头角。AGV 可实现货物的自动存取和运输，显著提升仓储效率。智能分拣机器人则可根据订单信息自动分拣商品，每小时可处理上万件包裹。此外，自动码垛机器人、无人配送车等也在物流领域加速渗透。未来，多 AGV 集群调度、多臂协同分拣等关键技术的突破，将使机器人的物流作业能力更上一层楼。5G、IoT 等新型基础设施的铺开，也将推动仓储机器人、配送机器人、供应链管理系统的深度协同，最终构建柔性敏捷的智慧物流体系。当然，非结构化环境感知、人机协同作业等在内的诸多基础问题尚待攻克。同时，物流机器人的安全性、可靠性等也面临更高要求，亟须建立相关测试评估标准。随着软硬件技术的持续突破，以及行业标准和保障体系的渐次完善，未来机器人将成为智慧物流的“中流砥柱”，以灵活高效的“最后一公里”服务重塑物流格局。

7.5.3　未来发展的机遇与挑战

展望未来，机器人技术和产业正迎来新一轮变革浪潮。一方面，人工智能、大数据、5G 等数字新基建正在构建智能社会的坚实底座，为机器人注入新的发展活力。主动安全、柔性制造、智慧医疗等领域对机器人技术提出了更高要求，也为产业发展开辟了新的增长空间。各国高度重视机器人的战略地位，纷纷制定产业规划，大力扶持关键技术研发和产业化应用，我国机器人产业迎来难得的发展机遇。另一方面，机器人的跨界融合发展也面临诸多挑战。核心零部件“卡脖子”问题尚未根本解决，机器人本体与上下游产业链的协同发展有待加强。机器人系统的安全性、可靠性、可解释性不足，遥遥领先的理论研究与匮乏的工程实践之间还存在不小差距。法律、伦理、社会公众认知等非技术因素也在一定程度上制约着机器人的规模化发展。对策研究、风险评估、伦理审查等配套机制亟待健全。

总的来看，机遇与挑战并存，既要保持战略定力，也要直面现实问题。在基础理论研究方面，要瞄准机器人核心基础问题，实现源头创新、颠覆性突破。要大力加强机器人专用芯片、高性能伺服电机、精密减速器等核心零部件的自主可控，打通基础研究到工程应用的创新链。在生态布局方面，要统筹机器人与人工智能、大数据、云计算、5G、区块链等新兴技术的协同发展，搭建机器人创新应用的开放平台，完善创新资源共享机制，构建开源开放、合作共赢的机器人创新生态。

图 2.18　前后两帧图像间的特征匹配

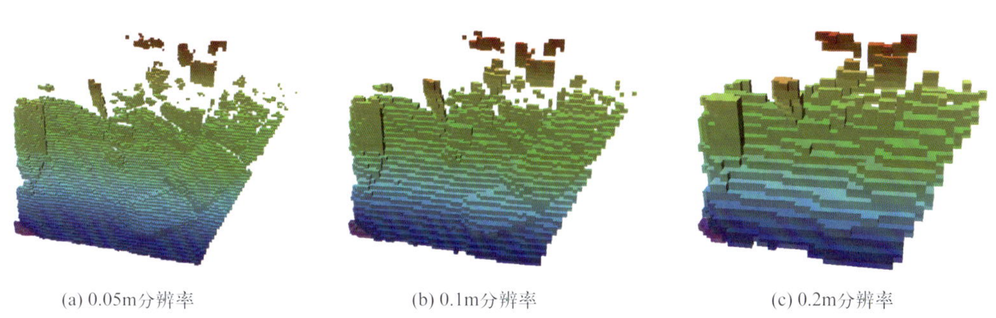

(a) 0.05m分辨率　(b) 0.1m分辨率　(c) 0.2m分辨率

图 2.39　末添加目标语义颜色信息的八叉树地图

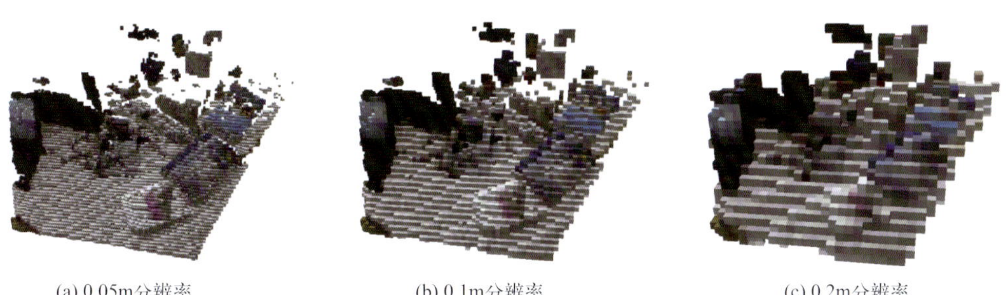

(a) 0.05m分辨率　(b) 0.1m分辨率　(c) 0.2m分辨率

图 2.40　添加目标语义颜色信息的八叉树地图

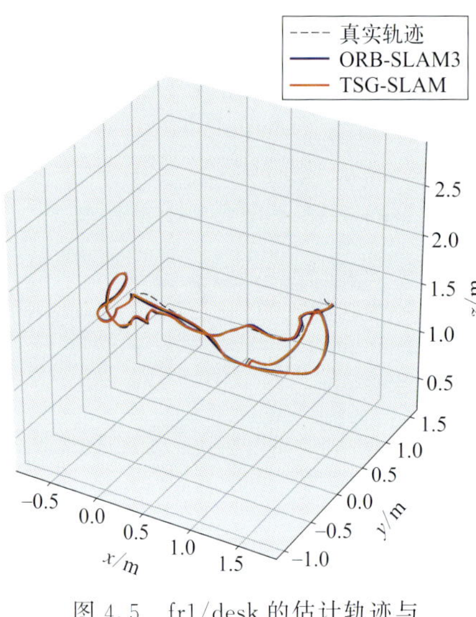

图 4.5 fr1/desk 的估计轨迹与真实轨迹

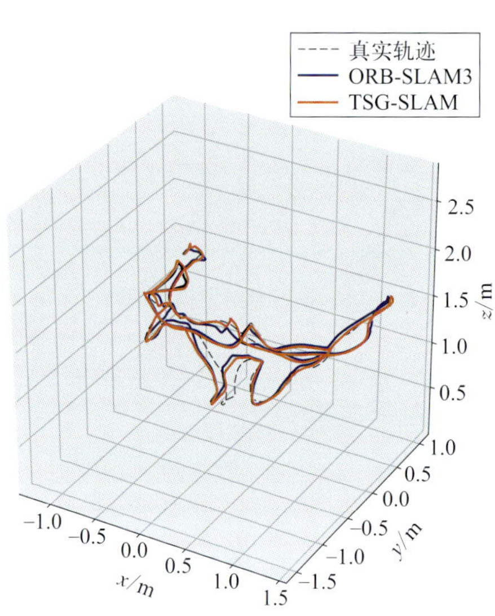

图 4.6 fr1/room 的估计轨迹与真实轨迹

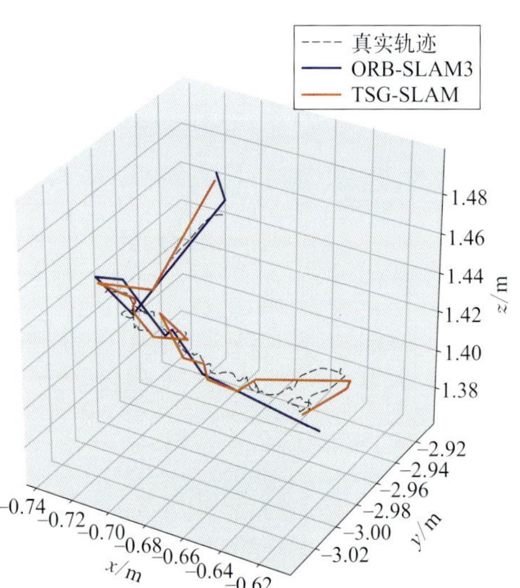

图 4.7 fr3_sitting_static 的估计轨迹与真实轨迹

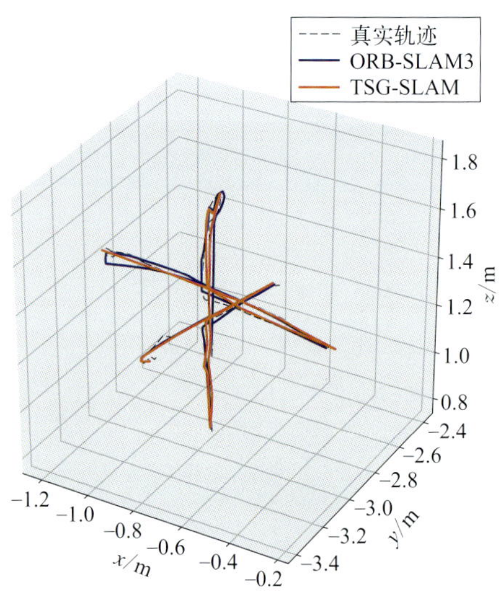

图 4.8 fr3_sitting_xyz 的估计轨迹与真实轨迹

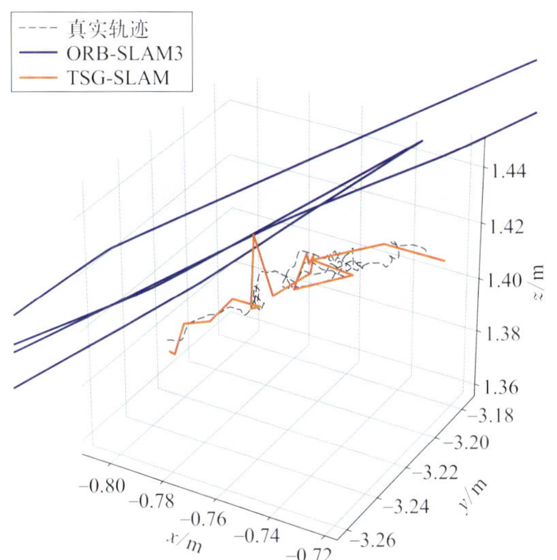

图 4.9　fr3_walking_static 的估计轨迹与真实轨迹

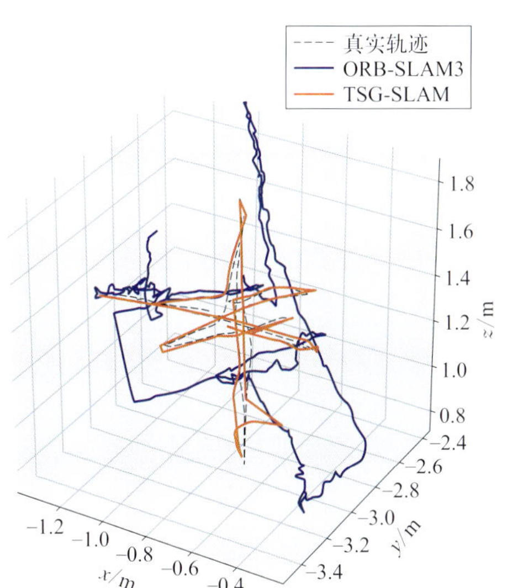

图 4.10　fr3_walking_xyz 的估计轨迹与真实轨迹

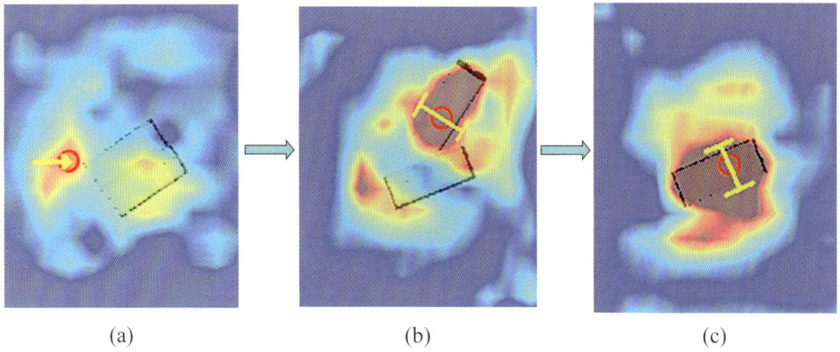

(a) (b) (c)

图 5.46　场景一：决策得出的动作热图

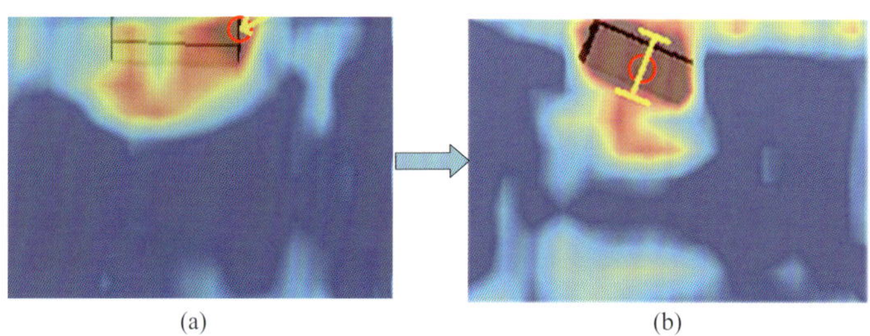

(a) (b)

图 5.49　场景二：决策得出的动作热图

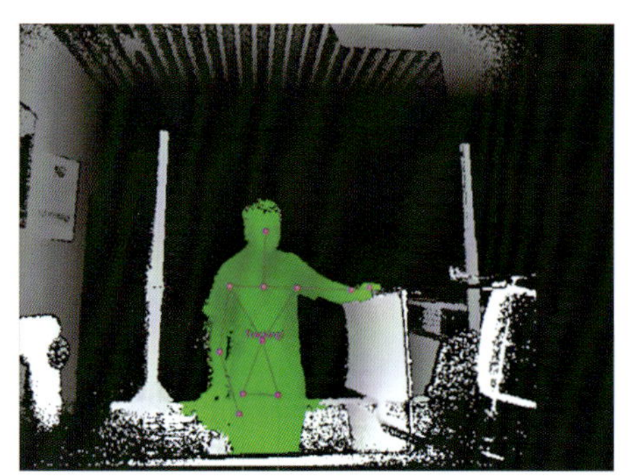

图 6.20　Kinect 追踪人体骨架

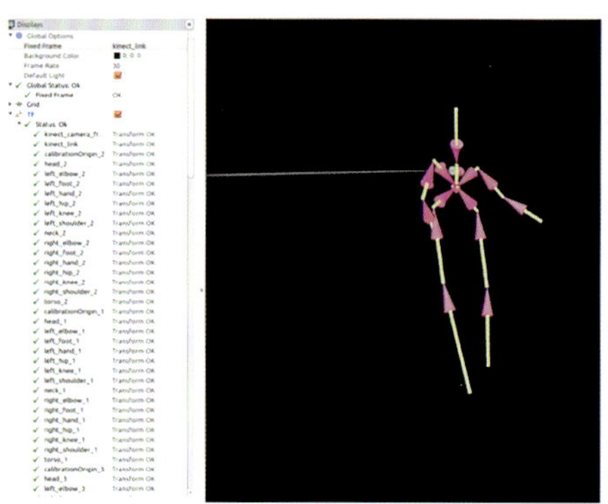

图 6.21　人体骨架提取

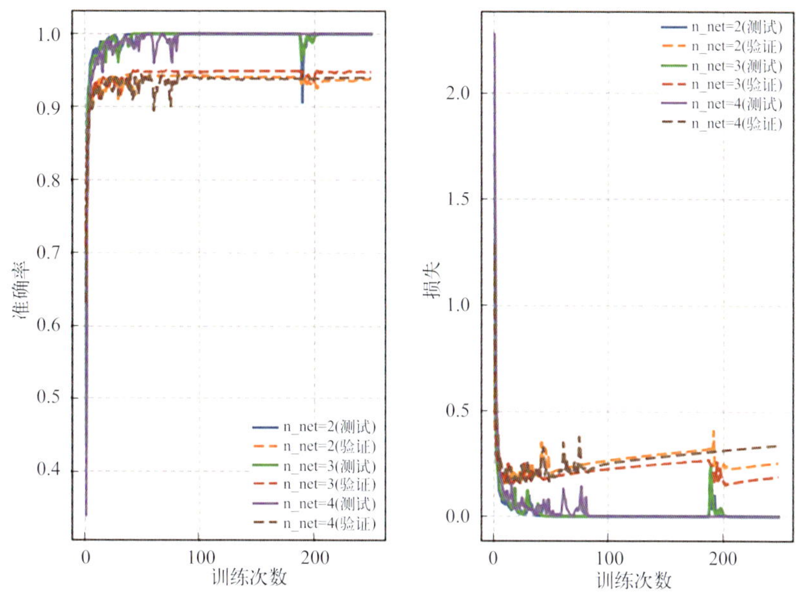

图 6.36　不同网络层数训练结果

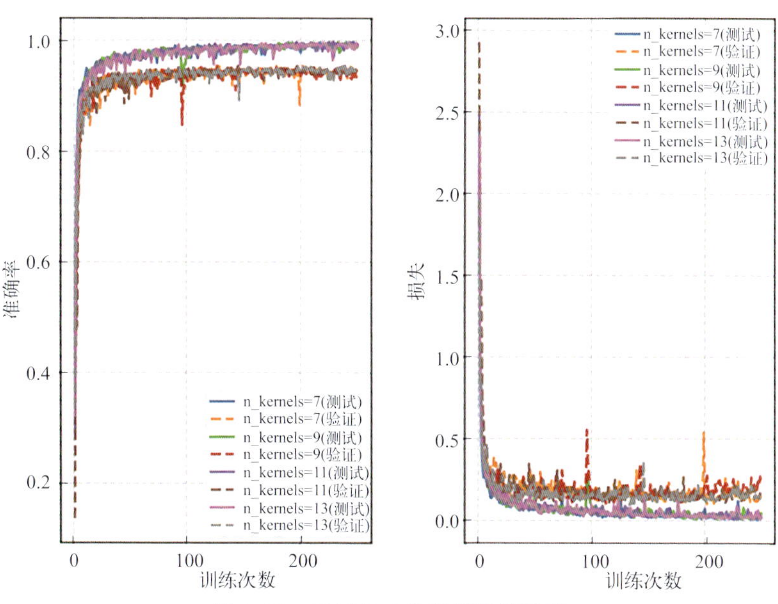

图 6.37　不同尺寸卷积核训练结果

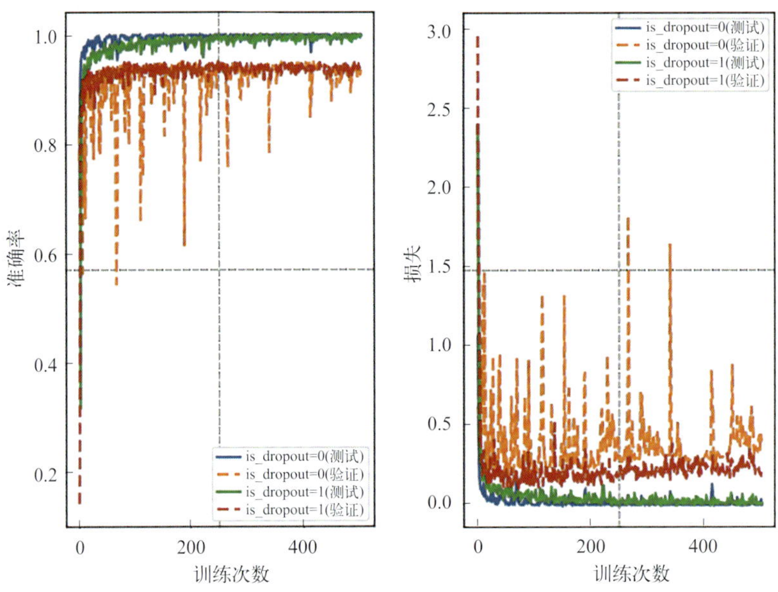

图 6.38　随机失活作用结果

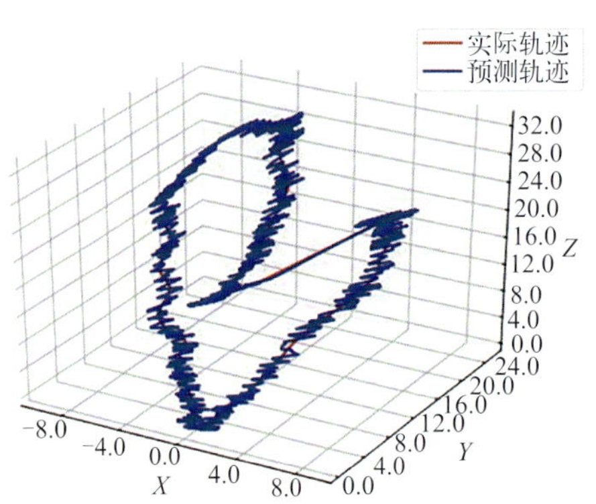

图 6.53　LSTM-2 中关键点 7 实际轨迹与预测轨迹

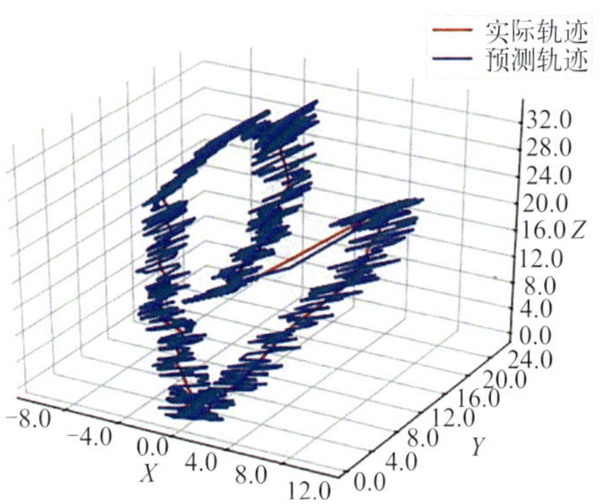

图 6.54　RNN 中关键点 7 实际轨迹与预测轨迹